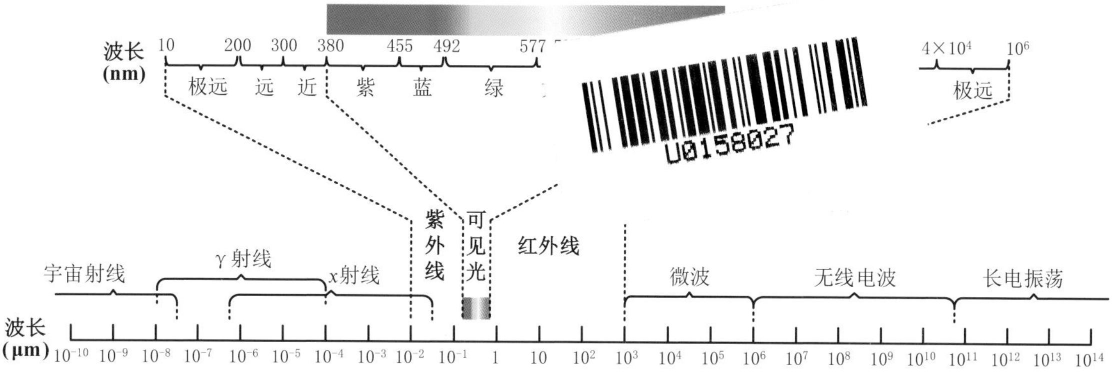

电磁波谱图

马来西亚乐高主题乐园的部分世界著名建筑

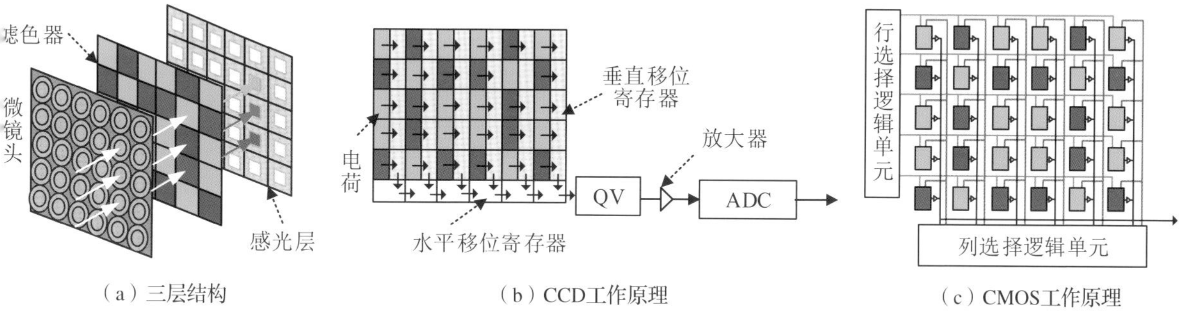

CCD和CMOS的结构及其工作原理示意图

画师画的彩色图像

牛顿发现了彩色光带

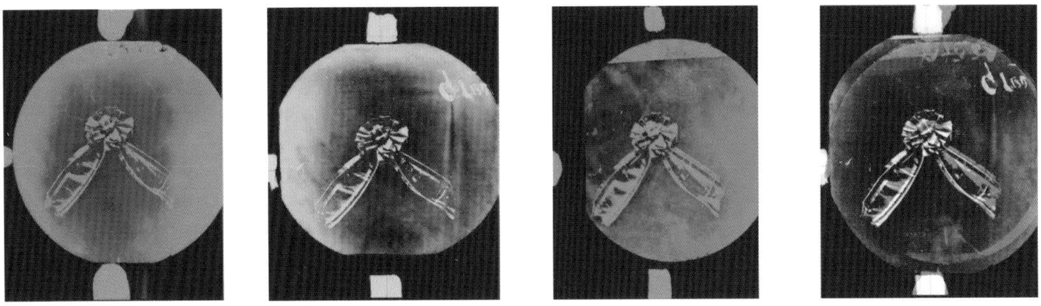

世界上第一张彩色照片

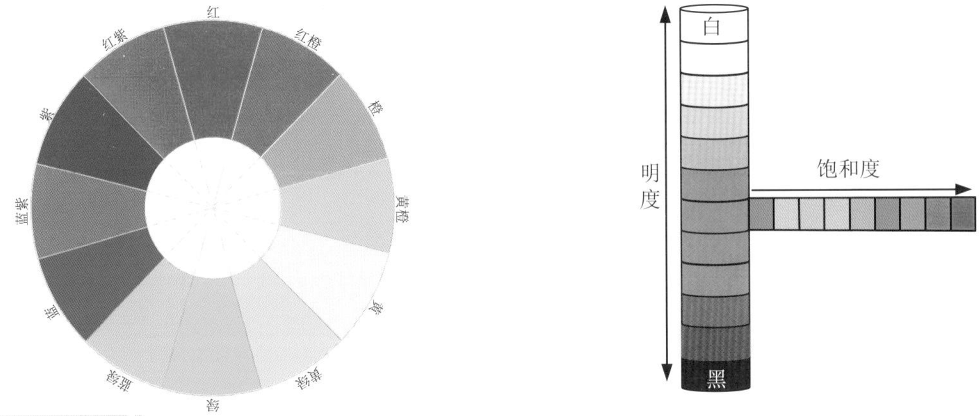

色相环、饱和度和明度

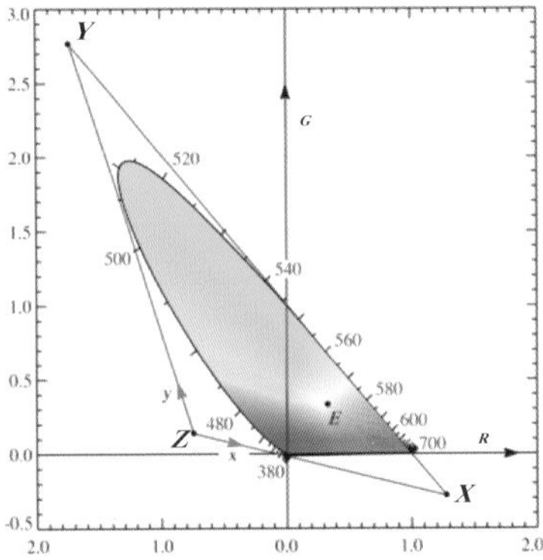

R-G色度图

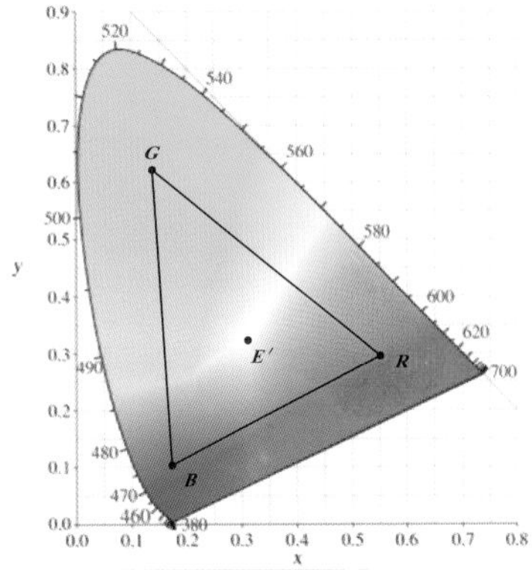

CIE 1931年x-y色度图

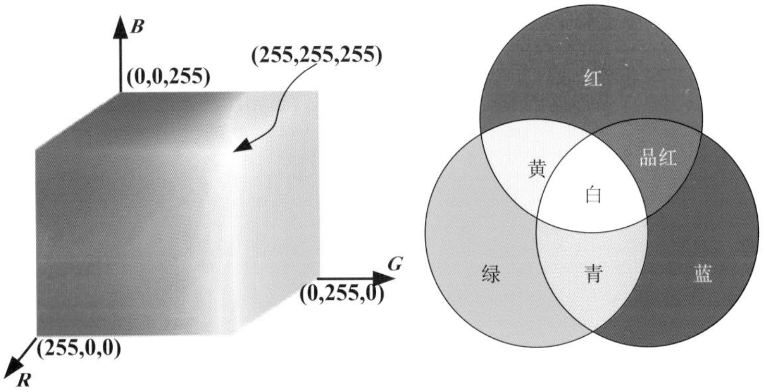

RGB颜色空间及颜色模型

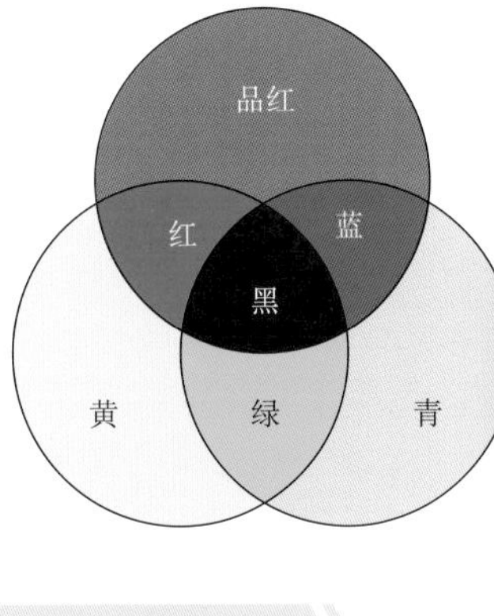

CMY/CMYK颜色模型

HSI颜色模型

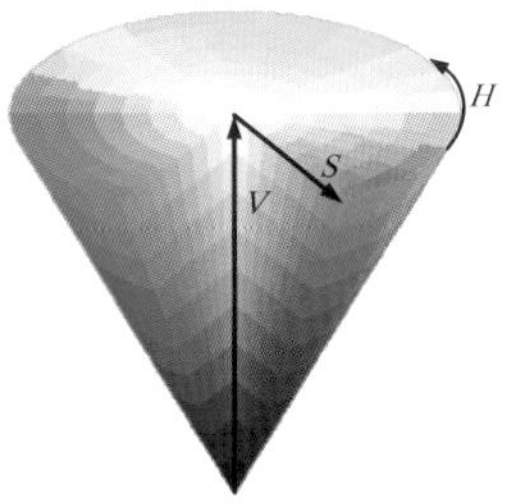

HSV颜色模型

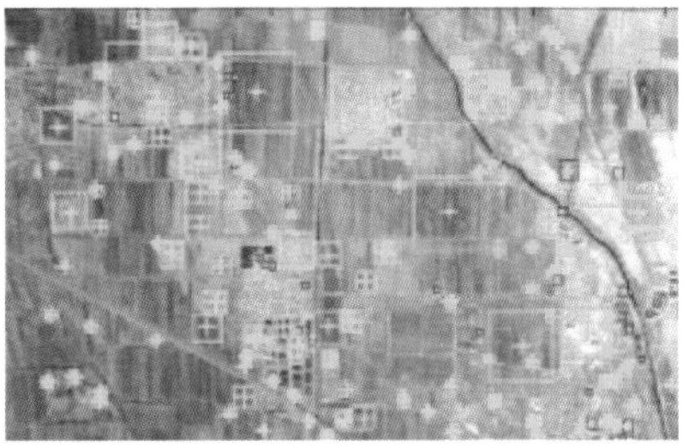

特征点提取

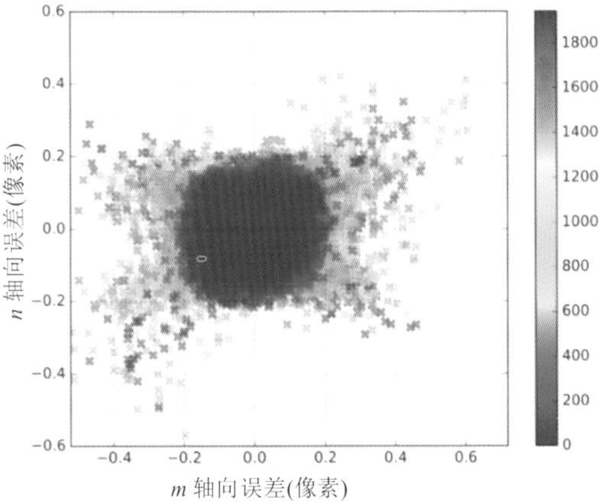

（a）左目图像重投影误差

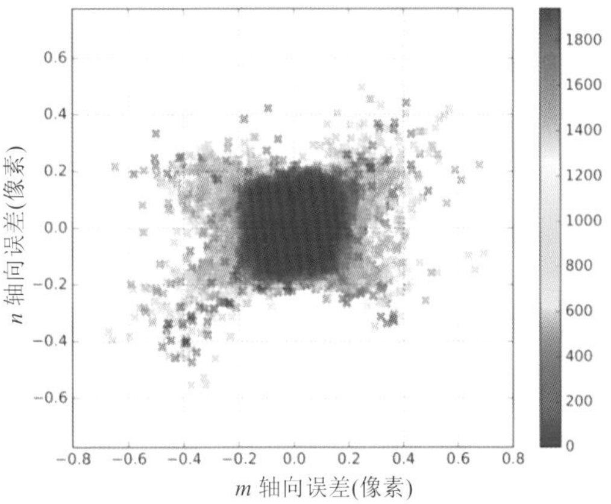

（b）右目图像重投影误差

双目相机的重投影误差

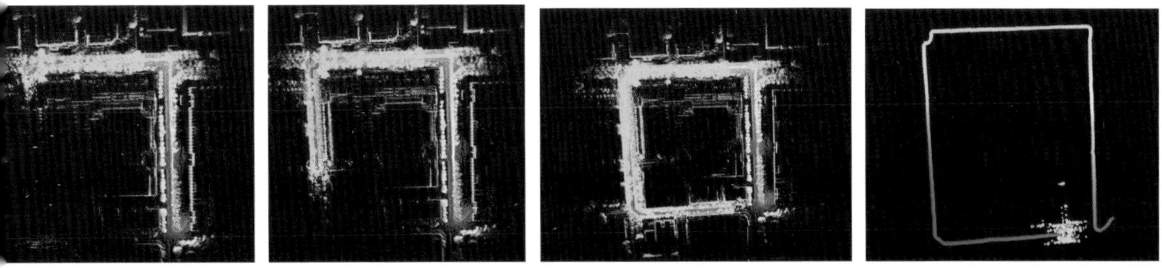

北航校园固态激光雷达环境感知和轨迹恢复

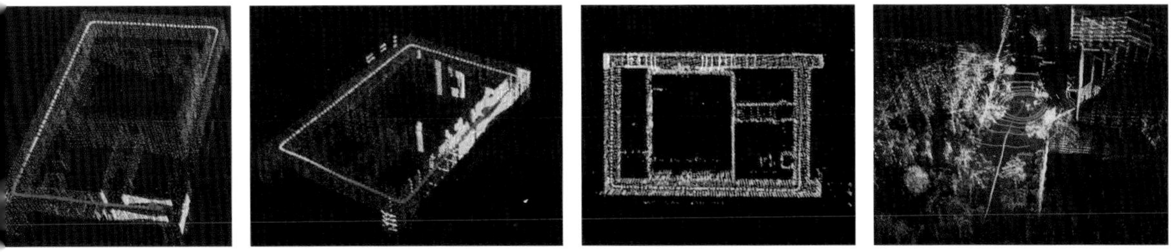

北航新主楼室内外多线激光雷达环境感知与建图

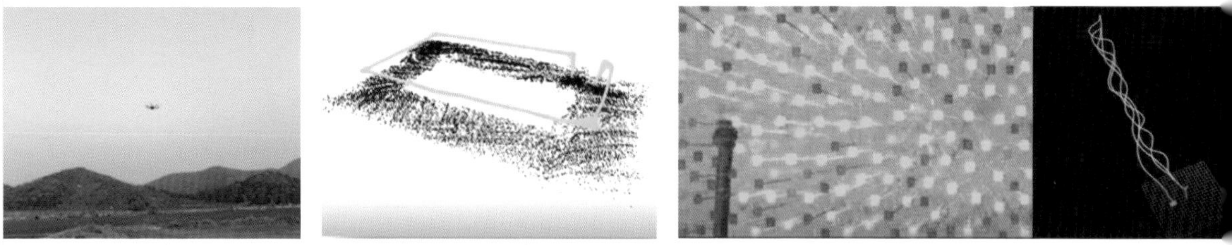

（a）无人机视觉导航　（b）无人机运动轨迹恢复　（c）无人机运动光流场和轨迹恢复

无人机运动位姿视觉估计与轨迹恢复

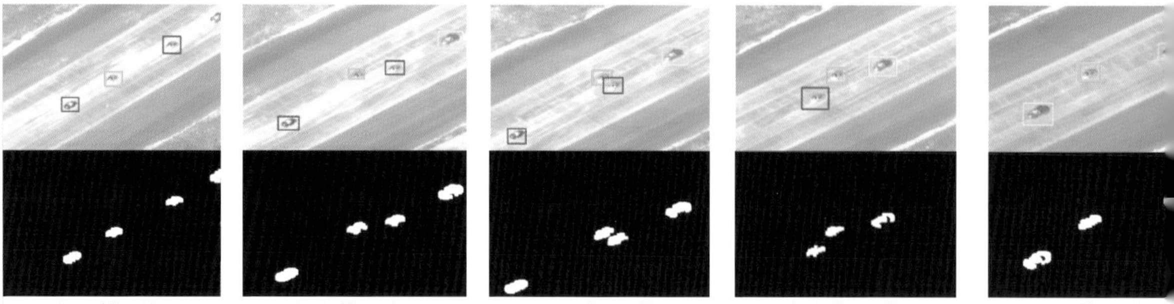

（a）第15帧　（b）第118帧　（c）第164帧　（d）第212帧　（e）第370帧

无人机平台对地面多运动目标车辆检测与跟踪结果1

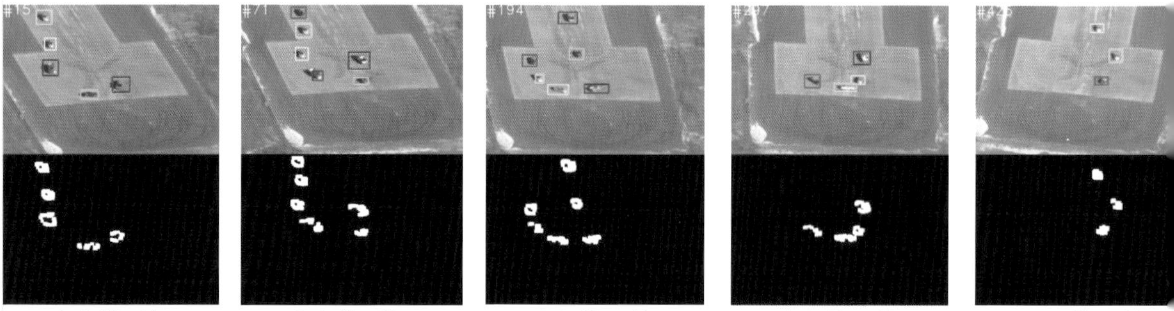

（a）第15帧　（b）第71帧　（c）第194帧　（d）第297帧　（e）第425帧

无人机平台对地面多运动目标车辆检测与跟踪结果2

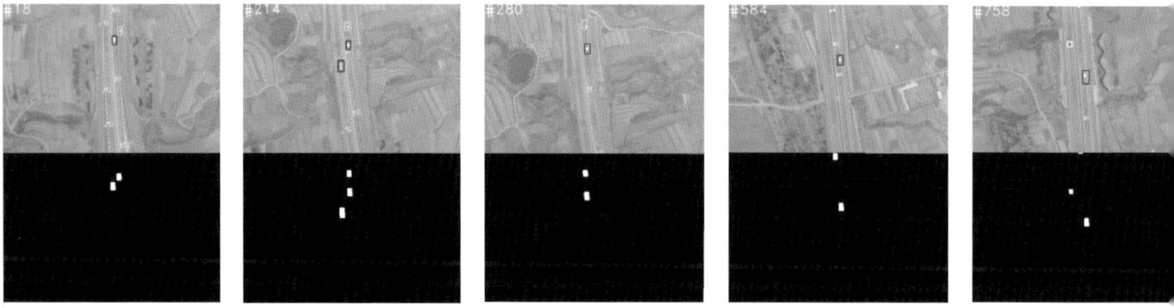

（a）第18帧　（b）第214帧　（c）第280帧　（d）第584帧　（e）第758帧

无人机平台对地面多运动目标车辆检测与跟踪结果3

机器视觉及应用

赵 龙　编著

北京航空航天大学出版社

内 容 简 介

本书系统介绍了机器视觉及应用的基本知识、核心理论算法和实际应用案例，主要内容包括：机器视觉中的数理知识、图像预处理与视觉信息提取、视觉传感器的标定、双目立体视觉系统、其他视觉系统、运动视觉检测与分析，书中还讲述了大量空天信领域中的实际应用案例和主要的机器视觉算法评估平台。本书在内容安排上循序渐进，由浅入深，以方便具有不同机器视觉基础知识的人员阅读。

本书可作为高等学校电子信息、机器人、自动化、人工智能和计算机等专业的高年级本科生和研究生的教材，也可以作为相关专业和机器视觉研究工作技术人员的参考书。

图书在版编目(CIP)数据

机器视觉及应用 / 赵龙编著. -- 北京 :北京航空航天大学出版社，2022.2

ISBN 978-7-5124-3712-8

Ⅰ. ①机… Ⅱ. ①赵… Ⅲ. ①计算机视觉 Ⅳ. ①TP302.7

中国版本图书馆 CIP 数据核字(2022)第 006272 号

机器视觉及应用

赵 龙 编著

策划编辑 蔡 喆 责任编辑 金友泉

*

北京航空航天大学出版社出版发行

北京市海淀区学院路 37 号(邮编 100191) http://www.buaapress.com.cn

发行部电话:(010)82317024 传真:(010)82328026

读者信箱: goodtextbook@126.com 邮购电话:(010)82316936

涿州市新华印刷有限公司印装 各地书店经销

*

开本:787×1 092 1/16 印张:15.25 字数:387 千字

2022 年 7 月第 1 版 2022 年 7 月第 1 次印刷 印数:3 000 册

ISBN 978-7-5124-3712-8 定价:49.00 元

若本书有倒页、脱页、缺页等印装质量问题，请与本社发行部联系调换。联系电话:(010)82317024

前　　言

随着计算机技术和视觉传感器技术的发展，机器视觉系统以其非接触测量、可视化、自动化和智能化程度高等特点在国民经济、科学研究、国防建设、深空探测等领域得到了广泛应用。

机器视觉是一门多学科交叉融合技术，涉及计算机、电子、模式识别、人工智能和数学等多学科知识，而且机器视觉系统还涉及光学、机电、机械和控制等学科知识，内容广泛。本书按照机器视觉系统所涉及的内容和主要研究方向，系统介绍了机器视觉的基础理论、实用方法和关键技术，并收集整理了空天信领域中的机器视觉系统实际应用案例。本书共有 7 章，分为两部分：第 1～3 章为机器视觉基础部分，主要介绍机器视觉的发展动态、数理基础和视觉分析基础；第 4～7 章为机器视觉理论算法和应用。第 1 章为绪论，第 2 章介绍了机器视觉所涉及的数学物理知识和模型，第 3 章介绍了图像预处理与视觉信息提取，第 4 章介绍了视觉传感器的标定，第 5 章介绍了双目立体视觉系统，第 6 章介绍了结构光、雷达和多视几何等其他视觉系统，第 7 章介绍了运动视觉检测与分析。

本书是作者 10 多年从事研究生教学和机器视觉应用研究工作的总结，同时融入了机器视觉领域知名学者与传统文化知识等思政元素、最新科研成果和空天信领域的实际应用案例。本书从实际工程或应用出发引出机器视觉问题，进而介绍机器视觉的理论算法和模型，最后给出实际工程案例讨论，既有机器视觉的基础理论与算法，又有实际工程应用案例介绍和主流评估平台介绍，具有较好的基础性、系统性和实用性。

近 10 年来，作者在机器视觉及应用研究工作中获得了国家自然基金、国家重点研发计划、装备预研基金、北京市自然基金、航空科学基金等项目的资助，在此对这些研究基金和研究计划给予资助的有关部门表示感谢！

在本书完成之际，感谢北京航空航天大学数字导航中心的全体师生，部分实验结果来源于实验室博士生和硕士生的研究成果。特别感谢李铁军博士、多靖赟博士和赵毅琳博士等为本书提供实际应用案例结果。此外，书中部分示例图片来源于网络，在此对图片的原作者和提供者一并表示感谢。

由于机器视觉及应用技术发展迅速，很多代码均已开源，且代码更新迭代较快，因此本书主要注重基础理论算法、模型和实际案例讲解，没有提供相关的源代码，读者可以自行到网上查询和使用。

机器视觉涉及多学科领域知识，内容十分广泛，而且技术更新快，限于作者水平，书中如存在错误和不妥之处，敬请读者批评和指正。

作　者

2022年1月

目　　录

第 1 章　绪　论 …… 1
1.1　人类视觉系统与机器视觉系统 …… 2
1.1.1　图　像 …… 2
1.1.2　人类视觉系统 …… 2
1.1.3　机器视觉系统 …… 3
1.2　机器视觉的发展 …… 4
1.3　Marr 视觉理论框架 …… 7
1.3.1　视觉系统研究的三个层次 …… 7
1.3.2　视觉信息处理的三个阶段 …… 8
1.3.3　Marr 视觉理论框架的不足及其改进 …… 9
1.4　机器视觉的应用领域及其应用案例 …… 10
1.5　机器视觉应用面临的问题 …… 15
思考与练习题 …… 17
第 2 章　机器视觉中的数理基础 …… 18
2.1　视觉传感器 …… 18
2.1.1　常用视觉传感器 …… 18
2.1.2　相机成像技术 …… 19
2.1.3　镜头及相关参数 …… 20
2.2　颜色空间与颜色模型 …… 21
2.2.1　颜色(或色彩)三要素 …… 23
2.2.2　颜色空间与色域 …… 24
2.2.3　颜色空间和颜色模型分类 …… 25
2.2.4　常用颜色空间及其颜色模型变换 …… 26
2.2.5　光源与光线 …… 30
2.3　数字图像的表示方法与类型 …… 31
2.3.1　图像的数字化过程 …… 32
2.3.2　采样点数和量化级数 …… 33
2.3.3　数字图像的表示与像素间的关系 …… 33
2.3.4　数字图像的类型 …… 35
2.3.5　常用的图像文件格式 …… 36
2.4　射影几何基础 …… 37
2.4.1　射影空间 …… 39
2.4.2　齐次坐标 …… 40
2.4.3　射影几何的性质 …… 40

2.4.4 射影不变量…… 40
2.4.5 射影变换…… 41
2.4.6 极线几何基本概念与极线约束…… 42
2.5 空间几何变换…… 43
2.5.1 欧氏变换…… 44
2.5.2 相似变换…… 51
2.5.3 仿射变换…… 52
2.5.4 射影变换…… 52
2.6 机器视觉系统常用坐标系与成像模型…… 53
2.6.1 空间坐标系统…… 54
2.6.2 角定向元素与旋转矩阵…… 56
2.6.3 内方位元素与外方位元素…… 58
2.6.4 摄像机的成像模型与共线方程…… 58
2.6.5 成像畸变与畸变模型…… 60
2.7 李群与李代数…… 62
2.7.1 李 群…… 64
2.7.2 李代数…… 65
2.7.3 李群与李代数间的对应关系…… 65
2.7.4 李代数求导与扰动模型…… 67
思考与练习题 …… 70
第 3 章 图像预处理与视觉信息提取 …… 71
3.1 图像的几何变换…… 71
3.1.1 图像的位置变换…… 71
3.1.2 图像的形状变换…… 75
3.1.3 图像的仿射变换…… 77
3.2 图像增强…… 78
3.2.1 灰度变换…… 78
3.2.2 直方图校正…… 79
3.2.3 图像平滑…… 85
3.2.4 图像锐化…… 89
3.2.5 频率域滤波…… 92
3.3 视觉图像特征信息提取…… 95
3.3.1 边缘特征信息提取…… 95
3.3.2 点特征信息提取…… 98
3.3.3 形态学图像处理 …… 106
3.4 实际工程案例 …… 109
3.4.1 精确制导武器末制导段定位 …… 109
3.4.2 视频图像自动拼接 …… 111
小 结…… 112

思考与练习题 …… 112
第 4 章 视觉传感器的标定 …… 113
4.1 基于 3D 标定场/物的摄像机标定 …… 115
4.1.1 直接线性变换算法 …… 116
4.1.2 非线性模型摄像机标定 …… 119
4.1.3 非线性模型相机标定实例 …… 124
4.2 基于 2D 标定靶的摄像机标定 …… 125
4.2.1 张正友标定方法 …… 125
4.2.2 张正友方法相机标定实例 …… 128
4.3 基于灭点的摄像机标定 …… 130
4.3.1 灭点和灭线的性质 …… 130
4.3.2 内参数计算 …… 132
4.3.3 外参数计算 …… 133
4.3.4 畸变系数计算 …… 134
4.3.5 基于灭点的摄像机标定实例 1 …… 134
4.3.6 基于灭点的摄像机标定实例 2 …… 135
4.4 双目立体视觉系统标定方法 …… 137
4.4.1 双目立体视觉相机标定方法 …… 137
4.4.2 基于极线几何理论的双目立体视觉相机标定法 …… 138
4.4.3 双目摄像机标定实例 …… 140
4.5 手眼标定方法 …… 141
4.5.1 IMU/摄像机组合视觉系统标定实例 …… 144
4.5.2 IMU/激光雷达组合视觉系统标定实例 …… 145
小 结 …… 147
思考与练习题 …… 147
第 5 章 双目立体视觉系统 …… 149
5.1 双目立体视觉系统特点和原理 …… 150
5.1.1 平行光轴立体视觉系统原理 …… 151
5.1.2 双目纵向立体视觉系统原理 …… 152
5.1.3 双目横向汇聚立体视觉系统原理 …… 153
5.1.4 双目立体视觉系统深度计算精度分析 …… 154
5.2 双目立体视觉匹配原理 …… 156
5.2.1 基于相关运算的区域匹配法 …… 158
5.2.2 基于特征的特征匹配法 …… 159
5.2.3 基于动态规划的立体匹配法 …… 159
5.2.4 立体匹配约束 …… 160
5.3 立体视觉图像校正 …… 160
5.3.1 平面校正法 …… 161
5.3.2 极约束校正法 …… 163

5.4 立体匹配算法性能评估 …… 165
5.4.1 Middlebury 评估平台 …… 165
5.4.2 KITTI 立体视觉评估平台 …… 165
5.5 实际工程案例 …… 168
5.5.1 玉兔号月球车自主航行 …… 168
5.5.2 祝融号火星车自主航行 …… 168
5.5.3 有人机/无人机视觉导航 …… 169
小 结 …… 170
思考与练习题 …… 170
第 6 章 其他机器视觉系统 …… 172
6.1 结构光视觉系统 …… 172
6.1.1 结构光和结构光测距 …… 173
6.1.2 结构光视觉系统测距原理 …… 174
6.2 雷达测距测角系统 …… 176
6.3 多视几何系统 …… 178
6.3.1 三焦点张量的几何基础 …… 179
6.3.2 三焦点张量的性质 …… 180
6.3.3 极线、基本矩阵和投影矩阵计算 …… 181
6.4 实际应用案例 …… 183
6.4.1 实际案例 1 …… 183
6.4.2 实际案例 2 …… 184
小 结 …… 184
思考与练习题 …… 185
第 7 章 运动视觉检测与分析 …… 186
7.1 运动视觉检测 …… 186
7.1.1 运动视觉特征提取与目标检测 …… 187
7.1.2 常用的背景建模方法 …… 188
7.1.3 智能视频监控应用测试案例 …… 194
7.2 运动视觉分析 …… 196
7.2.1 运动场与光流场 …… 197
7.2.2 光流约束方程 …… 198
7.2.3 常用的光流计算方法 …… 199
7.2.4 运动视觉估计方法 …… 205
7.2.5 无人系统应用测试案例 …… 213
7.3 运动视觉跟踪 …… 214
7.3.1 块匹配跟踪方法 …… 215
7.3.2 基于 Lucas - Kanade 光流的点跟踪方法 …… 216
7.3.3 卡尔曼滤波与预测跟踪方法 …… 216
7.3.4 多目标关联与跟踪 …… 217

7.3.5　智能监控系统应用测试案例 …… 218
7.3.6　无人系统应用测试案例 …… 218
7.4　运动视觉检测与分析评估平台 …… 222
7.5　实际工程案例 …… 224
7.5.1　深空探测器避障下降 …… 224
7.5.2　空间自主交会对接 …… 225
7.5.3　无人机/有人机视觉应用 …… 226
7.5.4　视觉定位导航 …… 226
小　结 …… 227
思考与练习题 …… 227
参考文献 …… 228

第1章 绪 论

近年来，随着新一代信息技术、人工智能技术和信息物理融合系统发展日趋成熟，可模拟人类功能的智能机器也逐渐走入人们的生产生活中，它可感知外部世界并可有效地解决人所能解决的问题。

赋予机器以人类视觉系统功能是非常重要的，由此也形成了一门新的学科——机器视觉(Machine Vision)。机器视觉是由机器(Machine)和视觉(Vision)组成，机器是系统功能实现的执行机构，其测量与控制信息来源于视觉；视觉指的是用视觉传感器和计算机来模拟人的视觉，即计算机视觉(Computer Vision)，其生活中的实例——基于车牌识别的车辆自助计费系统及其工作过程原理框图如图1.1所示。该系统当有车辆进入到指定区域时，计算机控制摄像机自动对车辆拍照(光线不足时会同步控制光源补光)，对车牌区域定位并自动识别和记录车牌信息，进而控制闸机将杆抬起，车辆通过后再将杆落下。

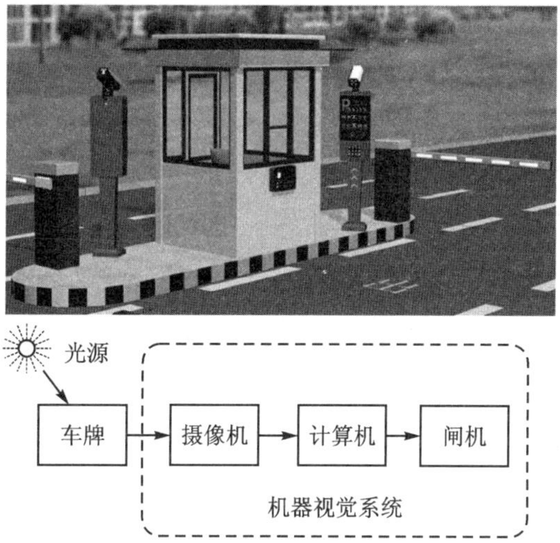

图1.1 基于车牌识别的车辆自助计费系统及其工作过程原理框图

从图1.1中可知，机器视觉系统涉及机械、光学、电子、数学、控制、人工智能、模式识别、计算机和软件等多个交叉学科专业知识，并用计算机视觉模拟人的视觉功能，进而控制现场设备动作；也可将计算机视觉用在军事、航天、医药、农业和工业自动化等领域中。计算机视觉属于机器视觉系统的一部分，但机器视觉又与计算机视觉研究内容的侧重点不同，机器视觉重点在于感知环境中物体的形状、姿态、位置和运动等信息。不过随着人工智能理论及应用技术的发展，对智能识别精度和可靠性要求越来越高，机器视觉和计算机视觉这两个方向必定会互相渗透、互相融合，区别也仅限于应用领域不同而已。因此，书中介绍视觉理论和算法时，不再明确区分机器视觉和计算机视觉的内容。

本章首先介绍人类视觉与机器视觉的关系及机器视觉系统组成；其次，讨论机器视觉的发展过程和发展趋势；然后介绍马尔(Marr)视觉理论框架；最后介绍机器视觉的应用领域与所面临的问题。

1.1 人类视觉系统与机器视觉系统

1.1.1 图 像

图像是对客观事物的一种相似性、生动性的描述或反映，是人类视觉和机器视觉的基础，是人类认识世界和人类本身的重要信息源，也是机器智能化的重要信息源。“图”是客观事物反射、透射或辐射电磁波的能量分布，是客观存在的；“像”是通过某种物理量（例如光、电和磁等）的强弱变化来记录“图”的信息，并将其转换为人的视觉系统能接受的“图”在人脑中所形成的印象或认识，例如：照片、绘画、剪贴画、地图、书法作品、手写汉字、传真、卫星云图、影视画面、X光片、脑电图和心电图等都是图像。人眼可以感知的电磁波波长范围约为380～760 nm，因此将该波长范围内的电磁波称为可见光，其电磁波谱图如图1.2所示。

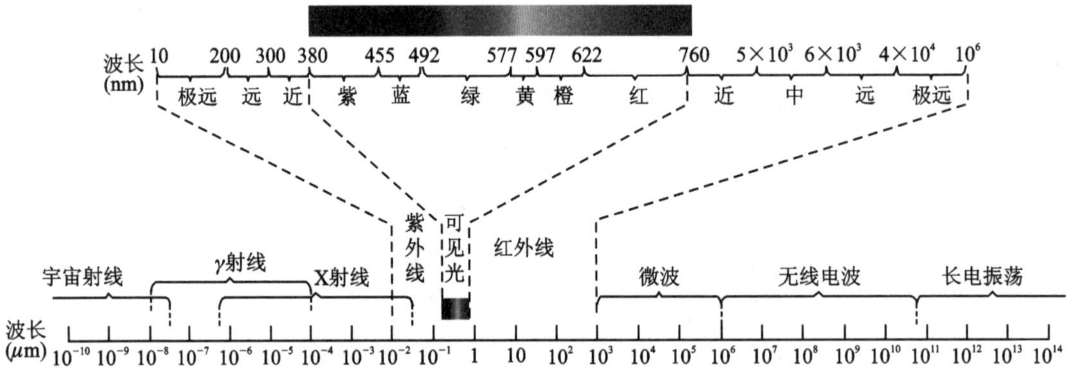

图1.2 电磁波谱图

1.1.2 人类视觉系统

人类在实际的生产、生活过程中，依靠感官来感受外界事物的刺激并经大脑对这些刺激进行处理来感知世界、认识世界、适应世界和改造世界。人类的主要感官有眼、耳、鼻、舌和身等，大脑是一切感官的中枢。眼睛是视觉器官、耳朵是听觉器官、鼻子是嗅觉器官、舌头是味觉器官和身体各个部位是触觉器官。在人类感知外部世界的信息中，约有80%的信息是通过视觉器官来获取的，“百闻不如一见”这一俗语也充分说明了通过视觉获取信息的重要性。

视觉是人类的一种基本功能，它不仅帮助人类获得信息而且还帮助人类处理分析信息。人类视觉的形成过程是由多个步骤组成的复杂过程，包括光学过程、化学过程和神经处理过程。人类视觉形成过程示意图如图1.3所示，首先外界物体发射或反射出来的光线，经过眼的屈光系统屈光和调节后，在眼底视网膜上成像，形成光刺激，这一过程称为“视感觉”；然后，视网膜上的锥体细胞和杆状细胞受到光刺激后，对光刺激信息进行一系列的理化变化，将其转换成脉冲微电信号，经视觉传导神经传导至大脑的视觉中枢皮质系统，经皮质系统处理后形成关于场景的表象，从而将对光的感觉转化为对景物的知觉，这一过程称为“视知觉”，“视知觉”包括亮度知觉、颜色知觉、形状知觉和空间知觉等。视感觉和视知觉两者有机结合构成完整的视觉过程，其中视感觉是较低层次的视觉处理过程，其主要接收外部刺激并主要考虑刺激的物理特性和对视觉感受器官的刺激程度；视知觉是较高层次的视觉过程，其从客观世界接受视觉刺激后如何反应及反应所采用的方式并将外部刺激转化为有意义的内容。

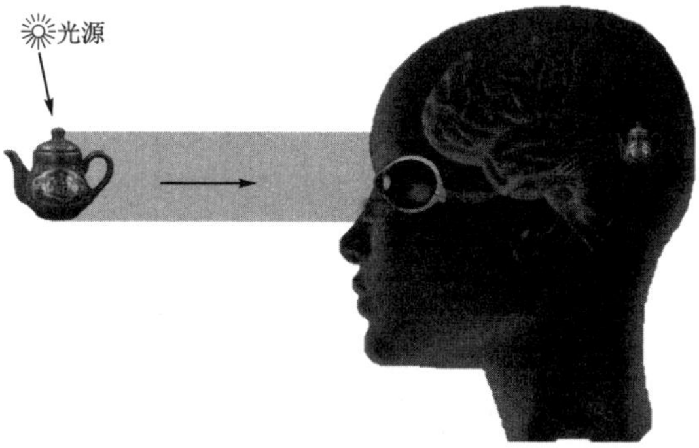

图 1.3　人类视觉形成过程示意图

图 1.3 所示的人类视觉形成过程中，眼睛接收场景反射或透射光形成场景图像，其只是视觉形成的窗口；而大脑视觉中枢才是最后视觉形成、调节和感知的最高指挥部。根据美国心理学家詹姆斯·吉布森[①](James Jerome Gibson，1904.01—1979.12)的理论，人类视觉的主要功能可概括为适应外界环境和控制自身的运动，例如：人看到喜欢的物品会伸手去摸、看见障碍物会躲避、见了客人会寒暄握手等。为了适应外界环境和控制自身的运动，人类视觉系统需要做到：能识别物体、能判断物体的运动并确定物体的形状和方位(人类对物体的形状、方位和运动等信息感知是整体感知，无法做到精确计算)，进而控制四肢等其他器官动作，其原理框图如图 1.4 所示。

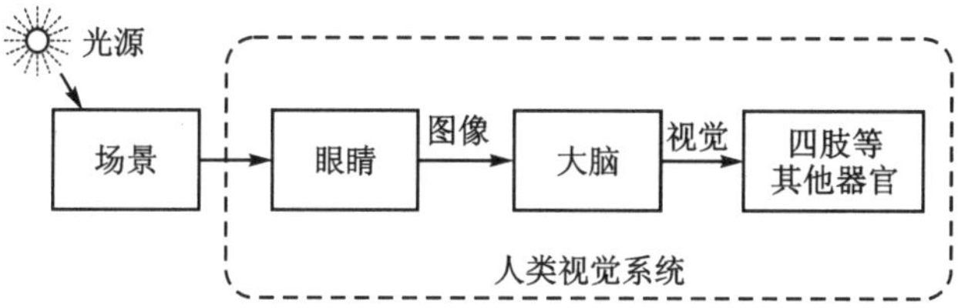

图 1.4　人类视觉系统原理框图

1.1.3　机器视觉系统

人类在实际的生产、生活和军事活动中，面临着自身能力、能量的局限性，在一些不适合于人工作业的危险工作环境或人类视觉难以满足要求的场合，常用机器来辅助或代替人类完成任务。用机器视觉代替人类视觉来做各种测量和判断，它能感知外部世界并有效地解决人所能解决的问题。

---

① 詹姆斯·杰尔姆·吉布森(James Jerome Gibson，1904.01.27—1979.12.11)，心理学家，20 世纪视知觉领域最重要的心理学家之一，创立了生态光学理论，主要代表著作《视觉世界的知觉》(The Perception of the Visual World)和《视知觉生态论》(Ecological Theory of Visual Perception)。1961 年获美国心理学会颁发的杰出科学贡献奖，1967 年当选为国家科学院院士。

机器视觉系统的主要任务是指通过机器视觉产品(即图像获取装置)将场景目标转换成图像信号并经计算机处理,形成物体识别、定位、三维形状恢复和运动分析等测量和判断信息,进而根据这些信息控制现场的设备动作,其原理框图如图 1.5 所示。

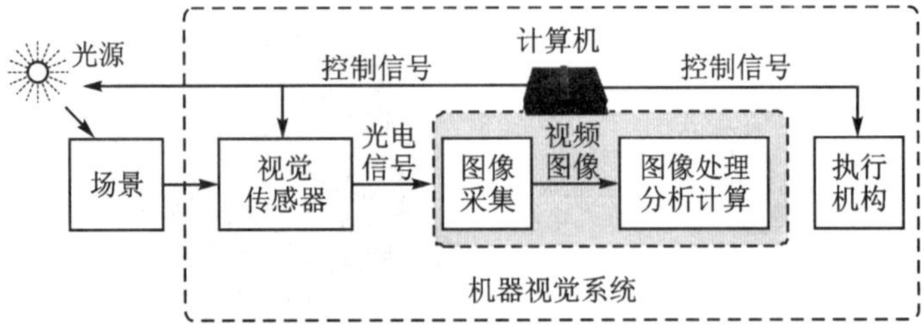

图 1.5　机器视觉系统原理框图

由图 1.1 和图 1.5 可知,一个典型机器视觉系统包括光源、视觉传感器、图像采集、图像处理、智能决策和控制执行等模块,其中图像采集、图像处理、决策和控制执行等模块都可以在计算机内完成。

(1) 光　源

光照是影响机器视觉系统输入的重要因素,它直接影响输入数据的质量和应用效果。通常在实际应用中,根据实际需求选择相应的照明装置,以达到最佳效果。光源可分为可见光和不可见光。

(2) 视觉传感器

视觉传感器是整个机器视觉系统信息的直接来源,其主要有雷达和摄像机。摄像机包括镜头和相机两部分,镜头主要有定焦镜头、变倍镜头、鱼眼镜头和显微镜头等;相机有 CCD 相机和 COMS 相机。视觉传感器既可以是单一的雷达或摄像机单独工作,也可以是雷达和摄像机组合工作,还可以多雷达和多相机组合使用。

(3) 图像采集模块

图像采集是机器视觉系统的重要组成部分,其主要功能是对视觉传感器输出的数据进行实时采集,将视觉传感器获取的光电信号转换为数字图像;同时还兼顾对相机触发、光源控制和相机复位等功能。

(4) 图像处理与分析计算

图像处理与分析计算是机器视觉的核心部分,在对图像进行滤波、降噪和增强等处理的基础上,对图像进行分析,获取场景中目标的形状、位置、姿态和运动等信息。

(5) 决策和控制执行

智能决策和控制执行是机器视觉应用的基础,根据图像处理与分析计算模块获得场景中目标的形状、位置、姿态和运动等信息并结合实际应用需求,产生决策信息和控制信号,控制相关设备或执行机构动作。

1.2　机器视觉的发展

1958 年,神经生理学家 David Hubel 和 Torsten Wiesel[①] 对哺乳动物的视觉处理机制是

① 神经生物学家 David Hubel 和 Torsten Wiesel 发现了视觉系统的信息处理规律,获 1981 年诺贝尔生物医学奖。

怎样形成的进行了研究。他们将电极插进控制猫视觉的后脑初级视觉皮层上，并观察猫受不同形状、不同亮度和不同位置变化的物体刺激时引起视觉皮层神经元的反应，并首次观察到视觉初级皮层的神经元对移动的边缘刺激敏感。1959 年，David Hubel 和 Torsten Wiesel 发表了论文《Receptive fields of single neurons in the cat's striate cortex》。他们发现视觉是从视觉世界中的简单结构开始（边缘和方向），随着视觉信息处理层次的递进，信息也在不断变化和抽象，在大脑建立了复杂的视觉信息（例如物体形状），直到它可以识别更为复杂的视觉世界。

在 20 世纪 50 年代，机器视觉是从统计模式识别开始，当时的工作主要集中在二维图像分析和识别上，例如光学字符识别、工件表面、显微图片和航空图片的分析和解释等。字符识别如图 1.6 所示。

1963 年来自麻省理工学院（MIT）的 Larry Roberts① 发表了计算机视觉领域的第一篇博士论文《Machine perception of three-dimensional solids》，标志着计算机视觉作为新兴研究方向的开始。Roberts 将环境限定为“积木世界”，使视觉世界简化为简单的几何形状，即周围的物体都是由不同的多面体组成的，通过点、直线和平面的组合来表示需要识别的物体。于是，利用计算机程序从数字图像中提取多面体的三维结构，包括立方体、楔形体、棱柱体等，进而对物体形状及物体的空间关系进行描述，开创了以理解三维场景为目的的三维机器视觉研究。Roberts 对积木世界的创造性研究工作给业界研究人员带来了启发，而且许多人相信，一旦由如图 1.7 所示的积木玩具组成的三维世界可以被理解，即可推广到理解更复杂的三维场景。到了 20 世纪 70 年代，已经出现了一些视觉应用系统。利用积木表示三维世界的实例如图 1.8 所示，图(a)为乐高积木搭建的故宫太和殿与长城等景观建筑，图(b)为新加坡天眼、印度泰姬陵和泰国郑王庙等景观建筑。

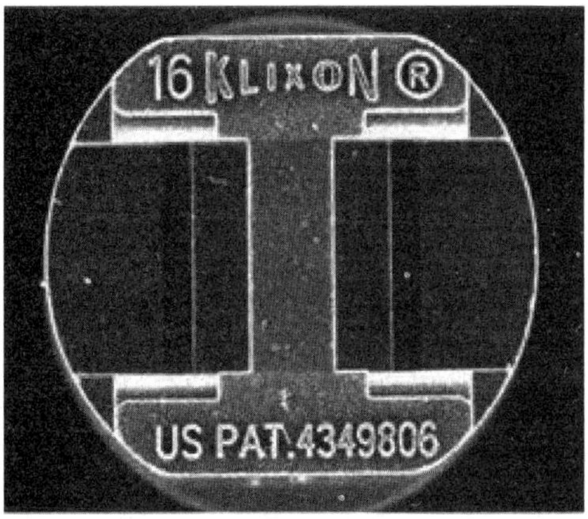

图 1.6　字符识别

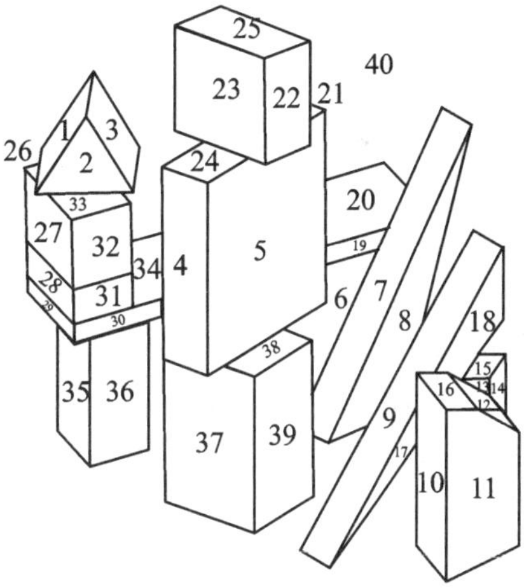

图 1.7　积木玩具组成的三维世界

20世纪70年代中期，麻省理工学院（MIT）开设了“机器视觉”课程，由伯特霍尔德·霍

① Larry Roberts 全名 Lawrence Gilman Roberts（1937. 12. 21—2018. 12. 26），首位设计和管理了第一个分组网络 ARPANET，主导建设了协议组第一网络 TCP/IP，被誉为“互联网创始人之一”，1976 年获得古德纪念奖。

(a)

(b)

图 1.8　马来西亚乐高主题乐园内的部分世界著名建筑(乐高积木搭建)

恩[①]教授讲授。同时,MIT 人工智能实验室吸引了国际上许多知名学者来参与机器视觉的理论、算法和系统设计方面的研究工作。1973 年,英国的 David Marr[②] 教授应 MIT 人工智能实验室的 Marvin Minsky[③] 教授和 Seymour Papert[④] 教授邀请访问 MIT,并在 MIT 开展知觉和记忆方面的研究工作。他在 MIT 人工智能实验室领导了一个以博士生为主体的研究小组,开展视觉理论研究。1977 年,Marr 提出了一种新的视觉计算理论——Marr 视觉理论。Marr 视觉理论不同于 Larry Roberts 提出的"积木世界"分析方法,该理论立足于计算机科学,并概括了心理生理学和神经生理学等方面已经取得的重要成果,将整个视觉计算任务分成初级视觉、中级视觉和高级视觉三个过程,建立了一个比较明确的视觉计算研究体系,推动了机器视觉理论的发展。

20 世纪 80 年代,Marr 视觉理论成为机器视觉研究领域中一个非常重要的理论框架,机器视觉进入了快速发展时期,全球开始兴起了机器视觉的研究热潮,而且新概念、新方法和新理论不断涌现,例如:基于感知特征群的物体识别理论框架、主动视觉理论框架、目的视觉理论框架和视觉集成理论框架等。在这一时期,虽然出现了很多视觉理论框架,但这些理论框架还存在不足,在实际应用中其鲁棒性和精确性也不高,也未达到在工业界得到广泛应用的预期结果,使得计算机视觉领域在 20 世纪 80 年代末到 90 年代初进入了"徘徊不前"的阶段。

20 世纪 90 年代,随着摄像机自标定和多视几何理论下的分层三维重建技术的发展,计算机视觉从"萧条"走向进一步"繁荣",计算机视觉开始在工业环境中得到广泛的应用。

21 世纪是对视频图像进行理解和应用的世纪。随着互联网、移动互联网、5G 通信、移动

① 伯特霍尔德·霍恩(Berthold Klaus Paul Horn),美国麻省理工学院教授、美国工程院院士、美国人工智能协会 Fellow,国际著名计算机视觉领域专家。他提出的经典光流算法(Horn - Schunck 方法)奠定了光流及运动视觉研究的基础。2009 年获得 Azriel Rosenfeld 终身成就奖。

② 大卫·马尔(David Courtnay Marr,1945.01.19—1980.11.17),英国心理学家和神经科学家,视觉计算理论的创始人。他的理论由其创建的博士生研究小组继承、丰富和发展,并由其学生归纳总结为一本计算机视觉领域专著《Vision: A computational investigation into the human representation and processing of visual information》,并于 1982 年发表。

③ Marvin Minsky(马文·明斯基,1927.08.09—2016.01.24),人工智能框架理论的创立者,被誉为"人工智能之父",创建麻省理工学院(MIT)人工智能实验室,1969 年获得图灵奖。

④ Seymour Papert(西蒙·派珀特,1928—2016),发明了 LOGO 编程语言,教育信息化奠基人,近代人工智能领域的先驱者之一。

计算、边缘计算、云计算、可穿戴计算、大容量存储、高速信号处理和大规模集成电路制造等技术的发展，进一步推动了机器视觉技术及应用的发展。将传统的视觉计算理论与知识学习有机结合，让光度视觉、几何视觉和语义视觉紧密结合起来，同时注入常识、领域知识和语言进行多模态融合，并通过学习不断演变①（见图1.9），推动机器视觉向着类人视觉系统功能发展，使机器像人一样看得清晰②，让计算机会看、会听、会说和会学习③，这依然是信息技术领域具有挑战性的课题。

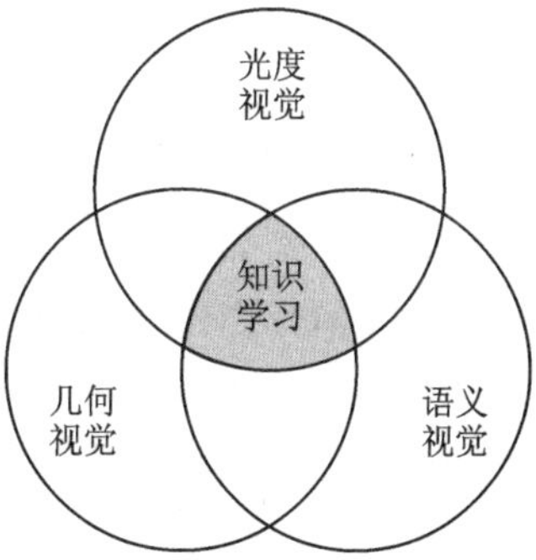

图1.9 基于知识学习的机器视觉
（张正友博士 GAIR 2019）

1.3 Marr视觉理论框架

20世纪80年代初，David Marr提出了第一个较为完善的视觉系统框架，使计算机视觉研究有了一个比较明确的理论框架。虽然Marr视觉理论存在一些不足，甚至在某些方面还存在争议，但这也推动了计算机视觉技术的蓬勃发展，通过深入研究并不断改进和完善这一视觉理论，使计算机视觉成为一门独立的学科。

1.3.1 视觉系统研究的三个层次

视觉研究的目的是要揭示视觉系统究竟是如何完成视觉任务的。Marr认为神经系统的信息处理过程与机器相似。视觉是一种复杂的信息处理任务，其目的是感知外部世界的各种情况，并把它们表达出来。所谓信息处理，就是把一些符号表象（Representation）④变成另外一些符号表象，这一处理过程从外部世界投射到视网膜上的图像开始，一直到形成某种知觉为止。因此，Marr从信息处理的角度出发，将机器实现一个必须理解的信息处理任务分为三个层次，即计算理论层、表象与算法层和硬件实现层，如表1.1所列。

表1.1 机器实现视觉系统信息处理任务的三个层次

计算理论层	表象与算法层	硬件实现
计算的目的是什么？ 为什么这一计算是合适的？ 执行计算策略的逻辑是什么？	如何实现这一计算理论？ 输入和输出的表象是什么？ 表象间转换的算法是什么？	表象和算法如何用物理实现？

① 张正友（1965.08.01— ），微软人工智能及研究事业部首席研究员，现任腾讯人工智能实验室主任，发明了的平板摄像机标定法在全世界被普遍采用（也称为张氏标定法），入选ACM Fellow和IEEE Fellow。

② 詹姆士·格雷（James Gray，1944—2007），数据库专家，他列出了12大信息科学问题之一：See as well as a person，1998年获得图灵奖。

③ 比尔·盖茨（Bill Gates，1955.10.28— ），微软公司创始人，他认为："The future of computing is to make computers see，hear，speak and learn."

④ 表象是指基于知觉在头脑内形成的感性形象。表象是外物的呈现方式，自在之物呈现给我们的东西才叫表象，它自在的状态不叫表象，只是物质自身。例如：人看到的物体是物体反射或透射的光经感官和大脑将光信息转化来的表象；人看到的电视画面是由接收到的电信号转化而来的图像，人只能看到图像，看不到电视信号。

按照 Marr 的理论,计算视觉系统的计算目的和实现这一计算的策略是什么? 这一计算为什么是合适的? 通俗点讲,计算理论层要回答视觉系统的输入和输出是什么,如何根据系统的输入获得系统的输出。在这个层次上,信息处理系统的特征是将一种信息(输入)转换为另一种信息(输出)。例如,系统输入是二维图像,输出是三维物体的形状、位置和姿态,信息处理系统的任务就是研究如何建立输入、输出之间的关系和约束,如何由二维图像恢复物体的三维信息。表象与算法层次是要进一步回答输入和输出信息是如何表象的,这一计算理论是如何实现的,以及如何由一种表象变换成另一种表象。一般来说,算法与表象是有关的,不同的表象方式,完成同一计算的算法会不同,而同一种输入、输出和计算理论可能对应有多种表象和算法。Marr 认为,算法与表象是比计算理论低一层次的问题,不同的表象与算法,在计算理论层次是可以相同的。最后一个层次是如何用硬件和用什么硬件实现上述表象和算法,例如计算机体系结构和具体的计算装置及其细节。

上述三个层次之间存在着逻辑和因果关系,从信息处理的观点来看,计算理论层次是最重要的,这是因为构成知觉的计算本质取决于解决计算问题本身,而不取决于用来解决计算问题的特殊硬件。换句话说,通过正确理解待解决问题的本质,将有助于理解并创造算法。如果考虑解决问题的机制和物理实现,则对理解算法无济于事。

对上述三个不同层次进行合理区分,对于深刻理解计算机视觉与生物视觉系统,以及它们之间的关系是大有益处的。例如,人的视觉系统与机器视觉系统在“硬件实现”层次上是截然不同的,前者是复杂的神经网络,而后者是使用计算机,但它们可能在计算理论层次上具有完全相同的功能。目前,计算机视觉的研究工作主要集中在前两个层次上,即计算理论层和表象与算法层;而机器视觉不仅要研究计算理论层和表象与算法层,还要兼顾硬件实现层。

1.3.2 视觉信息处理的三个阶段

Maar 从视觉计算的信息处理理论出发,建立了视觉处理的整个理论框架,并将视觉形成过程自下而上分为三个阶段,而且每个阶段产生不同的表象,形成了由图像恢复形状信息的三级表象结构,参见图 1.10 和表 1.2。

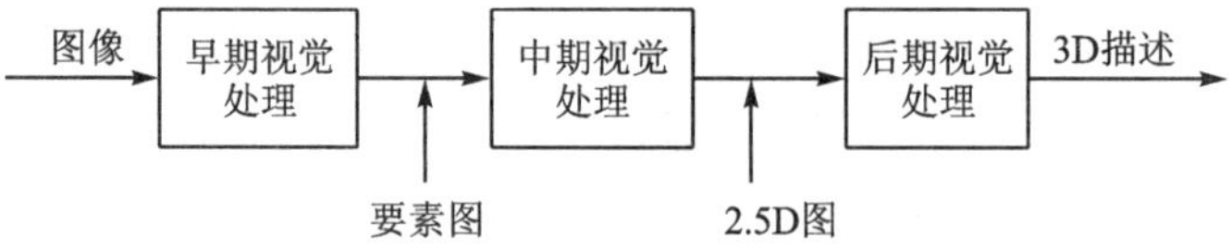

图 1.10 Marr 视觉理论框架的视觉处理三阶段

第一阶段称为早期视觉处理或低层视觉处理,是对最初的原始数据(二维图像)进行处理,抽取图像中的角点、边缘点、直线段、曲线和边界等基本几何元素或特征构成集合,并将其称为要素图或基元图(Primary sketch)。

第二阶段称为中期视觉处理或中层视觉处理,是对环境或目标进行 2.5 维描述,2.5 维描述是一种形象的说法,其是指部分的、不完整的三维信息描述,因为它是在以观察者为中心的坐标系下由输入图像和基元图重建三维场景,恢复三维物体的形状和位置仅是场景可见部分的深度、法线方向和轮廓等(当人眼或摄像机观察周围环境物体时,其只能观察到物体的局部,其他部分是物体的背面或被其他物体遮挡),而且这些信息包含了深度信息,但不是真正的物体三维表示,因此该阶段的视觉表象也称为二维半图(2.5 Dimensional sketch)。在该视觉处

表 1.2 由图像恢复形状信息的表象框架

名 称	目 的	基 元
图像	强度表象(亮度)	图像中每一点的亮度值
基元图	确定二维图像中的重要信息，主要是图像中亮度变化的位置及其几何分布和组织	零交叉点、斑点、端点和不连续点、边缘、有效线段、组合群、曲线组织、边界
2.5D 图	在以观察者为中心的坐标系中，确定可见表面的方向与深度值和不连续的轮廓	局部表面朝向(“针”基元) 离观测者的距离 深度上的不连续点 表面朝向的不连续点
3D 模型表象	在以物体为中心的坐标系中，通过使用体积基元(形状所占空间体积)和表面基元构成的模块化层次表示来描述物体的形状及其空间组织	分层次组成的若干三维模型，每个三维模型都是在几个轴线空间的基础上构成，所有的体积基元或表面形状基元都附着在轴线上

理阶段中，存在许多并行的且相对独立的模块，例如立体视觉、运动分析、由灰度恢复表面形状等不同处理单元。事实上，2.5 维描述是不够的，因为从各种不同角度去观察物体，观察到物体的形状都是不完整的，而且人脑中不可能存有从所有可能的观察角度看到同一物体的形象来与所谓的物体 2.5 维描述进行匹配和比较。因此，在 2.5 维描述的基础上必须进一步处理才能获得物体的完整三维描述，而且该处理过程必须是在以物体为中心的坐标系中完成，将这一阶段称为第三阶段(后期视觉处理或高层视觉处理)。

在 Marr 视觉理论中，第三阶段的表象层次是三维模型，它适用于物体的识别。这个层次的信息处理涉及物体，并且要依靠和应用领域有关的先验知识来构成对景物的描述，因此也被称为高层视觉处理。

1.3.3 Marr 视觉理论框架的不足及其改进

Marr 视觉理论是计算机视觉研究领域的划时代成就，提出了“基元图→物体 2.5D 描述→物体 3D 描述”一套相对完整的图像计算理论和方法，对图像理解和计算机视觉研究发展起了重要作用。自 20 世纪 80 年代初 Marr 提出视觉计算理论后，人们想到该理论的一种直接应用就是给工业机器人赋予视觉能力，然而经过 10 多年的研究和应用，人们发现 Marr 视觉计算理论也有其不足之处，主要包括：

① 框架中输入是被动的，给什么图像，系统就处理什么图像；

② 框架中信息处理的目的不变，总是恢复场景中物体的位置和形状等；

③ 框架缺乏或者说未足够重视高层知识的指导作用；

④ 整个框架中的信息处理过程是自底而上，单向流动，没有反馈。

马里兰大学的 J Y Aloimonos① 认为视觉要有目的性，且在很多应用中不需要进行严格的三维重建，进而提出了目的和定性视觉(PurposeandQualitativeVision)的概念；宾夕法尼

① John Yiannis Aloimonos，马里兰大学大学教授，计算机视觉实验室主任，1987 年获 Marr 荣誉奖，1990 年获总统青年研究员奖，1994 年获人工智能和计算机视觉 Bodossak 奖。

亚大学的 R Bajcsy[①] 认为,视觉过程存在人与环境的交互,因此提出了主动视觉的概念(Active Vision)。密西根州立大学的 A K Jaini 认为视觉计算应该重点强调应用,为此提出了应用视觉(Practicing Vision)的概念。1994 年,视觉领域著名刊物(*CVGIP*: *Image Understanding*)还专门组织了一期专刊对计算机视觉理论进行辩论,并发表了一些新的观点。然而,国际视觉专家普遍认为视觉计算的"主动性""目的性"是合理的,但问题是如何给出新的理论和方法。而当时提出的一些主动视觉方法,仅仅是在算法层次上的改进,缺乏理论框架上的创新,而且这些内容也完全可以纳入 Marr 视觉计算理论的框架下。

尽管 Marr 没有给出完备的视觉计算理论框架,也没有研究如何用数学方法严格地描述视觉信息的问题,导致业界很多研究人员对 Marr 视觉理论提出了质疑和挑战,但这也促进了计算机视觉技术的发展。经过实践证明,Marr 视觉理论至今并未过时,仍是计算机视觉领域研究的主流,仍是大家普遍接受的视觉计算理论的基本框架。现在新提出的理论框架均包含了 Marr 视觉理论的基本内容,是对 Marr 视觉理论的补充和发展。例如,在引入高层知识和视觉目的等反馈信息来指导或修正图像获取和视觉计算各阶段的信息处理后获得改进的视觉理论框架,其原理框图如图 1.11 所示。因此,Marr 视觉理论也被认为是计算机视觉成为一门独立学科的标志。

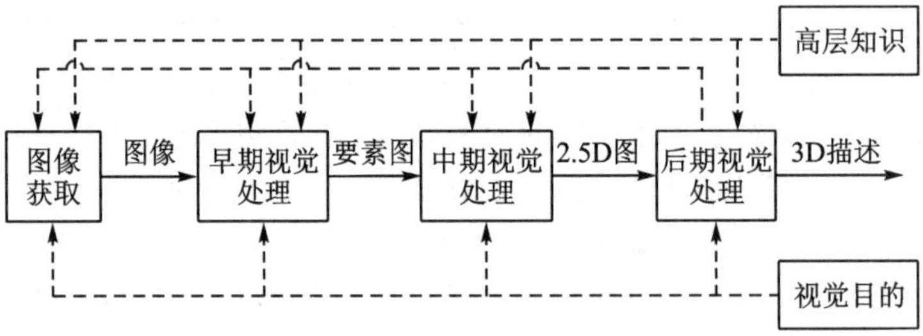

图 1.11 改进的 Marr 视觉理论框架(张广军,2005)

1.4 机器视觉的应用领域及其应用案例

机器视觉可以应用在人们生产、生活和军事活动中的各个方面,可以说,需要人类视觉的场合几乎都需要机器视觉,而且在许多人类视觉无法感知的场合,如精确定量感知、危险场景感知和不可见物体感知等,机器视觉更突显其优越性。机器视觉可以用在军事、国防、航空、航天、交通、运输、医学、医药、生物、遥感、测绘、体育、教育、文物保护、农业、林业、工业、办公和服务等领域,其主要应用实例如表 1.3 所列。

在表 1.3 所列的应用实例中,利用机器视觉实现的主要功能是检测、识别、测量、监控、定位导引和三维重建等。下面介绍一些典型的应用案例。

---

① Ruzena Bajcsy,加州大学伯克利分校教授,曾在担任宾夕法尼亚大教授期间建立了现在享有世界声誉的 GRASP(General Robotics, Automation, Sensing and Perception)实验室。2001 年获 ACM/AAAI 艾伦·纽厄尔(Allen Newell)奖,2009 年获富兰克林(Benjamin Franklin)奖章,2013 年获 IEEE 机器人和自动化奖。2002 年 11 月被《发现》杂志评为科学领域 50 位最重要的女性之一。

表1.3 机器视觉的典型应用

应用领域	应用实例
军事、国防	目标探测跟踪、精确导航制导、目标定位打击、战场环境模拟和自动警戒等
航空、航天	交会对接、检测维修、卫星定轨、自主着陆、空中加油和飞行驾驶员训练等
交通、运输	无人驾驶、智能停车场、自助闸机、自动分拣、智能停车和智能驾考等
生物、医学	器官影像三维重建、自动解释、手术模拟、智能诊疗和看护机器人等
体育、教育	运动员辅助训练、智能运动场、智能体育、运动姿态分析和VR沙盘等
遥感、测绘	天气预报、滑坡监测、灾害评估、自动解释、文物重建和云博物馆等
监视、监控	智能监控、自动巡检、动物活动监测、设备运行状态自动监测和电子围栏等
农林牧渔	产品溯源、智慧农业、果蔬分拣、动物保护、自动采摘和农机自动驾驶等
工业生产	缺陷检测、自动装配、自动焊接、产品分拣、工件自动测量和智能制造等
办公、服务	文字识别、手写输入、智能门禁、刷脸签到、自动售卖机和清洁机器人等

(1) 航天器空间交会对接

1992年，我国决定实施载人航天工程，并确定了我国载人航天“三步走”的发展战略①。空间交会对接是指两个航天器在空间轨道上会合并在结构上连成一个整体的技术，是实现空间站、航天飞机、太空平台和空间运输系统的空间装配、回收、补给、维修、航天员交换及营救等在轨道上服务的先决条件。2011年11月3日凌晨，我国首次实施并完成了神舟八号和天宫一号空间站自动交会对接任务，交会对接过程分为远距离导引段、自主控制段、对接段、组合体飞行段和分离撤离段。神舟飞船搭载的传感器主要有微波雷达、激光雷达、CCD光学成像敏感器和TV摄像机等。神舟八号从地面发射升空入轨后进入远距离导引段，在地面测控通信系统的导引下，经过5次变轨控制，飞抵天宫一号后下方约52 km处，转入自主控制飞行状态。在自主控制阶段，其中从52 km到5 km是寻找段，从5 km到140 m是接近段，从140 m到对接机构接触是平移靠拢段。在寻找段，神舟八号经过4次自主变轨控制，发现天宫一号并抵达距其约5 km的对接入口点，同时完成相对导航设备开机及状态切换，并进行对接机构的准备；在接近段内，依靠传感器测量信息继续引导神舟八号飞船接近天宫一号，并在400 m停泊点对飞船状态和CCD相机状态进行确认；在140 m停泊点进一步对CCD相机和对接机构准备情况进行确认，同时根据相对导航信息调整飞船的姿态。在平移靠拢段，依靠激光雷达和CCD相机引导神舟八号飞船进一步靠近天宫一号并进入30 m停泊点进一步调整飞船的姿态，最后飞船沿直线缓缓接近天宫一号完成对接任务。我国的空间站示意图和神舟九号飞船上的TV摄像机拍摄到的天宫一号上的对接标识分别如图1.12和图1.13所示。

① 载人航天工程“三步走”战略：第一步，通过实施神舟飞船4次无人飞行任务和2次载人飞行任务，使我国成为第三个具有独立开展载人航天活动能力的国家；第二步，通过实施神舟七号飞行任务和天宫一号与神舟八号、九号、十号交会对接任务，建成我国首个试验性空间实验室并完成天宫二号与神舟十一号、天舟一号交会对接等任务，为空间站建造和运营奠定基础；第三步，建成和运营我国近地载人空间站，预计2022年前后建成。

图 1.12 我国空间站示意图

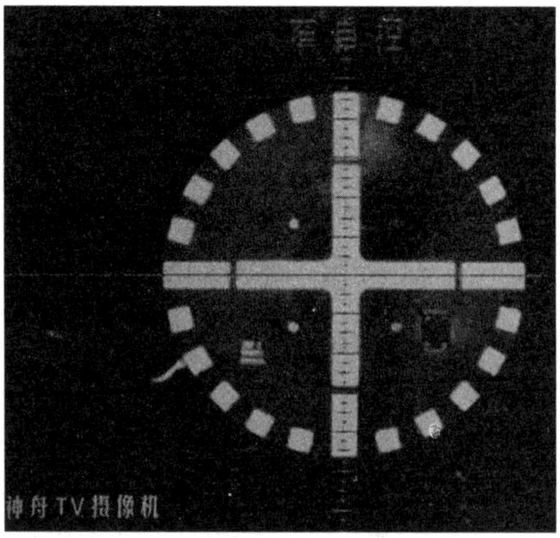

图 1.13 TV 摄像机拍摄的对接标识

(2) 嫦娥探测器登月与月球车自主导航

开展月球探测是我国迈出航天深空探测第一步的重大举措，根据中国探月工程“绕”“落”“回”三步走战略①。嫦娥四号探测器作为世界首个在月球背面软着陆巡视探测的航天器，其主要任务是着陆月球表面，继续深入探测月球资源信息，其由探测器和巡视器组成。嫦娥四号探测器的制导导航与控制系统主要由自主导航惯性测量单元、激光测距、微波测距、微波测速、光学成像和激光三维成像等一系列敏感器，再加上图像数据处理计算机和水平机动推力器综合而成。2019 年 1 月 3 日，嫦娥四号探测器从距离月面 15 km 处开始实施动力下降(叶培建，2019)，其示意图如图 1.14(a)所示。动力下降过程将先经历着陆准备段、主减速段和快速调整段，主减速段进行减速制动，终端高度调整到 8 km 左右，俯仰姿态约 70°，转入快速调整段；快速调整段进行着陆器姿态和发动机推力的调整，转入接近段，高度 6 km 左右，姿态垂直向下，水平速度为 0 m/s；同时建立与中继星的反向数据链路并回传降落相机的抽帧数据。此后将经历接近段、悬停段、避障段和缓速下降段四大避障环节，接近段基本上是垂直下降的过程，使引入测距修正时，测距敏感器指向月面的位置在小范围内波动；在高度 2 km 左右，采用光学相机成像，进行粗避障，主要识别约大于 1 m 的石头或坑等较大的障碍；在高度 100 m 左右，姿态为垂直月面，垂向速度和水平速度均为 0 m/s，转入悬停段，开展激光三维成像敏感器和 CCD 相机成像，并进行地形障碍自主识别(识别约大于 20 cm 的石头或坑)和避障策略制定，实施精避障，其示意图如图 1.14(b)所示；经避障控制，移动到优选的着陆点上方，缓速下降，以预定速度着陆月面。

玉兔二号巡视器离开嫦娥四号探测器后，依靠其搭载的全景相机完成环境感知、路径规划并按规划路径通过视觉导航引导月球车航行并执行探测任务，嫦娥四号探测器和玉兔二号巡视器如图 1.15 所示。全景相机是由两台一模一样的相机组成，安装在“玉兔二号”巡视器的桅杆上，相机可依靠桅杆的左右旋转和上下俯仰，对周边环境进行 360°拍摄，再拼接出整个环拍区域地形地貌的全部形态。通过相机拍摄的高分辨率的月面光学影像实现三维立体成像，对

① 我国探月工程规划为绕、落、回三期。第一期，研制和发射我国首颗月球探测卫星，实施绕月探测；第二期，进行首次月球软着陆和自动巡视勘测；第三期，进行首次月球样品自动取样返回探测。

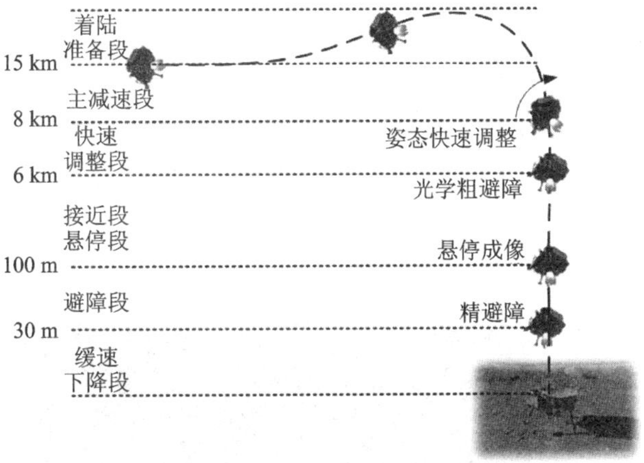

(a) 嫦娥四号探测器落月过程

(b) 落月自主避障

图 1.14　嫦娥四号探测器落月过程示意图

(a) 嫦娥四号探测器

(b) 玉兔二号月球车

图 1.15　嫦娥四号探测器和玉兔二号巡视器

巡视区进行近距离探测和地形地貌分析。

(3) 北斗卫星精密定轨

北斗卫星导航系统(BeiDou Navigation Satellite System,BDS)①是我国着眼于国家安全和经济社会发展需要,自主建设、独立运行的卫星导航系统,是为全球用户提供全天候、全天时、高精度的定位、导航、授时和短报文服务的国家重要空间基础设施。2020 年 6 月 23 日,随着北斗三号最后一颗全球组网卫星在西昌卫星发射成功后,北斗卫星导航系统已经完成了全球组网建设,其示意图如图 1.16 所示。

① 北斗卫星导航系统“三步走”发展战略,第一步发展满足中国及周边地区应用的北斗一号系统(1994—2003 年);第二步建成满足为亚太地区提供定位、测速、授时和短报文通信服务的北斗二号系统(2004—2012 年);第三步建成北斗全球卫星导航定位系统,2018 完成基本系统建设,2020 年全面建成北斗三号系统。

为了保证用户的导航定位精度，需要精确确定每一颗北斗卫星的运行轨道。卫星激光测距(Satellite Laser Ranging，SLR)方法是实现北斗卫星精密定轨的主要方法之一。其利用安置在地面上的卫星激光测距系统所发射的激光脉冲，跟踪观测装有激光反射棱镜的北斗卫星，以测定测距站到卫星之间的距离，进而实现北斗卫星精密定轨。卫星激光测距系统由激光发射系统、激光接收系统、距离及时间显示系统和跟踪随动系统 4 部分组成，其测距示意图如图 1.17 所示。

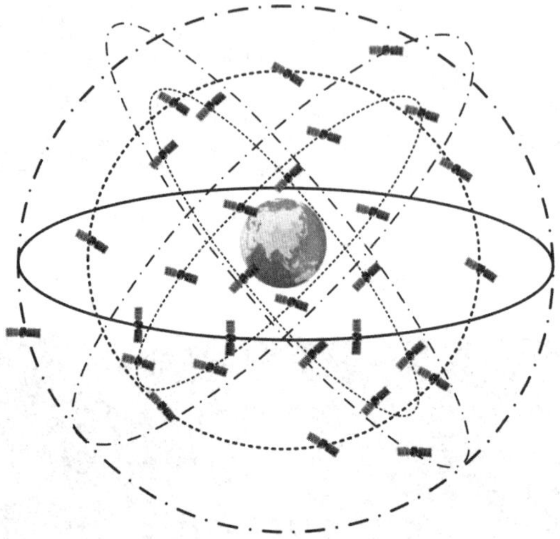

图 1.16 北斗全球导航卫星系统

图 1.17 卫星激光测距系统

(4) 自动驾驶系统

随着科技的发展，近年来，自动驾驶已逐步成为现实。汽车自动驾驶系统(Motor Vehicle Auto Driving System)是一种通过车载电脑系统实现无人驾驶的智能汽车系统，又称无人驾驶汽车、轮式移动机器人或自动驾驶汽车。汽车自动驾驶系统主要包括：感知系统、决策系统、执行系统和通信系统 4 个部分。其中感知系统主要利用摄像机、激光雷达和毫米波雷达等视觉传感器感知车辆前方和周围的环境和即时信息，为无人驾驶车辆提供完整、准确的环境与导航信息，保证车辆安全自动航行。例如：特斯拉 Autopilot 2.0 自动驾驶汽车，该车共配备 8 台摄像机(3 个前置摄像头、2 个侧边摄像头和 3 个后置摄像头)、12 个超声波传感器和 1 个前置增强版的毫米波雷达，实现全车 360° 的周围环境感知，对周围环境的监控距离最远可达 250 m，车辆搭载的处理器运行特斯拉基于深度神经网络研发的视觉系统、声呐与雷达系统软件，为驾驶员动态提供人眼无法触及的世界影像，提高了车辆行驶的安全性。自动驾驶车辆及环境感知示意如图 1.18 所示。

(5) "刷脸＋"系统

随着计算机、移动通信、互联网和人工智能技术的发展，以人脸识别为应用基础的"刷脸＋"系统已经进入了人们实际生产生活中，"刷脸"就是对人脸的特征进行准确识别并对人的身份进行判别，摄像头采集人脸图像并进行特征分析，计算获得人脸的特征信息，将其与数据库中的信息进行比较分析，对采集人脸及其身份进行识别。在此基础上，刷脸＋银行卡实现刷脸

(a) 百度自动驾驶汽车　　(b) 视觉环境感知

图 1.18　自动驾驶车辆及环境感知示意

支付①、刷脸＋闸机实现刷脸自助通行和刷脸＋红外摄像头实现刷脸签到和测温等，其实物照片如图 1.19 所示。

(a) 刷脸支付　　(b) 刷脸闸机　　(c) 刷脸签到测温

图 1.19　“刷脸＋”系统

1.5　机器视觉应用面临的问题

由于人具有发达的大脑和神经系统，而且逻辑推理能力和再学习能力强，人类视觉对环境识别和感知能力很强。但人的视觉也同样存在不足。机器视觉主要是模仿人眼和大脑的信息处理模式对环境进行感知和测量并替代人执行任务，这主要取决于机器视觉的固有优势。人类视觉和机器视觉对比如表 1.4 所列。

① 2017 年 2 月 22 日，《麻省理工科技评论》官方网站发布 2017 全球十大突破性技术，“刷脸支付”成为该榜单创建 16 年来首个来自中国的技术突破。

表 1.4 人类视觉和机器视觉对比

比较项	人类视觉	机器视觉
环境适应性	适应性强，可在复杂环境中识别目标	适应性差，受环境变化影响明显
智能性	再学习能力强，可识别变化的目标，并能总结规律	再学习能力差，识别变化的环境和目标较差
彩色识别能力	对色彩的分辨能力强，但容易受人的心理影响，不能量化	对色彩的分辨能力较差，其受采集硬件影响明显，但具有可量化的优点
灰度分辨力	差，一般只能分辨 64 个灰度级	强，通常使用 256 灰度级
空间分辨力	分辨率较差，不能观看微小的目标	相机分辨率高，通过备置各种光学镜头，可以观测小到微米、大到天体的目标
速度	人眼无法看清较快速运动的目标	高速相机可看清快速运动的目标
感光范围	可见光	紫外、红外、可见光，还有 X 光等特殊摄像机
环境要求	对环境温度、湿度的适应性差，一些应用场景对人有损害	对环境适应性强，可加防护装置
观测精度	精度低、无法量化	精度高，可到微米级，易量化
其他	主观性、受心理影响、易疲劳	客观性，可连续工作

对于人类视觉来说，识别和理解周围场景是一件非常容易的事，但对于机器视觉来说，却是一件很困难的事，这主要是因为人们所建立的各种视觉系统大多数是针对某一特定环境或应用场合的专用系统，而建立一个与人类视觉系统相比拟的通用视觉系统还是非常困难的。目前，机器视觉存在的主要困难和面临的挑战问题主要有以下几点。

(1) 图像多义性与 3D 视觉

2D 视觉技术经过 30 余年的发展，技术较为成熟，在很多领域中已被广泛应用。但由于 2D 图像丢失了深度信息，而且有时 2D 图像还存在多义性，图像不能提供足够的信息来恢复场景，需要附加额外的约束才能解决从图像恢复场景时的多义性问题。随着对场景恢复精确度的要求越来越高，特别是对动态 3D 环境感知的要求越来越高，3D 视觉技术将成为主流发展方向。

(2) 图像像素表征环境困难与多视觉传感器数据融合

场景或目标在成像时会受其材料性质、空气条件、光源角度、背景光照和摄像机角度等因素的影响，所有这些因素都归结到一个单一的测量，即像素的灰度。要确定各种因素对像素灰度的作用大小是很困难的。随着低成本、小体积的各类视觉传感器出现，可采用多视觉传感器同时对场景或目标进行成像，通过多视觉传感器数据融合来提高视觉的可靠性和精确性。

(3) 海量数据处理与信息挖掘

随着高速相机、高分辨率相机在机器视觉领域的应用，图像或视频数据量庞大。在对场景恢复、理解的过程中需要实时处理海量数据，而且在进行模型训练时往往需要百万甚至千万级别的数据，要搜集如此巨大的数据是一件十分困难的事情。例如，以目前的新冠疫情中刷脸签到测温系统为例，现有人脸识别模型无法满足戴口罩人脸识别，需要重新训练新的模型，但是训练模型需要大量数据，短时间内各研发企业无法获取到足够多的有效数据，造成了研究进展缓慢;而且海量数据标注耗时费力,是一笔巨大的开销,以人脸照片数据标注为例,根据项目属性的需要,可能需要标注人的性别、年龄、肤色、表情、种族、发型和是否佩戴眼镜等,这将是一项非常繁琐的工作。CVPR 2020 最佳论文奖的主要贡献是提出了一种基于原始单目图像学习 3D 可变形物体类别的新方法,且无须外部监督(Shangzhe Wu,2020)。

(4) 多模态数据语义理解和融合

随着物联网、互联网、5G 的快速发展,以及视觉发展的需要,机器视觉未来面对的将不再是单一数据,是多种视觉信息,这些信息来自视频、图像、文本、声音、压力和温度等多方面数据,而且理解自然景物要求大量专业知识或通用知识,例如:要用到阴影、纹理、体视觉、物体大小等知识,基于专业知识和常识来对这些多模态数据进行融合、理解并合理表达也是一个挑战性的问题。

(5) 高效的视觉模型设计与端边云 AI 计算

随着实际应用对机器视觉的可靠性、精确性和实时性要求越来越高,这与视觉海量数据传输、存储和计算形成了一对矛盾体,这也是 AI 运算需要面临的挑战性难题问题。设计"端＋边＋云"计算的分布式视觉模型,充分利用"云＋边＋端"计算的优势,也是未来机器视觉应用的发展趋势。

思考与练习题

(1) 以生活中的实例说明计算机视觉和机器视觉间的主要区别和联系。

(2) 举例对比说明"积木世界"理论和 Marr 视觉理论的优缺点。

(3) 举例说明机器视觉系统的组成及其工作原理。

(4) 举一个生活中的机器视觉应用的实例,并说明其工作原理。

(5) 举例说明机器视觉在人们生产生活中的重要性。

(6) 查阅文献,综述并对比分析 20 世纪 80 年代至 90 年代初期,机器视觉理论的主要观点、代表人物以及相关理论的优缺点。

第 2 章　机器视觉中的数理基础

图 1.5 所示的机器视觉系统原理框图是一个光机电有机集成的系统，其运用了现代先进控制、计算机和传感器等技术。其中机器涉及机械、运动和控制的相关知识；而视觉中的“视”是代替人眼看物体，其主要是硬件，包括光源、视觉传感器和采集卡；“觉”是代替人脑对看到的物体进行知觉和认知，其主要是软件，包括描述物体形状、位置、姿态和空间运动信息的计算机视觉算法和软件。视觉从看到物体到对物体进行感觉和认知这个过程涉及了很多数学和物理方面的基础知识，本章对这些相关的数学和物理知识进行介绍，以方便具有不同知识基础和知识背景的人员阅读。

2.1　视觉传感器

2.1.1　常用视觉传感器

人可以借助眼睛观看五彩斑斓的世界，但人眼只能感知到电磁波谱中的可见光部分；而机器视觉借助视觉传感器可感知到电磁波谱中更广的范围，这些视觉传感器包括单目相机、双目相机、鱼眼相机、深度相机、全景相机、事件相机、红外相机、紫外相机、热成像相机、激光雷达、毫米波雷达、合成孔径雷达、X 射线相机、γ 射线相机、超声成像仪和核磁/CT 成像仪等，其实物照片图如图 2.1 所示。

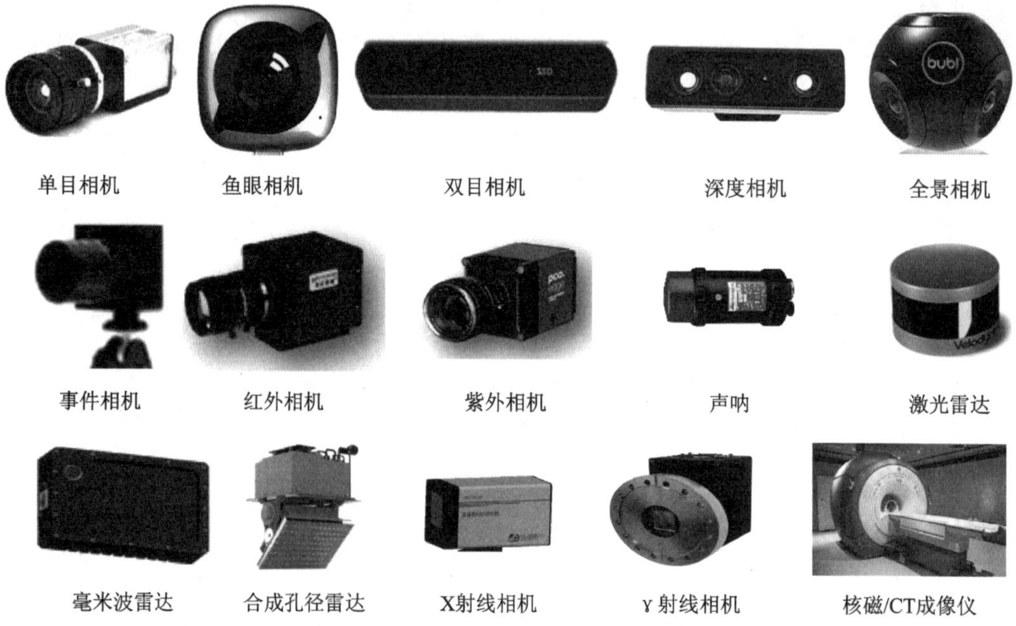

图 2.1　视觉传感器

2.1.2　相机成像技术

相机成像技术伴随着摄影技术的发展而一同发展。约公元前 400 多年(春秋末期到战国初期),墨子发现了小孔成像现象,并和他的学生做了世界上第一个小孔成像实验,并在《墨经》中记载了小孔成像原理①。16 世纪文艺复兴时期,欧洲出现了绘画用的"成像暗箱",相机成像技术也得到了初步发展。此后相机经过了快速发展阶段、成熟发展阶段和电子化高速发展阶段。1969 年由美国贝尔实验室的维拉·博伊尔(Willard S Boyle)和乔治·史密斯(George E Smith)发明了成像半导体电路——电荷耦合器件(Charge-coupled Device,CCD)图像传感器②,其具有畸变小、体积小、重量轻、系统噪声低、功耗小、寿命长和可靠性高等优点而被广泛应用。另一种图像传感器感光元件是 CMOS 图像传感器,CMOS 是 Complementary Metal Oxide Semiconductor(互补金属氧化物半导体)的缩写。CCD 和 CMOS 图像传感器属于同源异种,两者都具有微型镜头、分色滤色片和感光层等结构,两者光电转换的原理相同,它们最主要的差别在于信号的读出过程不同,其示意图如图 2.2 所示。

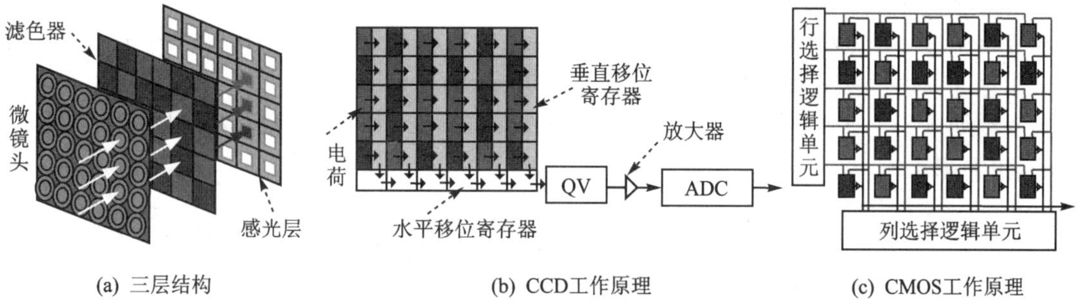

图 2.2　CCD 和 CMOS 的结构及其工作原理示意图

如图 2.2 所示,CCD 图像传感器在工作时,外界光线会通过微透镜层进行汇聚,再经过滤色片层分色后,感光层中的每个感光二极管根据光线强度的不同,产生数量不等的自由电荷,电荷的数量直接与入射光的强度及曝光时间成正比。曝光结束后,先将每一列的电荷数据移动到垂直移位寄存器中,然后将垂直寄存器中的电荷按行移动到到水平移位寄存器中,将水平移位寄存器中的电荷信息像"排队体检"一样依次连续读出,这些强弱不同的电荷信号经过电子电压转换(Electron to voltage conversion)器 QV 转换为电信号,经过放大器放大获得 1 帧图像信息,再经过模数转换器 ADC 获得数字图像信息。CMOS 图像传感器感光层中的每一个感光单元(也称为像素)都包含一个电子电压转换器、放大器和模数转换器,其在工作时,外界光照射像素阵列,发生光电效应,在像素单元内产生相应的电荷;进而通过行选择逻辑单元和列选择逻辑单元选取希望操作的像素并经过电子电压转换器、放大器和模数转换器获得数字图像信号。由于两者的实现方式不同,两者的优缺点也不同,两者的性能比较详如表 2.1 所列。

---

① 光之人,煦若射,下者之人也高;高者之人也下。足蔽下光,故成景于上;首蔽上光,故成景于下。在远近有端,与于光,故景库内也。

② Willard S Boyle 和 George E Smith,荣获 2006 年度美国工程学界三大最高奖中的查尔斯·斯塔克·德雷珀奖(Charles Stark Draper Prize),荣获 2009 年度诺贝尔物理学奖,以表彰他们对 CCD 发展的贡献。

表 2.1 CCD 和 CMOS 图像传感器的性能比较

项　目	CCD 图像传感器	CMOS 图像传感器
价格	高	低
速度	慢(串行处理,帧率低)	快(并行处理,直接访问单像素,帧率高)
噪声	低	较高(存在固定模式噪声)
耗电量	高	低(约为 CCD 的 1/8～1/10)
影像锐利度	高	一般
动态范围	高	一般
灵敏度	高	低
集成度	低	高(微型相机)
成本	高(单反相机)	低(手机相机)

CCD 和 CMOS 图像传感器的尺寸和图像分辨率数决定了图像的质量,其感光面积越大,图像分辨率越高,其成像效果越好。其中传感器尺寸决定了感光区域面积的大小,传感器尺寸通常用英寸表示,1 英寸的图像传感器,其对角线长等于 16 mm①,常用的图像传感器尺寸及相关参数如图 2.3 所示。图像分辨率用于衡量图像清晰度,常用像素数/英寸(Display Pixels/Inch,DPI)来表示。

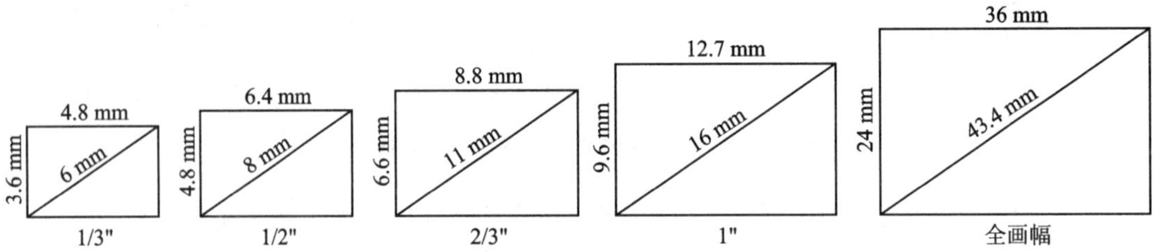

图 2.3 常用图像传感器型号尺寸及相关参数

2.1.3 镜头及相关参数

相机成像时需要相机镜头和成像传感器协同完成,不同参数的镜头对成像范围、质量有一定影响,与相机镜头相关的主要成像参数如图 2.4 所示。

主光轴是通过透镜两个球面球心的直线;工作距离(Work Distance,WD)是物镜端面到被拍摄物体表面的距离;视野(Field of Vision,FOV)为相机观察到物方可视范围的大小,其与工作距离成正比;景深(Depth of Field,DOF)是相机能够获取清晰图像时相机工作距离的范围,景深内的物体都可以清晰成像,其大小与光圈、镜头和工作距离有关;焦距为透镜光心到焦点

① 1950 年出现的第一代电视机,使用阴极射线管(Cathode Ray Tube,CRT)作为显示屏。由于从 CRT 显像管发射出的电子轨迹是圆形的,其在屏上的成像也是圆的,需要将其裁成方屏。为避免出现按整个圆来剪裁时出现屏幕四个角发暗的问题,在比圆小的区域中裁出一个长方形。根据人类视觉特点和实践得出的结论是:屏的比例维持在 1.5 是最佳的,即在 1 in(英寸)的圆上裁出 16 mm 的长方形屏是最佳的。因此,后来将对角线为 16 mm 的屏仍然称作 1 in,CCD 和 CMOS 图像传感器也沿用了这一惯例。

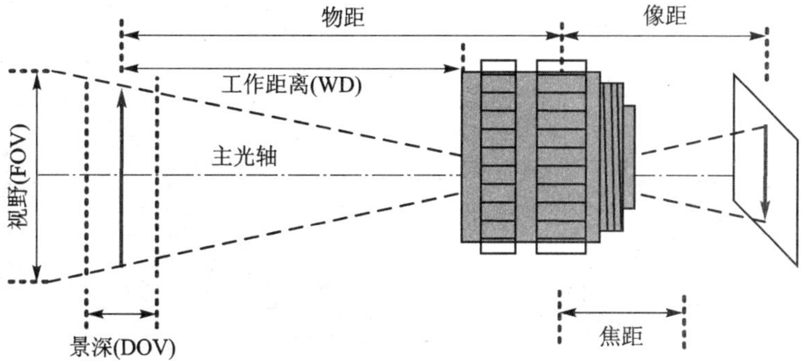

图 2.4　与镜头相关的成像参数

的距离;物距为被测物体到透镜光心的距离;像距为透镜光心到像平面的距离;当物距远大于焦距时,像距和焦距近似相等,此时可以将相机成像过程近似为小孔成像。根据图 2.3 和图 2.4 所示的图像传感器的型号尺寸和镜头参数,可计算出焦距、视野和光学倍率,即

$$焦距=\frac{物距\times 图像传感器型号尺寸}{物体高度}$$

$$视野=\frac{物距\times 图像传感器型号尺寸}{焦距}$$

$$光学倍率=\frac{图像传感器型号尺寸}{视野大小}$$

2.2　颜色空间与颜色模型

人眼看世界时看到的是五彩斑斓的世界,颜色或色彩是通过眼、脑和人们生活经验所产生的一种对光的视觉效应。但视觉传感器成的图像其本质都是黑白图像,因为图像是光子能量强弱的反映。早期拍摄的图像都是黑白图像,但画师画出的图像确是彩色,如图 2.5 所示。这也激发了人们在生产生活中逐渐探索图像与颜色的关系,1666 年牛顿发现了"红、橙、黄、绿、蓝、紫"彩色光带①,如图 2.6 所示。1807 年,托马斯·杨格(Thomas Young)和赫尔曼·冯·赫姆霍兹(Hermann von Helmholtz)②共同提出了人类视觉的三色理论。三色理论(又称 Young-Helmholtz theory)是由英国科学家 Thomas Young 于 1802 年提出,后经德国科学家 Hermann von Helmholtz 于 1866 年完善的著名颜色理论。该理论假定只需要 3 种感受体就能产生所有的颜色,即人类视网膜存在三种视锥细胞,其分别含有对红、绿和蓝三种光线敏感的视色素,当一定波长的光线作用于视网膜时,以一定的比例使三种视锥细胞分别产生不同程度的兴奋,这些信息传至中枢,就产生某一种颜色的感觉。从 1840 年起,人们开始研究如何记录色彩影像,该研究持续了近 100 年。

① 1666 年,23 岁的牛顿在幽暗房间的护窗板上开了一个小孔,一束太阳光进入并从放置好的玻璃棱镜上穿过,诞生了科学史上有名的"人造彩虹"。

② Thomas Young(1773—1829),英国医生、物理学家,光的波动说奠基人之一;Hermann von Helmholtz(1821—1894),德国物理学家、生理学家、发明家,提出了著名的能量守恒定律和赫姆霍兹方程。

图 2.5 画师画的彩色图像

图 2.6 牛顿发现了彩色光带

苏格兰科学家詹姆斯·麦克斯韦(James Clerk Maxwell)①对三原色成像法进行研究,并提出了产生全色投影图像的策略,即利用红、绿和蓝三色滤光器分别拍摄同一景象,而后将影像分别通过三种颜色的滤镜投射到屏上,通过叠加就可以完全还原原始的彩色影像。1861 年 5 月 17 日,在伦敦皇家学会召开的《三种基本颜色的理论》报告会上,麦克斯韦通过实践证明了三种颜色成像理论的正确性,麦克斯韦在演讲中展示了世界上第一个彩色摄影实验的成果。在摄影师托马斯·萨顿(Thomas Sutton)的协助下,分别在阳光下使用红、绿和蓝三种滤光片拍摄一条苏格兰花格呢缎带,将三张照片显影并打印在玻璃纸上,然后使用三台不同的投影仪投影到屏幕上,每台投影仪配备了用于拍摄照片的相同滤色镜,于是获得了世界上第一张彩色照片,如图 2.7 所示。1903 年,法国的卢米埃尔兄弟②发明了"彩色照相底板"(Autochrome)技术专利,1933 年美国柯达公司推出彩色胶卷,摄影真正进入彩色世界。

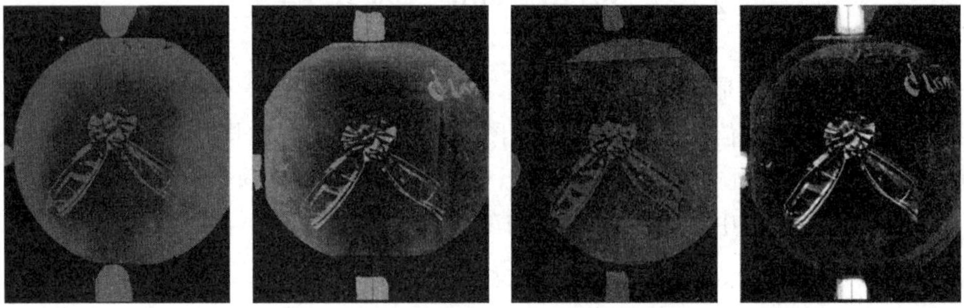

图 2.7 世界上第一张彩色照片(苏格兰花格呢缎带)

传统的 CCD 和 CMOS 图像传感器只能输出黑白图像,因为它只能感应光线强度,不能感应色彩信息。1976 年柯达公司的科学家布莱斯·拜耳(Bryce Bayer)③发明了滤色器并获得专利(称为拜耳滤色器),该滤色器使用了由红、绿和蓝过滤器组成的马赛克布局,使采用单个 CCD 或 CMOS 图像传感器就能拍摄出全彩色图像。

① James Clerk Maxwell(1831—1879),英国物理学家、数学家,经典电动力学的创始人,统计物理学的奠基人之一,建立了麦克斯韦方程组,预言了电磁波的存在并提出了光的电磁说。

② 哥哥是奥古斯塔·卢米埃尔(Auguste Lumière,1862—1954),弟弟是路易斯·卢米埃尔(Louis Lumière,1864—1948),电影和电影放映机的发明人。

③ Bryce Bayer(1929—2012),滤色器的发明人,被誉为"数字图像之父"。

2.2.1　颜色(或色彩)三要素

人们看到空间中物体是五颜六色,例如草是绿色的、云是白色的、天空是蓝色的,其实这都是在一定条件下(光线、物体和眼睛)才出现的色彩。色彩就是物体反射或投射光线在人脑内产生的知觉。

人类视觉看到的所有颜色都具有色调(色相)、饱和度(纯度)和亮度(明度),而且是三个特性的综合效果,其中色调与光波的频率有直接关系,饱和度与亮度和光波的幅度有关,因此将色调(色相)、饱和度(纯度)和亮度(明度)称为颜色(或色彩)的三要素,其示意图如图 2.8 所示。

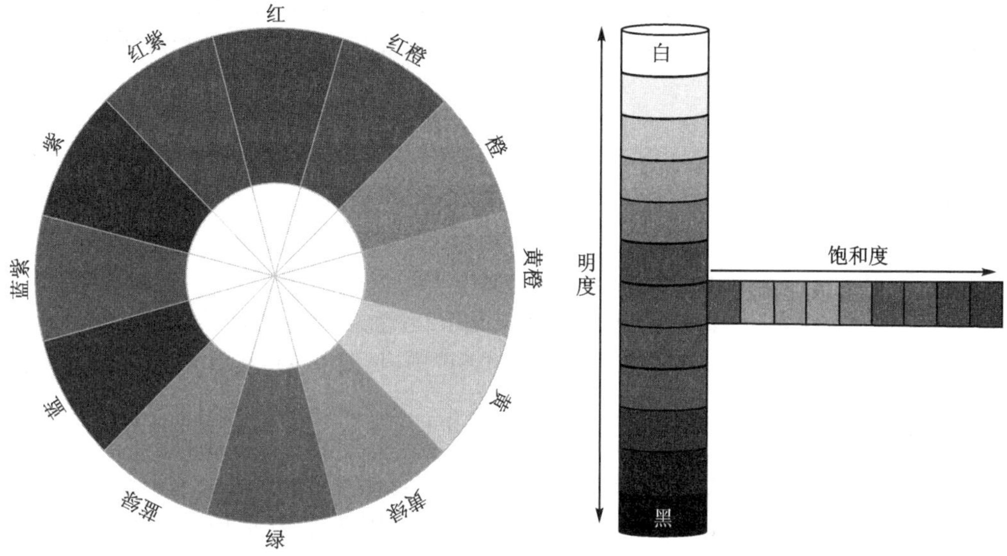

图 2.8　色相环、饱和度和明度

色调(色相)是颜色的相貌,是颜色的首要特征,是一种颜色区别另一种颜色的因素。色相的差异是由光波波长的长短产生的,波长最长的是红色,最短的是紫色。把红、橙、黄、绿、蓝和紫与处在它们之间的红橙、黄橙、黄绿、蓝绿、蓝紫和红紫这 6 种中间颜色,共计 12 种颜色作为色相环。这些颜色在环上的位置是根据视觉和感觉进行等间隔排列。用类似的方法还可以再分出差别细微的多种颜色来。在色相环上,将以环中心 180°位置两端的颜色称为互补色。

饱和度就是颜色鲜艳的程度,也称为纯度,颜色的纯度越高,色相越明确,反之色相越弱。这取决于颜色的波长是否单一纯度,原色最纯,颜色混合的越多则纯度逐渐降低。饱和度表示色相中彩色成分所占的比例,用百分比来衡量,0%就是灰色,100%就是完全饱和。

亮度(明度)是指颜色的深浅、明暗程度,没有色调与饱和度的区别,其本质是人眼对光源和物体表面的明暗程度的感觉,主要是由光线强弱决定的一种视觉经验。由于各种物体反射光量的不同,其产生的颜色也有明暗和强弱,物体受光量越大,反光越多。黑色是反光率最低的颜色,而白色是反光率最高的颜色。明度分为同一色相颜色的明度变化和不同色相之间颜色的明暗差别,例如同一种颜色在强光照射下显得明亮,弱光照射下显得较灰暗。

2.2.2 颜色空间与色域

颜色或色彩是人的眼睛对于不同频率的光线的不同感受，色彩既是客观存在的（不同频率的光）又是主观感知的，不同的人对其感知存在差异。实践证明，可见光谱上的颜色几乎可以用红 R（Red）、绿 G（Green）和蓝 B（Blue）3 种单色光加权混合产生，国际公认的 R、G、B 三色的波长分别为 700 nm、546.1 nm 和 435.8 nm。颜色空间（又称为色彩空间）通常用三个相对独立的属性来描述，三个独立的变量综合作用，自然构成一个空间坐标，这就是颜色空间（也称为颜色模型）。自然界中可见光谱的颜色组成了最大的颜色空间，该颜色空间中包含了人眼所能见到的所有颜色。选择红、绿和蓝三基色作为三维空间的基建立 RGB 颜色空间。任何一种颜色光都可以用红、绿和蓝三种颜色光按一定比例混合而成，不考虑光的亮度，其色度（色调和饱和度）仅取决于 R、G 和 B 之间的比例，因此只需要知道 R、G 和 B 的相对值即可，因此令

$$r=\frac{R}{R+G+B} \tag{2.1a}$$

$$g=\frac{G}{R+G+B} \tag{2.1b}$$

$$b=\frac{B}{R+G+B} \tag{2.1c}$$

且有 $r+g+b=1$。将 r、g 和 b 称为色度坐标，只需 2 个色度坐标就可以描述色度空间，通常采用 r（红）- g（绿）为色度坐标给出 RGB 空间的色度图（见图 2.9），其中 E 点为标准的白光，且位于 $r=g=\frac{1}{3}$ 处。色度图形成的轨迹称为光谱轨迹，其是由纯彩色点连接所形成的曲线，从波长为 700 nm 的红色开始到波长为 380 nm 的紫色结束，该曲线上点颜色的饱和度为 100%，因此任意超过此曲线上点的坐标是无意义的，因为其表示该点颜色的饱和度超过 100%。

从图 2.9 中可以看出，使用 RGB 颜色模型生成颜色时，用于产生颜色的原基色比例系数出现负值，使用起来不方便，而且不同研究者所用的三基色和标准白色不同，使得不同研究结果很难进行比较。为此，1931 年国际照明委员会 CIE（英语：International Commission on Illumination，法语：Commission Internationale De L'Eclairage，法语简称 CIE）规定了一种新的标准颜色系统，称为 CIE - XYZ 或 XYZ 颜色空间（颜色模型）。该颜色空间采用虚拟的三基色分量 X、Y 和 Z，而且满足三个条件，即三色比例系数都大于零，Y 的数值正好是彩色光的亮度和，$X=Y=Z$ 时表示白光。其目的是将如图 2.9 所示落在第二象限有负坐标的点全部右移，而且所圈面积仅是将单色光轨迹图包含进去即可，其原因是在单色光轨迹外的坐标点没意义。同时，希望在新的坐标系统只有一个刺激值 Y 代表亮度，并选定 X 与 Z 的连线为零的亮度曲线，形成新的色度图。对 X、Y 和 Z 颜色模型三种基色进行归一化，于是有

$$x=\frac{X}{X+Y+Z} \tag{2.2a}$$

$$y=\frac{Y}{X+Y+Z} \tag{2.2b}$$

$$z=\frac{Z}{X+Y+Z} \tag{2.2c}$$

且有 $x+y+z=1$。将 x、y 和 z 称为色度坐标，同样只需 2 个色度坐标就可以描述色度空间，通常采用 x 和 y 为色度坐标给出 XYZ 的色度图，即 CIE $x-y$ 色度图（见图 2.10），其中 E' 点表示白色，其位于 $x=y=\frac{1}{3}$ 处，曲线上的点是电磁波光谱中的纯彩色，按波长顺序从光谱的红色端到紫色端方向来表明。

如图 2.10 所示，由于任意一种颜色都可以用 R、G 和 B 三种颜色按比例混合而成，因此 G 和 B 形成的混合颜色，其颜色坐标会在 G 和 B 的连线上；反之，G 和 B 连线上的所有颜色，都可以由 G 和 B 混合来实现。如果再加上一个颜色 R，同理 G 和 R（或 B 和 R）所形成的混合色，其颜色坐标会在 G 和 R（或 B 和 R）的连线上。因此，R、G 和 B 三种颜色就会在色度图上形成一个三角形，而且这个三角形里所有的颜色都可以用 R、G 和 B 三种颜色混合而成，而且颜色点与颜色坐标具有一一映射关系，也将三角形覆盖的颜色范围称为色域。三角形面积越大，能显示的颜色越多，但不管如何选择 R、G 和 B 三种颜色坐标点（即便是选在光谱轨迹上），其都不可能覆盖整个色域，这是由光谱轨迹的形状决定。换句话说，自然界可见光谱形成的颜色空间或色域是最大的，其他颜色空间都是这个颜色空间或色域的子集。因此，采用 R、G 和 B 三种颜色混合出人眼能看的所有颜色，从理论上来说是不可能的。

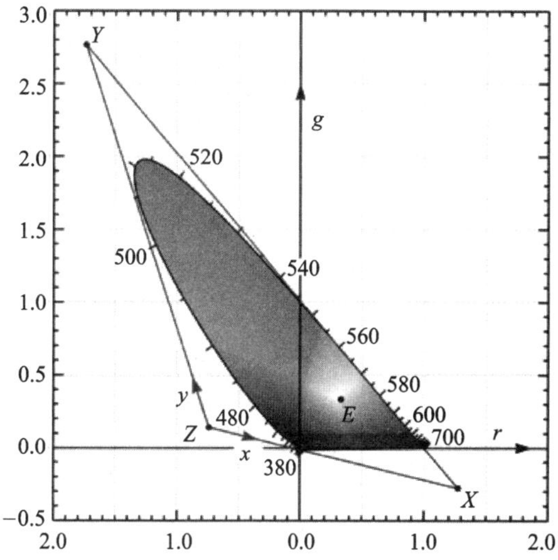

图 2.9　$r-g$ 色度图

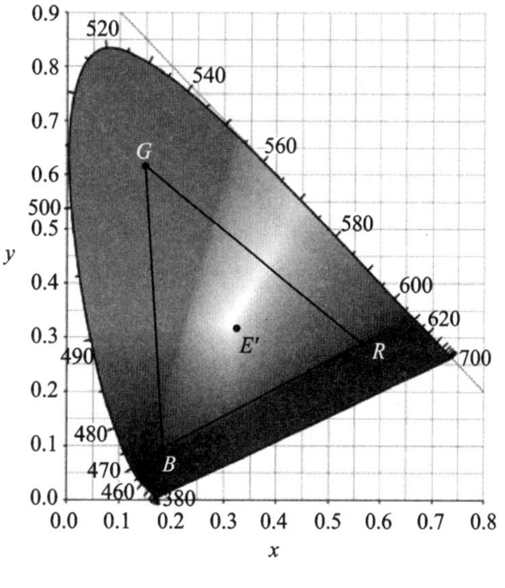

图 2.10　CIE1931 年 $x-y$ 色度图

2.2.3　颜色空间和颜色模型分类

颜色通常用颜色空间（也称为色彩空间）和颜色模型（也称为色彩模型）来表示颜色。颜色空间与颜色模型都是用数值表示颜色的数学模型，颜色空间侧重于色彩的表示，颜色模型侧重色彩的生成。颜色空间是用一种数学方法形象化表示颜色，人们用它来指定和产生颜色。颜色空间中的颜色通常由 3 参数的 3D 坐标来描述，其颜色取决于所使用的坐标。颜色空间从提出到现在已经有上百种，大部分只是局部的改变或专用于某一领域。常用的颜色空间和颜色模型有 RGB、CMY、$CMYK$、YUV、HSI、HSL、HSB、HSV、YIQ、XYZ 和 Lab 等。其中，RGB（Red, Green, Blue）颜色空间以红色 R（Red）、绿色 G（Green）和蓝色 B（Blue）三种基本色为基础，以不同比例混合而产生丰富的颜色，也称“三基色”模式。自然界中的任何一种颜色都可以由红、绿和蓝三种颜色光混合而成，现实生活中人们见到的颜色大多是混合而成的颜色，其常用于电脑、手机和彩电屏幕等；*CMY*(Cyan, Magenta, Yellow)颜色空间是以青色*C*(Cyan)、洋红或品红*M*(Magenta)和黄色*Y*(Yellow)三种颜色为基础，再加上黑色*K*(Black)，即为*CMYK*颜色模型，用这种方法产生的颜色称为相减色，它们本身不发光，而靠反光而被看见，常用于图书、报纸和宣传画等；*YUV*颜色空间是一种颜色编码方法，*Y*表示亮度，*U*和*V*表示色度(色调和饱和度)，其作用是描述影像颜色与饱和度，常用于照片或视频编解码处理中；*HSI*/*HSL*(Hue, Saturation, Intensit/Lightness)和*HSB*/*HSV*(Hue, Saturation, Brightness/Value)颜色空间都是由色调*H*(Hue)、饱和度*S*(Saturation)和亮度*I*/*L*(Intensity/Lightness)或明度*B*/*V*(Brightness/Value)来描述物体颜色，它们的差别在于明度或亮度的表示上；*YIQ*颜色空间是*NTSC*(National Television System Committee)电视系统标准，简称*N*制，*Y*是提供黑白电视及彩色电视的亮度信号，*I*(In-phase)代表色彩从橙色到青色，*Q*(Quadrature-phase)代表色彩从紫色到黄绿色。*XYZ*颜色空间可由*RGB*颜色空间线性变换得到，其中*X*和*Y*两维定义颜色，第3维定义亮度；*Lab*颜色空间是根据*XYZ*颜色空间标准建立，*L*代表亮度，*a*和*b*代表两个颜色通道，*a*代表的颜色是从深绿色(低亮度)到灰色(中亮度)再到亮粉红色(高亮度)，*b*是从亮蓝色(低亮度)到灰色(中亮度)再到黄色(高亮度)，这种颜色混合后将产生具有明亮效果的色彩，弥补了*RGB*和*CMYK*两种色彩模式的不足。

从颜色感知的角度来分类，颜色空间可分为三类：混合型颜色空间、非线性亮度/色度型颜色空间和强度/饱和度/色调型颜色空间。混合型颜色空间是将三种基色按比例合成颜色，例如*RGB*、*CMY*(*K*)和*XYZ*等颜色空间；非线性亮度/色度型颜色空间是用一个分量表示非色彩感知，用两个独立的分量表示色彩感知，例如，*YUV*、*YIQ*和*Lab*等颜色空间；强度/饱和度/色调型颜色空间是用亮度和色度描述色彩感知，可使颜色的解释更直观，而且可消除光亮度的影响，例如*HSV*和*HSL*等颜色空间。

从技术角度分类，颜色空间也可分为三类：*RGB*型颜色空间(计算机图形颜色空间)、*XYZ*型颜色空间(*CIE*颜色空间)和*YUV*型颜色空间(电视系统颜色空间)。*RGB*型颜色空间主要用于电视机和计算机的颜色显示系统，例如*RGB*、*HSL*和*HSV*等颜色空间；*XYZ*型颜色空间是由国际照明委员会定义的颜色空间，通常作为国际性的颜色空间标准，用于颜色度量的基本方法，在科学计算中得到广泛应用，而且该类颜色空间可作为两种不能直接转换颜色空间的过渡性颜色空间，例如*XYZ*和*Lab*等颜色空间就可作为过渡性的转换空间；*YUV*型颜色空间是根据广播电视的需求而推动开发的颜色空间，主要目的是通过压缩色度信息以有效地播送彩色电视图像，例如*YUV*和*YIQ*等颜色空间。

2.2.4 常用颜色空间及其颜色模型变换

在实际应用中，为满足不同应用需求，需在各种不同颜色空间之间进行转换。几乎所有的颜色空间都是从*RGB*颜色空间导出的，而且有些颜色空间之间可以直接变换，例如*RGB*与*HSL*、*RGB*与*HSB*、*XYZ*与*Lab*等；有些颜色空间之间不能直接变换，例如*RGB*与*Lab*、*XYZ*与*HSL*等，它们之间的变换需要借助其他颜色空间进行过渡。

(1) *RGB*颜色空间与颜色模型

RGB(Red, Green, Blue)颜色空间以红色*R*(Red)、绿色*G*(Green)和蓝色*B*(Blue)三种

基本色为基础建立三维颜色空间，通常将黑色置于三维直角坐标系的原点，并使三维直角坐标系的坐标轴分别经过红、绿和蓝，即以 *RGB* 作为坐标轴，*RGB* 各参数的取值范围都是 0～255，将各参数除以 255 后归到 0～1 之间，形成一个单位立方体，任何一种颜色在 *RGB* 颜色空间中都可以用三维空间中的一个点来表示，例如黑色为(0,0,0)、白色为(1,1,1)和红色为(1,0,0)等。在 *RGB* 颜色空间，任意颜色都可以用 *RGB* 三种颜色不同分量的相加混合而成，而且 *RGB* 分量全部组合起来共可表示 16 777 216 种不同的颜色，例如白色＝$R+G+B$，其示意图如图 2.11 所示。

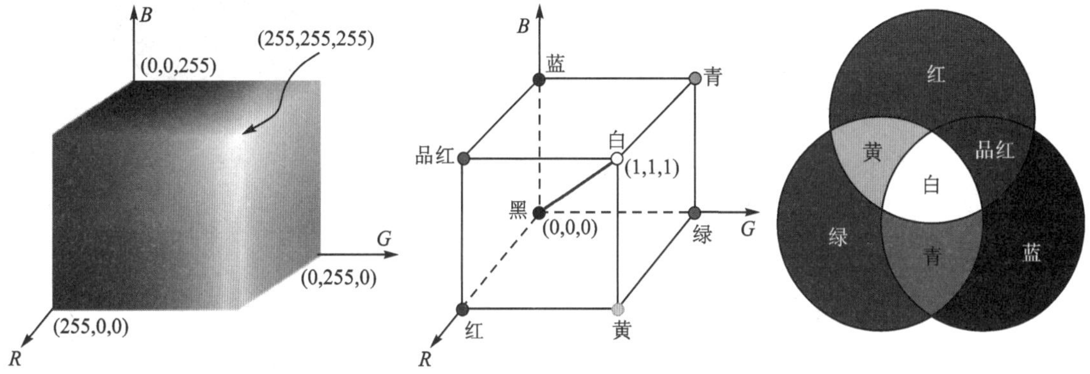

图 2.11 *RGB* 颜色空间及颜色模型

(2) *CMY/CMYK* 颜色空间与颜色变换

CMY(Cyan, Magenta, Yellow)颜色空间是以青色 *C*(Cyan)、洋红或品红 *M*(Magenta)和黄色 *Y*(Yellow)三种颜色为基础建立三维颜色空间，通常将白色置于三维直角坐标系的原点，并使三维直角坐标系的坐标轴分别经过青色、品红和黄色，即以 *CMY* 作为坐标轴的单位颜色立方体，再加上黑色 *K*(Black)就构成 *CMYK* 颜色空间。*CMYK* 是一种用于印刷品依靠反光的色彩模式，其本身不发光，依靠反光才能看见。在 *CMYK* 颜色空间，任意颜色都可以用 *CMY* 三种颜色不同分量的相加混合而成，而且 *CMYK* 分量全部组合起来共可表示 $2^8\times2^8\times2^8\times2^8=2^{32}=4\ 294\ 967\ 296$ 种不同的颜色。*CMY/CMYK* 颜色空间和颜色模型示意图如图 2.12 所示。在 *CMY* 颜色空间中，其颜色是从白光中减去一定程度成分得到的，*CMY* 坐标可以从 *RGB* 颜色模型中得到，即

$$\begin{bmatrix}C\\M\\Y\end{bmatrix}=\begin{bmatrix}255\\255\\255\end{bmatrix}-\begin{bmatrix}R\\G\\B\end{bmatrix}\tag{2.3}$$

在实际应用中，黑色可以直接获取，不需要从三原色合成，并且合成的黑色也不纯。所以为了生成真正的黑色，加入了黑色而形成 *CMYK* 模型。

(3) *HSI/HSL* 颜色空间与颜色变换

由于人的视觉系统只能分辨出颜色的亮度、色调和饱和度三种变化，因此以色调 *H*(Hue)、饱和度 *S*(Saturation)和亮度 *I/L*(Intensit/Lightness)三类基本特征量构建与人类视觉系统感知颜色方式更为相近的颜色空间和颜色模型，来表现不同颜色。由于 Intensit 和 Lightness 都表示亮度，因此 *HSI* 和 *HSL* 是相同的颜色空间，*HSI* 颜色空间和颜色模型示意图如图 2.13 所示。

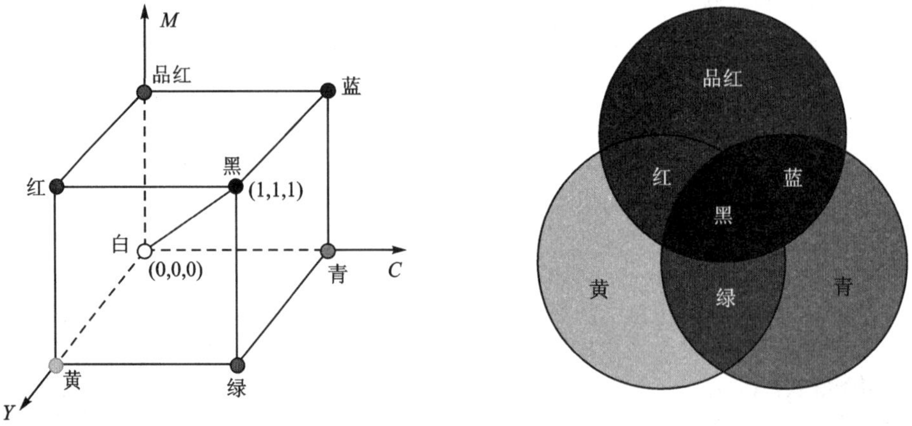

图 2.12 *CMY/CMYK* 颜色空间及颜色模型

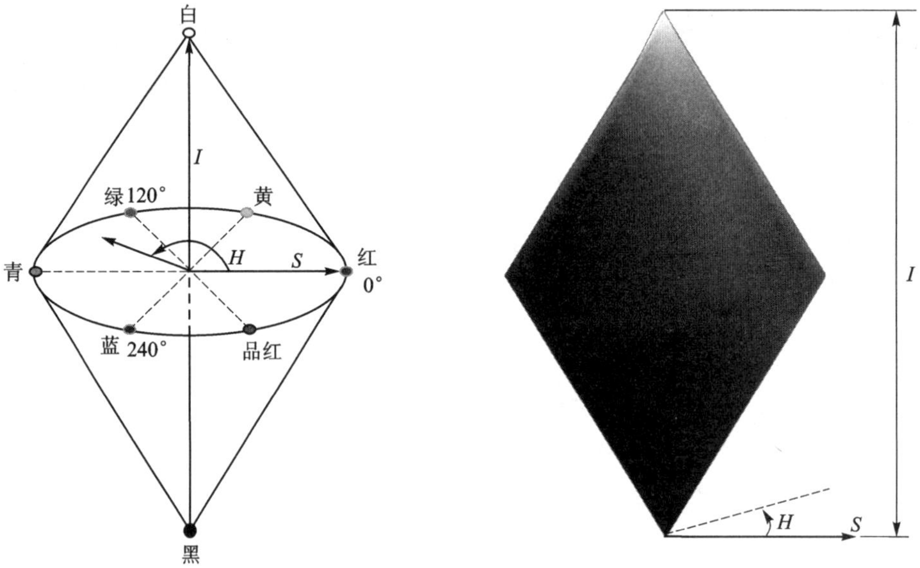

图 2.13 *HSI* 颜色空间和颜色模型

从 RGB 颜色空间变换到 HSI 空间有几何推导法、坐标变换法、分段定义法、Bajon 近似法和标准模型法等。给定一幅 RGB 色彩格式的图像，利用几何推导法获得与 RGB 每个像素对应的 HSI 分量为（Rafael C Gonzalez 等著，阮秋琦等译，2017）

$$H=\begin{cases}\theta & B\leqslant G\\ 2\pi-\theta & B>G\end{cases} \tag{2.4a}$$

$$S=1-\frac{3C_{\min}}{R+G+B} \tag{2.4b}$$

$$I=\frac{R+G+B}{3} \tag{2.4c}$$

式中，$\theta=\arccos\dfrac{(R-G)+(R-B)}{2\sqrt{(R-G)^2+(R-B)(G-B)}}$；$C_{\min}=\min(R,G,B)$为取 R、G 和 B 三者的

最小值；R、G 和 B 三种颜色的数值归一化至[0,1]区间。

从 HSI 颜色空间到 RGB 颜色空间变换时，需根据[0,1]内的 HSI 值，在相同的区域找到对应的 RGB 值，可取决于色调 H 的值。在原色分割中有 3 个相隔 120°的扇区，从 H 乘以 360°开始，此时的色调值回到原来的区间[0°,360°]内。

当 H 值在 RG 扇区（$0°\leqslant H<120°$）时，RGB 分量为

$$B=I(1-S) \tag{2.5a}$$

$$R=I\left[1+\frac{S\cos H}{\cos(60°-H)}\right] \tag{2.5b}$$

$$G=3I-(R+B) \tag{2.5c}$$

当 H 值在 GB 扇区（$120°\leqslant H<240°$）时，有 $H=H-120°$，RGB 分量为

$$R=I(1-S) \tag{2.6a}$$

$$G=I\left[1+\frac{S\cos H}{\cos(60°-H)}\right] \tag{2.6b}$$

$$B=3I-(R+B) \tag{2.6c}$$

当 H 值在 BR 扇区（$240°\leqslant H<360°$）时，有 $H=H-240°$，RGB 分量为

$$G=I(1-S) \tag{2.7a}$$

$$B=I\left[1+\frac{S\cos H}{\cos(60°-H)}\right] \tag{2.7b}$$

$$R=3I-(R+B) \tag{2.7c}$$

(4) HSB/HSV 颜色空间与颜色变换

HSV/HSB 和 HSI/HSL 颜色空间类似，都是以色调 H(Hue)、饱和度 S(Saturation)和明度 V/B(Intensit/Brightness)三类基本特征量构建与人类视觉系统感知颜色方式更为接近的颜色空间和颜色模型，HSV 颜色空间和颜色模型示意图如图 2.14 所示。

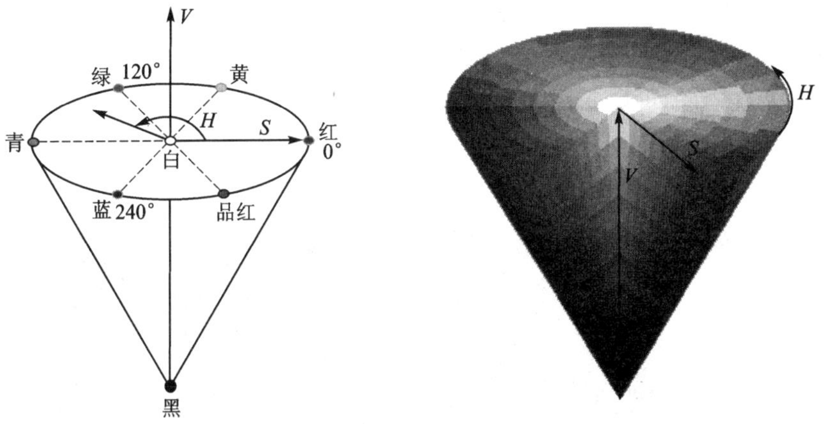

图 2.14　HSV 颜色空间和颜色模型

从 RGB 颜色空间变换到 HSV 空间的颜色变换模型为

$$H=\begin{cases}0^\circ & C_\Delta=0\\ 60^\circ\times\dfrac{G-B}{C_\Delta}+0^\circ & C_{\max}=R\\ 60^\circ\times\dfrac{B-R}{C_\Delta}+120^\circ & C_{\max}=G\\ 60^\circ\times\dfrac{R-G}{C_\Delta}+240^\circ & C_{\max}=B\end{cases} \tag{2.8a}$$

$$S=\begin{cases}0 & C_{\max}=0\\ \dfrac{C_\Delta}{C_{\max}} & C_{\max}\neq 0\end{cases} \tag{2.8b}$$

$$V=C_{\max} \tag{2.8c}$$

式中，RGB 归一化到[0,1]区间的值；$C_{\max}=\max(R,G,B)$；$C_\Delta=C_{\max}-C_{\min}$。

(5) *XYZ* 颜色空间与颜色变换(夏良正,李久贤,2005)

根据 2.2.2 节，RBG 颜色空间和 CIE 规定的 XYZ 颜色空间的关系为

$$\begin{bmatrix}X\\Y\\Z\end{bmatrix}=\begin{bmatrix}2.7698 & 1.7517 & 1.1302\\ 1.0000 & 4.5907 & 0.0601\\ 0.0000 & 0.0565 & 5.5943\end{bmatrix}\begin{bmatrix}R\\G\\B\end{bmatrix} \tag{2.9a}$$

$$\begin{bmatrix}R\\G\\B\end{bmatrix}=\begin{bmatrix}1.910 & -0.532 & -0.288\\ -0.985 & 1.999 & -0.028\\ 0.058 & -0.118 & 0.898\end{bmatrix}\begin{bmatrix}X\\Y\\Z\end{bmatrix} \tag{2.9b}$$

2.2.5 光源与光线

人类视觉系统是将人眼所见自然界的物体依靠光源照射到物体后，将其透射光或反射光在人眼中形成的感觉。在机器视觉系统中，大多数视觉传感器也需要光源辅助，特别是光学传感器通常都需要自然光源或人造光源的辅助，常用的人造光源包括高频荧光灯、卤素灯和LED灯。根据实际需要，可以控制光源发出不同颜色的光，实际中常用的光有红色光、绿色光、蓝色光、白色光、橙色光、红外光和紫外光等。不同颜色的光在实际中应用的效果示意图如图 2.15 所示。

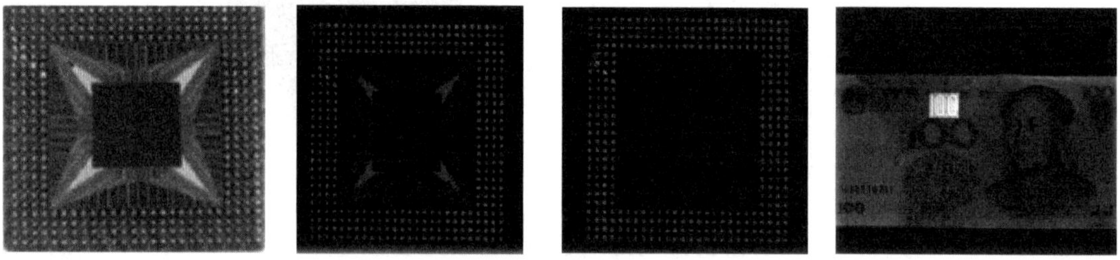

(a) 焊点检测实物　(b) 红色光可看到底部导线　(c) 蓝色光可独立提取焊点　(d) 紫色光可检验钞票真伪

图 2.15　不同颜色的光在实际中的应用

在实际应用中，可根据机器视觉系统的需求选择光源或光源组提供辅助光的方式，通常有直射光、反射光、透射光和散射光，不同入射光形成的视觉效果是不同的，其原理示意图如

图 2.16 所示，其中反射光、直射光和透射光会形成明亮视野，而散射光会形成暗视野，其示意图如图 2.17 所示。实际的机器视觉应用系统中，根据实际需要选择不同颜色的光源和不同的光线入射方式，获取便于检测和识别的最佳图像。例如在一个瓶盖生产日期自动监测识别系统中，如图 2.18 所示的瓶盖是黑色且有红黑相间的背景图案，生产日期为激光刻印，其显灰色。当使用白光照射时，背景图案对字符检测有影响；使用红光照射时，会使背景红色滤掉而显白色，影响字符检测。为解决此问题，可采用互补光源，用蓝光将背景打黑，将字符打亮，便于对字符的检测和识别。

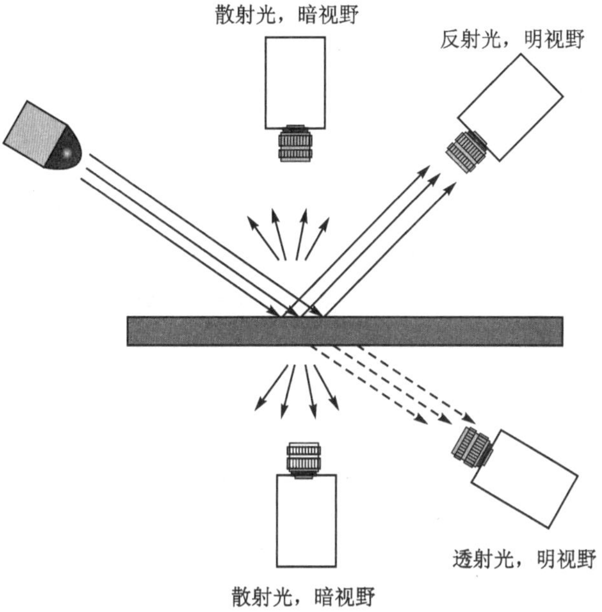

图 2.16　光线不同入射方式及形成的明暗视野示意图

(a) 明视野　　(b) 暗视野

图 2.17　明暗视野示意图

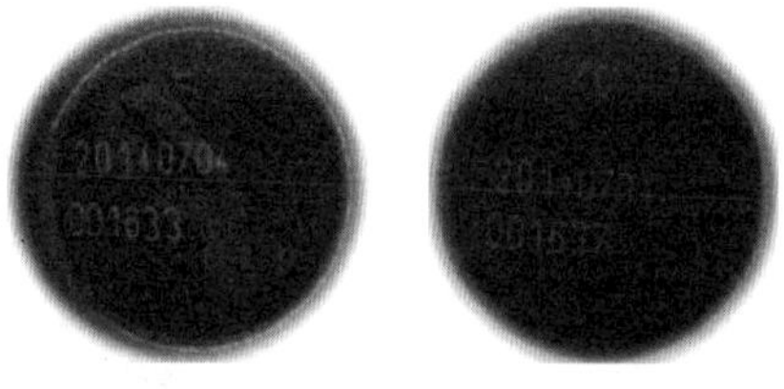

(a) 白光照明　　(b) 蓝光照明

图 2.18　瓶盖生产日期检测实例

2.3　数字图像的表示方法与类型

图像分为模拟图像和数字图像。一幅黑白图像可用 $I(x, y)$ 来表示，其中 x 和 y 是平面的二维坐标，$I(x, y)$ 表示点 (x, y) 的亮度值（或灰度值）。如果是一幅彩色图像，各点值还应反映出色彩的变化，即可用 $I(x, y, \lambda)$ 表示，其中 λ 为波长。如果是连续的彩色图像，其还应该是时间 t 的函数，即 $I(x, y, \lambda, t)$。对于模拟图像而言，$I(x, y)$ 就是连续图像，显然 $I(x, y)$

是一个连续函数，有无穷多个取值。这种用连续函数表示的图像无法用计算机进行处理，也无法在各种数字系统中传输或存储。

图像表示是图像信息在计算机中的表示和存储方式，计算机只能处理数字图像，模拟图像需要进行数字化。图像数字化过程包括采样和量化两个过程。将坐标值(x, y)数字化的过程称为采样，将幅值 I 数字化的过程称为量化。因此，当 x、y 分量及幅值 I 都变为离散的有限数值时，称其为数字图像。

2.3.1 图像的数字化过程

对空间连续变化的图像进行离散化称为采样，即利用空间部分点的灰度值来表示图像，这些点称为采样点或样本点，也称为像素或像元。一幅图像应取多少个采样点，其约束条件是：由这些采样点，利用某种方法能正确重建图像。采样的方法有点阵采样和正交系数采样两类。

在对图像空间进行离散化的同时，还需对每一个采样点的灰度值进行离散化，这一过程称为量化。量化也有均匀量化和非均匀量化两种。由于图像的灰度值通常都为整数，量化的数值都需要取整，因此也称为整量化过程。图像数字化过程就是把一幅连续图画分割成一个个小区域(像元或像素)，并将各小区域灰度用整数来表示，形成一幅数字图像，其采样和量化过程的示意图如图 2.19 和图 2.20 所示。

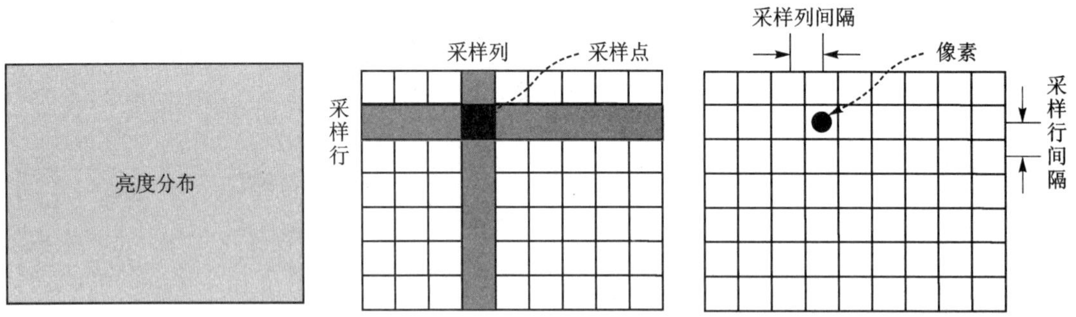

图 2.19 图像采样过程示意图

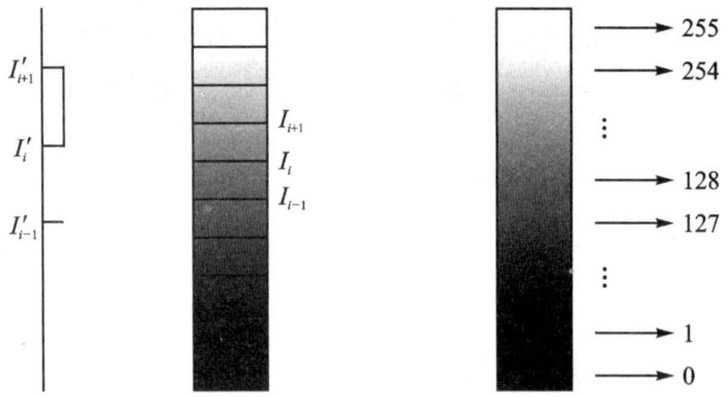

图 2.20 图像量化过程示意图

如图 2.19 所示，在图像采样过程中，先沿垂直方向按一定间隔从上到下顺序地沿水平方向直线扫描(扫描行)，取出各水平线上灰度值的一维扫描，然后再对一维扫描线信号按一定间隔采样得到离散信号(水平方向采样)。对于运动图像，需先在时间轴上采样，再沿垂直方向采样，最后沿水平方向采样这三个步骤完成。

如图 2.20 所示，在每个采样点灰度值的量化过程中，连续灰度值用 I 来表示，对于满足 $I'_i \leqslant I' \leqslant I'_{i+1}$ 的 I'_i 值，都量化为整数 I_i。I_i 称为像素的灰度值，I 与 I_i 的差称为量化误差。

2.3.2　采样点数和量化级数

对一幅图像采样时，若每列（即纵向）像素为 M 个，每行（即横向）像素为 N 个，则图像大小为 $M \times N$ 个像素。对每一个采样点的灰度值量化时进行 D 级取整。通常 M、N 和 D 取为 2 的整数次幂，如 $D=2^L$，L 为正整数，通常称对图像进行 L 比特量化。将表示图像亮度强弱的指数标准称为色阶，也称为灰度分辨率或灰度级分辨率。一幅数字图像的色彩丰满度和精细度是由色阶决定的。色阶指亮度，表现了一幅图的明暗关系，与颜色无关，其最亮的只有白色，最不亮的只有黑色。例如 8 比特的灰度图像，其由 $2^8=256$ 个阶度表示，每个像素的取值范围为[0,255]；如果是 8 比特的 RGB 空间数字图像，分别用 $2^8=256$ 个阶度分别表示红、绿和蓝，每个颜色的取值范围都是[0,255]，理论上共有 $2^8 \times 2^8 \times 2^8 = 2^{24} = 16\ 777\ 216$ 种颜色。图像的色阶等级越多，获得图像层次越丰富，灰度分辨率高，图像质量好，但数据量大；量化等级越少，图像层次欠丰富，灰度分辨率低，会出现假轮廓现象，图像质量变差，但数据量小。存储一幅图像需要的总比特数为 $M \times N \times L$。

图像的空间分辨率是指图像中每单位长度所包含的像素或点的数目，其单位为像素/英寸（Pixels Per Inch，PPI）。一般来说，采样间隔越大，所得图像像素数越少，空间分辨率越低，图像质量越差，严重时出现像素呈块状的棋盘格效应（Checkerboard Effect）；采样间隔越小，所得图像像素数越多，空间分辨率越高，图像质量越好，但数据量也越大，图像文件占磁盘空间也越大，处理所需时间也越长。

2.3.3　数字图像的表示与像素间的关系

(1) 数字图像的表示

一幅图像数字化后，可排成 $M \times N$ 的阵列，其示意图如图 2.21 所示，$M \times N$ 维的数字图像可表示为

$$\boldsymbol{I} = \begin{bmatrix} I(0,0) & I(0,1) & \cdots & I(0,n-1) \\ I(1,0) & I(1,1) & \cdots & I(1,n-1) \\ \vdots & \vdots & \vdots & \vdots \\ I(m-1,0) & I(m-1,1) & \cdots & I(m-1,n-1) \end{bmatrix} \tag{2.10}$$

在图 2.21 和式(2.10)中，每一个点代表一个像素，并由像素点坐标(m, n)和灰度级数值表示，如图 2.22 所示，笑脸图像数字化后形成一个数字矩阵，其眼睛周围像素的灰度值为 10 和 90。

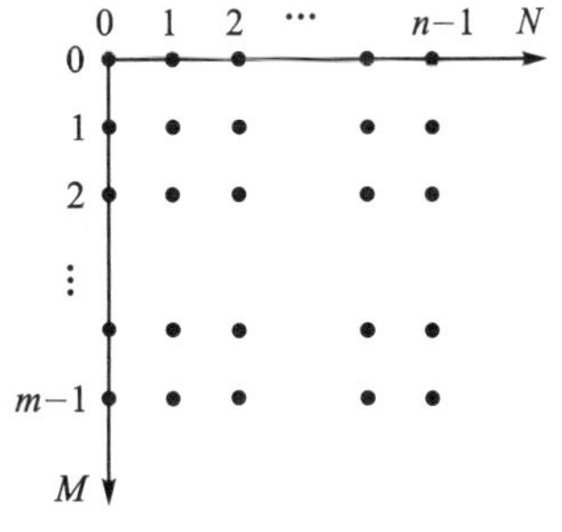

图 2.21　数字图像阵列

(2) 像素间的关系

图像中每个像素 p 都与其周围像素存在着邻接关系，即 4 邻域 $\boldsymbol{N}_4(p)$、4 对角邻域 $\boldsymbol{N}_D(p)$ 和 8 邻域 $\boldsymbol{N}_8(p)$，其示意图如图 2.23 所示。对于边界像素 p，其部分邻域点会落入图像的外边。

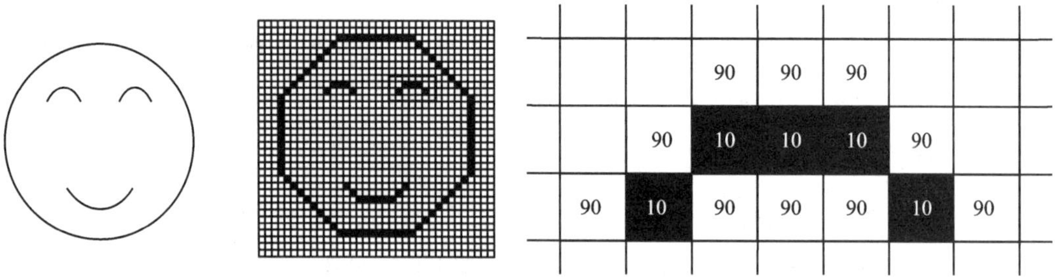

图 2.22　数字图像表示

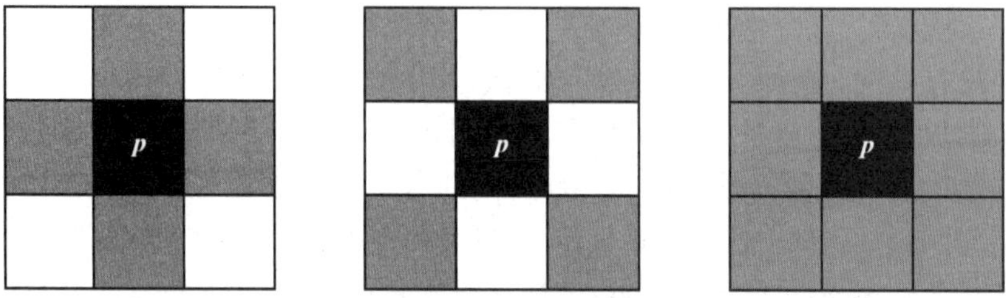

(a) 4邻域　　(b) 4对角邻域　　(c) 8邻域

图 2.23　像素的邻接关系

假设 p 点的坐标为 (m, n)，则 4 邻域的像素坐标分别为 $(m-1, n)$、$(m+1, n)$、$(m, n-1)$ 和 $(m, n+1)$；4 对角邻域的像素坐标分别为 $(m-1, n-1)$、$(m-1, n+1)$、$(m+1, n-1)$ 和 $(m+1, n+1)$。4 邻域和 4 对角邻域的像素一起构成像素 p 点的 8 邻域。

像素的邻接关系描述了像素间的空间位置关系。除此之外，空间上邻接的像素的灰度值还存在着密切联系。将空间上邻接且像素的灰度值相似（或满足某个特定的相似准则），则称像素是连接的、邻接的或连通的，如图 2.24 所示。

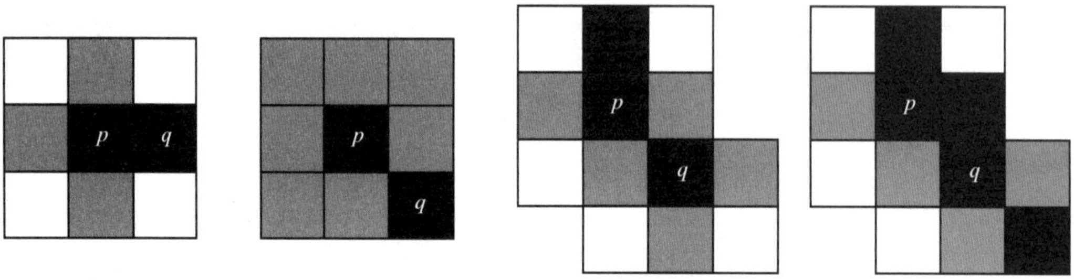

(a) 4邻接　　(b) 8邻接　　(c) *m*邻接(混合临接)　　(d) 非*m*邻接

图 2.24　像素的邻接性

假设 $\mathbf{A}$ 是定义邻接性的像素集合，考虑二值图像（像素的灰度值只有 0 和 1 两种数值的图像）时，如果将具有 1 值的像素设定为邻接像素，则 $\mathbf{A}=\{1\}$。在其他灰度级数更大（例如 256 级灰度）的图像中，集合 $\mathbf{A}$ 一般含有更多的灰度值，集合 $\mathbf{A}$ 可能是这 256 个值的任意一个子集。如图 2.24(a)所示，如果一个像素 q 在像素 p 集合的 4 邻域 $\mathbf{N}_4(p)$ 中，则具有集合 $\mathbf{A}$ 中数值的两个像素 p 和 q 是 4 邻接的；如图 2.24(b)所示，如果一个像素 q 在像素 p 的 8 邻域 $\mathbf{N}_8(p)$ 中，则具有集合 $\mathbf{A}$ 中数值的两个像素 p 和 q 是 8 邻接的；如果像素 q 在像素 p 的 4 邻

域 $N_4(p)$ 或 4 对角邻域 $N_D(p)$ 中，且集合 $N_4(p)$ 和 $N_D(p)$ 的交集没有来自集合 A 中数值的像素，则具有集合 A 中数值的两个像素 p 和 q 是混合邻接的，否则是非混合邻接。混合邻接是 8 邻接的改进形式，其示意图如图 2.24(c)和(d)所示。

2.3.4　数字图像的类型

机器视觉系统中，常用的数字图像类型主要有二值图像、灰度图像和彩色图像三类，三种类型的 Lena 图①如图 2.25 所示。

(a) 二值图　　(b) 灰度图　　(c) 彩色图

图 2.25　二值图像、灰度图像和彩色图像

(1) 二值图像

一幅图像中的每个像素只有黑和白两种颜色的图像称为二值图像。在二值图像中，像素只有 0 和 1 两种取值，一般用 0 来表示黑色，用 1 表示白色，如图 2.25(a)所示。

(2) 灰度图像

在二值图像中进一步加入许多介于黑色与白色之间的颜色，就构成了灰度图像。这类图像通常显示为从最暗的黑色到最亮的白色，每种灰度称为一个灰度级。当灰度图像量化时取 8 比特或 16 比特时，其有 256 或 65 536 个灰度级，每一个像素分别具有[0,255]或[0,65 535]的整数值，如图 2.25(b)所示。

(3) 彩色图像

彩色图像也称为 RGB 图像，图像中的每个像素值都由 R、G 和 B 三个基色分量构成，而且每一种颜色分量都进行 8 比特量化获得 256 个等级(色阶)，即每个像素的颜色都是有 R、G 和 B 三个颜色分量混合而成，每个颜色分量的取值为 0～255，如图 2.25(c)所示。由于自然界中几乎所有颜色都可以由 R、G 和 B 三种颜色组合，于是三基色总共需要 24 位二进制数，这样能够表示出的颜色种类数目为 $2^{24}=16\ 777\ 216$ 种颜色，通常将 24 位或高于 24 位的图像称

① 雷娜(Lena Soderberg)原图是刊于 1972 年 11 月号《花花公子》杂志上的一张插图照。1973 年 6—7 月间，南加州大学的助理教授亚历山大(Alexander Sawchuk)等人正为 1 篇论文忙于寻找一幅好的测试图片(要求有良好动态范围的人脸部图片)。但当时照片都单调陈旧，让他们很失望。此时，有人拿着一本《花花公子》杂志(1972 年 11 月刊)到实验室，当期的插图照雷娜(Lena Söderberg)立刻吸引了众人的目光。亚历山大发现这张有着光滑面庞和繁杂饰物的图片正好符合测试要求。受当时实验室扫描仪分辨率的限制和测试图像大小的要求，他们只将图片顶端开始的 5.12 in 扫描下来，舍弃肩膀以下的部分，于是 512 像素×512 像素大小的“雷娜图”就此诞生。雷娜图是图像处理领域使用最为广泛的标准测试图。直到 1988 年，雷娜才得知自己已成为图像处理领域的名人。1997 年，雷娜被邀请参加了在波士顿举办的第 50 届图像科技年会。

为真彩色图像。除了真彩色图像外，彩色图像还有伪彩色图像和调配色图像。

2.3.5 常用的图像文件格式

图像文件格式是记录和存储影像信息的格式。对数字图像进行存储、处理和传播，必须采用一定的图像格式(Image format)。把图像的像素按照一定的方式进行组织和存储成文件就得到图像文件。图像文件格式决定了文件中存放何种类型的信息，文件如何与各种应用软件兼容，文件如何与其他文件交换数据。常见的图像文件格式有 JPEG、BMP、RAW、TIFF、GIF、DNG、PNG 和 PSD 等。

(1) JPEG 格式

JPEG(Joint Photographic Experts Group)即联合图像专家组，是用于连续色调静态图像压缩的一种标准，是面向连续色调静止图像的一种压缩标准文件，后缀名为 jpg 或 jpeg，是最常用的图像文件格式。其主要是采用预测编码、离散余弦变换以及熵编码的联合编码方式，以去除冗余的图像和彩色数据，属于有损压缩格式，它能够将图像压缩在很小的储存空间，一定程度上会造成图像数据的失真。JPEG 是一种很灵活的格式，具有调节图像质量的功能，它允许用不同的压缩比例对文件进行压缩，支持多种压缩级别，压缩比率通常在 10∶1到 40∶1范围内，压缩比越大，图像品质就越低；相反地，压缩比越小，图像品质也越高。JPEG 格式压缩的主要是高频信息，对色彩的信息保留较好。该格式还支持 CMYK、RGB 和灰度色彩模式，但不支持 Alpha 通道。

(2) BMP 格式

BMP(Bitmap)是 Windows 采用的图形文件格式，在 Windows 环境下运行的所有图像处理软件都支持 BMP 图像文件格式。Windows 系统内部各图像绘制操作都是以 BMP 为基础的，是 Photoshop 中最常用的位图格式。BMP 格式在保存文件时几乎没有压缩，因此它的文件占用的磁盘空间较大，其默认的文件扩展名是. BMP 或者. bmp。位图文件由位图文件头(Bitmap-file header)、位图信息头(Bitmap-information header)、彩色表(Color table)和定义位图数据(即图像数据，Data Bits 或 Data Body)四部分组成。BMP 存储格式支持 RGB、灰度和位图等色彩模式，但不支持 Alpha 通道。

(3) RAW 格式

RAW 图像是 CMOS 或 CCD 图像传感器将捕捉到的光信号转化为数字信号的原始数据。RAW 文件是一种记录了数码相机传感器的原始信息，同时记录了由相机拍摄所产生的一些元数据(Metadata，主要有 ISO 设置、快门速度、光圈值和白平衡等)的文件。RAW 是未经处理和未压缩的格式，即原始图像编码数据。

(4) TIFF 格式

TIFF(Tag Image File Format)图像文件是图形图像处理中常用的格式之一，由于它对图像信息的存放灵活多变，可以支持很多色彩系统，而且独立于操作系统，因此得到了广泛应用。在各种地理信息系统、摄影测量与遥感等应用中，要求图像具有地理编码信息，例如图像所在的坐标系、比例尺、图像上点的坐标、经纬度、长度单位及角度单位等。TIFF 格式以. tif 为扩展名，其数据格式由文件头信息区、标识信息区和图像数据区三部分组成。

(5) GIF 格式

GIF(Graphic Interchange Format)是由 CompuServe 公司制定的，能保存背景透明化的

图像形式，但只能处理 256 种色彩，常用于网络传输，其传输速度要比其他格式的文件快很多，并且可以将多张图像存储为一个文件形成动画效果。

(6) DNG 格式

DNG(Digital Negative)即数码负片，是由 Adobe 公司提出的一种 RAW 格式，主要用于数码相机生成的原始数据文件的公共存档格式。

(7) PNG 格式

PNG(Portable Network Graphics)即便携式网络图形，是一种采用无损压缩算法的位图格式，其目的是替代 GIF 和 TIFF 文件格式，同时增加一些 GIF 文件格式所不具备的特性广泛应用于网络图像的编辑。它不同于 GIF 格式图像，除了能保存 256 色，还可以保存 24 位的真彩色图像，具有支持透明背景和消除锯齿边缘的功能，可在不失真的情况下进行压缩保存图像。

(8) PSD 格式

PSD(Photoshop Document)是一种图形文件格式，是 Adobe 公司的图像处理软件 Photoshop 的默认保存格式。该格式可以存储 Photoshop 中所有的图层、通道、参考线、注解和颜色模式等信息。在保存图像时，若图像中包含有层，则一般都用 Photoshop(PSD)格式保存。PSD 格式在保存时会将文件压缩，以减少磁盘空间占用，但 PSD 格式所包含图像数据信息较多(如图层、通道、剪辑路径和参考线等)，因此比其他格式的图像文件还是要大得多。由于 PSD 文件保留所有原图像数据信息，因而修改起来较为方便。

常见的 8 种图像文件格式的优缺点如表 2.3 所列。

表 2.3　常用图像文件格式的优缺点

图像格式	优　点	缺　点
JPEG	文件容量小，传输速度快	细节丢失，过曝区域后期处理无法修复
BMP	影像品质高，可用于打印	文件容量大
RAW	保留原始信息，后期处理弹性大	占用空间大，传输时间长
TIFF	可用后期软件处理和打印	文件容量较大，占用存储空间较大
GIF	容量小，可做成动画，适合网络传播	有限的颜色
DNG	处理速度变快	不是所有相机的通用格式
PNG	允许部分效果半透明或全透明	比 JPEG 容量大，不能用于印刷
PSD	能保留多个图层，可转存任意格式	图层越多，占存储空间越大

2.4　射影几何基础

几何是研究空间结构及性质的一门学科，是研究某空间里的图形在变换后保持其不变性的学科。例如欧式几何[①]是研究在欧氏变换(旋转和平移)下保持不变性质(欧氏性质)的几何，其不变量有长度、角度和平行性等。但相机成像过程不再保持欧氏性质，例如在三维空间

① Euclid(约公元前 330—公元前 275)，著有《几何原本》，提出了五大公设，被誉为“几何之父”。

中两条平行直线在相机拍出的图像中会交于一点，三维空间的平行在像空间不再保持平行，如图 2.26 所示。

图 2.26　相机成像不保持欧氏性质

为了研究将点投影到直线或平面上时，图形的位置关系和保持图形不变性，促使了几何学的一个重要分支学科的发展——射影几何(也称为投影几何)。射影几何的发展与绘画有着密切关系。在文艺复兴时期，描绘现实世界成为绘画的重要目标，于是绘画师和建筑师面临如何将三维世界绘制在二维画布上，即如何在平面上表现实物图形。画师们发现一个画家要把一个事物画在一块画布上，就好比是用自己的眼睛当作投影中心，把实物的影子映射到画布上去，然后再描绘出来。图形中各元素的相对大小和位置关系，有的变化了，有的却保持不变，其示意图如图 2.27 所示。

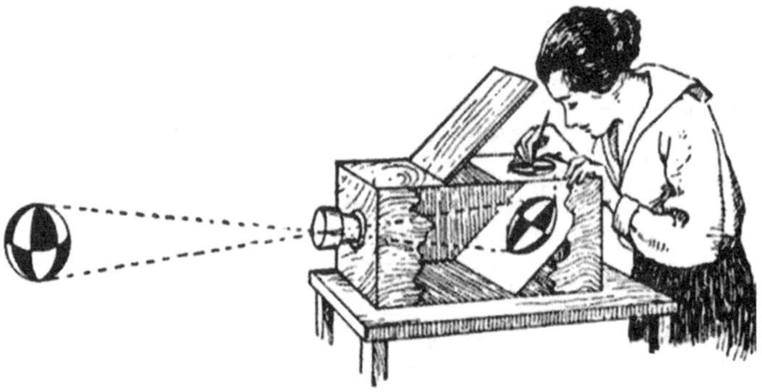

图 2.27　射影几何描述的位置关系

数学家、建筑学家和物理学家对这些性质进行了研究，逐渐完善了射影几何的相关理论。意大利建筑师布鲁内列斯基(Filippo Brunelleschi)是第一个认真研究透视法并试图运用几何方法进行绘画的艺术家；意大利的建筑师阿尔贝蒂(L. B. Leon Battista Alberti)首次提出了空间表现应基于透视几何原理，1511 年出版的《论绘画》是早期数学透视法的代表作，书中除了投影线、截影等一些概念外，还讨论了截影的数学性质，成为射影几何学发展的起点。在 19 世纪以前，射影几何一直在欧氏几何的框架下进行研究，其早期开拓者迪沙格和帕斯卡等人主要是以欧式几何的方法来处理问题，其中法国的数学家和建筑师笛沙格(Girard Desargues)是从数学上系统讨论射影几何的第一人，奠定了射影几何发展的基础，是射影几何创始人之一；

法国人布莱士·帕斯卡（Blaise Pascal）[①]16 岁时发现著名的帕斯卡六边形定理:内接于一个二次曲线的六边形的三双对边的交点共线。到 18 世纪末、19 世纪初,法国数学家和物理学家加斯帕尔·蒙日（Gaspard Monge）的《画法几何学》及其学生们的工作,重新激发了人们对射影几何的兴趣。德国天文学家和物理学家约翰尼斯·开普勒（Johannes Kepler）最早引入了无穷远点概念;法国数学家和力学家庞斯列（Jean Victor Poncelet）是射影几何学的奠基人,他提出了连续性和对偶性原理,讨论了图形在投影和截影下保持不变的性质,深入研究了极点与极线的概念,给出了从极点到极线和从极线到极点变换的一般表述,奠定了射影几何学的发展基础。德国数学家莫比乌斯（August Ferdinand Möbius）[②]和德国数学家、物理学家普吕克（Julius Plücker）引入了齐次坐标,开创了射影几何研究的解析途径;德国几何学家施特陶（K. G. C. von Staudt）首次提出了交比不依赖长度的定义,建立起没有度量的射影几何学体系。英国数学家凯莱（Arthur Cayley）和德国数学家克莱因（Felix Christian Klein）在施陶特工作的基础上进一步完善了射影几何,建立了欧氏几何与非欧氏几何的特例,为各种几何学统一到射影几何学奠定了基础。

2.4.1　射影空间

　　射影空间(也称为投影空间)是欧氏空间的推广,在 n 维欧氏空间的基础上加入无穷远元素,并对有限元素和无穷远元素不加区分,则它们共同构成 n 维射影空间。如图 2.26 所示,两条平行的路(或轨道)在视线远处会交于一点,这一点就是无穷远点。在一条直线上有唯一一个无穷远点,一组平行线共有一个无穷远点;欧氏平面上所有直线上的无穷远点集合是无穷远直线;三维空间中所有无穷远点组成一个平面是无穷远平面。

　　一维射影空间是一条射影直线,由欧氏直线和它的无穷远点构成;二维射影空间是一个射影平面,由欧氏平面和它的无穷远直线构成;三维射影空间由三维欧氏空间和无穷远平面构成。射影空间的示意图如图 2.28 所示。

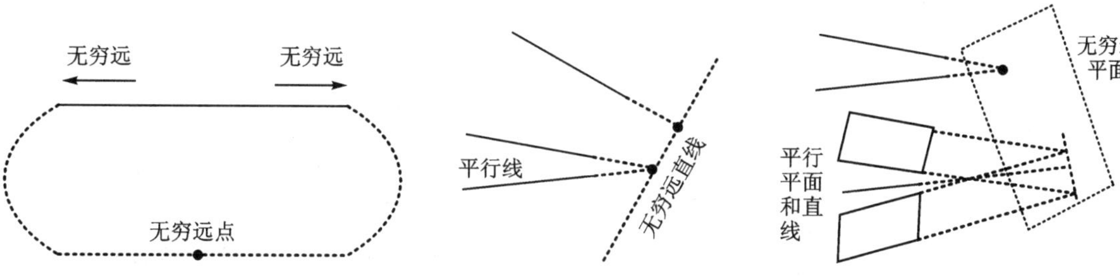

(a) 一维摄影空间　　　　　(b) 二维摄影空间　　　　　(c) 三维射影空间

图 2.28　射影空间示意图

① Blaise Pascal(1623—1662),法国数学家、物理学家和思想家,有著名的帕斯卡三角形(杨辉三角)和帕斯卡定理,其中帕斯卡定理是射影几何的一个重要定理,是点线对偶关系的体现。

② August Ferdinand Möbius(1790—1868 年),德国数学家和天文学家,发现了莫比乌斯环,是拓扑学的先驱。

2.4.2 齐次坐标

在欧氏空间中建立坐标系后，点与坐标是一一对应的。在射影空间中建立坐标系，无穷远元素与齐次坐标对应。所谓的齐次坐标就是将一个 n 维向量用 $n+1$ 维向量来表示。给定 n 维欧氏空间的笛卡尔坐标$(x_1,x_2,\cdots x_n)$，对任意非零实数 τ，有 $n+1$ 维向量$(\tau x_1,\tau x_2,\cdots \tau x_n,\tau)$，称该向量为$(x_1,x_2,\cdots x_n)$的齐次坐标，其中 τ 称为哑坐标；当 $\tau=0$ 时，表示该点是无穷远点；当 $\tau=1$ 时，称齐次坐标为规一化齐次坐标。用齐次坐标表示点时，若该坐标内的数值都乘以同一非零实数，仍表示该点，即一个点对应的齐次坐标有无穷多个(一对多)；反之，两个齐次坐标表示同一点，当且仅当其中一个齐次坐标可由另一个齐次坐标乘以相同的非零常数来获得。投影平面上的任何点都可以表示为(x,y,z)，称其为该点的齐次坐标或投影坐标，其中 x、y 和 z 不全为 0。当 $z\neq 0$ 时，则该点$\left(\frac{x}{z},\frac{y}{z}\right)$表示欧氏平面上的点；当 $z=0$，则该点表示无穷远点；当 $z=1$ 时，$(x,y,1)$为规一化齐次坐标。

2.4.3 射影几何的性质

射影几何中有两个重要性质，即连续性和对偶性。其中，连续性原理描述的是通过投影或其他方法把某一图形变换成另一图形的过程中的几何不变性，即一个图形是从另一个图形经过连续变化得出的，且后者与前者一样，则第一个图形的任何性质第二个图形也有；对偶性原理是描述点的共线关系是对等的，即“过一点做一条直线”和“在一条直线上取一点”是对等的，也称为对偶作图。

2.4.4 射影不变量

射影不变量包括交比、线束交比和简比。图 2.29 所示为共线三点 A_1、B_1 和 C_1 的简比

$$(A_1,B_1,C_1)=\frac{A_1C_1}{B_1C_1} \tag{2.11}$$

共线四点 A_1、B_1、C_1 和 D_1(四点在直线 l 上)的交比为

$$(A_1,B_1:C_1,D_1)=\frac{C_1A_1}{C_1B_1}:\frac{D_1A_1}{D_1B_1}=\frac{C_1A_1}{C_1B_1}\cdot\frac{D_1B_1}{D_1A_1} \tag{2.12}$$

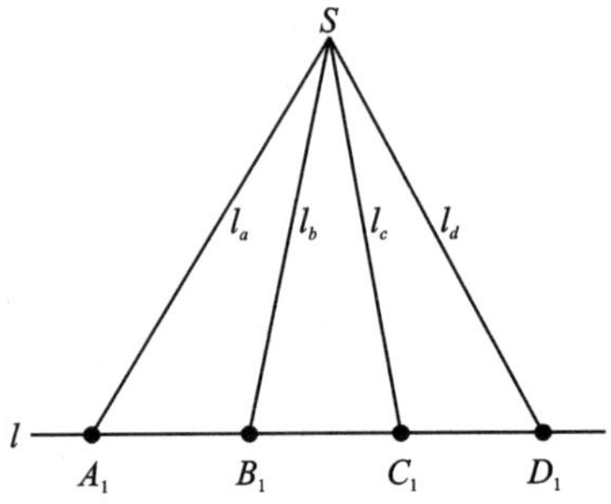

图 2.29 共线四点和四点共线的关系

共线的四个点有交比，根据对偶原理，共点的四条线(也称为线束交比，S 为线束交点，可取为投影中心)也有交比，且对应四点与四线的交比相等，即

$$(A_1,B_1:C_1,D_1)=(l_a,l_b:l_c,l_d)=\frac{\sin(l_a,l_c)}{\sin(l_b,l_c)}\cdot\frac{\sin(l_b,l_d)}{\sin(l_a,l_d)} \tag{2.13}$$

式中，$\sin(a,c)$为直线 a 和 c 夹角的正弦值。

2.4.5 射影变换

记 **S** 和 **S**′是两个由点组成的 n 维射影空间，**T** 是由 **S** 到 **S**′的映射，如果 **T** 保持：① 点和直线的结合关系，即共线的点仍共线，点在直线上，直线通过点等；② 共线四个点的交比不变；则称 **T** 为 n 维射影变换。**S** 和 **S**′既可以是同一个射影空间，也可以是不同的射影空间。

根据式(2.13)，共线四点的交比和共点四条线的交比相等，在如图 2.30(a)所示的中心射影或中心投影（投影线交于一点，即射影或投影中心），与其相关线束 S、直线 l_1 和直线 l_2 的交比相等，即有

$$(A_1,B_1:C_1,D_1)=(l_a,l_b:l_c,l_d)=(A',B':C',D') \tag{2.14}$$

同理，2.30(b)所示的两个中心投影 S_1 和 S_2 线束有共同的交线 l_2，于是有

$$(A',B':C',D')=(A_1,B_1:C_1,D_1)=(A'',B'':C'',D'') \tag{2.15}$$

式(2.15)描述了两个中心投影 S_1 和 S_2 的关系，即直线 l_1 和直线 l_3 有相同的性质（交比不变），称该过程为中心射影的积。由有限次中心射影的积定义两条直线间的一一对应变换称为一维射影变换；由有限次中心射影的积定义的两个平面之间的一一对应变换称为二维射影变换。与图 2.30 所示对应的实际应用场景如图 2.31 所示，这也进一步证明了射影变换的连续性和对偶性原理。

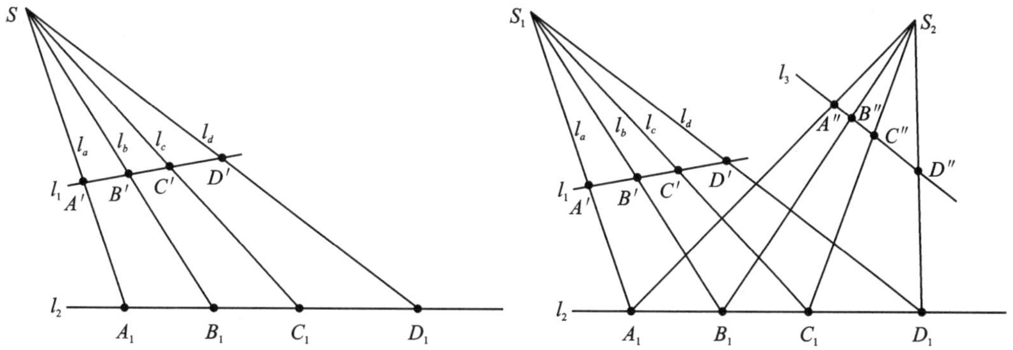

(a) 中心投影　　　(b) 中心投影的积

图 2.30　中心投影变换

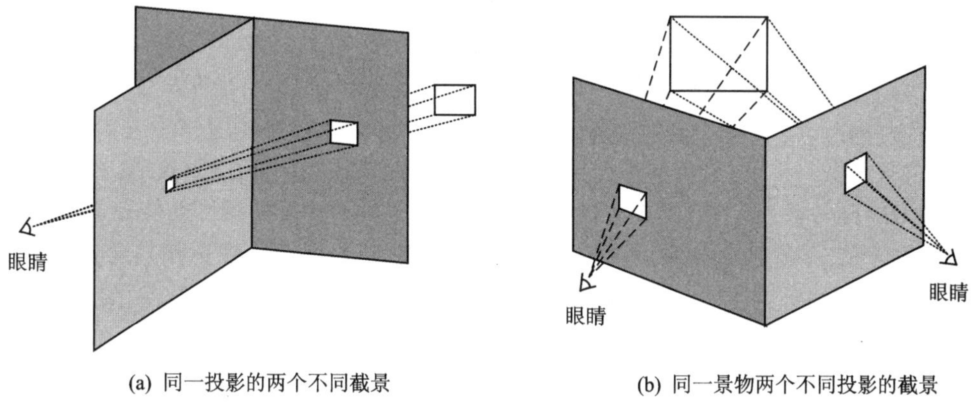

(a) 同一投影的两个不同截景　　　(b) 同一景物两个不同投影的截景

图 2.31　射影几何描述的位置关系

射影变换包括中心射影变换和正射投影(又称正交投影或直角投影)变换,中心射影变换也称为中心投影变换,其投影线相交于一点;正射投影变换的投影线相互平行,投影中心在无穷远处,其示意图如图 2.32 所示。

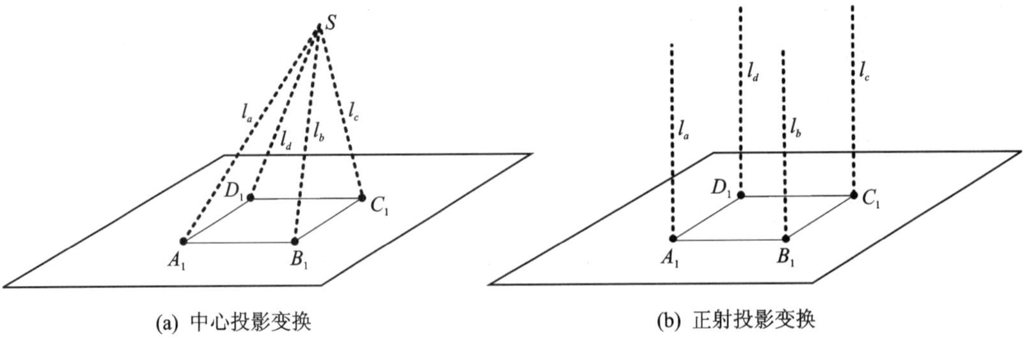

图 2.32　中心射影变换和正射投影变换

2.4.6　极线几何基本概念与极线约束

如图 2.33 所示的双目视觉系统可以由两个独立的相机 O_1 和 O_2 固定安装后形成,也可以由一个相机通过平移和旋转变换形成。两个相机 O_1 和 O_2 投影中心的连线称为基线;基线与两个相机投影面的交点 e_1 和 e_2 称为极点;通过极点 e_1 和 e_2 的直线 l_1 和 l_2 称为极线;空间点 p^w 在两个相机投影与投影面的交点 p_1 和 p_2 称为投影点,也称为同名点或匹配点;两个相机投影中心 O_1 和 O_2 与空间点 p^w 形成的平面称为极平面。

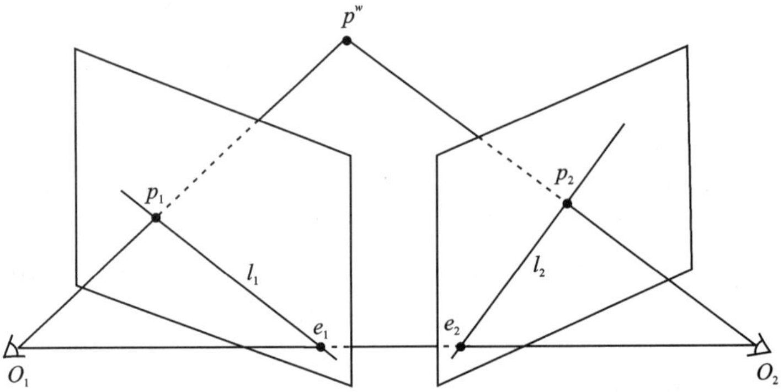

图 2.33　极线几何约束

两个相机投影面上的点满足关系式①:

$$p_1 \boldsymbol{M} p_2^{\mathrm{T}} = 0 \tag{2.15}$$

式中,$\boldsymbol{M}$ 为投影变换矩阵,其由两个相机的内参数和两个相机的结构参数构成。

式(2.15)称为极线约束,本章先给出结论,其详细推导过程在双目立体视觉系统一章给出。其物理含义是相机 O_1 拍摄图像中的像点 p_1 在相机 O_2 拍摄图像中找其同名点或匹配点 p_2 时,p_2 点一定位于相机 O_2 拍摄图像的极线 l_2 上;同理,根据对偶性原理,如果在相机 O_1 拍摄图像中找 p_2 点的匹配点或同名点时,其一定位于极线 l_1 上。

① 在本书中,像点 p 有时表示为像平面上一个点,有时表示为像平面点的坐标,为了表述方便,部分表示像点坐标的 p 未用粗斜体表示。

2.5　空间几何变换

机器视觉系统完成位置、形状、姿态和运动信息计算时,需要完成从射影空间的射影变换到欧氏空间的欧氏变换,在这一过程中还经常会用到另外两个特殊空间的变换,即相似变换和仿射变换,它们之间的关系如图 2.34 所示。除了射影变换外,各种变换的示意图如图 2.35 所示。

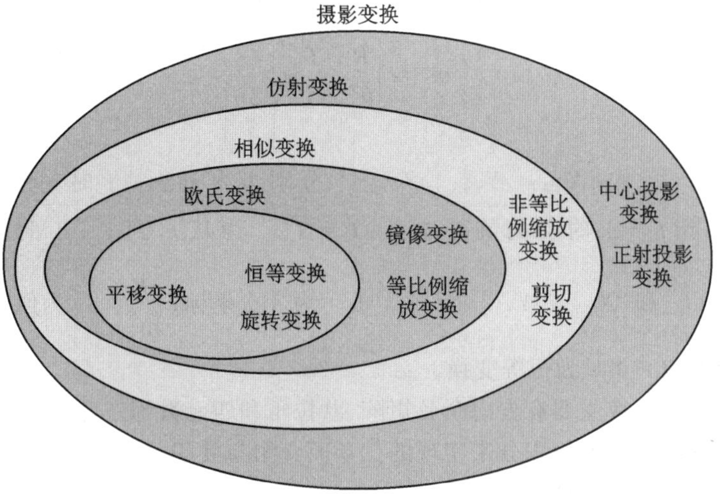

图 2.34　欧氏变换、相似变换、仿射变换和投影变换的关系

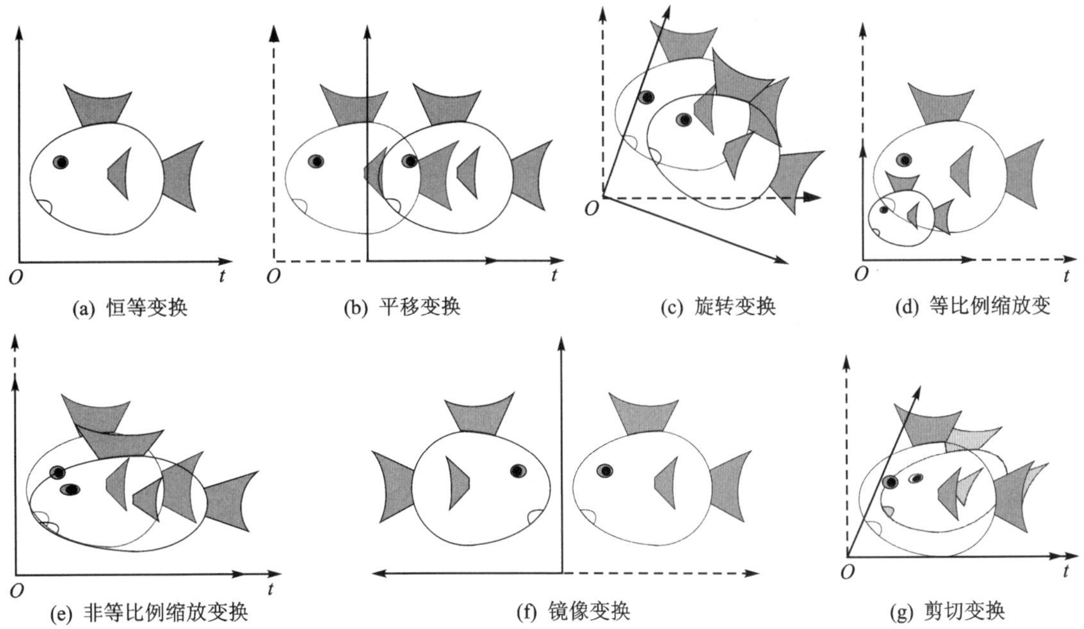

图 2.35　各种变换原理示意图(射影变换除外)

2.5.1 欧氏变换

欧氏变换相当于是图 2.35 中的旋转变换和平移变换的复合，变换前后长度、面积和线线之间的角度都不变，其描述刚体在欧氏空间的平移和旋转过程，其数学模型为[①]

$$\begin{bmatrix} X_{k+1} \\ Y_{k+1} \\ Z_{k+1} \end{bmatrix} = \boldsymbol{R} \begin{bmatrix} X_k \\ Y_k \\ Z_k \end{bmatrix} + \bar{\boldsymbol{T}} \tag{2.16}$$

$$\begin{bmatrix} X_{k+1} \\ Y_{k+1} \\ Z_{k+1} \\ 1 \end{bmatrix} = \begin{bmatrix} \boldsymbol{R} & \bar{\boldsymbol{T}} \\ \boldsymbol{0}^{\mathrm{T}} & 1 \end{bmatrix} \begin{bmatrix} X_k \\ Y_k \\ Z_k \\ 1 \end{bmatrix} \tag{2.17}$$

式中，$[X_k \quad Y_k \quad Z_k]^{\mathrm{T}}$ 和 $[X_{k+1} \quad Y_{k+1} \quad Z_{k+1}]^{\mathrm{T}}$ 分别为 k 和 $k+1$ 时刻的空间位置坐标；$\boldsymbol{R}=\boldsymbol{R}_k^{k+1}$ 为从 k 到 $k+1$ 时刻的旋转矩阵；$\bar{\boldsymbol{T}}=\bar{\boldsymbol{T}}_k^{k+1}$ 为从 k 到 $k+1$ 时刻的平移向量；$[X_k \quad Y_k \quad Z_k \quad 1]^{\mathrm{T}}$ 和 $[X_{k+1} \quad Y_{k+1} \quad Z_{k+1} \quad 1]^{\mathrm{T}}$ 为齐次坐标；$\begin{bmatrix} \boldsymbol{R} & \bar{\boldsymbol{T}} \\ \boldsymbol{0}^{\mathrm{T}} & 1 \end{bmatrix}$ 为欧氏变换的位姿变换矩阵；当 $\boldsymbol{R}=\boldsymbol{I}$ 和 $\bar{\boldsymbol{T}}=\boldsymbol{0}$ 时为恒等变换。

欧氏空间的旋转变换主要有方向余弦矩阵、欧拉角和四元数等三种实现方式，其更新过程也是通过对旋转矩阵微分方程积分来实现的。下面介绍与其相关的主要内容。

(1) 向量的乘积与向量的变化率

两个向量的乘积包括点积与叉积两种运算，可以用矩阵形式进行表达。设三个向量 $\boldsymbol{a}$、$\boldsymbol{b}$ 和 $\boldsymbol{c}$，将其在同一直角坐标系 $Oxyz$（坐标系基为 $\boldsymbol{e}_1$、$\boldsymbol{e}_2$ 和 $\boldsymbol{e}_3$）中投影，其投影形式为 $\boldsymbol{a}=[a_x \quad a_y \quad a_z]^{\mathrm{T}}$、$\boldsymbol{b}=[b_x \quad b_y \quad b_z]^{\mathrm{T}}$ 和 $\boldsymbol{c}=[c_x \quad c_y \quad c_z]^{\mathrm{T}}$。于是三个向量可以表示为

$$\boldsymbol{a}=a_x\boldsymbol{e}_1+a_y\boldsymbol{e}_2+a_z\boldsymbol{e}_3 \tag{2.18}$$

$$\boldsymbol{b}=b_x\boldsymbol{e}_1+b_y\boldsymbol{e}_2+b_z\boldsymbol{e}_3 \tag{2.19}$$

$$\boldsymbol{c}=c_x\boldsymbol{e}_1+c_y\boldsymbol{e}_2+c_z\boldsymbol{e}_3 \tag{2.20}$$

向量 $\boldsymbol{a}$ 与 $\boldsymbol{b}$ 的点积（或内积）$\boldsymbol{a}\cdot\boldsymbol{b}$ 和叉积（或外积）$\boldsymbol{a}\times\boldsymbol{b}$ 分别为

$$\boldsymbol{c}=\boldsymbol{a}\cdot\boldsymbol{b}=[a_x \quad a_y \quad a_z]\begin{bmatrix} b_x \\ b_y \\ b_z \end{bmatrix}=[b_x \quad b_y \quad b_z]\begin{bmatrix} a_x \\ a_y \\ a_z \end{bmatrix}=a_xb_x+a_yb_y+a_zb_z \tag{2.21}$$

$$\begin{aligned}\boldsymbol{c}=\boldsymbol{a}\times\boldsymbol{b}&=(a_x\boldsymbol{e}_1+a_y\boldsymbol{e}_2+a_z\boldsymbol{e}_3)\times(b_x\boldsymbol{e}_1+b_y\boldsymbol{e}_2+b_z\boldsymbol{e}_3)\\&=(a_yb_z-a_zb_y)\boldsymbol{e}_1+(a_zb_x-a_xb_z)\boldsymbol{e}_2+(a_xb_y-a_yb_x)\boldsymbol{e}_3\\&=c_x\boldsymbol{e}_1+c_y\boldsymbol{e}_2+c_z\boldsymbol{e}_3\end{aligned} \tag{2.22}$$

将式(2.22)写成投影形式，则有

$$\begin{bmatrix} c_x \\ c_y \\ c_z \end{bmatrix}=\begin{bmatrix} a_yb_z-a_zb_y \\ a_zb_x-a_xb_z \\ a_xb_y-a_yb_x \end{bmatrix} \tag{2.23}$$

① 这里用 $\boldsymbol{R}$ 表示刚体旋转变换的一般形式，其描述的具体过程需根据实际应用来确定。

将式(2.23)右端写成两矩阵的乘积形式，即

$$\begin{bmatrix} a_y b_z - a_z b_y \\ a_z b_x - a_x b_z \\ a_x b_y - a_y b_x \end{bmatrix} = \begin{bmatrix} 0 & -a_z & a_y \\ a_z & 0 & -a_x \\ -a_y & a_x & 0 \end{bmatrix} \begin{bmatrix} b_x \\ b_y \\ b_z \end{bmatrix} = -\begin{bmatrix} 0 & -b_z & b_y \\ b_z & 0 & -b_x \\ -b_y & b_x & 0 \end{bmatrix} \begin{bmatrix} a_x \\ a_y \\ a_z \end{bmatrix} \tag{2.24}$$

令 $\boldsymbol{A} = \begin{bmatrix} 0 & -a_z & a_y \\ a_z & 0 & -a_x \\ -a_y & a_x & 0 \end{bmatrix}$，$\boldsymbol{B} = \begin{bmatrix} 0 & -b_z & b_y \\ b_z & 0 & -b_x \\ -b_y & b_x & 0 \end{bmatrix}$，于是有

$$\boldsymbol{c} = \begin{bmatrix} c_x \\ c_y \\ c_z \end{bmatrix} = \boldsymbol{A} \begin{bmatrix} b_x \\ b_y \\ b_z \end{bmatrix} = -\boldsymbol{B} \begin{bmatrix} a_x \\ a_y \\ a_z \end{bmatrix} \tag{2.25}$$

由于 $\boldsymbol{A} = -\boldsymbol{A}^{\mathrm{T}}$ 和 $\boldsymbol{B} = -\boldsymbol{B}^{\mathrm{T}}$，因此 $\boldsymbol{A}$ 和 $\boldsymbol{B}$ 是反对称矩阵，也可分别称为向量 $\boldsymbol{a}$ 和 $\boldsymbol{b}$ 的反对称矩阵，其对角线元素为零，其他元素由其投影值构成，且位于主对角线两侧的对称元素反号。向量点积 $\boldsymbol{a} \cdot \boldsymbol{b}$ 和叉积 $\boldsymbol{a} \times \boldsymbol{b}$ 具有明确的物理意义，前者描述了投影关系，后者描述了旋转关系。

向量的变化率有相对变化率和绝对变化率，将向量相对定坐标系(简称定系)对时间求取变化率称为绝对变率；将向量在动坐标系(简称动系)上的投影对时间的变化率称为相对变率。在绝对变率与相对变率之间存在着某种确定的关系。不失一般性，取定系为惯性坐标系 $Ox_iy_iz_i$ 和动系 $Oxyz$ 来讨论向量的绝对变率与相对变率间的关系，两个坐标系的基底(或单位向量)分别为 $\boldsymbol{i}$、$\boldsymbol{j}$ 和 $\boldsymbol{k}$ 以及 $\boldsymbol{e}_1$、$\boldsymbol{e}_2$ 和 $\boldsymbol{e}_3$。设一空间点 P 在定系 $Ox_iy_iz_i$ 下的位置向量为 $\boldsymbol{a}_i$，在动系 $Oxyz$ 下的位置向量为 $\boldsymbol{a}_r$，动坐标系原点在定坐标系中的位置向量为 $\boldsymbol{a}_{ir}$，动系 $Oxyz$ 相对于定系 $Ox_iy_iz_i$ 的转动角速度为 ω，如图 2.36 所示。

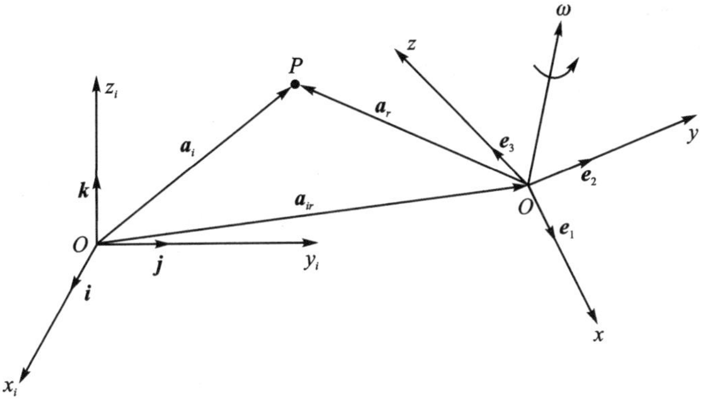

图 2.36　质点在不同坐标系下的位置向量

根据图 2.36 所示的关系，于是有

$$\boldsymbol{a}_i = \boldsymbol{a}_{ir} + \boldsymbol{a}_r \tag{2.26}$$

$$\boldsymbol{a}_i = a_{ix}\boldsymbol{i} + a_{iy}\boldsymbol{j} + a_{iz}\boldsymbol{k} \tag{2.27}$$

$$\boldsymbol{a}_r = a_{rx}\boldsymbol{e}_1 + a_{ry}\boldsymbol{e}_2 + a_{rz}\boldsymbol{e}_3 \tag{2.28}$$

$$\boldsymbol{\omega} = \omega_x\boldsymbol{e}_1 + \omega_y\boldsymbol{e}_2 + \omega_z\boldsymbol{e}_3 \tag{2.29}$$

式中，a_{ix}、a_{iy} 和 a_{iz} 为 $\boldsymbol{a}_i$ 在定系 $Ox_iy_iz_i$ 各坐标轴上的投影分量；a_{rx}、a_{ry} 和 a_{rz} 为 $\boldsymbol{a}_r$ 在动系

$Oxyz$ 各坐标轴上的投影分量；ω_x、ω_y 和 ω_z 为 $\boldsymbol{\omega}$ 在动系 $Oxyz$ 各坐标轴上的投影分量。

对式(2.26)两边同时相对定系 $Ox_iy_iz_i$ 取关于时间的导数，可得

$$\left.\frac{\mathrm{d}\boldsymbol{a}_i}{\mathrm{d}t}\right|_i=\left.\frac{\mathrm{d}\boldsymbol{a}_{ir}}{\mathrm{d}t}\right|_i+\left.\frac{\mathrm{d}\boldsymbol{a}_r}{\mathrm{d}t}\right|_i \tag{2.30}$$

在式(2.30)中，等号右边的第一项表示动坐标系相对定坐标系的相对速度；等号右边的第二项可写为

$$\begin{aligned}\left.\frac{\mathrm{d}\boldsymbol{a}_r}{\mathrm{d}t}\right|_i&=\left.\frac{\mathrm{d}(a_{rx}\boldsymbol{e}_1+a_{ry}\boldsymbol{e}_2+a_{rz}\boldsymbol{e}_3)}{\mathrm{d}t}\right|_i\\&=\frac{\mathrm{d}a_{rx}}{\mathrm{d}t}\boldsymbol{e}_1+\frac{\mathrm{d}a_{ry}}{\mathrm{d}t}\boldsymbol{e}_2+\frac{\mathrm{d}a_{rz}}{\mathrm{d}t}\boldsymbol{e}_3+a_{rx}\frac{\mathrm{d}\boldsymbol{e}_1}{\mathrm{d}t}+a_{ry}\frac{\mathrm{d}\boldsymbol{e}_2}{\mathrm{d}t}+a_{rz}\frac{\mathrm{d}\boldsymbol{e}_3}{\mathrm{d}t}\\&=\left.\frac{\mathrm{d}\boldsymbol{a}_r}{\mathrm{d}t}\right|_r+\boldsymbol{\omega}\times\boldsymbol{a}_r\end{aligned} \tag{2.31}$$

式(2.31)描述了同一个向量相对于不同参考坐标系关于时间的导数关系。只有当两个参考坐标系没有相对转动，即 $\omega=0$ 的条件下，两者才相等。将 $\left.\frac{\mathrm{d}\boldsymbol{a}_r}{\mathrm{d}t}\right|_i$ 称为向量的绝对变化率，$\left.\frac{\mathrm{d}\boldsymbol{a}_r}{\mathrm{d}t}\right|_r$ 称为向量的相对变化率，即式(2.31)描述了向量的相对变化率和绝对变化率间的关系。

将式(2.31)代入式(2.30)中，得

$$\left.\frac{\mathrm{d}\boldsymbol{a}_i}{\mathrm{d}t}\right|_i=\left.\frac{\mathrm{d}\boldsymbol{a}_{ir}}{\mathrm{d}t}\right|_i+\left.\frac{\mathrm{d}\boldsymbol{a}_r}{\mathrm{d}t}\right|_r+\boldsymbol{\omega}\times\boldsymbol{a}_r \tag{2.32}$$

式(2.32)具有重要的物理意义，等号左边表示动点相对定系 $Ox_iy_iz_i$ 的速度，当定系 $Ox_iy_iz_i$ 相对惯性空间没有运动时，就是动点 P 的绝对速度。等号右边第一项表示动系 $Oxyz$ 的坐标原点相对定系 $Ox_iy_iz_i$ 的运动速度，实际代表了动系 $Oxyz$ 相对定系 $Ox_iy_iz_i$ 的运动速度，当两个坐标系原点重合时，有 $\left.\frac{\mathrm{d}\boldsymbol{a}_{ir}}{\mathrm{d}t}\right|_i=0$；第二项表示动点 P 相对动系 $Oxyz$ 的速度，即相对速度；第三项表示动系 $Oxyz$ 相对定系 $Ox_iy_iz_i$ 转动引起的动点 P 在动系 $Oxyz$ 上重合点的速度。等号右边第一项和第三项的和又称为牵连速度。

向量绝对变化率和相对变化率的一般表达式为

$$\left.\frac{\mathrm{d}\boldsymbol{a}}{\mathrm{d}t}\right|_i=\left.\frac{\mathrm{d}\boldsymbol{a}}{\mathrm{d}t}\right|_r+\boldsymbol{\omega}_{ir}\times\boldsymbol{a} \tag{2.33}$$

其描述了当动坐标系和静坐标系的原点重合时一个空间向量的变化率的计算公式，且 $\boldsymbol{\omega}_{ir}=\boldsymbol{\omega}$。

(2) 方向余弦矩阵描述旋转变换

设空间直角坐标系 $Oxyz$ 的基底为 $\boldsymbol{i}_1$、$\boldsymbol{i}_2$ 和 $\boldsymbol{i}_3$；$Ox_1y_1z_1$ 的基底为 $\boldsymbol{e}_1$、$\boldsymbol{e}_2$ 和 $\boldsymbol{e}_3$；一个向量 $\boldsymbol{a}$ 在两个坐标系的投影分别为$[a_x \quad a_y \quad a_z]^{\mathrm{T}}$ 和$[a_{x_1} \quad a_{y_1} \quad a_{z_1}]^{\mathrm{T}}$，于是有

$$\boldsymbol{a}=a_x\boldsymbol{i}_1+a_y\boldsymbol{i}_2+a_z\boldsymbol{i}_3=a_{x_1}\boldsymbol{e}_1+a_{y_1}\boldsymbol{e}_2+a_{z_1}\boldsymbol{e}_3 \tag{2.34}$$

分别用 $\boldsymbol{e}_1$、$\boldsymbol{e}_2$ 和 $\boldsymbol{e}_3$ 乘以 $a_x\boldsymbol{i}_1+a_y\boldsymbol{i}_2+a_z\boldsymbol{i}_3=a_{x_1}\boldsymbol{e}_1+a_{y_1}\boldsymbol{e}_2+a_{z_1}\boldsymbol{e}_3$ 的两端，可得

$$a_{x_1}=a_x\boldsymbol{e}_1\cdot\boldsymbol{i}_1+a_y\boldsymbol{e}_1\cdot\boldsymbol{i}_2+a_z\boldsymbol{e}_1\cdot\boldsymbol{i}_3 \tag{2.35a}$$

$$a_{y_1}=a_x\boldsymbol{e}_2\cdot\boldsymbol{i}_1+a_y\boldsymbol{e}_2\cdot\boldsymbol{i}_2+a_z\boldsymbol{e}_2\cdot\boldsymbol{i}_3 \tag{2.35b}$$

$$a_{z_1}=a_x\boldsymbol{e}_3\cdot\boldsymbol{i}_1+a_y\boldsymbol{e}_3\cdot\boldsymbol{i}_2+a_z\boldsymbol{e}_3\cdot\boldsymbol{i}_3 \tag{2.35c}$$

将式(2.35)写成矩阵的形式为

$$\begin{bmatrix} r_{x_1} \\ r_{y_1} \\ r_{z_1} \end{bmatrix}=\begin{bmatrix} \boldsymbol{e}_1\cdot\boldsymbol{i}_1 & \boldsymbol{e}_1\cdot\boldsymbol{i}_2 & \boldsymbol{e}_1\cdot\boldsymbol{i}_3 \\ \boldsymbol{e}_2\cdot\boldsymbol{i}_1 & \boldsymbol{e}_2\cdot\boldsymbol{i}_2 & \boldsymbol{e}_2\cdot\boldsymbol{i}_3 \\ \boldsymbol{e}_3\cdot\boldsymbol{i}_1 & \boldsymbol{e}_3\cdot\boldsymbol{i}_2 & \boldsymbol{e}_3\cdot\boldsymbol{i}_3 \end{bmatrix}\begin{bmatrix} r_x \\ r_y \\ r_z \end{bmatrix}=\boldsymbol{C}\begin{bmatrix} r_x \\ r_y \\ r_z \end{bmatrix} \tag{2.36}$$

式中，$\boldsymbol{C}=\boldsymbol{R}$ 为从 $Oxyz$ 坐标系到 $Ox_1y_1z_1$ 坐标系的变换矩阵，矩阵中的元素为

$$C_{ij}=\boldsymbol{e}_i\cdot\boldsymbol{i}_j=|\boldsymbol{e}_i||\boldsymbol{i}_j|\cos\beta_{ij}=\cos\beta_{ij}\quad i,j=1,2,3 \tag{2.37}$$

式中，β_{ij} 为 $\boldsymbol{e}_i$ 和 $\boldsymbol{i}_j$ 间的夹角，即两个坐标轴间的夹角。由于坐标变换矩阵 $\boldsymbol{C}$ 中的每一个元素都是不同坐标轴间夹角的余弦值，因此该变换矩阵 $\boldsymbol{C}=\boldsymbol{R}$ 又称为方向余弦矩阵。

(3) 欧拉角法描述旋转变换

如图 2.37 所示，设空间直角坐标系 $Ox_1y_1z_1$(简称坐标系 1)绕 Oz 轴旋转 β_1 角后得到坐标系 $Ox_2y_2z_2$(简称坐标系 2)，空间一向量 $\boldsymbol{a}$ 在两个坐标系的投影分别为 $[a_{x_1}\quad a_{y_1}\quad a_{z_1}]^{\mathrm{T}}$ 和 $[a_{x_2}\quad a_{y_2}\quad a_{z_2}]^{\mathrm{T}}$。由于绕 Oz 轴进行旋转，因此在 Oz 轴的投影没有变化，即有 $a_{z_1}=a_{z_2}$，将两个坐标系旋转关系沿 Oz 轴投影到平面，于是有

$$\begin{aligned} a_{x_2}&=OA_1+A_1B_1+B_1C_1\\ &=OD_1\cos\beta_1+B_1D_1\sin\beta_1+B_1F_1\sin\beta_1\\ &=a_{x_1}\cos\beta_1+a_{y_1}\sin\beta_1 \end{aligned} \tag{2.38a}$$

$$\begin{aligned} a_{y_2}&=D_1E_1-D_1A_1\\ &=D_1F_1\cos\beta_1-OD_1\sin\beta_1\\ &=a_{y_1}\cos\beta_1-a_{x_1}\sin\beta_1 \end{aligned} \tag{2.38b}$$

$$a_{z_1}=a_{z_2} \tag{2.38c}$$

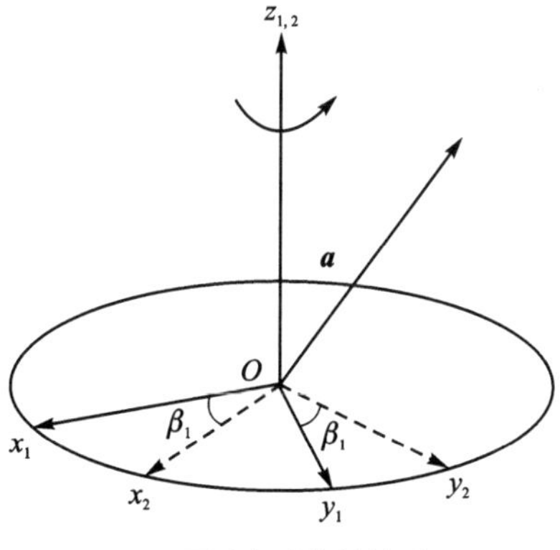

(a) 两坐标系旋转关系

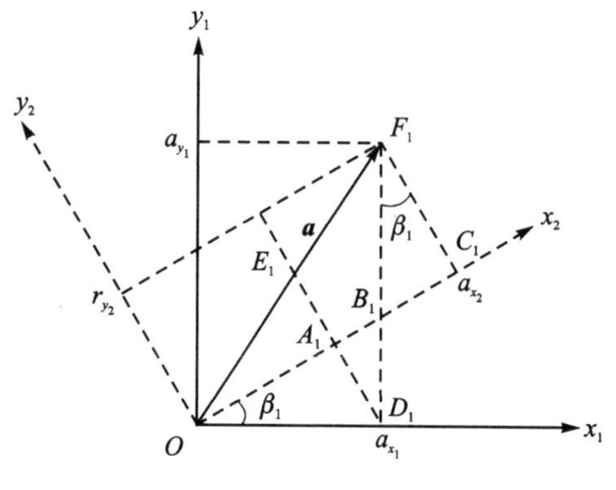

(b) 两坐标系变换关系

图 2.37　欧拉角描述两个坐标系变换关系

将式(2.38)写成矩阵形式，有

$$\begin{bmatrix} a_{x_2} \\ a_{y_2} \\ a_{z_2} \end{bmatrix} = \begin{bmatrix} \cos\beta_1 & \sin\beta_1 & 0 \\ -\sin\beta_1 & \cos\beta_1 & 0 \\ 0 & 0 & 1 \end{bmatrix} \begin{bmatrix} a_{x_1} \\ a_{y_1} \\ a_{z_1} \end{bmatrix} = \boldsymbol{C}_1^2 \begin{bmatrix} a_{x_1} \\ a_{y_1} \\ a_{z_1} \end{bmatrix} \tag{2.39}$$

式(2.39)描述了两个坐标系间的变换关系，其中 $\boldsymbol{C}_1^2=\boldsymbol{R}$ 表示从坐标系 1 到坐标系 2 的变换矩阵，矩阵中每一个元素仍然是两坐标轴间夹角的余弦值，因此$\boldsymbol{C}_1^2$ 与方向余弦矩阵的本质是相同的。

按照上述过程连续绕 Oz 轴旋转 $\beta_2,\beta_3,\beta_4,\cdots,\beta_m$ 角后得到坐标系 $Ox_my_mz_m$（简称坐标系 m），可依次获得旋转矩阵 $\boldsymbol{C}_2^3,\boldsymbol{C}_3^4,\boldsymbol{C}_4^5,\cdots,\boldsymbol{C}_{m-1}^m$，于是有

$$\begin{bmatrix} a_{x_m} \\ a_{y_m} \\ a_{z_m} \end{bmatrix} = \boldsymbol{C}_{m-1}^m \cdots \boldsymbol{C}_2^3 \boldsymbol{C}_1^2 \begin{bmatrix} a_{x_1} \\ a_{y_1} \\ a_{z_1} \end{bmatrix} = \boldsymbol{C}_1^m \begin{bmatrix} a_{x_1} \\ a_{y_1} \\ a_{z_1} \end{bmatrix} \tag{2.40}$$

式(2.40)中的 $\boldsymbol{C}_1^m=\boldsymbol{R}$ 描述了绕 Oz 轴旋转 $m-1$ 次得到的两个坐标系的变换矩阵。同理，分别绕 Ox 轴和 Oy 轴旋转 β_1 角后，两个坐标系的变换关系有

$$\begin{bmatrix} a_{x_2} \\ a_{y_2} \\ a_{z_2} \end{bmatrix} = \begin{bmatrix} 1 & 0 & 0 \\ 0 & \cos\beta_1 & \sin\beta_1 \\ 0 & -\sin\beta_1 & \cos\beta_1 \end{bmatrix} \begin{bmatrix} a_{x_1} \\ a_{y_1} \\ a_{z_1} \end{bmatrix} = \boldsymbol{C}_1^2 \begin{bmatrix} a_{x_1} \\ a_{y_1} \\ a_{z_1} \end{bmatrix} \tag{2.41}$$

$$\begin{bmatrix} a_{x_2} \\ a_{y_2} \\ a_{z_2} \end{bmatrix} = \begin{bmatrix} \cos\beta_1 & 0 & -\sin\beta_1 \\ 0 & 1 & 0 \\ \sin\beta_1 & 0 & \cos\beta_1 \end{bmatrix} \begin{bmatrix} a_{x_1} \\ a_{y_1} \\ a_{z_1} \end{bmatrix} = \boldsymbol{C}_1^2 \begin{bmatrix} a_{x_1} \\ a_{y_1} \\ a_{z_1} \end{bmatrix} \tag{2.42}$$

综上所述，如果将每一次旋转称为基本旋转，则两坐标系间的任何复杂的角位置关系都可看成有限次基本旋转的复合，两坐标系间的变换矩阵等于每一次基本旋转确定的矩阵的连乘，连乘顺序根据每一次基本旋转的先后次序从右向左排列。

不失一般性，取定坐标系为 $Ox_iy_iz_i$，动坐标系为载体系 $Ox_by_bz_b$，初始时刻两个坐标系重合，依次绕动坐标系的 z 轴、x 轴和 y 轴分别旋转 ψ、ϑ 和 γ，于是有

$$\begin{bmatrix} x_b \\ y_b \\ z_b \end{bmatrix} = \begin{bmatrix} \cos\gamma & 0 & -\sin\gamma \\ 0 & 1 & 0 \\ \sin\gamma & 0 & \cos\gamma \end{bmatrix} \begin{bmatrix} 1 & 0 & 0 \\ 0 & \cos\vartheta & \sin\vartheta \\ 0 & -\sin\vartheta & \cos\vartheta \end{bmatrix} \begin{bmatrix} \cos\psi & \sin\psi & 0 \\ -\sin\psi & \cos\psi & 0 \\ 0 & 0 & 1 \end{bmatrix} \begin{bmatrix} x_i \\ y_i \\ z_i \end{bmatrix} = \boldsymbol{C}_i^b \begin{bmatrix} x_i \\ y_i \\ z_i \end{bmatrix} \tag{2.43}$$

$$\boldsymbol{C}_i^b = \begin{bmatrix} \cos\gamma\cos\psi - \sin\gamma\sin\vartheta\sin\psi & \cos\gamma\sin\psi + \sin\gamma\sin\vartheta\cos\psi & -\sin\gamma\cos\vartheta \\ -\cos\vartheta\sin\psi & \cos\vartheta\cos\psi & \sin\vartheta \\ \sin\gamma\cos\psi + \cos\gamma\sin\vartheta\sin\psi & \sin\gamma\sin\psi - \cos\gamma\sin\vartheta\cos\psi & \cos\gamma\cos\vartheta \end{bmatrix} \tag{2.44}$$

旋转变换 $\boldsymbol{C}_i^b=\boldsymbol{R}$ 描述了空间两个直角坐标系或刚体的旋转变换关系。

(4) 四元数描述旋转变换

所谓四元数是指由一个实数单位 1 和三个虚数单位 $\boldsymbol{i}_1$、$\boldsymbol{i}_2$ 和 $\boldsymbol{i}_3$ 组成并具有下列形式实元的数

$$\boldsymbol{Q}=q_0 1+q_1\boldsymbol{i}_1+q_2\boldsymbol{i}_2+q_3\boldsymbol{i}_3 \tag{2.45}$$

式中，q_0、q_1、q_2 和 q_3 为四个实数；1 是实数部分的基，可以略去不写；$\boldsymbol{i}_1$、$\boldsymbol{i}_2$ 和 $\boldsymbol{i}_3$ 为四元数的另三个基。四元数的共轭四元数记为 $\boldsymbol{Q}^*$，即

$$\boldsymbol{Q}^*=q_0 1-q_1\boldsymbol{i}_1-q_2\boldsymbol{i}_2-q_3\boldsymbol{i}_3 \tag{2.46}$$

四元数的基具有双重性质，即向量代数中的向量性质及复数运算中的虚数的性质，于是有 $\boldsymbol{i}_1^2=\boldsymbol{i}_2^2=\boldsymbol{i}_3^2=-1$，$\boldsymbol{i}_1\boldsymbol{i}_2=\boldsymbol{i}_3$，$\boldsymbol{i}_2\boldsymbol{i}_1=-\boldsymbol{i}_3$，$\boldsymbol{i}_2\boldsymbol{i}_3=\boldsymbol{i}_1$，$\boldsymbol{i}_3\boldsymbol{i}_2=-\boldsymbol{i}_1$，$\boldsymbol{i}_3\boldsymbol{i}_1=\boldsymbol{i}_2$ 和 $\boldsymbol{i}_1\boldsymbol{i}_3=-\boldsymbol{i}_2$。四元数的表达方式有多种，主要有复数式为 $\boldsymbol{Q}=q_0+q_1\boldsymbol{i}_1+q_2\boldsymbol{i}_2+q_3\boldsymbol{i}_3$；矢量式为 $\boldsymbol{Q}=q_0+\boldsymbol{q}$，其中 q_0 为四元数的实部，$\boldsymbol{q}$ 为四元数 $\boldsymbol{Q}$ 的向量部分；三角式为 $\boldsymbol{Q}=\cos\dfrac{\theta}{2}+\boldsymbol{i}\sin\dfrac{\theta}{2}$，其中 θ 为实数，$\boldsymbol{i}$ 为单位向量；指数式为 $\boldsymbol{Q}=\mathrm{e}^{i\frac{\theta}{2}}$；矩阵式 $\boldsymbol{Q}=[q_0\quad q_1\quad q_2\quad q_3]^{\mathrm{T}}$。

设两个四元数为

$$\boldsymbol{Q}=q_0+q_1\boldsymbol{i}_1+q_2\boldsymbol{i}_2+q_3\boldsymbol{i}_3=q_0+\boldsymbol{q} \tag{2.47}$$

$$\boldsymbol{P}=p_0+p_1\boldsymbol{i}_1+p_2\boldsymbol{i}_2+p_3\boldsymbol{i}_3=p_0+\boldsymbol{p} \tag{2.48}$$

则两个四元数相等是其对应元数相等，即 $q_0=p_0$，$q_1=p_1$，$q_2=p_2$，$q_3=p_3$；两个四元数和或差是其对应元数的和或差，即 $\boldsymbol{Q}\pm\boldsymbol{P}=q_0\pm p_0+(q_1\pm p_1)\boldsymbol{i}_1+(q_2\pm p_2)\boldsymbol{i}_2+(q_3\pm p_3)\boldsymbol{i}_3$；四元数乘以标量 a 是其四个元数分别乘以 a，即 $a\boldsymbol{Q}=aq_0+aq_1\boldsymbol{i}_1+aq_2\boldsymbol{i}_2+aq_3\boldsymbol{i}_3$；四元数的负数是其各元数分别取负，即 $-\boldsymbol{Q}=-q_0-q_1\boldsymbol{i}_1-q_2\boldsymbol{i}_2-q_3\boldsymbol{i}_3$；零四元数是各元数均为零，即 $\boldsymbol{Q}=0+0\boldsymbol{i}_1+0\boldsymbol{i}_2+0\boldsymbol{i}_3=0$。这些性质和运算法则与普通代数运算一致，但四元数不满足乘法交换律，即 $\boldsymbol{QP}\neq\boldsymbol{PQ}$。

根据四元数共轭的定义，有两四元数之和的共轭数等于其共轭之和，即

$$(\boldsymbol{Q}+\boldsymbol{P})^*=(q_0+p_0+\boldsymbol{q}+\boldsymbol{p})^*=q_0+p_0-\boldsymbol{q}-\boldsymbol{p}=\boldsymbol{Q}^*+\boldsymbol{P}^* \tag{2.49}$$

两个四元数乘积的共轭数等于这两个四元数的共轭数改变相乘顺序的乘积，即

$$(\boldsymbol{QP})^*=[(q_0+\boldsymbol{q})(p_0+\boldsymbol{p})]^*=(p_0-\boldsymbol{p})(q_0-\boldsymbol{q})=\boldsymbol{P}^*\boldsymbol{Q}^* \tag{2.50}$$

四元数的大小用四元数的范数或模来表示，即

$$N=\|Q\|=\sqrt{\boldsymbol{QQ}^*}=\sqrt{\boldsymbol{Q}^*\boldsymbol{Q}}=\sqrt{q_0^2+q_1^2+q_2^2+q_3^2} \tag{2.51}$$

当 $N=0$ 时，应满足 $q_0=q_1=q_2=q_3=0$，则 $\boldsymbol{Q}=0$；当 $N=1$ 时，称 Q 为单位四元数。

两个四元数的乘积的范数等于其范数的乘积，即

$$N_{QM}=\sqrt{(\boldsymbol{QM})(\boldsymbol{QM})^*}=\sqrt{\boldsymbol{QMM}^*\boldsymbol{Q}^*}=\sqrt{\boldsymbol{Q}N_M^2\boldsymbol{Q}^*}=\sqrt{\boldsymbol{QQ}^*N_M^2}=N_QN_M \tag{2.52}$$

设 $\boldsymbol{Q}$ 为非零四元数，则 $\boldsymbol{Q}$ 的范数 $N\neq0$，且存在其逆。四元数的逆 $\boldsymbol{Q}^{-1}$ 定义为四元数的共轭数 $\boldsymbol{Q}^*$ 除以 $\boldsymbol{Q}$ 的模方，即

$$\boldsymbol{Q}^{-1}=\frac{\boldsymbol{Q}^*}{N^2} \tag{2.53}$$

四元数旋转定理：设两个非标量四元数 $\boldsymbol{Q}$ 与 $\boldsymbol{P}$ 分别为

$$\boldsymbol{Q}=q_0+\boldsymbol{q}=N_Q(\cos\theta+\boldsymbol{i}\sin\theta) \tag{2.54}$$

$$\boldsymbol{P}=p_0+\boldsymbol{p}=N_R(\cos\beta+\boldsymbol{e}\sin\beta) \tag{2.55}$$

则有 $\boldsymbol{P}'=\boldsymbol{QPQ}^{-1}=p_0'+\boldsymbol{p}'$ 为另一四元数。将 $\boldsymbol{P}$ 的向量部分绕 $\boldsymbol{q}$ 方向沿锥面转过 2θ 角即可得到 $\boldsymbol{P}'$ 的向量部分 $\boldsymbol{p}'$，且 $\boldsymbol{P}'$ 与 $\boldsymbol{P}$ 的范数及它们的标量部分都相等，其原理图如图 2.38 所示。

不失一般性，选取定坐标系为 $Ox_iy_iz_i$，记为 i 系，动坐标系为载体坐标系 $Ox_by_bz_b$，记为

b 系，动坐标系 $Ox_by_bz_b$ 相对定坐标系 $Ox_iy_iz_i$ 的转动满足

$$\boldsymbol{P}^i=\boldsymbol{Q}\boldsymbol{P}^b\boldsymbol{Q}^{-1} \tag{2.56}$$

式中，$\boldsymbol{Q}=q_0+q_1\boldsymbol{i}_1+q_2\boldsymbol{i}_2+q_3\boldsymbol{i}_3$，$\boldsymbol{Q}^{-1}=q_0-q_1\boldsymbol{i}_1-q_2\boldsymbol{i}_2-q_3\boldsymbol{i}_3$，$\boldsymbol{P}^i=0+x_i\boldsymbol{i}_1+y_i\boldsymbol{i}_2+z_i\boldsymbol{i}_3$，$\boldsymbol{P}^b=0+x_b\boldsymbol{i}_1+y_b\boldsymbol{i}_2+z_b\boldsymbol{i}_3$。

对式(2.56)进行整理，可得

$$\begin{bmatrix}x_i\\y_i\\z_i\end{bmatrix}=\begin{bmatrix}q_0^2+q_1^2-q_2^2-q_3^2 & 2(q_1q_2-q_0q_3) & 2(q_1q_3+q_0q_2)\\2(q_1q_2+q_0q_3) & q_0^2-q_1^2+q_2^2-q_3^2 & 2(q_2q_3-q_0q_1)\\2(q_1q_3-q_0q_2) & 2(q_2q_3+q_0q_1) & q_0^2-q_1^2-q_2^2+q_3^2\end{bmatrix}\begin{bmatrix}x_b\\y_b\\z_b\end{bmatrix}=\boldsymbol{C}_b^n\begin{bmatrix}x_b\\y_b\\z_b\end{bmatrix} \tag{2.57}$$

式中，$\boldsymbol{C}_b^i=\boldsymbol{R}$ 为由四元数描述的从动坐标系到定坐标系的旋转变换矩阵。

更进一步，动系 $Ox_by_bz_b$ 绕动系中 $\boldsymbol{\zeta}_1^b,\boldsymbol{\zeta}_2^b,\cdots,\boldsymbol{\zeta}_{n-1}^b,\boldsymbol{\zeta}_n^b$ 相对定系 $Ox_iy_iz_i$ 连续旋转 $\beta_1,\beta_2,\cdots,\beta_{n-1},\beta_n$，转动四元数为 $\boldsymbol{Q}_1,\boldsymbol{Q}_2,\cdots,\boldsymbol{Q}_{n-1},\boldsymbol{Q}_n$，则有 $\boldsymbol{Q}=\boldsymbol{Q}_1\boldsymbol{Q}_2\cdots\boldsymbol{Q}_{n-1}\boldsymbol{Q}_n$（绕动系中的向量转动，则四元数右乘；绕定系中的向量转动，则四元数左乘），使得 $\boldsymbol{P}^i=\boldsymbol{Q}\boldsymbol{P}^b\boldsymbol{Q}^{-1}$，其中 $\boldsymbol{Q}_i=\cos\dfrac{\beta_i}{2}+\boldsymbol{\zeta}_i^b\sin\dfrac{\beta_i}{2}$，$i=1,2,\cdots,n$。

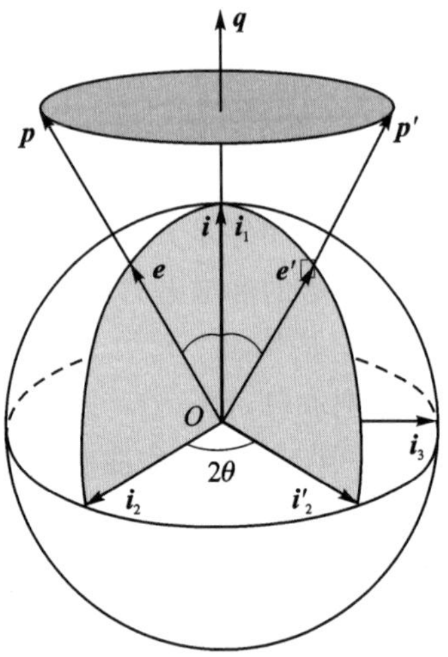

图 2.38 转动的四元数表示法

(5) 方向余弦矩阵微分方程

不失一般性，任意空间直角坐标系绕着任意旋转轴进行 m 次旋转得到一个新的空间直角坐标系，其中将初始时刻的坐标系定义为静坐标系 $Ox_iy_iz_i$，将每次旋转得到新坐标系定义为动坐标系 $Ox_by_bz_b$，于是空间任意向量 $\boldsymbol{r}$ 在两个坐标系下存在如下关系：

$$\boldsymbol{r}^b=\boldsymbol{C}_i^b\boldsymbol{r}^i \tag{2.58}$$

矩阵 $\boldsymbol{C}_i^b$ 既可以利用方向余弦法获得，也可以利用欧拉角法获得，而且该矩阵是一个以时间为自变量的连续函数。因此，对式(2.58)两边关于时间求导，即

$$\dot{\boldsymbol{r}}^b=\dot{\boldsymbol{C}}_i^b\boldsymbol{r}^i+\boldsymbol{C}_i^b\dot{\boldsymbol{r}}^i \tag{2.59}$$

根据向量绝对变化率与相对变化率间的关系，向量 $\boldsymbol{r}$ 的导数满足关系式：

$$\left.\frac{\mathrm{d}\boldsymbol{r}}{\mathrm{d}t}\right|_i=\left.\frac{\mathrm{d}\boldsymbol{r}}{\mathrm{d}t}\right|_b+\boldsymbol{\omega}_{ib}\times\boldsymbol{r} \tag{2.60}$$

式中，$\boldsymbol{\omega}_{ib}$ 为 b 系相对 i 系转动的角速度。将式(2.60)投影到 b 系，得

$$\left.\frac{\mathrm{d}\boldsymbol{r}}{\mathrm{d}t}\right|_i^b=\left.\frac{\mathrm{d}\boldsymbol{r}}{\mathrm{d}t}\right|_b^b+\boldsymbol{\omega}_{ib}^b\times\boldsymbol{r}^b=\dot{\boldsymbol{r}}^b+\boldsymbol{\omega}_{ib}^b\times\boldsymbol{r}^b \tag{2.61}$$

将式(2.61)代入式(2.59)中，整理得

$$\dot{\boldsymbol{r}}^b=\dot{\boldsymbol{C}}_i^b\boldsymbol{r}^i+\boldsymbol{C}_i^b\left.\frac{\mathrm{d}\boldsymbol{r}}{\mathrm{d}t}\right|_i^i=\dot{\boldsymbol{C}}_i^b\boldsymbol{r}^i+\boldsymbol{C}_i^b\boldsymbol{C}_b^i\left.\frac{\mathrm{d}\boldsymbol{r}}{\mathrm{d}t}\right|_i^b=\dot{\boldsymbol{C}}_i^b\boldsymbol{r}^i+\dot{\boldsymbol{r}}^b+\boldsymbol{\omega}_{ib}^b\times\boldsymbol{r}^b \tag{2.62}$$

对式(2.62)进一步整理，得

$$\dot{\boldsymbol{C}}_i^b\boldsymbol{r}^b=-\boldsymbol{\omega}_{ib}^b\times\boldsymbol{C}_i^b\boldsymbol{r}^b \tag{2.63}$$

于是可以得方向余弦矩阵的微分方程为

$$\dot{\boldsymbol{C}}_i^b = -\boldsymbol{\omega}_{ib}^b \times \boldsymbol{C}_i^b = -\boldsymbol{\Omega}_{ib}^b \boldsymbol{C}_i^b \tag{2.64}$$

式中，$\boldsymbol{\Omega}_{ib}^b$ 为由旋转角速度 $\boldsymbol{\omega}_{ib}^b$ 构成的反对称矩阵。此外，为表达方便，也用 $(*)_\times$ 表示由向量 $*$ 构成的反对称矩阵，例如 $\boldsymbol{\omega}_{ib\times}^b$ 表示由 $\boldsymbol{\omega}_{ib}^b$ 构成的反对称矩阵，即 $\boldsymbol{\omega}_{ib\times}^b = \boldsymbol{\Omega}_{ib}^b$。

如果是计算 $\boldsymbol{C}_b^i$ 的变化率，并将式(2.60)向定系上投影，最终获得的方向余弦矩阵微分方成为

$$\dot{\boldsymbol{C}}_b^i = \boldsymbol{\omega}_{ib}^i \times \boldsymbol{C}_b^i = \boldsymbol{\Omega}_{ib}^i \boldsymbol{C}_b^i \tag{2.65}$$

式中，$\boldsymbol{\Omega}_{ib}^i$ 为由旋转角速度 $\boldsymbol{\omega}_{ib}^i$ 构成的反对称矩阵。

(6) 转动四元数的微分方程

由转动四元数描述旋转变换可知，载体坐标系的转动可以看成动坐标系 $Ox_by_bz_b$ 绕动系中 $\boldsymbol{\xi}_1^b$ 相对定标系 $Ox_iy_iz_i$ 转动 β 角获得载体坐标系 $x_by_bz_b(t)$，再次绕动坐标系中的 $\boldsymbol{\xi}_2^b$ 旋转 $\Delta\beta$ 角获得载体坐标系 $x_by_bz_b(t+\Delta t)$。于是有

$$\boldsymbol{Q}(t+\Delta t) = \boldsymbol{Q}(t)\left(\cos\frac{\Delta\beta}{2} + \boldsymbol{\xi}_2^b \sin\frac{\Delta\beta}{2}\right) \tag{2.66}$$

当 $\Delta t \to 0$ 时，$\Delta\beta \to 0$，于是有 $\cos\frac{\Delta\beta}{2}=1$，$\sin\frac{\Delta\beta}{2}=\frac{\Delta\beta}{2}$，进而式(2.66)可写为

$$\boldsymbol{Q}(t+\Delta t) = \boldsymbol{Q}(t)\left(1 + \boldsymbol{\xi}_2^b \frac{\Delta\beta}{2}\right) = \boldsymbol{Q}(t) + \frac{\boldsymbol{Q}(t)}{2}\boldsymbol{\xi}_2^b \Delta\beta \tag{2.67}$$

将式(2.67)进一步整理并两边同时取极限，有

$$\dot{\boldsymbol{Q}}(t) = \lim_{\Delta t \to 0}\frac{\boldsymbol{Q}(t+\Delta t) - \boldsymbol{Q}(t)}{\Delta t} = \frac{\boldsymbol{Q}(t)}{2}\lim_{\Delta t \to 0}\frac{\boldsymbol{\xi}_2^b \Delta\beta}{\Delta t} = \frac{\boldsymbol{Q}(t)}{2}\boldsymbol{\xi}_2^b \dot{\beta} \tag{2.68}$$

式中，$\boldsymbol{\xi}_2^b \dot{\beta}$ 描述了动坐标系 $Ox_by_bz_b$ 绕 $\boldsymbol{\xi}_2^b$ 轴旋转角度的变化率，实际上就是载体坐标系绕 $\boldsymbol{\xi}_2^b$ 轴相对于定坐标系 $Ox_iy_iz_i$ 转动的角速度，即 $\boldsymbol{\omega}_{ib}^b = \boldsymbol{\xi}_2^b \dot{\beta}$，于是式(2.68)可写为

$$\dot{\boldsymbol{Q}}(t) = \frac{1}{2}\boldsymbol{Q}(t)\boldsymbol{\omega}_{ib}^b \tag{2.69}$$

式(2.69)即为四元数的微分方程，将其写为矩阵的形式，有

$$\begin{bmatrix} \dot{q}_0 \\ \dot{q}_1 \\ \dot{q}_2 \\ \dot{q}_3 \end{bmatrix} = \frac{1}{2}\begin{bmatrix} 0 & -\omega_{nbx}^b & -\omega_{nby}^b & -\omega_{nbz}^b \\ \omega_{nbx}^b & 0 & \omega_{nbz}^b & -\omega_{nby}^b \\ \omega_{nby}^b & -\omega_{nbz}^b & 0 & \omega_{nbx}^b \\ \omega_{nbz}^b & \omega_{nby}^b & -\omega_{nbx}^b & 0 \end{bmatrix}\begin{bmatrix} q_0 \\ q_1 \\ q_2 \\ q_3 \end{bmatrix} \tag{2.70}$$

2.5.2　相似变换

相似变换是欧氏变换和图 2.35 中的等比例缩放(或均匀缩放)的一个复合，变换前后的体积比不变，其数学模型为

$$\begin{bmatrix} X_{k+1} \\ Y_{k+1} \\ Z_{k+1} \end{bmatrix} = s\boldsymbol{R}\begin{bmatrix} X_k \\ Y_k \\ Z_k \end{bmatrix} + \bar{\boldsymbol{T}} \tag{2.71}$$

$$\begin{bmatrix} X_{k+1} \\ Y_{k+1} \\ Z_{k+1} \\ 1 \end{bmatrix} = \begin{bmatrix} s\boldsymbol{R} & \bar{\boldsymbol{T}} \\ \boldsymbol{0}^{\mathrm{T}} & 1 \end{bmatrix} \begin{bmatrix} X_k \\ Y_k \\ Z_k \\ 1 \end{bmatrix} \tag{2.72}$$

式中，s 为等比例缩放因子。

2.5.3 仿射变换

仿射变换是一个非均匀变换 $\boldsymbol{A}$ 和一个平移变换的复合，$\boldsymbol{A}$ 是可逆矩阵，不一定是正交矩阵。仿射变换的不变量有平行线、平行线长度比和面积比等。仿射变换可以是图 2.35 所示的各种基本变换的组合，例如对图像进行旋转＋平移＋缩放＋剪切变换，相比欧氏变换和相似变换，仿射变换的形状发生了改变，但是原图中的平行线仍然保持平行，其数学模型为

$$\begin{bmatrix} X_{k+1} \\ Y_{k+1} \\ Z_{k+1} \end{bmatrix} = \boldsymbol{A} \begin{bmatrix} X_k \\ Y_k \\ Z_k \end{bmatrix} + \bar{\boldsymbol{T}} \tag{2.73}$$

$$\begin{bmatrix} X_{k+1} \\ Y_{k+1} \\ Z_{k+1} \\ 1 \end{bmatrix} = \begin{bmatrix} \boldsymbol{A} & \bar{\boldsymbol{T}} \\ \boldsymbol{0}^{\mathrm{T}} & 1 \end{bmatrix} \begin{bmatrix} X_k \\ Y_k \\ Z_k \\ 1 \end{bmatrix} \tag{2.74}$$

2.5.4 射影变换

射影变换是图 2.35 所示的基本变换的组合（或仿射变换）＋投影变换，一个非均匀变换 $\boldsymbol{A}$ 和投影变换的复合，$\boldsymbol{A}$ 是可逆矩阵，不一定是正交矩阵，其数学模型为

$$\begin{bmatrix} X_{k+1} \\ Y_{k+1} \\ Z_{k+1} \\ 1 \end{bmatrix} = \begin{bmatrix} \boldsymbol{A} & \bar{\boldsymbol{T}} \\ \boldsymbol{v}^{\mathrm{T}} & \upsilon \end{bmatrix} \begin{bmatrix} X_k \\ Y_k \\ Z_k \\ 1 \end{bmatrix} \tag{2.75}$$

式中，$\boldsymbol{v}$ 为投影变换；$\upsilon \neq 0$ 时可以将矩阵中每一个元素都除以 υ，并使 $\upsilon = 1$，表示中心射影变换，其投影中心在有限远处，投影线相交于投影中心；如果 $\upsilon = 0$，则表示正射投影变换，其投影中心在无穷远处，投影线平行。

综上所述，各种变换的关系如表 2.4 所列。

表 2.4　空间几何变换的表示及不变量

变换名称	矩阵形式	三(二)维空间自由度	不变量
欧氏变换	$\begin{bmatrix} \boldsymbol{R} & \bar{\boldsymbol{T}} \\ \boldsymbol{0}^{\mathrm{T}} & 1 \end{bmatrix}$	6(3)	长度、角度、体积
相似变换	$\begin{bmatrix} s\boldsymbol{R} & \bar{\boldsymbol{T}} \\ \boldsymbol{0}^{\mathrm{T}} & 1 \end{bmatrix}$	7(4)	体积比

续表 2.4

变换名称	矩阵形式	三(二)维空间自由度	不变量
仿射变换	$\begin{bmatrix} \boldsymbol{A} & \bar{\boldsymbol{T}} \\ \boldsymbol{0}^{\mathrm{T}} & 1 \end{bmatrix}$	12(6)	平行性、体积比
射影变换	$\begin{bmatrix} \boldsymbol{A} & \bar{\boldsymbol{T}} \\ \boldsymbol{v}^{\mathrm{T}} & \upsilon \end{bmatrix}$	15(8)	重合关系、长度的交比

2.6　机器视觉系统常用坐标系与成像模型

机器视觉的目的是利用视觉传感器获取的视频或图像信息重建三维世界，并分析三维世界中物体的位置、姿态、形状和运动信息等。在这一过程中，为了方便分析和计算，需要将这些信息在不同的坐标系下进行投影。例如，Marr 视觉计算理论中的低级视觉和中级视觉通常是以观察者为中心而建立的坐标系，而高级视觉是以物体为中心建立坐标系。在此基础上建立视觉系统的成像模型，并对其成像过程和空间物体的信息进行分析和计算。为了实现机器视觉系统的目的，究竟需要哪些常用的坐标系？以无人机运动信息恢复为例来说明视觉系统中常用坐标系，其示意图如图 2.39 所示。

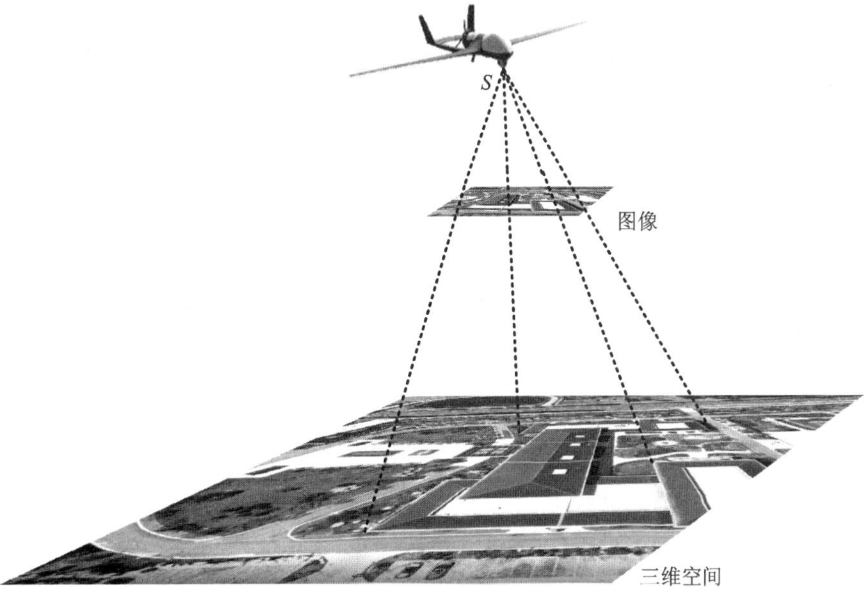

图 2.39　无人机运动信息与图像获取间的关系示意图

在图 2.39 中，摄像机与无人机固联，摄像机拍摄图像的像点与三维空间点具有一一对应关系。描述三维空间物体的位置需要一个全局坐标系或局部区域的全局坐标系，该坐标系可以选为地球坐标系，也可以根据实际需要选一个局部的坐标系(例如，描述一个房间的物体位置，可以选某一个墙角为坐标原点建立坐标系)，通常在射影测量和视觉计算中将其称为世界坐标系；描述图像像素点的位置关系需要建立图像坐标系；从三维空间点到图像像点这一投影过程是由摄像机完成的，还需建立摄像机坐标系；为了描述无人机的位置关系还须建立载体坐标系。由于相机与无人机固联，载体坐标系和相机坐标系间存在安装误差角，因此本书中不讨论载体坐标系。

2.6.1 空间坐标系统

为了描述三维空间的物点与像平面的像点间的数学关系，须建立描述三维空间点与像平面点之间关系的空间坐标系，使其之间的点和数值有明确的对应关系和相应的物理含义。

(1) 图像坐标系

与图像坐标系有关的坐标系有像素坐标系、像平面坐标系和像空间坐标系，三者之间既有联系，又有一定区别。

在实际应用中为了描述或显示图像方便，将图像坐标系分为像素坐标系和像平面坐标系，像素坐标系 Omn 是以像素的个数为单位，其坐标原点 O 取为图像的左上角，Om 轴和 On 轴分别向下和向右；像平面坐标系 O_1xy 是以像素及大小为单位，其坐标原点 O_1 取为图像的中心(m_0, n_0)，O_1x 轴和 O_1y 轴分别平行于 Om 轴和 On 轴，其示意图如图 2.40 所示。两图像坐标系间的关系为

$$m=\frac{x}{\mathrm{d}x}+m_0 \tag{2.76a}$$

$$n=\frac{y}{\mathrm{d}y}+n_0 \tag{2.76b}$$

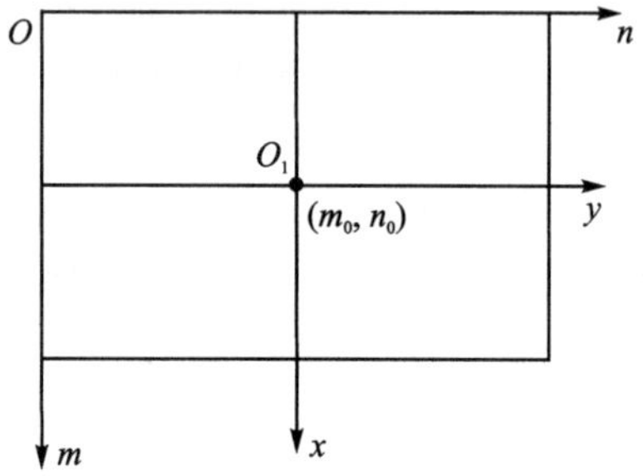

图 2.40 像素坐标系和像平面坐标系

式中，$\mathrm{d}x$ 和 $\mathrm{d}y$ 分别为 x 和 y 方向的像素物理尺寸，单位为 mm 或 μm。将其写成齐次坐标表达形式，于是有

$$\begin{bmatrix} m \\ n \\ 1 \end{bmatrix}=\begin{bmatrix} \frac{1}{\mathrm{d}x} & 0 & m_0 \\ 0 & \frac{1}{\mathrm{d}y} & n_0 \\ 0 & 0 & 1 \end{bmatrix}\begin{bmatrix} x \\ y \\ 1 \end{bmatrix} \tag{2.77}$$

$$\begin{bmatrix} x \\ y \\ 1 \end{bmatrix}=\begin{bmatrix} \mathrm{d}x & 0 & -m_0\mathrm{d}x \\ 0 & \mathrm{d}y & -n_0\mathrm{d}y \\ 0 & 0 & 1 \end{bmatrix}\begin{bmatrix} m \\ n \\ 1 \end{bmatrix} \tag{2.78}$$

(2) 像空间坐标系和摄像机坐标系

为了进行像点的空间坐标变换，需要建立起描述像点在像空间位置关系的坐标系，即像空间坐标系 O_1xyz。像点在图像平面上总是由其像点的平面坐标 x 和 y 所确定的。该坐标系是一种过渡坐标系，用来表示像点在像空间的位置，其 O_1z 轴为 O_1S。像空间坐标系与摄像机坐标系 $O_2X_cY_cZ_c$ 有着紧密的联系。S 为摄像机的投影中心(或摄站点)，摄像机坐标系的原点 O_2 取为摄像机的投影中心，O_2X_c 和 O_2Y_c 轴平行与 O_1x 轴和 O_1y 轴，O_1S 轴和 O_2Z_c 轴与相机主光轴重合。在摄像机坐标系，每个像点的 z 坐标都等于相机的焦距 f，但符号相反。因此，可以说理想情况下的像空间坐标系 O_1xys 是在摄像机坐标系 $O_2X_cY_cZ_c$ 下的一种表达，其示意图如图 2.41 所示。

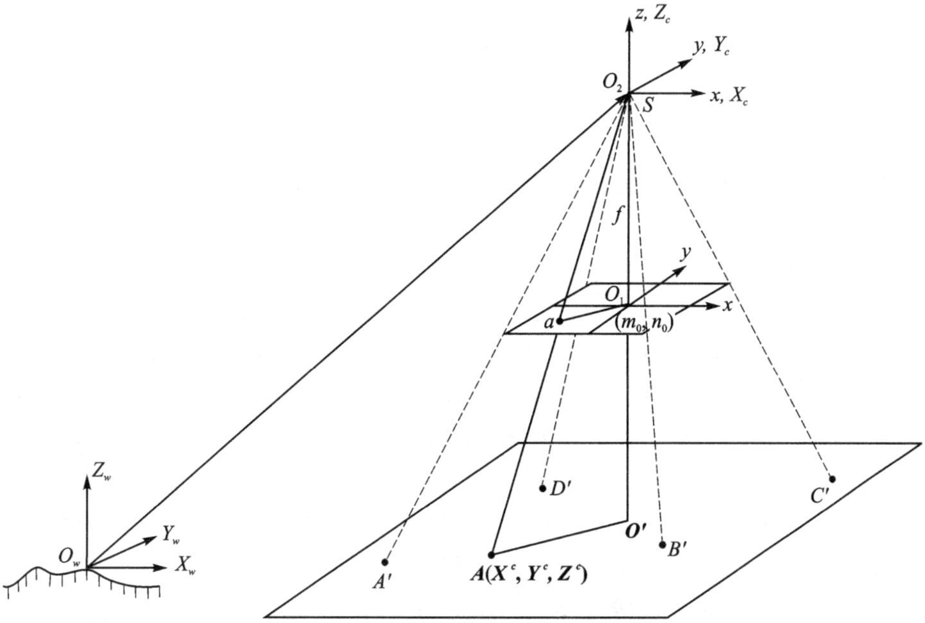

图 2.41　像空间坐标系、摄像机坐标系和世界坐标系间的关系

空间一点 A 在摄像机坐标系下的投影值(坐标)为(X^c, Y^c, Z^c)，其在图像空间的投影点 a 的像空间坐标为(x, y, f)，根据三角形 O_2aO_1 和三角形 O_2AO'的相似关系，有

$$\frac{x}{X^c} = \frac{y}{Y^c} = \frac{f}{Z^c} \tag{2.79}$$

于是有

$$x = f\,\frac{X^c}{Z^c} \tag{2.80a}$$

$$y = f\,\frac{Y^c}{Z^c} \tag{2.80b}$$

将式(2.80)写成齐次坐标形式，即

$$Z_c \begin{bmatrix} x \\ y \\ 1 \end{bmatrix} = \begin{bmatrix} f & 0 & 0 & 0 \\ 0 & f & 0 & 0 \\ 0 & 0 & 1 & 0 \end{bmatrix} \begin{bmatrix} X^c \\ Y^c \\ Z^c \\ 1 \end{bmatrix} \tag{2.81}$$

(3) 世界坐标系

如图 2.41 所示，世界坐标系 $O_wX_wY_wZ_w$ 是在三维空间中描述物体运动或刚体变换时而建立的一个全局坐标系。摄像机作为一个刚体在三维空间运动，其与世界坐标系间是一个欧式变换，于是有

$$\begin{bmatrix} X^c \\ Y^c \\ Z^c \end{bmatrix} = \boldsymbol{R}_w^c \begin{bmatrix} X^w \\ Y^w \\ Z^w \end{bmatrix} + \begin{bmatrix} \overline{T}_x \\ \overline{T}_y \\ \overline{T}_z \end{bmatrix}_w^c \tag{2.82}$$

$$\begin{bmatrix} X^c \\ Y^c \\ Z^c \\ 1 \end{bmatrix} = \begin{bmatrix} \boldsymbol{R}_w^c & \bar{\boldsymbol{T}}_w^c \\ 0^{\mathrm{T}} & 1 \end{bmatrix} \begin{bmatrix} X^w \\ Y^w \\ Z^w \\ 1 \end{bmatrix} \tag{2.83}$$

式中，$\boldsymbol{R}=\boldsymbol{R}_w^c$ 为从世界坐标系到摄像机坐标系的旋转变换；$\bar{\boldsymbol{T}}_w^c = \begin{bmatrix} \bar{T}_x & \bar{T}_y & \bar{T}_z \end{bmatrix}^{\mathrm{T}}$ 为两个空间直角坐标系间的平移变换。

2.6.2 角定向元素与旋转矩阵

如图 2.41 所示，描述摄像机坐标系 $O_cX_cY_cZ_c$ 和世界坐标系 $O_wX_wY_wZ_w$ 间的空间变换的旋转变换可由摄像机投影中心 S（或点 O_c）在世界坐标系下的坐标（X_s^w，Y_s^w，Z_s^w）和其空间轴系中的角定向元素确定，其可以唯一地确定出摄像机坐标系（或该中心投影）在世界坐标系中的方位。角定向元素通常通过三个独立的参数（欧拉角）来描述。在射影测量中表达摄像机角定向元素有以 Z 轴为主轴的 $A-\nu-\kappa$ 转角系统，有以 Y 轴为主轴的 $\varphi-\omega-\kappa$ 转角系统和以 X 轴为主轴的 $\theta-\kappa-\phi$ 转角系统。所谓的主轴是指在旋转过程中空间方向不变的一个固定轴，其余轴则随着射影光束的旋转而改变其方向（王之卓，2007）。

我国常用的角定向元素系统是以 Y 轴为主轴的 $\varphi-\omega-\kappa$ 转角系统。初始时刻，将摄像机坐标系和世界坐标系的坐标原点及坐标轴重合，射影方向轴与 O_wZ_w 轴重合（两者的方向相反），并取飞行方向作为世界坐标系的 X 轴，如图 2.42(a)所示。此时，偏角 φ 是绕固定轴 O_wY_w 旋转；倾角 ω 为绕轴 O_wX_w 旋转的角度，但 O_wX_w 轴则随旋转角的转动与其起始位置成 φ 角；旋角 κ 绕射影方向为轴而旋转的转角；各个旋转角度的正方向定义如图 2.42(b)所示。以 Y 轴为主轴的 $\varphi-\omega-\kappa$ 转角系统是立体射影测量中最基本的系统。由于各个国家及一些测量仪器定义的转角系统不一致，为测量统一带来了诸多不便。1960 年国际射影测量会议中建议取用以 X 轴为主轴的 $\theta-\kappa-\phi$ 转角系统作为标准系统，各转角的正方向如图 2.42(c)所示。

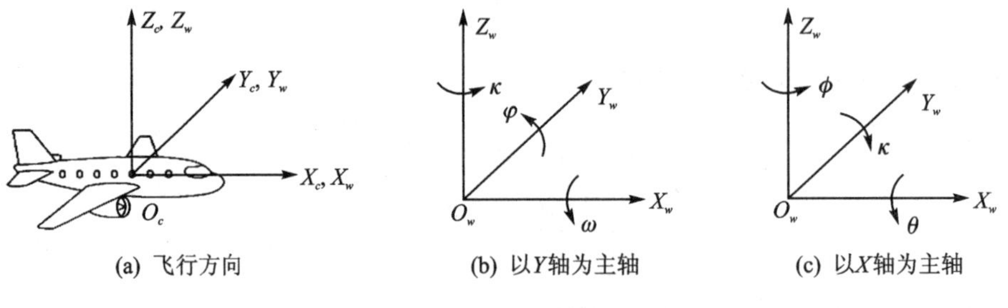

图 2.42 飞行方向与主轴方向的定义

为了便于旋转并利用 2.5 节刚体变换的结论，偏角 φ、倾角 ω 和旋角 κ 分别绕动坐标系的坐标轴进行旋转，即首先绕 O_cY_c（初始时刻也是 O_cY_w）轴的负方向旋转一个偏角 φ，然后再绕 O_cX_{c1} 轴旋转一个倾角 ω，最后绕 O_cZ_{c2} 轴转一个旋角 κ，最终获得摄像机坐标系 $O_cX_cY_cZ_c$，其旋转过程如图 2.43 所示。

按图 2.43 所示的旋转关系，从世界坐标系 $O_wX_wY_wZ_w$ 到摄像机坐标系 $O_cX_cY_cZ_c$ 的旋转过程为

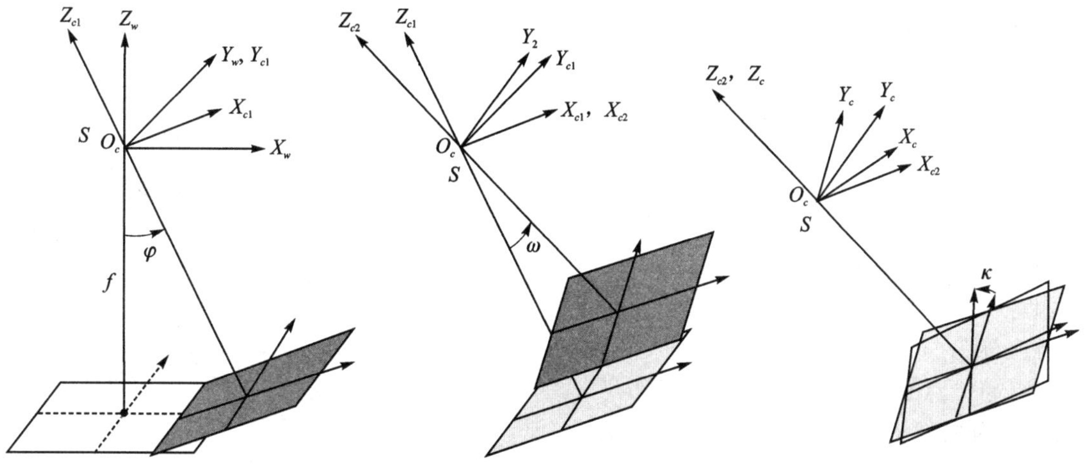

(a) 绕 Y 轴转动　(b) 绕 X 轴转动　(c) 绕 Z 轴转动

图 2.43　从世界坐标系到摄像机坐标系的旋转过程

$$\begin{bmatrix} X^c \\ Y^c \\ Z^c \end{bmatrix} = \boldsymbol{R}_w^c \begin{bmatrix} X^w \\ Y^w \\ Z^w \end{bmatrix} = \boldsymbol{R}_\kappa \boldsymbol{R}_\omega \boldsymbol{R}_\varphi \begin{bmatrix} X^w \\ Y^w \\ Z^w \end{bmatrix} \tag{2.84}$$

$$\boldsymbol{R}_\varphi = \begin{bmatrix} \cos\varphi & 0 & \sin\varphi \\ 0 & 1 & 0 \\ -\sin\varphi & 0 & \cos\varphi \end{bmatrix},\quad \boldsymbol{R}_\omega = \begin{bmatrix} 1 & 0 & 0 \\ 0 & \cos\omega & \sin\omega \\ 0 & -\sin\omega & \cos\omega \end{bmatrix},\quad \boldsymbol{R}_\kappa = \begin{bmatrix} \cos\kappa & \sin\kappa & 0 \\ -\sin\kappa & \cos\kappa & 0 \\ 0 & 0 & 1 \end{bmatrix} \tag{2.85}$$

于是有

$$\begin{aligned} \boldsymbol{R}_w^c &= \begin{bmatrix} a_1 & a_2 & a_3 \\ a_4 & a_5 & a_6 \\ a_7 & a_8 & a_9 \end{bmatrix} \\ &= \begin{bmatrix} \cos\kappa\cos\varphi - \sin\kappa\sin\omega\sin\varphi & \sin\kappa\cos\omega & \cos\kappa\sin\varphi + \sin\kappa\sin\omega\cos\varphi \\ -\sin\kappa\cos\varphi - \cos\kappa\sin\omega\sin\varphi & \cos\kappa\cos\omega & -\sin\kappa\sin\varphi + \cos\kappa\sin\omega\cos\varphi \\ -\cos\omega\sin\varphi & -\sin\omega & \cos\omega\cos\varphi \end{bmatrix} \end{aligned} \tag{2.86}$$

在获得如式(2.86)所示的旋转矩阵，还可以从中解算出偏角 φ、倾角 ω 和旋角 κ 的主值，即

$$\varphi_{主} = \arctan\left(\frac{-a_7}{a_9}\right) = \arctan\left(\frac{-\cos\omega\sin\varphi}{\cos\omega\cos\varphi}\right) \tag{2.87a}$$

$$\omega_{主} = \arcsin(-a_8) = \arcsin(-\sin\omega) \tag{2.87b}$$

$$\kappa_{主} = \arctan\left(\frac{a_2}{a_5}\right) = \arctan\left(\frac{\sin\kappa\cos\omega}{\cos\kappa\cos\omega}\right) \tag{2.87c}$$

进而根据偏角 φ、倾角 ω 和旋角 κ 的主值域与定义域的关系解算出偏角 φ、倾角 ω 和旋角 κ 的真值(赵龙，2020)。

2.6.3 内方位元素与外方位元素

(1) 内方位元素

在图 2.41 中，理想情况下，摄像机的主光轴通过图像中心点 O_1。受各种误差的影响，摄像机主光轴不一定通过图像中心点，而是与图像中心点有个偏差，将实际摄像机主光轴通过图像的点称为主点，主点坐标为(x_0，y_0)，其示意图如图 2.44 所示。将主点坐标(x_0，y_0)和摄像机的焦距 f 称为摄像机的内方位元素。一个摄像机的内方位元素是固定不变的，不会随着摄像机位置改变而改变。

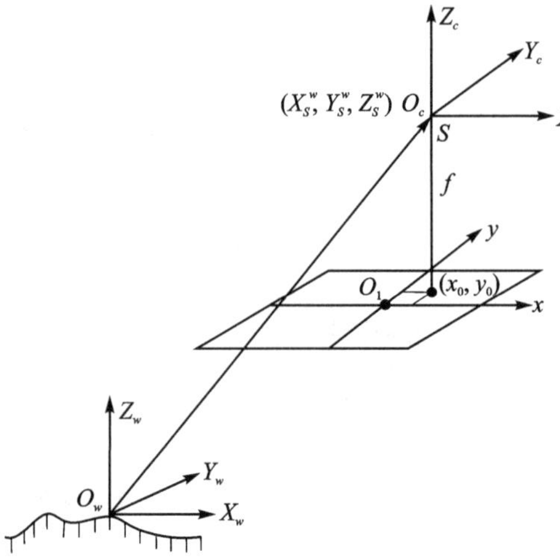

图 2.44 图像中心点与主点的关系

(2) 外方位元素

将摄像机投影中心 S(或点 O_c)在世界坐标系下的坐标(X_S^w，Y_S^w，Z_S^w)与角定向元素 φ、ω 和 κ 称为摄像机的外方位元素。摄像机外方位元素随着相机的位置改变而改变。外方位元素描述了相机的位置和姿态变化，也称为位姿。

一个固定安装的摄像机，其内方位元素和外方位元素都可以通过摄像机的标定获得；对于运动的相机，其内方位元素可以通过摄像机标定获得，外方位元素通过位姿估计获得。

2.6.4 摄像机的成像模型与共线方程

机器视觉的主要目的是利用视觉传感器获取的视频或图像信息重建三维世界，并分析三维世界中物体的位置、姿态、形状和运动信息等。为此，建立从三维空间点到图像空间像点的摄像机成像模型并对这一过程中的误差产生机理及抑制是一个关键环节，也是对图像或视频进行处理、分析、三维重建和运动估计的基础。

对式(2.77)、式(2.81)和式(2.83)进行整理，可得到从世界坐标系到像素坐标系的一个变换关系为

$$Z_c\begin{bmatrix} m \\ n \\ 1 \end{bmatrix} = \underbrace{\overbrace{\begin{bmatrix} \frac{1}{\mathrm{d}x} & 0 & m_0 \\ 0 & \frac{1}{\mathrm{d}y} & n_0 \\ 0 & 0 & 1 \end{bmatrix}}_{③}\underbrace{\begin{bmatrix} f & 0 & 0 & 0 \\ 0 & f & 0 & 0 \\ 0 & 0 & 1 & 0 \end{bmatrix}}_{②}}^{④}\overbrace{\underbrace{\begin{bmatrix} \boldsymbol{R}_w^c & \bar{\boldsymbol{T}}_w^c \\ 0^{\mathrm{T}} & 1 \end{bmatrix}}_{①}}^{⑤}\begin{bmatrix} X^w \\ Y^w \\ Z^w \\ 1 \end{bmatrix} \tag{2.88}$$

式中：

① 描述了三维空间与相机间的欧氏变换关系；

② 描述了空间点的投影关系；

③ 描述了像平面与像素间的关系。

从三维空间点到像平面的像点可以用一个投影矩阵来描述，该矩阵包括两部分，一部分是由相机内参数构成的内参数矩阵④，另一部分是由外参数构成的外参数投影矩阵⑤。虽然该式描述了从三维空间到图像空间像点的一个变换关系，但三维空间点与像点间的关系还有待进一步描述。

如图 2.45 所示，摄像机投影中心 S（或摄像机坐标系原点 O_c）在世界坐标系 $O_wX_wY_wZ_w$ 下的坐标为(X_S^w, Y_S^w, Z_S^w)；空间一点 A 在世界坐标系下的坐标为(X_a^w, Y_a^w, Z_a^w)，在世界坐标系 $O_wX_wY_wZ_w$ 下有$(X_S^w - X_a^w, Y_S^w - Y_a^w, Z_S^w - Z_a^w)$，其在图像空间的投影点 a 的坐标为(a, b, f)。

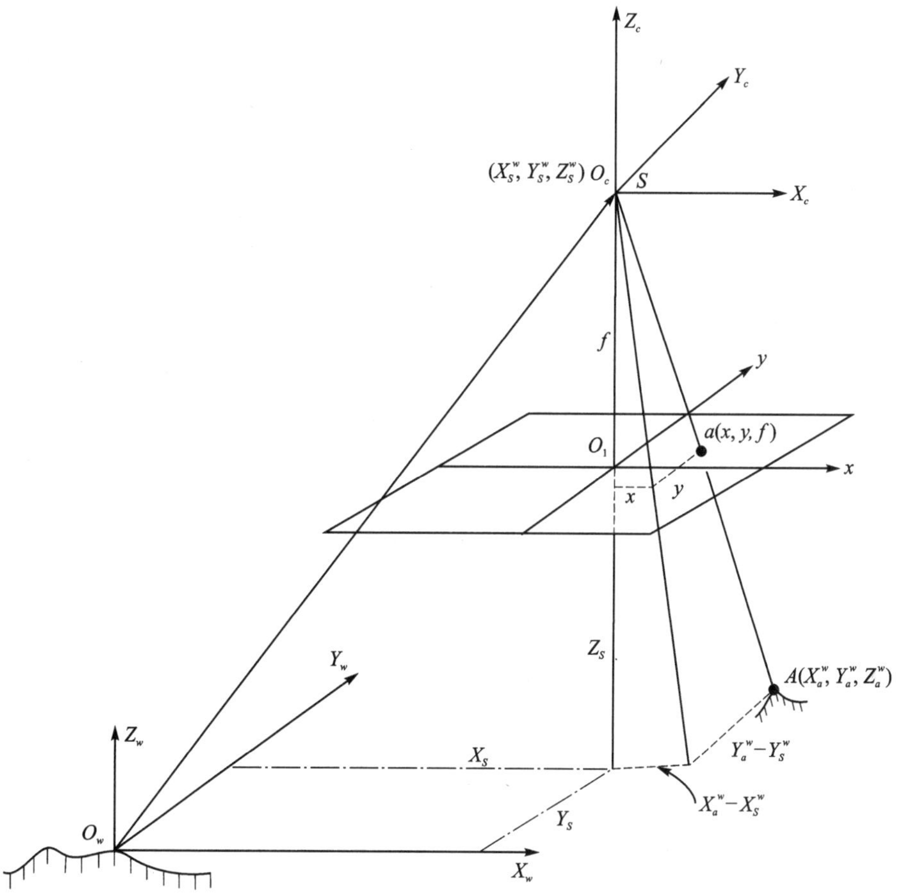

图 2.45　视觉常用坐标系和成像过程示意图

图 2.45 描述的成像条件是理想的成像条件，在实际中摄像机坐标系的坐标轴不一定与世界坐标系的坐标轴平行，此时需要对其进行旋转和平移变换，于是从三维空间点到像点之间的变换关系为

$$Z_c \begin{bmatrix} m \\ n \\ 1 \end{bmatrix} = \begin{bmatrix} \dfrac{1}{\mathrm{d}x} & 0 & m_0 \\ 0 & \dfrac{1}{\mathrm{d}y} & n_0 \\ 0 & 0 & 1 \end{bmatrix} \begin{bmatrix} f & 0 & 0 & 0 \\ 0 & f & 0 & 0 \\ 0 & 0 & 1 & 0 \end{bmatrix} \begin{bmatrix} \boldsymbol{R}_w^c & \bar{\boldsymbol{T}}_w^c \\ 0^{\mathrm{T}} & 1 \end{bmatrix} \begin{bmatrix} X_a^w \\ Y_a^w \\ Z_a^w \\ 1 \end{bmatrix} \tag{2.89a}$$

或

$$Z_c\begin{bmatrix}m\\n\\1\end{bmatrix}=\begin{bmatrix}\frac{1}{\mathrm{d}x} & 0 & m_0\\0 & \frac{1}{\mathrm{d}y} & n_0\\0 & 0 & 1\end{bmatrix}\begin{bmatrix}f & 0 & 0 & 0\\0 & f & 0 & 0\\0 & 0 & 1 & 0\end{bmatrix}\begin{bmatrix}\boldsymbol{R}_w^c & 0\\0^{\mathrm{T}} & 1\end{bmatrix}\begin{bmatrix}X_a^w-X_S^w\\Y_a^w-Y_S^w\\Z_a^w-Z_S^w\\1\end{bmatrix} \tag{2.89b}$$

将其展开和整理，并进一步考虑主点坐标，可获得从三维空间点到像平面像点间的理想成像模型为

$$x=-f\frac{a_1X_a^w+a_2Y_a^w+a_3Z_a^w+\overline{T}_x}{a_7X_a^w+a_8Y_a^w+a_9Z_a^w+\overline{T}_z} \tag{2.90a}$$

$$y=-f\frac{a_4X_a^w+a_5Y_a^w+a_6Z_a^w+\overline{T}_y}{a_7X_a^w+a_8Y_a^w+a_9Z_a^w+\overline{T}_z} \tag{2.90b}$$

或

$$x=-f\frac{a_1(X_a^w-X_S^w)+a_2(Y_a^w-Y_S^w)+a_3(Z_a^w-Z_S^w)}{a_7(X_a^w-X_S^w)+a_8(Y_a^w-Y_S^w)+a_9(Z_a^w-Z_S^w)} \tag{2.91a}$$

$$y=-f\frac{a_4(X_a^w-X_S^w)+a_5(Y_a^w-Y_S^w)+a_6(Z_a^w-Z_S^w)}{a_7(X_a^w-X_S^w)+a_8(Y_a^w-Y_S^w)+a_9(Z_a^w-Z_S^w)} \tag{2.91b}$$

式(2.90)或式(2.91)为理想条件下的成像模型，在实际应用中的摄像机成像过程如图2.46所示，摄像机主光轴不通过图像中心，三维空间点A在像平面的实际投影点也与理想的投影点不一定重合，而实际的投影点坐标与理想投影点坐标(x_t, y_t)存在偏差$(\delta x, \delta y)$，于是从三维空间点到像平面像点间的一般成像模型可描述为

$$x-x_0-\delta x=-f\frac{a_1X_a^w+a_2Y_a^w+a_3Z_a^w+\overline{T}_x}{a_7X_a^w+a_8Y_a^w+a_9Z_a^w+\overline{T}_z} \tag{2.92a}$$

$$y-y_0-\delta y=-f\frac{a_4X_a^w+a_5Y_a^w+a_6Z_a^w+\overline{T}_y}{a_7X_a^w+a_8Y_a^w+a_9Z_a^w+\overline{T}_z} \tag{2.92b}$$

或

$$x-x_0-\delta x=-f\frac{a_1(X_a^w-X_S^w)+a_2(Y_a^w-Y_S^w)+a_3(Z_a^w-Z_S^w)}{a_7(X_a^w-X_S^w)+a_8(Y_a^w-Y_S^w)+a_9(Z_a^w-Z_S^w)} \tag{2.93a}$$

$$y-y_0-\delta y=-f\frac{a_4(X_a^w-X_S^w)+a_5(Y_a^w-Y_S^w)+a_6(Z_a^w-Z_S^w)}{a_7(X_a^w-X_S^w)+a_8(Y_a^w-Y_S^w)+a_9(Z_a^w-Z_S^w)} \tag{2.93b}$$

式中，δx和δy称为相机的畸变误差。

式(2.90)～式(2.93)是摄像机成像模型，而且由于该方程描述了三维空间点、像空间点和投影点之间的关系是共线关系，因此也称该方程为共线方程。

2.6.5 成像畸变与畸变模型

为了获得更好的成像效果，通常在相机的前方加了透镜，透镜对成像过程中光线的传递产生了新的影响：一方面透镜自身形状对光线的传播会产生影响；另一方面在镜头和相机生产与机械组装过程中，透镜和成像平面不一定完全平行，这也会导致光线经透镜投影到成像平面时投影点的位置发生改变。镜头的畸变主要分为径向畸变、离心畸变和薄棱镜畸变三类，其中径向畸变是使像点产生径向位置的偏差，该偏差由镜头的形状缺陷所造成的畸变，关于相机主光

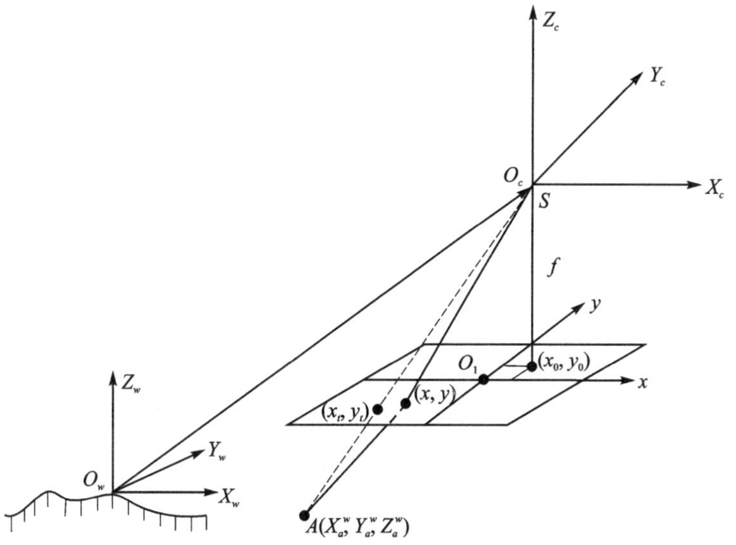

图 2.46　摄像机实际成像过程示意图

轴对称，而且径向畸变又分为正向畸变和负向畸变，正向畸变称为枕形畸变，负向畸变称为桶形畸变；离心畸变是光学系统的光学中心和几何中心不一致（镜头各器件的光学中心）所造成的畸变，其既包含径向畸变，又包含镜头主光轴不对称而造成的切向畸变；薄棱镜畸变是镜头设计缺陷与加工安装误差所造成的畸变，其同时引起径向畸变和切向畸变，高价位镜头可以忽略薄棱镜畸变。径向畸变和切向畸变的示意图如图 2.47 所示。在图 2.47(a)中，理想位置点与实际位置点在径向方向的偏差为径向畸变，在切线方向的偏差称为切向畸变，切向畸变来源的示意图如图 2.47(b)所示。

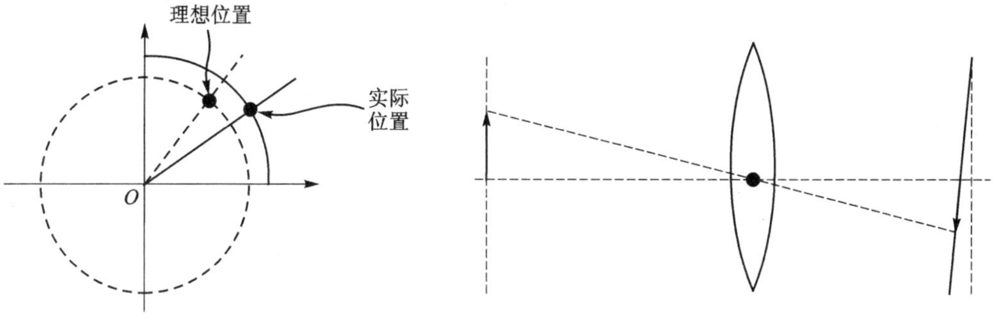

(a) 径向畸变与切向畸变　　(b) 切向畸变来源

图 2.47　径向畸变与切向畸变

在针孔成像模型中，一条直线投影到像素平面上还是一条直线，但在实际成像过程中一条直线在图像中变成了曲线，而且越靠近边缘，这种现象越明显。由于实际的透镜常常是中心对称的，这使得不规则的畸变变为径向对称，其主要有桶形畸变和枕形畸变两大类。桶形畸变图像的放大率随着与光轴之间距离的增大而减小，对图像空间感有较强的拉伸作用；而枕形畸变则正好相反。在这两种畸变中，穿过图像中心和主光轴有交点的直线能保持形状不变，其示意图如图 2.48 所示。

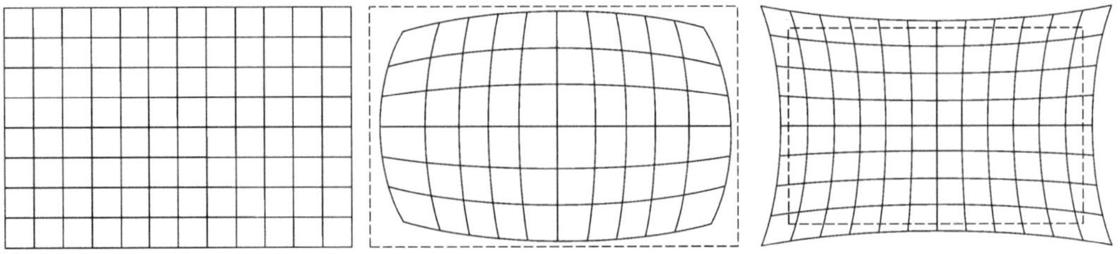

(a) 理想图像　　(b) 桶形畸变　　(c) 枕形畸变

图 2.48　径向畸变的两种类型

如图 2.47 和图 2.48 所示，径向畸变和切向畸变分别沿着径向和切向发生的变化，相机光轴中心处的畸变为 0，越靠近图像中心处，图像形变越小，离图像中心越远形变越大，而且径向畸变是主要畸变。对于图像畸变，通常用多项式来描述畸变关系。因此，对于图像空间任意一个图像点(x,y)，其径向距离为

$$r=\sqrt{(x-x_0)^2+(y-y_0)^2}$$

对该式在主点(x_0,y_0)处进行泰勒级数展开，并取有限项就可以获得径向畸变的表达式为

$$x_d=x(1+k_1r^2+k_2r^4+k_3r^6+\cdots) \tag{2.94a}$$

$$y_d=y(1+k_1r^2+k_2r^4+k_3r^6+\cdots) \tag{2.94b}$$

式中，(x_d,y_d)为畸变修正后的图像点坐标；$k_i(i=1,2,3,\cdots)$为径向畸变系数，通常取前两项，即 k_1 和 k_2；对于畸变大的镜头（例如鱼眼镜头），可增加第三项 k_3 进行描述。对于切向畸变，可用参数 p_1 和 p_2 进行描述；对于薄棱镜畸变，可用参数 s_1 和 s_2 进行描述；于是有

$$x_d=x+2p_1xy+p_2(r^2+2x^2)+s_1(x^2+y^2) \tag{2.95a}$$

$$y_d=y+2p_2xy+p_1(r^2+2y^2)+s_2(x^2+y^2) \tag{2.95b}$$

联合式(2.94)和式(2.95)，对于任意图像点的径向畸变、切向畸变和薄棱镜畸变校正模型为

$$x_d=x(1+k_1r^2+k_2r^4+k_3r^6)+2p_1xy+p_2(r^2+2x^2)+s_1(x^2+y^2) \tag{2.96a}$$

$$y_d=y(1+k_1r^2+k_2r^4+k_3r^6)+p_1(r^2+2y^2)+2p_2xy+s_2(x^2+y^2) \tag{2.96b}$$

在实际应用中，灵活选择校正模型（例如只选择 k_1、p_1 和 p_2 这 3 项）来实现对图像畸变的校正。

由式(2.90)或(2.91)和式(2.96)可知，畸变误差为

$$\delta x=x_d-x=k_1xr^2+k_2xr^4+k_3xr^6+2p_1xy+p_2(r^2+2x^2)+s_1(x^2+y^2) \tag{2.97a}$$

$$\delta y=y_d-y=k_1yr^2+k_2yr^4+k_3yr^6+p_1(r^2+2y^2)+2p_2xy+s_2(x^2+y^2) \tag{2.97b}$$

经过图像畸变校正后 $\delta\tilde{x}=x_t-x_d$ 和 $\delta\tilde{y}=y_t-y_d$ 称为图像畸变残差。

2.7　李群与李代数

利用视觉系统估计运动物体的位姿时，实际上是估计摄像机在欧氏空间中的旋转与平移变化，如图 2.49 所示。摄像机在 $k-1$ 和 k 时刻分别获得图像 I_{k-1} 和 I_k，两个时刻摄像机坐标系的位置关系可描述为

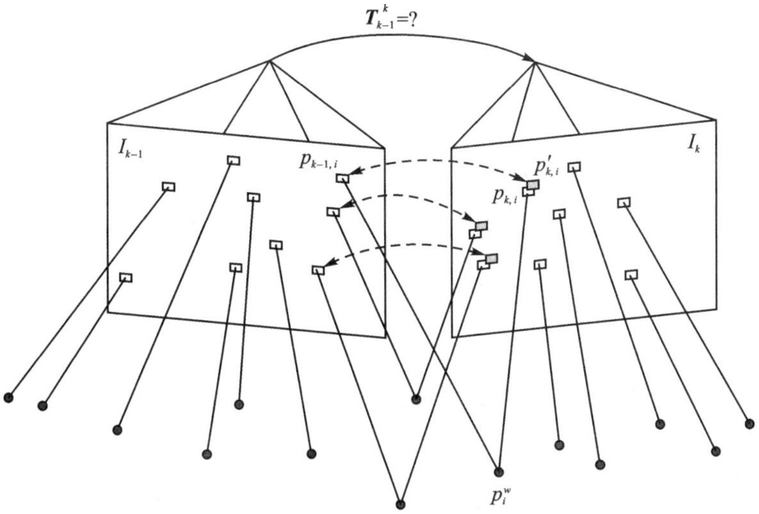

图 2.49　摄像机运动与位姿变化间的关系

$$\begin{bmatrix} X_k^c \\ Y_k^c \\ Z_k^c \end{bmatrix} = \boldsymbol{R}_{k-1}^{k} \begin{bmatrix} X_{k-1}^c \\ Y_{k-1}^c \\ Z_{k-1}^c \end{bmatrix} + \begin{bmatrix} \overline{T}_x \\ \overline{T}_y \\ \overline{T}_z \end{bmatrix}_{k-1}^{k} \quad 或 \quad \begin{bmatrix} X_k^c \\ Y_k^c \\ Z_k^c \\ 1 \end{bmatrix} = \begin{bmatrix} \boldsymbol{R}_{k-1}^{k} & \overline{\boldsymbol{T}}_{k-1}^{k} \\ 0^{\mathrm{T}} & 1 \end{bmatrix} \begin{bmatrix} X_{k-1}^c \\ Y_{k-1}^c \\ Z_{k-1}^c \\ 1 \end{bmatrix} = \boldsymbol{T}_{k-1}^{k} \begin{bmatrix} X_{k-1}^c \\ Y_{k-1}^c \\ Z_{k-1}^c \\ 1 \end{bmatrix}$$

式中，$\boldsymbol{R}_{k-1}^{k}$ 和 $\overline{T}_{k-1}^{k}$ 分别为从 $k-1$ 时刻到 k 时刻的旋转矩阵和平移向量；$\boldsymbol{T}_{k-1}^{k}$ 为从 $k-1$ 时刻到 k 时刻的位姿变换矩阵。任意的三维空间点 p_i^w 在图像 I_{k-1} 的投影点为 $p_{k-1,i}$，其在图像 I_k 中的对应点 $p'_{k,i}$ 可以通过特征点匹配方法获得，根据在 $k-1$ 时刻获得图像模型将空间点 p_i^w 投影图像 I_k 中获得投影点 $p_{k,i}$，而且有 $p_{k,i}=\pi(\boldsymbol{T}_{k-1}^{k}\pi^{-1}(p_{k-1,i}))$，其中 π 和 π^{-1} 分别表示从摄像机坐标系投影到像平面和从像平面投影到摄像机坐标系的投影过程，于是点 $p_{k,i}$ 和点 $p'_{k,i}$ 间的误差为

$$\bar{e}_i = p'_{k,i} - p_{k,i} = p'_{k,i} - \pi(\boldsymbol{T}_{k,k-1}\pi^{-1}(p_{k-1,i}))$$

利用两帧图像中全部（或部分）对应点（也称为同名点）及其投影点间的误差对位姿变换矩阵 $\boldsymbol{T}_{k-1}^{k}$ 进行优化，其优化的目标函数为

$$J(\boldsymbol{T}_{k-1}^{k})_{\min} = \sum_{i=1}^{N} \| \bar{\mathrm{e}}_i \|_2^2 \tag{2.98}$$

为获得位姿变换矩阵 $\boldsymbol{T}_{k-1}^{k}$ 的最优解，可对目标函数 $J(\boldsymbol{T}_{k-1}^{k})$ 关于 $\boldsymbol{T}_{k-1}^{k}$ 求导并令其导数为零。$J(\boldsymbol{T}_{k-1}^{k})$ 的导数包含了矩阵 $\boldsymbol{T}_{k-1}^{k}$ 的加法和乘法运算，由于 $\boldsymbol{R}_{k-1}^{k}$ 是正交矩阵，其对乘法满足封闭性，对加法不满足封闭性，即正交矩阵 $\boldsymbol{R}_{k-1}^{k}$ 和变换矩阵 $\boldsymbol{T}_{k-1}^{k}$ 都满足乘法封闭性（两个正交矩阵的乘积依然是正交矩阵），但不满足加法封闭性（两个正交矩阵的加法不一定是正交矩阵），这将导致无法通过 $J(\boldsymbol{T}_{k-1}^{k})$ 对 $\boldsymbol{T}_{k-1}^{k}$ 求导并令其导数为零来获得 $\boldsymbol{T}_{k-1}^{k}$ 的最优解。虽然正交矩阵 $\boldsymbol{R}_{k-1}^{k}$ 和变换矩阵 $\boldsymbol{T}_{k-1}^{k}$ 不满足加法封闭性，但向量对加法是满足封闭性的，即两个向量的加法依然是向量。如果能建立正交矩阵 $\boldsymbol{R}_{k-1}^{k}$ 和变换矩阵 $\boldsymbol{T}_{k-1}^{k}$ 的优化与向量优化间的关系，将对正交矩阵 $\boldsymbol{R}_{k-1}^{k}$ 和变换矩阵 $\boldsymbol{T}_{k-1}^{k}$ 的优化转换为对向量的优化求解，就能够很好地解

决上述问题。李群(Lie group)和李代数(Lie algebra)①间的转换关系正好满足这种应用需求,因此在视觉计算的位姿估计中经常用李群和李代数来求解位姿变换矩阵。

2.7.1 李 群

群(Group)是抽象代数(又称近世代数)中的重要知识,是一个集合加上一种运算的代数结构,其满足封闭性、结合律、单位元(或幺元)和逆元。如果非空集合 $\boldsymbol{D}(\boldsymbol{D}\neq\varnothing)$,在集合 $\boldsymbol{D}$ 上的二元运算记作·,由 $\boldsymbol{D}\cdot\boldsymbol{D}\rightarrow\boldsymbol{D}$ 构成的代数结构 $\boldsymbol{G}(\boldsymbol{D},\cdot)$ 满足:

① 封闭性:$\forall a$ 和 $b\in\boldsymbol{D}$,$a\cdot b\in\boldsymbol{D}$;

② 结合律:$\forall a,b$ 和 $c\in\boldsymbol{D}$,$(a\cdot b)\cdot c=a\cdot(b\cdot c)$;

③ 单位元:$\exists \mathrm{i}\in\boldsymbol{D}$,s. t. $\forall a\in\boldsymbol{D}$,$\mathrm{i}\cdot a=a\cdot\mathrm{i}=a$;

④ 逆元:$\forall a\in\boldsymbol{D}$,$\exists a^{-1}\in\boldsymbol{D}$,s. t. $a\cdot a^{-1}=a^{-1}\cdot a=\mathrm{i}$;

则 $\boldsymbol{G}(\boldsymbol{D},\cdot)$ 称为一个群,如果·代表乘法,则 $\boldsymbol{G}(\boldsymbol{D},\cdot)$ 称为乘法群;如果·代表加法,则 $\boldsymbol{G}(\boldsymbol{D},\cdot)$ 称为加法群。例如,所有的整数和加法构成一个整数加法群;所有的非零有理数和乘法构成一个非零有理数乘法群。

群结构保证了在群上的运算具有良好的性质,群论则是研究群的各种结构和性质的理论。李群是指具有连续(光滑)性质的群。物体在空间的运动过程是一个连续变化过程,因此描述这一欧氏空间变换过程的矩阵是李群,即正交矩阵 $\boldsymbol{R}_{k-1}^{k}$ 和变换矩阵 $\boldsymbol{T}_{k-1}^{k}$ 构成了两个李群,分别记为

$$\mathrm{SO}(3)=\{\boldsymbol{R}\in\mathfrak{R}^{3\times3}\mid\boldsymbol{R}\boldsymbol{R}^{\mathrm{T}}=\boldsymbol{I},\det(\boldsymbol{R})=1\} \tag{2.99}$$

$$\mathrm{SE}(3)=\left\{\boldsymbol{T}=\begin{bmatrix}\boldsymbol{R} & \bar{\boldsymbol{T}}\\ 0^{\mathrm{T}} & 1\end{bmatrix}\in\mathfrak{R}^{4\times4}\mid\boldsymbol{R}\in\mathrm{SO}(3),\bar{\boldsymbol{T}}\in\mathfrak{R}^{3}\right\} \tag{2.100}$$

将这两个群分别称为特殊正交群(由所有行列式为 1 的正交矩阵构成的群)和特殊欧氏群。下面以 SO(3)为例来说明李群与李代数的关系,事实上每个李群都会有一个李代数与其对应。

描述两个空间直角坐标系旋转变化或描述相机连续旋转变化的矩阵 $\boldsymbol{R}$ 是时间 t 的函数 $\boldsymbol{R}(t)$,于是有

$$\boldsymbol{R}(t)\boldsymbol{R}(t)^{\mathrm{T}}=\boldsymbol{I} \tag{2.101}$$

对该式两边对时间 t 求导,得

$$\dot{\boldsymbol{R}}(t)\boldsymbol{R}(t)^{\mathrm{T}}+\boldsymbol{R}(t)\dot{\boldsymbol{R}}(t)^{\mathrm{T}}=0 \tag{2.102}$$

经整理,得

$$\dot{\boldsymbol{R}}(t)\boldsymbol{R}(t)^{\mathrm{T}}=-\left[\dot{\boldsymbol{R}}(t)\boldsymbol{R}(t)^{\mathrm{T}}\right]^{\mathrm{T}} \tag{2.103}$$

根据 2.5.1 节中反对称矩阵的定义和式(2.25)反对称矩阵与向量的关系可知,$\dot{\boldsymbol{R}}(t)\boldsymbol{R}(t)^{\mathrm{T}}$ 是一个反对称矩阵,而且该反对称矩阵与一个向量一一对应,且由该向量的元素构成。由于 $\boldsymbol{R}(t)$ 描述刚体在空间的连续转动过程,$\dot{\boldsymbol{R}}(t)$ 则是刚体连续转动的瞬时变化率,其与转动的角速度有关,即 $\dot{\boldsymbol{R}}(t)\boldsymbol{R}(t)^{\mathrm{T}}$ 与刚体的转动角速度有关。不妨令 $\boldsymbol{\Omega}(t)=\dot{\boldsymbol{R}}(t)\boldsymbol{R}(t)^{\mathrm{T}}$,于是有

① 李群是挪威数学家索菲斯·李(Marius Sophus Lie,1842—1899)在 19 世纪后期创立的一类连续变换群;李代数是索菲斯·李在研究连续变换群时引入的一个数学概念,它与李群的研究密切相关。

$$\dot{\boldsymbol{R}}(t)=\boldsymbol{\Omega}(t)\boldsymbol{R}(t)=\begin{bmatrix}0 & -\omega_z & \omega_y\\ \omega_z & 0 & -\omega_x\\ -\omega_y & \omega_x & 0\end{bmatrix}\boldsymbol{R}(t)=\boldsymbol{\omega}(t)\times\boldsymbol{R}(t) \tag{2.103}$$

式中，反对称矩阵 $\boldsymbol{\Omega}(t)$ 是由 $\boldsymbol{R}(t)$ 在 t 时刻的瞬时转动角速度向量 $\boldsymbol{\omega}(t)=[\omega_x\quad\omega_y\quad\omega_z]^{\mathrm{T}}$ 构成。

式(2.103)与式(2.65)是等价的，每对 $\boldsymbol{R}(t)$ 进行一次求导，只需左乘一个矩阵 $\boldsymbol{\Omega}(t)$ 即可，在向量 $\boldsymbol{\omega}(t)$ 和矩阵 $\boldsymbol{R}(t)$ 间建立了一一对应关系。$\boldsymbol{\omega}(t)$ 描述了 $\boldsymbol{R}(t)$ 在局部的导数关系，设 $\boldsymbol{R}(0)=\boldsymbol{I}$，根据导数的定义，将 $\boldsymbol{R}(t)$ 在 $t=0$ 处进行一阶泰勒展开，于是有

$$\boldsymbol{R}(t)\approx\boldsymbol{R}(0)+\dot{\boldsymbol{R}}(0)t=I+\boldsymbol{\Omega}(0)t \tag{2.104}$$

因此称 $\boldsymbol{\omega}(t)$ 在李群 SO(3) 原点附近的正切空间上，其示意图如图 2.50 所示。$\boldsymbol{\omega}(t)$ 正是与李群 SO(3) 对应的李代数，记为 so(3)。

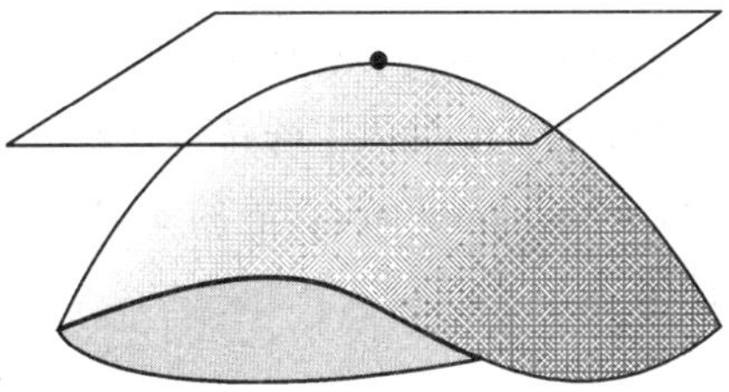

图 2.50　$\boldsymbol{R}(t)$ 与 $\boldsymbol{\omega}(t)$ 的关系示意图

2.7.2　李代数

每个李群都有一个李代数与其对应。李代数描述了李群的局部性质，准确地说是单位元附近的正切空间。李代数是由一个集合 $\boldsymbol{L}$、一个数据 $\boldsymbol{F}$ 和一个二元运算[，]组成，如果满足以下 4 条性质，则称($\boldsymbol{L}$，$\boldsymbol{F}$，[，])为一个李代数，记为 g。

① 封闭性：$\forall x$ 和 $y\in\boldsymbol{L}$，$[x,y]\in\boldsymbol{L}$；

② 双线性：$\forall x,y,z$ 和 $w\in\boldsymbol{L}$，a,b,c 和 $d\in\boldsymbol{F}$，有

$$[ax+by,cz+dw]=ac[x,z]+cb[y,z]+ad[x,w]+bd[y,w];$$

③ 自反性：$\forall x\in\boldsymbol{L}$，$[x,x]=0$；

④ 雅克比恒等式：$\forall x,y$ 和 $z\in\boldsymbol{L}$，有 $[x,[y,z]]+[z,[x,y]]+[y,[z,x]]=0$。

其中二元运算[，]也称为李括号。例如三维向量空间 $\mathfrak{R}^3$ 上定义的叉积×是一个李括号，因此 $g=(\mathfrak{R}^3,\mathfrak{R},\times)$ 构成了一个李代数。与李群 SO(3) 和 SE(3) 分别对应的李代数为

$$\mathrm{so}(3)=\{\boldsymbol{\omega}\in\mathfrak{R}^3,\boldsymbol{\Omega}=\boldsymbol{\omega}\times\in\mathfrak{R}^{3\times3}\} \tag{2.105}$$

$$\mathrm{se}(3)=\left\{\boldsymbol{\xi}=\begin{bmatrix}\boldsymbol{v}\\ \boldsymbol{\omega}\end{bmatrix}\in\mathfrak{R}^6,v\in\mathfrak{R}^3,\omega\in\mathrm{so}(3),\boldsymbol{\xi}\times=\begin{bmatrix}\boldsymbol{\omega}\times & \boldsymbol{v}\\ 0^{\mathrm{T}} & 1\end{bmatrix}\in\mathfrak{R}^{4\times4}\right\} \tag{2.106}$$

式中，$\boldsymbol{v}$ 为描述平移变换 $\overline{T}$ 的瞬时变化，即瞬时速度。下面以李群 SO(3) 和李代数 so(3) 为例来讨论两者之间的转换关系。

2.7.3　李群与李代数间的对应关系

设 $t=0$ 时，$\boldsymbol{\omega}(t)$ 为常数，$\boldsymbol{R}(t)$ 为单位矩阵，即 $\boldsymbol{\omega}(0)=\boldsymbol{\omega}_0$ 和 $\boldsymbol{R}(0)=\boldsymbol{I}$。根据式(2.103)，有

$$\dot{\boldsymbol{R}}(t)=\boldsymbol{\Omega}_0\boldsymbol{R}(t)=\boldsymbol{\omega}_0\times\boldsymbol{R}(t) \tag{2.107}$$

式中，$\boldsymbol{\Omega}_0$ 是 $\boldsymbol{\omega}_0$ 构成的反对称矩阵。该微分方程的解为

$$\boldsymbol{R}(t)=\mathrm{e}^{\boldsymbol{\Omega}_0 t}=\mathrm{e}^{t\boldsymbol{\omega}_0\times} \tag{2.108}$$

式(2.108)反映了旋转矩阵 $\boldsymbol{R}(t)$ 与一个向量 $\boldsymbol{\omega}_0$ 构成的反对称矩阵通过指数关系建立了联系，而且这种联系是一一对应关系。给定一个 $\boldsymbol{\omega}$ 就会有一个 $\boldsymbol{R}$ 与其对应，这样可以将对 $\boldsymbol{R}$ 的求解转化为 $\boldsymbol{\omega}$ 的指数运算求解；同理给定一个 $\boldsymbol{R}$，也可以通过对数运算求解出 $\boldsymbol{\omega}$，因此称李代数和李群间的关系为指数与对数映射的关系。

式(2.108)是一个矩阵指数映射，矩阵指数 $\mathrm{e}^{\boldsymbol{\Omega}t}=\mathrm{e}^{t\boldsymbol{\omega}\times}$ 可以采用级数展开的方式进行计算，为了书写方便这里用 $\boldsymbol{\omega}_\times$ 来表示 $\boldsymbol{\omega}\times$，即

$$\mathrm{e}^{\boldsymbol{\Omega}t}=\sum_{n=0}^{\infty}\frac{1}{n!}(\boldsymbol{\Omega}t)^n \quad 或 \quad \mathrm{e}^{t\boldsymbol{\omega}_\times}=\sum_{n=0}^{\infty}\frac{1}{n!}(\boldsymbol{\omega}_\times t)^n \tag{2.109}$$

但计算矩阵的级数涉及矩阵的乘积运算，特别是矩阵的无穷次幂运算，不利于工程实现。由于 $\boldsymbol{\omega}$ 是一个向量，$t\boldsymbol{\omega}$ 描述了旋转矩阵瞬时旋转的角度增量，并将这个向量用其模长 θ 和方向 $\boldsymbol{a}$ 来表示，于是有 $t\boldsymbol{\omega}=\theta\boldsymbol{a}$，这里的 $\boldsymbol{a}$ 是一个长度为 1 的方向向量，即 $\|\boldsymbol{a}\|=1$。对于 $\boldsymbol{\Omega}_a=\boldsymbol{a}\times$ 有以下性质

$$\boldsymbol{\Omega}_a\boldsymbol{\Omega}_a=\boldsymbol{a}_\times\boldsymbol{a}_\times=\begin{bmatrix}-a_2^2-a_3^2 & a_1a_2 & a_1a_3\\ a_1a_2 & -a_1^2-a_3^2 & a_2a_3\\ a_1a_3 & a_2a_3 & -a_1^2-a_2^2\end{bmatrix}=\boldsymbol{a}\boldsymbol{a}^{\mathrm{T}}-\boldsymbol{I} \tag{2.110}$$

$$\boldsymbol{\Omega}_a\boldsymbol{\Omega}_a\boldsymbol{\Omega}_a=\boldsymbol{a}_\times\boldsymbol{a}_\times\boldsymbol{a}_\times=\boldsymbol{a}_\times(\boldsymbol{a}\boldsymbol{a}^{\mathrm{T}}-\boldsymbol{I})=-\boldsymbol{a}_\times=-\boldsymbol{\Omega}_a \tag{2.111}$$

这两个式子提供了 $\boldsymbol{\Omega}_a=\boldsymbol{a}_\times$ 高阶次幂的计算方法，于是式(2.109)可写为

$$\begin{aligned}
\mathrm{e}^{t\boldsymbol{\omega}_\times}=\mathrm{e}^{\theta\boldsymbol{a}_\times}&=\sum_{n=0}^{\infty}\frac{1}{n!}(\theta\boldsymbol{a}_\times)^n\\
&=\boldsymbol{I}+\theta\boldsymbol{a}_\times+\frac{1}{2!}\theta^2\boldsymbol{a}_\times\boldsymbol{a}_\times+\frac{1}{3!}\theta^3\boldsymbol{a}_\times\boldsymbol{a}_\times\boldsymbol{a}_\times+\frac{1}{4!}\theta^4(\boldsymbol{a}_\times)^4+\cdots\\
&=\boldsymbol{a}\boldsymbol{a}^{\mathrm{T}}-\boldsymbol{a}_\times\boldsymbol{a}_\times+\theta\boldsymbol{a}_\times+\frac{1}{2!}\theta^2\boldsymbol{a}_\times\boldsymbol{a}_\times-\frac{1}{3!}\theta^3\boldsymbol{a}_\times-\frac{1}{4!}\theta^4(\boldsymbol{a}_\times)^2+\cdots\\
&=\boldsymbol{a}\boldsymbol{a}^{\mathrm{T}}+\left(\theta-\frac{1}{3!}\theta^3+\frac{1}{5!}\theta^5-\cdots\right)\boldsymbol{a}_\times-\left(1-\frac{1}{2!}\theta^2+\frac{1}{4!}\theta^4-\cdots\right)\boldsymbol{a}_\times\boldsymbol{a}_\times\\
&=\boldsymbol{I}+\boldsymbol{a}_\times\boldsymbol{a}_\times+\sin\theta\boldsymbol{a}_\times-\cos\theta\boldsymbol{a}_\times\boldsymbol{a}_\times\\
&=(1-\cos\theta)\boldsymbol{a}_\times\boldsymbol{a}_\times+\boldsymbol{I}+\sin\theta\boldsymbol{a}_\times\\
&=\cos\theta\boldsymbol{I}+(1-\cos\theta)\boldsymbol{a}\boldsymbol{a}^{\mathrm{T}}+\sin\theta\boldsymbol{a}_\times
\end{aligned}$$

即

$$\boldsymbol{R}(t)=\mathrm{e}^{t\boldsymbol{\omega}_\times}=\mathrm{e}^{\theta\boldsymbol{a}_\times}=\sum_{n=0}^{\infty}\frac{1}{n!}(\theta\boldsymbol{a}_\times)^n=\cos\theta\boldsymbol{I}+(1-\cos\theta)\boldsymbol{a}\boldsymbol{a}^{\mathrm{T}}+\sin\theta\boldsymbol{a}_\times \tag{2.112}$$

该式即为著名的罗德里格斯①旋转公式，即指数映射是一个罗德里格斯公式。其物理含义是一个旋转矩阵可以用一个旋转轴 $\boldsymbol{a}$ 和一个旋转角 θ 来描述。通过式(2.112)可以看出，李代数 so(3)实际上是由所谓的旋转向量组成的空间，而且 so(3)中任意一个向量与李群 SO(3)中的旋转矩阵相对应；反之，也可以通过对数映射计算出 $\boldsymbol{\Omega}=\boldsymbol{\omega}_\times$，进而计算出 $\boldsymbol{\omega}$。同样，对于对数进行级数展开依然很麻烦，依然可以采用计算向量模值和转角的方式来计算对数映射。

对式(2.112)两边求迹，即

① B. O. Rodrigues(1795—1851)，法国数学家。

$$\begin{aligned}\mathrm{tr}(\boldsymbol{R}) &= \cos\theta\,\mathrm{tr}(\boldsymbol{I}) + (1-\cos\theta)\mathrm{tr}(\boldsymbol{a}\boldsymbol{a}^{\mathrm{T}}) + \sin\theta\,\mathrm{tr}(\boldsymbol{a}_{\times}) \\ &= 3\cos\theta + (1-\cos\theta) \\ &= 1 + 2\cos\theta\end{aligned} \tag{2.113}$$

于是

$$\theta = \arccos\frac{\mathrm{tr}(\boldsymbol{R})-1}{2} \tag{2.114}$$

对于旋转轴 $\boldsymbol{a}$，旋转轴上的向量在旋转后不会发生改变，即

$$\boldsymbol{R}\boldsymbol{a} = \boldsymbol{a} \tag{2.115}$$

旋转轴 $\boldsymbol{a}$ 是旋转矩阵 $\boldsymbol{R}$ 特征值 1 对应的特征向量。求解该方程，再归一化，既可以得到旋转轴。由于旋转角 θ 具有周期性，虽然李群 SO(3)中的旋转矩阵都可以在李代数 so(3)中找到与其对应的元素，但不唯一，当将旋转角 θ 的取值范围限定在 $\pm180°$ 之间时，李群 SO(3)和李代数 so(3)中的元素是一一对应的。李群 SE(3)和李代数 se(3)间对应关系推导详见《视觉 SLAM 十四讲：从理论到实践》（高翔、张涛等，2019）。李群与李代数间的对应关系如图 2.51 所示。

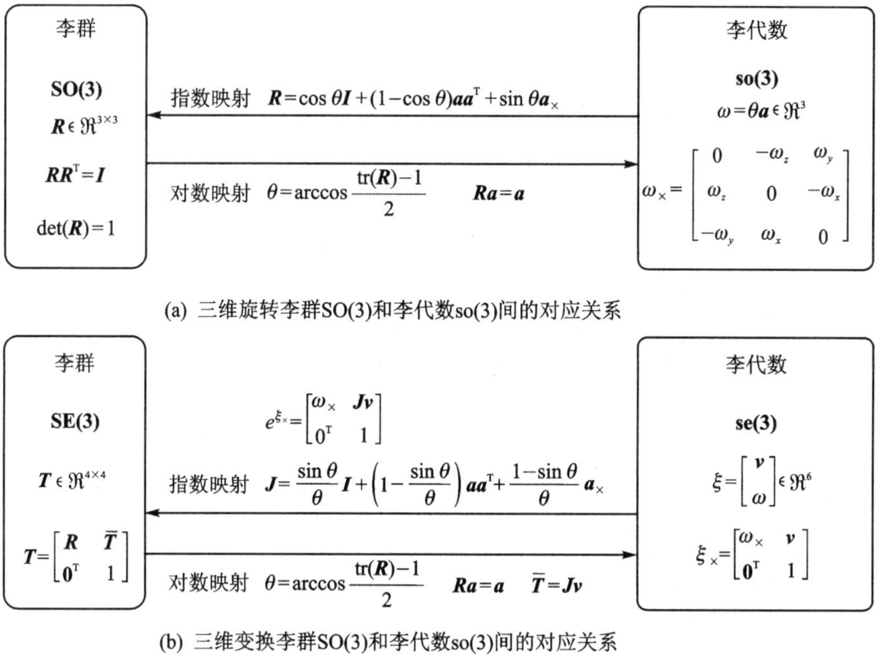

图 2.51　三维旋转变换和三维变换的李群与李代数对应关系

2.7.4　李代数求导与扰动模型

根据李群和李代数的对应关系，为旋转矩阵的优化更新提供了一种途径，即李群 SO(3)中两个旋转矩阵的乘积可以转换为李代数 so(3)中两个向量求和的关系，$\bar{\boldsymbol{\theta}} = \boldsymbol{\omega}t = \theta\boldsymbol{a}$ 即

$$\boldsymbol{R}_1\boldsymbol{R}_2 = \mathrm{e}^{\bar{\boldsymbol{\theta}}_{1\times}}\ \mathrm{e}^{\bar{\boldsymbol{\theta}}_{2\times}} = \mathrm{e}^{\bar{\boldsymbol{\theta}}_{1\times}+\bar{\boldsymbol{\theta}}_{2\times}} \tag{2.116}$$

该式仅在 $\bar{\boldsymbol{\theta}}_1$ 和 $\bar{\boldsymbol{\theta}}_2$ 是标量的前提下才成立。对于描述连续变换矩阵瞬时姿态变化的向量是连续变化的量，实际上式(2.116)是不成立的。两个李代数指数映射乘积的完整形式可由

Baker-Campbell-Hausdorff (BCH)公式给出，即

$$\ln(e^{\bar{\boldsymbol{\theta}}_{1\times}} e^{\bar{\boldsymbol{\theta}}_{2\times}})=\bar{\boldsymbol{\theta}}_{1\times}+\bar{\boldsymbol{\theta}}_{2\times}+\frac{1}{2}[\bar{\boldsymbol{\theta}}_{1\times},\bar{\boldsymbol{\theta}}_{2\times}]+\frac{1}{12}\left[\bar{\boldsymbol{\theta}}_{1\times},[\bar{\boldsymbol{\theta}}_{1\times},\bar{\boldsymbol{\theta}}_{2\times}]\right]-\frac{1}{12}\left[\bar{\boldsymbol{\theta}}_{2\times},[\bar{\boldsymbol{\theta}}_{1\times},\bar{\boldsymbol{\theta}}_{2\times}]\right]+\cdots \tag{2.117}$$

当 $\bar{\boldsymbol{\theta}}_1$ 和 $\bar{\boldsymbol{\theta}}_2$ 为小量时，BCH 可线性近似地表达为左乘和右乘模型，即

$$(\ln(e^{\bar{\boldsymbol{\theta}}_{1\times}} e^{\bar{\boldsymbol{\theta}}_{2\times}}))^{\times}=\begin{cases}J_l^{-1}(\bar{\boldsymbol{\theta}}_2)\bar{\boldsymbol{\theta}}_1+\bar{\boldsymbol{\theta}}_2 & \text{当 } \bar{\boldsymbol{\theta}}_1 \text{ 为小量(左乘)}\\ J_r^{-1}(\bar{\boldsymbol{\theta}}_1)\bar{\boldsymbol{\theta}}_2+\bar{\boldsymbol{\theta}}_1 & \text{当 } \bar{\boldsymbol{\theta}}_2 \text{ 为小量(右乘)}\end{cases} \tag{2.118}$$

式中，$(*)^{\times}$为由反对称矩阵 $*$ 计算向量的过程。该式描述了当一个旋转矩阵 $\boldsymbol{R}_2$(对应的李代数 $\bar{\boldsymbol{\theta}}_2$)左乘一个旋转矩阵 $\boldsymbol{R}_1$(对应的李代数 $\bar{\boldsymbol{\theta}}_1$)时，可以近似为在原有李代数 $\bar{\boldsymbol{\theta}}_2$ 基础上加一项 $J_l^{-1}(\bar{\boldsymbol{\theta}}_2)\bar{\boldsymbol{\theta}}_1$；同理第二个式子描述了右乘一个微小位移的情况；在使用时需对两者进行区分。以左乘为例，则左乘 BCH 的近似雅克比 $\boldsymbol{J}_l^{-1}$(高翔，张涛等，2019)为

$$\boldsymbol{J}_l=\frac{\sin\theta}{\theta}\boldsymbol{I}+\left(1-\frac{\sin\theta}{\theta}\right)\boldsymbol{a}\boldsymbol{a}^{\mathrm{T}}+\frac{1-\sin\theta}{\theta}\boldsymbol{a}_{\times} \tag{2.119}$$

它的逆为

$$\boldsymbol{J}_l^{-1}=\frac{\theta}{2}\cos\frac{\theta}{2}\boldsymbol{I}+\left(1-\frac{\theta}{2}\cos\frac{\theta}{2}\right)\boldsymbol{a}\boldsymbol{a}^{\mathrm{T}}-\frac{\theta}{2}\boldsymbol{a}_{\times} \tag{2.120}$$

而且右乘雅克比仅需对自变量取负号，即

$$\boldsymbol{J}_r(\bar{\boldsymbol{\theta}})=\boldsymbol{J}_l(-\bar{\boldsymbol{\theta}}) \tag{2.121}$$

在此基础上，对于某个旋转矩阵 $\boldsymbol{R}$(对应的李代数 $\bar{\boldsymbol{\theta}}$)，当给其左乘一个微小的旋转 $\delta\boldsymbol{R}$(对应的李代数 $\delta\bar{\boldsymbol{\theta}}$)，则在李群上的结果为 $\delta\boldsymbol{R}\boldsymbol{R}$，而其在李代数上则有 $\boldsymbol{J}_l^{-1}(\bar{\boldsymbol{\theta}})\delta\bar{\boldsymbol{\theta}}+\bar{\boldsymbol{\theta}}$，于是有

$$\delta\boldsymbol{R}\boldsymbol{R}=e^{\delta\bar{\boldsymbol{\theta}}_{\times}} e^{\bar{\boldsymbol{\theta}}_{\times}}=e^{(\boldsymbol{J}_l^{-1}(\bar{\boldsymbol{\theta}})\delta\bar{\boldsymbol{\theta}}+\bar{\boldsymbol{\theta}})_{\times}} \tag{2.122}$$

反之，如果在李代数上进行加法，使 $\bar{\boldsymbol{\theta}}+\delta\bar{\boldsymbol{\theta}}$，则可以近似为李群上带有左右雅克比的乘法，即

$$e^{(\delta\bar{\boldsymbol{\theta}}+\bar{\boldsymbol{\theta}})_{\times}}=e^{(\boldsymbol{J}_l\delta\bar{\boldsymbol{\theta}})_{\times}} e^{\bar{\boldsymbol{\theta}}_{\times}}=e^{\bar{\boldsymbol{\theta}}_{\times}} e^{(\boldsymbol{J}_r\delta\bar{\boldsymbol{\theta}})_{\times}} \tag{2.123}$$

根据李群和李代数的关系图 2.51 以及式(2.122)和式(2.123)，计算式(2.98)的最优解时，将其关于位姿的导数转为计算与其对应的李代数导数的问题。在求解李代数导数问题时，有两种方式：一种方式是用李代数 $\bar{\boldsymbol{\theta}}$ 表示姿态，然后根据李代数的加法对李代数求导；另一种方式是对李群左乘或右乘微小扰动，然后对该扰动求导，称为左扰动和右扰动模型。

(1) 李代数导数

以 SO(3)上的旋转矩阵为例，对一个空间点 p 进行旋转，获得 $\boldsymbol{R}p$，于是旋转之后点的坐标相对于旋转的导数，由于李群 SO(3)上不满足加法封闭性，但在李代数 so(3)上满足加法封闭性，因此根据李群和李代数的关系，将对旋转矩阵求导转为对李代数求导。

设旋转矩阵 $\boldsymbol{R}$ 对应的李代数为 $\bar{\boldsymbol{\theta}}$，有 $\boldsymbol{R}p=e^{\bar{\boldsymbol{\theta}}_{\times}}p$，根据 BCH 的线性近似式，于是有

$$\begin{aligned}\frac{\partial(e^{\bar{\boldsymbol{\theta}}_{\times}}p)}{\partial\bar{\boldsymbol{\theta}}}&=\lim_{\delta\bar{\boldsymbol{\theta}}\to 0}\frac{e^{(\bar{\boldsymbol{\theta}}+\delta\bar{\boldsymbol{\theta}})_{\times}}p-e^{\bar{\boldsymbol{\theta}}_{\times}}p}{\delta\bar{\boldsymbol{\theta}}}\\&=\lim_{\delta\bar{\boldsymbol{\theta}}\to 0}\frac{e^{(\boldsymbol{J}_l\delta\bar{\boldsymbol{\theta}})_{\times}}e^{\bar{\boldsymbol{\theta}}_{\times}}p-e^{\bar{\boldsymbol{\theta}}_{\times}}p}{\delta\bar{\boldsymbol{\theta}}}\end{aligned}$$

对 $e^{(J_l\delta\bar{\boldsymbol{\theta}})_\times}$ 进行泰勒展开后略去高阶项并进行整理，于是该式变为

$$\begin{aligned}\frac{\partial(e^{\bar{\boldsymbol{\theta}}_\times}p)}{\partial\bar{\boldsymbol{\theta}}} &= \lim_{\delta\bar{\boldsymbol{\theta}}\to 0}\frac{(I+(J_l\delta\bar{\boldsymbol{\theta}})_\times)e^{\bar{\boldsymbol{\theta}}_\times}p-e^{\bar{\boldsymbol{\theta}}_\times}p}{\delta\bar{\boldsymbol{\theta}}}\\ &= \lim_{\delta\bar{\boldsymbol{\theta}}\to 0}\frac{(J_l\delta\bar{\boldsymbol{\theta}})_\times e^{\bar{\boldsymbol{\theta}}_\times}p}{\delta\bar{\boldsymbol{\theta}}}\\ &= \lim_{\delta\bar{\boldsymbol{\theta}}\to 0}\frac{-(e^{\bar{\boldsymbol{\theta}}_\times}p)_\times J_l\delta\bar{\boldsymbol{\theta}}}{\delta\bar{\boldsymbol{\theta}}}\\ &= -(\boldsymbol{R}p)_\times\boldsymbol{J}_l\end{aligned}$$

该式即为旋转后的点相对于李代数的导数

$$\frac{\partial(\boldsymbol{R}p)}{\partial\bar{\boldsymbol{\theta}}}=\frac{\partial(e^{\bar{\boldsymbol{\theta}}_\times}p)}{\partial\bar{\boldsymbol{\theta}}}=-(\boldsymbol{R}p)_\times\boldsymbol{J}_l \tag{2.124}$$

(2) 左乘扰动模型

对旋转矩阵的更新可以看成是在旋转矩阵 $\boldsymbol{R}$ 基础上左乘或右乘一个微小的旋转 $\delta\boldsymbol{R}$。左乘和右乘 $\delta\boldsymbol{R}$ 是有差别的，通常旋转轴在定坐标系中左乘，旋转轴在动坐标系时右乘。以左乘为例，设左扰动 $\delta\boldsymbol{R}$ 的李代数为 $\delta\bar{\boldsymbol{\theta}}$，然后将旋转后的点对 $\delta\bar{\boldsymbol{\theta}}$ 求导，于是有

$$\frac{\partial(\boldsymbol{R}p)}{\partial(\delta\bar{\boldsymbol{\theta}})}=\lim_{\delta\bar{\boldsymbol{\theta}}\to 0}\frac{e^{\delta\bar{\boldsymbol{\theta}}_\times}e^{\bar{\boldsymbol{\theta}}_\times}p-e^{\bar{\boldsymbol{\theta}}_\times}p}{\delta\bar{\boldsymbol{\theta}}}$$

对 $e^{\delta\bar{\boldsymbol{\theta}}_\times}$ 进行泰勒展开后略去高阶项并进行整理，于是该式变为

$$\begin{aligned}\frac{\partial(\boldsymbol{R}p)}{\partial(\delta\bar{\boldsymbol{\theta}})} &= \lim_{\delta\bar{\boldsymbol{\theta}}\to 0}\frac{(\boldsymbol{I}+\delta\bar{\boldsymbol{\theta}}_\times)e^{\bar{\boldsymbol{\theta}}_\times}p-e^{\bar{\boldsymbol{\theta}}_\times}p}{\delta\bar{\boldsymbol{\theta}}}\\ &= \lim_{\delta\bar{\boldsymbol{\theta}}\to 0}\frac{\delta\bar{\boldsymbol{\theta}}_\times\boldsymbol{R}p}{\delta\bar{\boldsymbol{\theta}}}\\ &= \lim_{\delta\bar{\boldsymbol{\theta}}\to 0}\frac{-(\boldsymbol{R}p)_\times\delta\bar{\boldsymbol{\theta}}}{\delta\bar{\boldsymbol{\theta}}}\\ &= -(\boldsymbol{R}p)_\times\end{aligned} \tag{2.125}$$

对比式(2.124)和式(2.125)，可以看出计算扰动模型相比李代数求导，省去了一个雅克比 $\boldsymbol{J}_l$ 的计算，这使得扰动模型更为实用。

综上所述，利用李群和李代数间的对应关系将矩阵优化求导转换为对李代数的求导，其物理含义如图 2.52 所示。

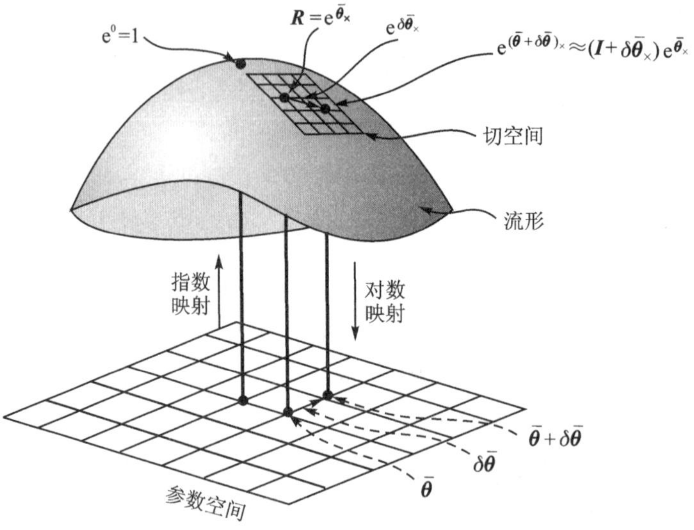

图 2.52　李群与李代数对应关系和旋转矩阵更新过程示意图

思考与练习题

(1) 查阅文献资料,综述摄像机成像技术的主要发展阶段和主要事件。

(2) 查阅文献资料,总结颜色空间和颜色模型间的变换公式,并用 MATLAB 或 C/C++编程实现图像在不同颜色空间的转换。

(3) 总结 CCD 和 CMOS 图像传感器的成像机理以及不同成像传感器尺寸。

(4) 叙述描述欧氏空间旋转变换的不同方法间的区别、联系和优缺点。

(5) 验证旋转矩阵是正交矩阵,并说明正交矩阵的性质。

(6) 说明二值图像、灰度图像和彩色图像的差异,并以 Lena 图像作为输入用 MATLAB 或 C/C++编程实现二值图像、灰度图像和彩色图像间的转换。

(7) 查阅文献,数字图像有哪些存储格式和各自的优缺点及使用范围。

(8) 查阅文献,画图说明射影几何中对偶性原理和连续性原理及作用,并总结其在实际中的应用。

(9) 画图并推导以 X 轴和 Z 轴为主轴的角定向元素和旋转矩阵。

(10) 简述相机内参数和外参数的物理意义。如果一个相机的分辨率变为原来的 2 倍,而其他参数不变,那么它的内参数如何变化?

(11) 查阅文献,总结相机畸变模型并说明其适用范围。

(12) 查阅文献,总结共线方程可以用于解决哪些实际问题?

第3章　图像预处理与视觉信息提取

机器视觉是用机器代替人眼来做测量和判断。机器视觉系统是通过机器视觉传感器将环境和目标转换成图像信号，传送给图像处理系统进行处理并得到环境信息和目标的位置、姿态、形状和运动信息等，进而根据这些信息来控制环境中的设备运动或动作。但在复杂应用环境下，图像获取受物理空间环境变化、光照变化和运动变化的影响，视觉传感器获取的图像存在诸多不足，例如图像模糊、对比度低、噪声强、图像过曝光以及与基准图像存在几何差异等，这些不足会直接影响视觉系统的性能。因此，在视觉传感器获取图像的基础上，须对图像进行预处理，进而提取视觉特征信息，是机器视觉系统应用中必不可少的步骤。

本章对机器视觉系统应用中的常用图像预处理方法和视觉信息提取方法进行介绍。本章内容是后续章节内容的基础，为更好地学习后续章节内容，必须将本章内容掌握扎实，做到"工欲善其事，必先利其器"①。本章介绍的常用图像预处理方法包括图像几何变换和增强变换，实际上所有图像处理都属于图像变换。狭义上讲，图像变换特指将数字图像经过某种数学处理，把原先二维空间域的数据，变换到另一个"变换域"形式描述的过程，例如：傅里叶变换将时域或空域信号变换成频域的能量分布描述。变换的目的是使变换域更集中地代表了图像中的有效信息，或更便于达到某种处理的目的。

3.1　图像的几何变换

图像的几何变换是一种简单的图像变换方法，其在空间域进行处理。几何变换改变图像的形状、位置和尺寸等几何特征信息，即几何变换仅改变像素的位置，通常不改变像素的值，其示意图如图2.35所示。图像的位置变换是指图像的平移、镜像与旋转；图像的形状变换是指图像的放大、缩小与剪切；图像的仿射变换是指图像几何变换的一般表示方法。

3.1.1　图像的位置变换

图像的位置变换是指图像的大小和形状不变，只改变图像的位置，其应用领域主要有：目标识别中的目标配准、精确制导中的景像匹配②和遥感图像配准等。图像位置变换主要包括平移、旋转和镜像变换。

(1) 平移变换

图像平移变换仅改变图像在画布上的位置，其方法是将图像的所有像素按要求进行垂直或水平移动。假设图像的任一像素坐标为(m,n)，图像在画布上沿行方向与列方向分别移动$\overline{T}_m$和$\overline{T}_n$，平移后的像素为(m',n')，于是平移前后两点间的关系为

---

① 出自《论语》，子曰："工欲善其事，必先利其器。居是邦也，事其大夫之贤者，友其士之仁者"。意为：工匠要做好工作，一定要先使工具变锋利。比如要做好一件事情，准备工作很重要。

② 景像匹配是专有术语，利用图像进行匹配，英文为 Scence Matching。

$$\begin{cases} m' = m + \overline{T}_m \\ n' = n + \overline{T}_n \end{cases} \tag{3.1}$$

将式(3.1)写为矩阵形式，即

$$\begin{bmatrix} m' \\ n' \\ 1 \end{bmatrix} = \begin{bmatrix} 1 & 0 & \overline{T}_m \\ 0 & 1 & \overline{T}_n \\ 0 & 0 & 1 \end{bmatrix} \begin{bmatrix} m \\ n \\ 1 \end{bmatrix} \tag{3.2}$$

平移变换式(3.2)的逆变换为

$$\begin{bmatrix} m \\ n \\ 1 \end{bmatrix} = \begin{bmatrix} 1 & 0 & -\overline{T}_m \\ 0 & 1 & -\overline{T}_n \\ 0 & 0 & 1 \end{bmatrix} \begin{bmatrix} m' \\ n' \\ 1 \end{bmatrix} \tag{3.3}$$

图像平移变换后存在两个问题。一个问题是如果新图像中有一点(m',n')，按照式(3.3)得到的(m,n)不在原图像中该如何处理？通常的做法是，将该点的 RGB 值统一设成(0,0,0)或者(255,255,255)。另一个问题是平移后的图像是否需要放大？一种做法是不放大，移出的部分被截断，这种处理，文件大小不会改变。另一种做法是将图像放大，使画布能够显示所有部分，这种处理，文件大小要改变。设原图的大小为 $M \times N$，则新图像大小变为$(M+|\overline{T}_m|)\times(N+|\overline{T}_n|)$，平移量 $\overline{T}_m$ 和 $\overline{T}_n$ 加绝对值是因为其有可能为负(即向左，向上移动)。图像平移变换示意图和实际图像平移变换示例分别如图 3.1 和图 3.2 所示。

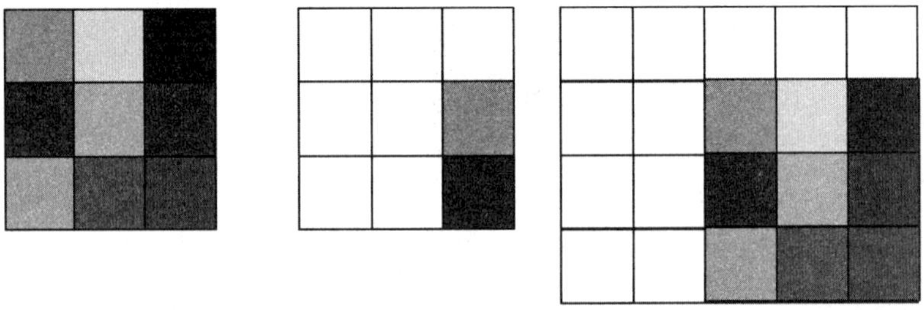

(a) 原　图　　(b) $\overline{T}_m=1$，$\overline{T}_n=2$　　(c) 画布扩大

图 3.1　图像平移变换的示意图(每个方格代表 1 个像素)

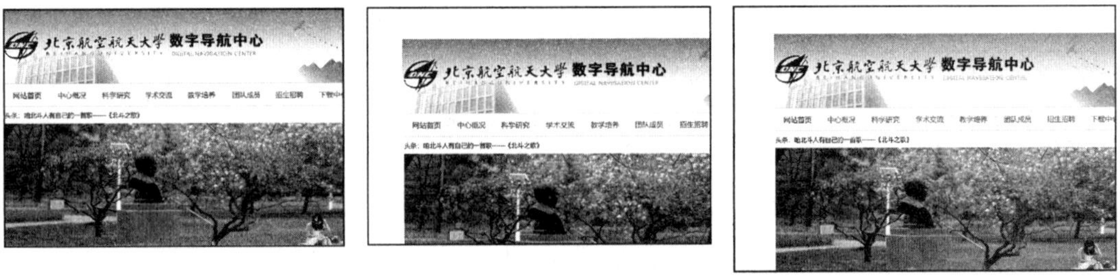

(a) 原　图　　(b) 平移变换后图像未放大　　(c) 平移变换后图像放大

图 3.2　实际图像平移变换示例

(2) 旋转变换

图像旋转是指图像以某一点为中心按照顺时针或逆时针旋转一定的角度，形成一幅新的

图像的过程。不失一般性，旋转点可以选为图像的中心，而且旋转前和旋转后的点离中心的位置不变。图像逆时针旋转的公式为

$$\begin{cases} m' = m\cos\theta - n\sin\theta \\ n' = m\cos\theta + n\sin\theta \end{cases} \tag{3.4}$$

将式(3.4)写为矩阵形式，即

$$\begin{bmatrix} m' \\ n' \\ 1 \end{bmatrix} = \begin{bmatrix} \cos\theta & -\sin\theta & 0 \\ \sin\theta & \cos\theta & 0 \\ 0 & 0 & 1 \end{bmatrix} \begin{bmatrix} m \\ n \\ 1 \end{bmatrix} \tag{3.5}$$

通常图像都是以左上角为中心，图像旋转有时以图像中心进行旋转，因此首先将每一像素点表示为以图像中心为原点的像素点，然后利用式(3.4)对像素点进行旋转，旋转后再将图像变为以左上角为像素坐标系的原点，其原理如图 3.3 所示，其中 $M_o \times N_o$ 和 $M_n \times N_n$ 分别为图像变换前后的大小。

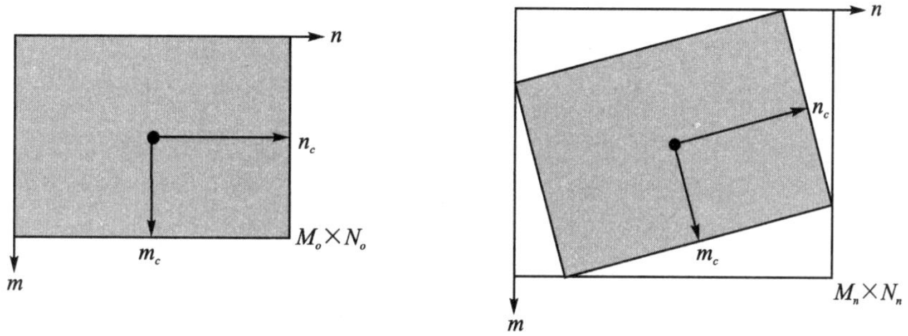

(a) 原图像坐标原点移到图像中心　(b) 图像旋转后坐标原点移到左上角

图 3.3　图像旋转变换的示意图

于是旋转变换公式为

$$\begin{bmatrix} m' \\ n' \\ 1 \end{bmatrix} = \begin{bmatrix} 1 & 0 & -0.5M_n \\ 0 & 1 & -0.5N_n \\ 0 & 0 & 1 \end{bmatrix} \begin{bmatrix} \cos\theta & -\sin\theta & 0 \\ \sin\theta & \cos\theta & 0 \\ 0 & 0 & 1 \end{bmatrix} \begin{bmatrix} 1 & 0 & 0.5M_o \\ 0 & 1 & 0.5N_o \\ 0 & 0 & 1 \end{bmatrix} \begin{bmatrix} m \\ n \\ 1 \end{bmatrix}$$

$$= \begin{bmatrix} \cos\theta & -\sin\theta & 0.5M_o\cos\theta - 0.5N_o\sin\theta - 0.5M_n \\ \sin\theta & \cos\theta & 0.5M_o\sin\theta + 0.5N_o\cos\theta - 0.5N_n \\ 0 & 0 & 1 \end{bmatrix} \begin{bmatrix} m \\ n \\ 1 \end{bmatrix} \tag{3.6}$$

利用式(3.6)可以计算出新图像中的每一点，得到它的灰度，如果超出原图范围，则填成白色。由于式(3.6)有浮点运算，计算出来点的坐标可能不是整数，须采用取整处理，即找最接近的点，这样会带来一些误差(图像可能会出现锯齿)，更精确的方法是采用插值。图像旋转的实例如图 3.4 所示。

(3) 镜像变换

图像的镜像变换是按设定轴向将图像分为两半，沿轴向进行翻转产生镜像效果的图像运算方法。包括水平镜像和垂直镜像，分别将图像上、下半部分和左、右半部分进行对换。假设图像的大小为 $M \times N$，水平和垂直镜像的公式分别为

$$\begin{cases} m' = m \\ n' = N - n + 1 \end{cases} \tag{3.7}$$

(a) 原　图　　(b) 图像旋转后未放大　　(c) 图像旋转后放大

图 3.4　图像旋转前后的示例

$$\begin{cases} m' = M - m + 1 \\ n' = n \end{cases} \tag{3.8}$$

其矩阵形式分别为

$$\begin{bmatrix} m' \\ n' \\ 1 \end{bmatrix} = \begin{bmatrix} 1 & 0 & 0 \\ 0 & -1 & N+1 \\ 0 & 0 & 1 \end{bmatrix} \begin{bmatrix} m \\ n \\ 1 \end{bmatrix} \tag{3.9}$$

$$\begin{bmatrix} m' \\ n' \\ 1 \end{bmatrix} = \begin{bmatrix} -1 & 0 & M+1 \\ 0 & 1 & 0 \\ 0 & 0 & 1 \end{bmatrix} \begin{bmatrix} m \\ n \\ 1 \end{bmatrix} \tag{3.10}$$

水平镜像和垂直镜像的示意图和示例分别如图 3.5 和图 3.6 所示。

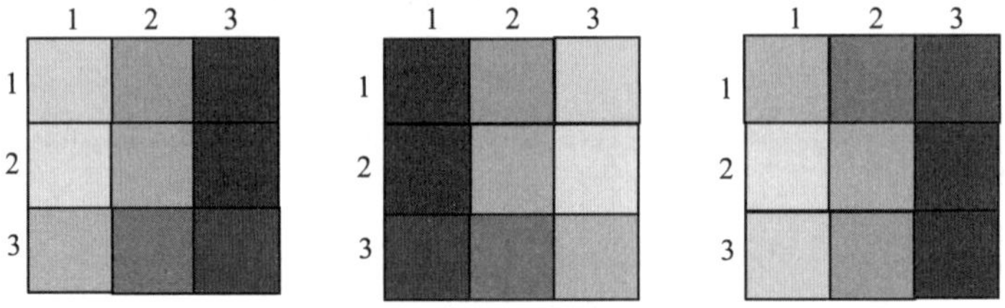

(a) 原　图　　(b) 水平镜像　　(c) 垂直镜像

图 3.5　水平镜像和垂直镜像示意图

(a) 原　图　　(b) 水平镜像　　(c) 垂直镜像

图 3.6　水平镜像和垂直镜像示例图

3.1.2　图像的形状变换

图像的形状变换是指图像的形状发生了变化，其主要有放大变换、缩小变换和剪切变换。图像的放大或缩小变换又分为等比例放大或缩小和不按等比例放大或缩小变换，本节主要介绍等比例放大或缩小变换。

(1) 图像的缩小和放大变换

图像的缩小和放大变换，简称缩放变换。缩放指的是将图像的尺寸变小或变大的过程，也就是减少或增加原图像数据的像素个数。简单来说，就是通过增加或删除像素点来改变图像的尺寸。当图像缩小时，图像会变得更加清晰，当图像放大时，图像的质量会有所下降，因此图像放大时需要进行插值处理。图像的缩放变换公式为

$$\begin{bmatrix} m' \\ n' \\ 1 \end{bmatrix} = \begin{bmatrix} s_m & 0 & 0 \\ 0 & s_n & 0 \\ 0 & 0 & 1 \end{bmatrix} \begin{bmatrix} m \\ n \\ 1 \end{bmatrix} \tag{3.11}$$

式中，s_m 和 s_n 分别为图像纵向和横向的缩放因子；当 $s_m = s_n$ 时，图像为等比例缩放；当 s_m 和 s_n 大于 1 时，图像被放大；当 s_m 和 s_n 大于 0 且小于 1 时，图像被缩小。

图像的缩小变换主要有等间隔采样和局部均值两种方法，图像放大变换主要有像素放大和双线性差值两种方法，其示意图如图 3.7 和图 3.8 所示；图像缩小和放大的示例如图 3.9 所示。

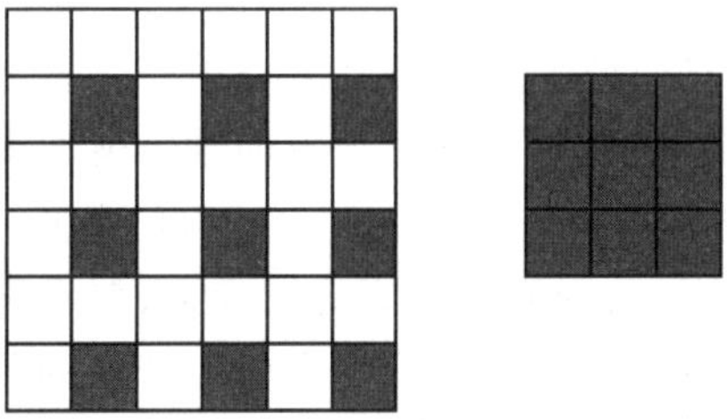

(a) 原图6×6像素　　(b) 缩小2倍

图 3.7　图像缩小示意图

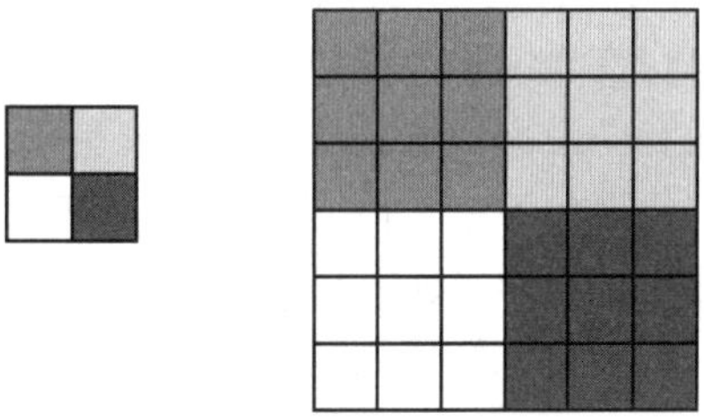

(a) 原图2×2像素　　(b) 放大3倍

图 3.8　图像放大示意图

(a) 原　图　　(b) 图像缩小　　(c) 图像放大

图 3.9　图像的缩小和放大示例

图像放大可看成是图像缩小的逆操作。从信息处理角度，缩小是对信息简化，放大需要为增加的像素填入适当的灰度值，是对未知信息的估计，常采用双线性插值方法，其原理图如

图 3.10 所示。

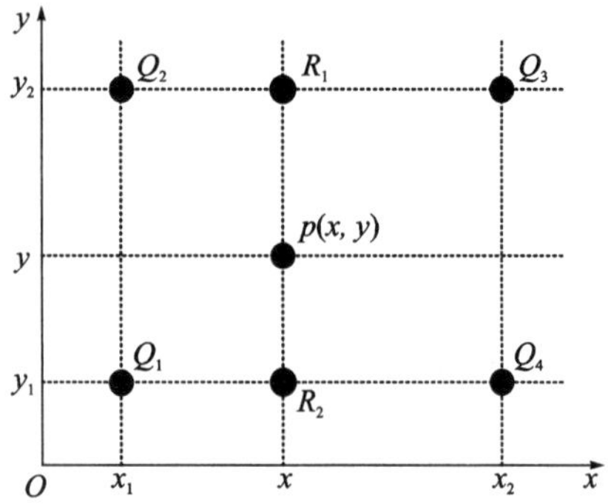

图 3.10 双线性插值示意图

根据图 3.10，双线性插值的计算公式为

$$f(R_1) \approx \frac{x_2 - x}{x_2 - x_1} f(Q_1) + \frac{x - x_1}{x_2 - x_1} f(Q_4) \tag{3.12a}$$

$$f(R_2) \approx \frac{x_2 - x}{x_2 - x_1} f(Q_2) + \frac{x - x_1}{x_2 - x_1} f(Q_3) \tag{3.12b}$$

$$f(p) \approx \frac{y_2 - y}{y_2 - y_1} f(R_1) + \frac{y - y_1}{y_2 - y_1} f(R_2) \tag{3.12c}$$

(2) 图像的剪切变换

剪切变换又称为错切变换，这是按照一定的比例对图像上每个点到某条平行于该方向的直线的有向距离做缩放的变换。坐标不变的轴称为依赖轴，其他轴称为方向轴。剪切变换类似于四边形的不稳定性，方形变平行四边形，任意一边都可以被拉长的过程。剪切变换可看成平面景物在投影平面上的非垂直投影效果。其有水平剪切变换和垂直剪切变换，前者是水平方向的线段发生倾斜；后者是垂直方向的线段发生倾斜。水平剪切和垂直剪切变换的公式分别为

$$\begin{cases} m' = m \\ n' = n + S_n m \end{cases} \tag{3.13}$$

$$\begin{cases} m' = m + S_m n \\ n' = n \end{cases} \tag{3.14}$$

式中，S_m 和 S_n 分别为水平剪切因子和垂直剪切因子。其矩阵表示分别为

$$\begin{bmatrix} m' \\ n' \\ 1 \end{bmatrix} = \begin{bmatrix} 1 & 0 & 0 \\ S_n & 1 & 0 \\ 0 & 0 & 1 \end{bmatrix} \begin{bmatrix} m \\ n \\ 1 \end{bmatrix} \tag{3.15}$$

$$\begin{bmatrix} m' \\ n' \\ 1 \end{bmatrix} = \begin{bmatrix} 1 & S_m & 0 \\ 0 & 1 & 0 \\ 0 & 0 & 1 \end{bmatrix} \begin{bmatrix} m \\ n \\ 1 \end{bmatrix} \tag{3.16}$$

剪切变换的示意图和示例分别如图 3.11 和图 3.12 所示，其中 $S_m = \tan\theta$ 和 $S_n = \tan\alpha$。

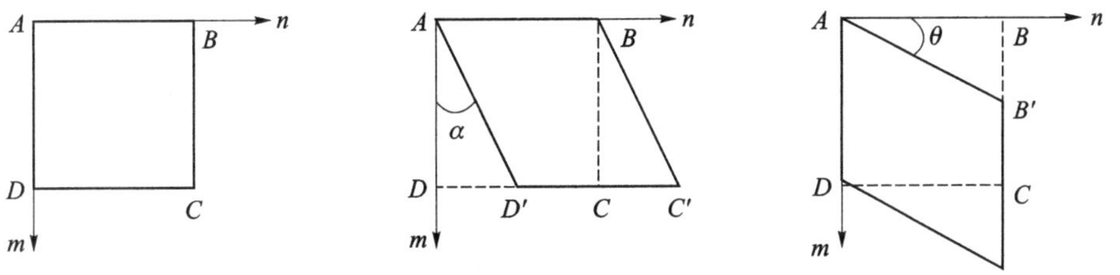

(a) 原　图　　(b) 垂直剪切(沿n轴方向)　　(c) 水平剪切(沿m轴方向)

图 3.11　剪切变换示意图

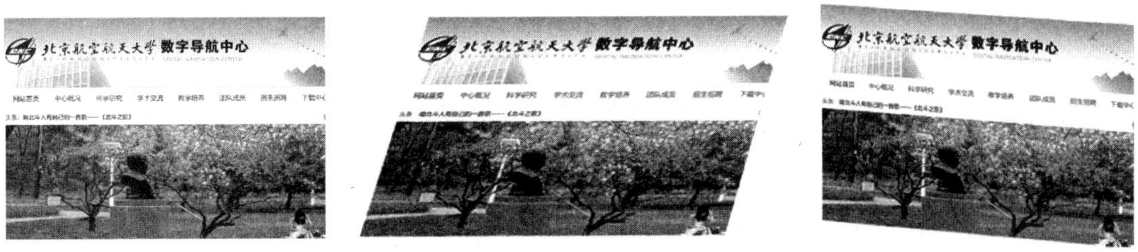

(a) 原　图　　(b) 垂直剪切(沿n轴方向)　　(c) 水平剪切(沿m轴方向)

图 3.12　图像剪切变换的示例

3.1.3　图像的仿射变换

仿射变换是一种二维坐标到二维坐标之间的线性变换，其统一了平移变换和线性变换，即仿射变换是两种简单变换的叠加：一个是线性变换，一个是平移变换。仿射变换不再是单纯的两个线性空间的映射了，而是变成了两个仿射空间的映射关系。仿射变换后不改变点的共线/共面性，而且还保持二维图形的平直性、平行性和比例，但不能保持原来的线段长度和夹角不变，其示意图如图 3.13 所示。利用齐次坐标可将仿射变换以矩阵形式进行统一表示。仿射变换的数学模型为

$$\begin{cases} m' = a_1 m + a_2 n + b_1 \\ n' = a_3 m + a_4 n + b_2 \end{cases} \tag{3.17}$$

将式(3.17)写为矩阵形式，有

$$\begin{bmatrix} m' \\ n' \\ 1 \end{bmatrix} = \begin{bmatrix} a_1 & a_2 & b_1 \\ a_3 & a_4 & b_2 \\ 0 & 0 & 1 \end{bmatrix} \begin{bmatrix} m \\ n \\ 1 \end{bmatrix} \tag{3.18}$$

通过对比分析式(3.2)、式(3.5)、式(3.9)～式(3.11)、式(3.15)和式(3.16)，仿射变换式(3.18)是平移变换、旋转变换、缩放变换、镜像变换和剪切变换等基础变换的复合。不同基础变换 a_1、a_2、a_3、a_4、b_1 和 b_2 的约束不同，例如 $a_1 = a_4 = 1$，$a_2 = a_3 = 0$，且 b_1 和 b_2 不同时为 0 则表示平移变换。

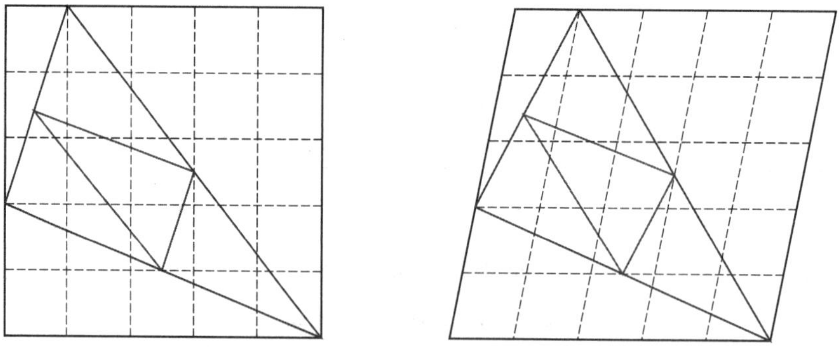

(a) 原　图　　　(b) 仿射变换

图 3.13　图像仿射变换示意图

3.2　图像增强

随着工业相机技术的发展，各种型号的工业相机层出不穷。相机的分辨率、曝光时间等性能都有了很大改善。但在实际视觉应用中，除了必要的空间几何变换外，在图像成像、数字化和传输过程中，受光照、天气、信号转化和干扰等因素的影响，不能保证视觉系统获取的图像质量总是好的，而是图像质量有时会很差，例如图像对比度低、图像含噪声、图像偏暗/亮和图像模糊等。因此，在实际的视觉应用系统中，需要利用图像增强技术对图像进行进一步处理。图像增强处理的主要目的如下：

一是为了改善图像的视觉效果，提高图像的清晰度；

二是针对给定图像的应用场合，突出某些感兴趣的特征，抑制不感兴趣的特征，以扩大图像中不同物体特征之间的差别，满足某些特殊分析的需要。根据增强处理过程所在的空间不同，图像增强方法可分为空间域增强和频率域增强两种，基于空间域的图像增强方法直接对图像进行处理，其又分为针对像素点运算的图像增强方法和基于邻域运算的图像增强方法，前者主要有灰度变换和直方图校正等；后者主要有图像平滑和图像锐化等。

基于频率域的图像增强方法是先将图像从空域变换到频率域，并在该变换域内对图像变换系数进行修正，然后再反变换到空域，得到增强的图像，其常用方法主要有低通滤波、高通滤波和同态滤波等。

3.2.1　灰度变换

灰度变换是一种按一定变换关系逐点改变原图像中每一个像素灰度值的方法，其描述了输入灰度值和输出灰度值之间的变换关系。灰度变换可调整图像的灰度动态范围或图像对比度，改善视觉图像的质量，是图像增强的重要手段之一。常用的灰度变换方法有线性变换、对数变换和幂率（伽马）变换。

假设 r 和 S 分别为图像处理前后的像素值，线性变换、对数变换和幂率变换的公式分别为

$$S = ar + b \tag{3.19}$$

$$S = c\log(1 + r) \tag{3.20}$$

$$S = kr^{\gamma} \tag{3.21}$$

式中，c 为常数；$k>0$ 和 $\gamma>0$ 均为常数。

对于线性变换，当 $a>1$ 时，增加图像的对比度；$a<1$ 时，减小图像的对比度；$a<0$ 且 $b=0$，图像的亮区域变暗，暗区域变亮；$a=1$ 且 $b=0$ 时，恒等变换，对比度不变；$a=1$ 且 $b\neq 0$ 时，图像灰度整体变亮或暗，对比度不变；$a=-1$ 且 $b=255$，图像反转。线性变换、对数变换和幂率（伽马）变换的示例分别如图 3.14、图 3.15 和图 3.16 所示。

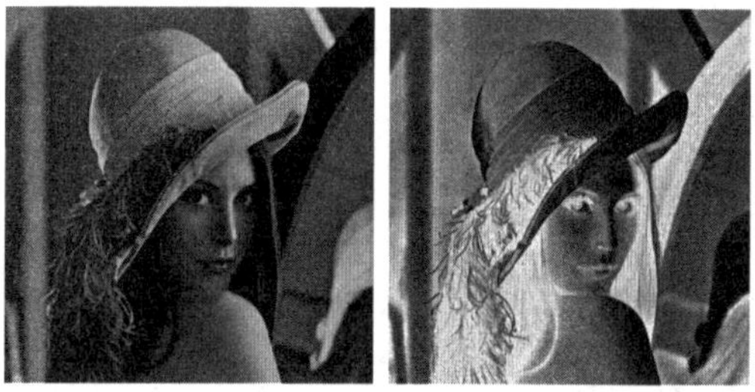

(a) 原　图　　(b) 反转图像

图 3.14　线性变换

(a) 原　图　　(b) 对数变换

图 3.15　对数变换

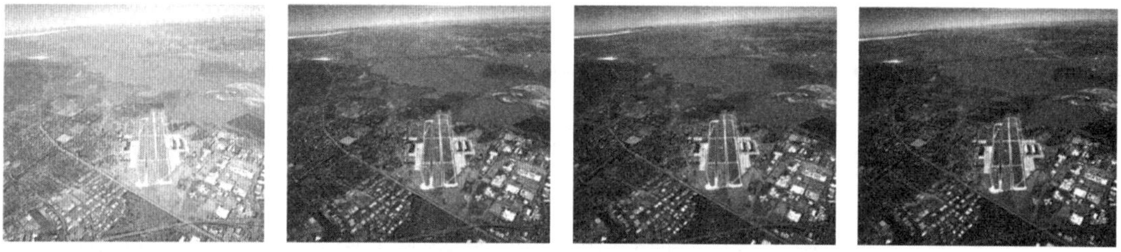

(a) 原　图　　(b) $\gamma=3$　　(c) $\gamma=4$　　(d) $\gamma=5$

图 3.16　伽马变换(Rafael C. Gonzalez 等著，阮秋琦等译，2018)

3.2.2　直方图校正

一幅图像由不同灰度值的像素组成，图像中灰度的分布情况是该图像的一个重要特征。图像的灰度直方图就描述了图像中灰度分布情况。灰度直方图是反映一幅图像中各灰度级像素出现的频率与灰度级的关系，以灰度级为横坐标，频率为纵坐标，绘制频率同灰度级的关系图像就是一幅灰度图像的直方图。假设图像中像素灰度级为 $L(0\sim 255)$，灰度直方图和灰度累积直方图的计算公式分别为

$$h(k) = n_k \qquad k = 0, 1, \cdots, L-1 \tag{3.22}$$

$$c(k) = \sum_{j=0}^{k} n_j \quad k = 0, 1, \cdots, L-1 \tag{3.23}$$

根据式(3.22)和式(3.23)，以 4×4 像素为例，灰度直方图和灰度累积直方图的计算示例如图 3.17 所示。灰度直方图是图像的一种统计表达，它反映了该图像中不同灰度级出现的统计概率，是图像重要的统计特征，但其不反映各灰度级的空间位置分布。

对像素的灰度级作归一化处理，即将像素灰度级为 $L(0\sim 255)$ 归一化为 $0\leqslant L\leqslant 1$，0 代表黑，1 代表白。灰度直方图的计算公式为

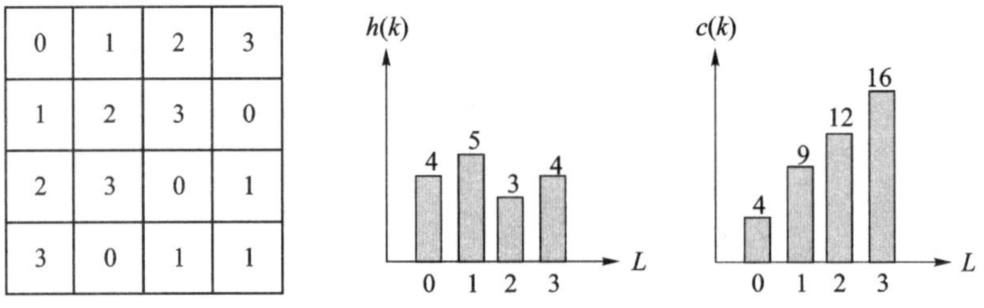

(a) 灰度图像　　(b) 灰度直方图　　(c) 灰度累积直方图

图 3.17　灰度图像直方图示意图

$$p(r_k)=\frac{n_k}{N} \quad k=0,1,\cdots,L-1 \tag{3.24}$$

式中，r_k 是像素的灰度级；n_k 是具有灰度 r_k 的像素的个数；N 是图像中像素总个数；$p(r_k)$称为概率质量函数，其纵轴是概率，其归一化的累积直方图称为累积分布函数。

通过对如图 3.18 所示图像进行直方图统计，可以看出：暗图像，其直方图的组成成分集中在灰度级低（暗）的一侧；明亮图像，其直方图的组成成分则集中在灰度级高（亮）的一侧；动态范围小（对比度小）的图像，其直方图集中于灰度级的中部；动态范围正常的高对比度图像，其直方图的成分覆盖了灰度级很宽的范围。

直方图校正的目的是通过改变直方图的分布，使校正后图像的灰度间距拉开或者使图像灰度分布均匀，从而增大反差，使图像细节清晰，从而达到图像增强的目的。图像的直方图校正方法主要有直方图均衡化和直方图规定化。

（1）直方图均衡化

如图 3.19 所示，直方图均衡化处理的“中心思想”是把原始图像的灰度直方图从比较集中的某个灰度区间（见图 3.19(a)）变为全部灰度范围内的均匀分布（见图 3.19(b)）。直方图均衡化变换前后的分布函数可通过对均衡化前后的概率密度函数 $p(r)$和 $p(S)$积分来获得，于是有

$$F(r_k)=\int_0^{r_k} p(r)\mathrm{d}r \tag{3.25}$$

$$F(S_k)=\int_0^{S_k} p(S)\mathrm{d}S \tag{3.26}$$

对于连续变化的图像，设 r 和 S 分别表示归一化的原图像灰度和经直方图修正后的图像灰度，有 $0\leqslant r,S\leqslant 1$，于是在$[0,1]$区间内的任意一个 r 值，都存在一个 S 值，且有 $S=C(r)$和 $r=C^{-1}(S)$，其示意图如图 3.19(c)所示，于是有

$$F(r_k)=\int_0^{r_k} p(r)\mathrm{d}r=\int_0^{S_k} p(S)\mathrm{d}S=F(S_k) \tag{3.27}$$

根据密度函数是分布函数的导数，对等式两边求导，得

$$p(S)=\frac{\mathrm{d}}{\mathrm{d}S}\left(\int_0^{r_k} p(r)\mathrm{d}r\right)=p(r)\frac{\mathrm{d}r}{\mathrm{d}S}=p(r)\frac{\mathrm{d}}{\mathrm{d}S}(C^{-1}(S)) \tag{3.28}$$

可见，输出图像的概率密度函数可以通过变换函数 $C(r)$控制原图像灰度级的概率密度函数来得到，从而改善原图像的灰度层次。

根据人眼的视觉特性，一幅图像的直方图如果是均匀分布的，即 $p(S)=k$（归一化后 $k=1$）

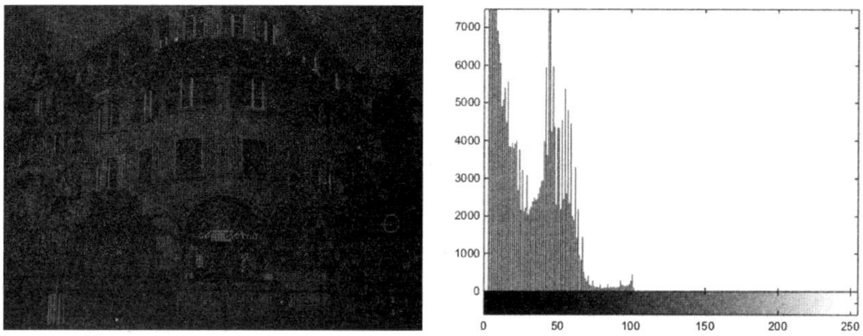

(a) 暗图像及其灰度直方图

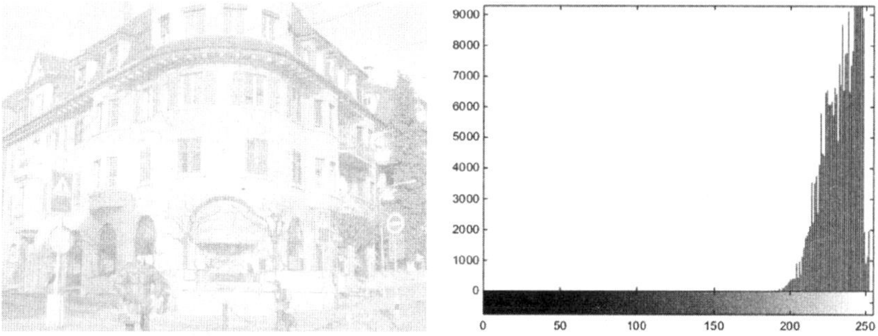

(b) 亮图像及其灰度直方图

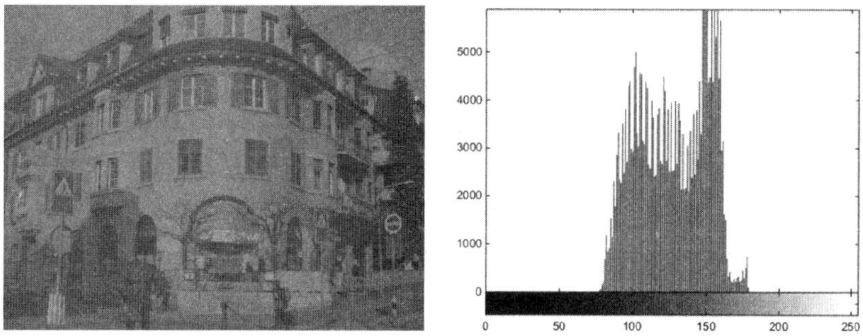

(c) 低对比度图像及其灰度直方图

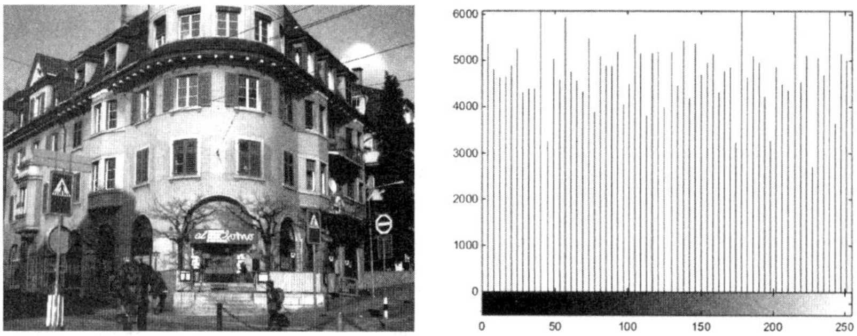

(d) 高对比度图像及其灰度直方图

图 3.18　不同质量图像及其灰度直方图

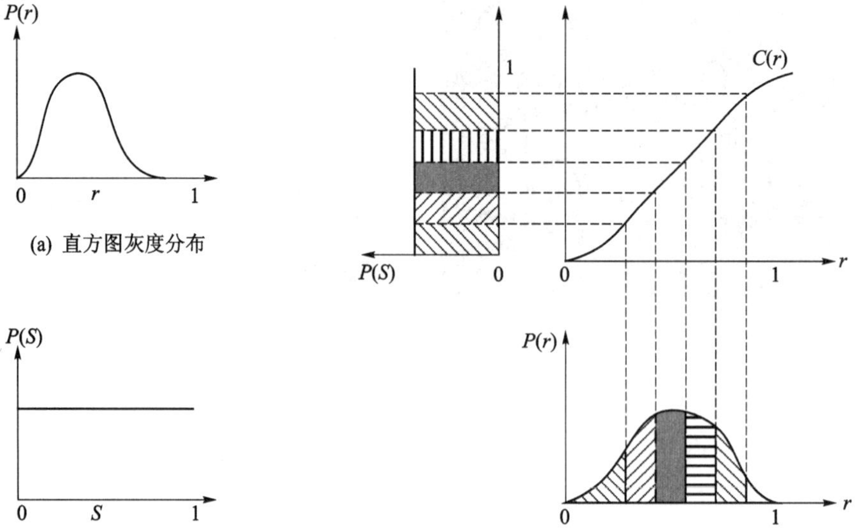

(a) 直方图灰度分布

(b) 直方图均衡化

(c) 直方图均衡化过程示意图

图 3.19　直方图均衡化过程

时，该图像色调给人的感觉是比较协调的。因此，将原图像直方图通过 $C(r)$ 调整为均分布的直方图，这样校正后图像满足人眼的视觉要求。因为归一化假定 $p(S)=1$，因此由式(3.28)可得 $\mathrm{d}S=p(r)\mathrm{d}r$，对该式两边进行积分，于是有

$$S=C(r)=\int_0^r p(r)\mathrm{d}r \tag{3.29a}$$

该式是连续模型下的直方图均衡公式。对于数字图像，其离散化的直方图均衡公式为

$$S_k=C(r_k)=\sum_{j=0}^{k}p(r_j)=\sum_{j=0}^{k}h(j)=\sum_{j=0}^{k}\frac{n_j}{N} \tag{3.29b}$$

变换后图像在$[0,S_k]$灰度级范围内像素面积等于原图像在$[0,r_k]$灰度级范围内像素的面积。但通常不能证明这一离散变换能产生离散均匀概率密度函数(均匀直方图)，但其的确有展开输入图像直方图的趋势。

下面以一个 5×5 像素图像为例说明直方图均衡化过程。首先列出原图像的灰度级 r_k 并统计原始直方图各灰度级像素数 n_k，$k=0,1,\cdots,L-1$；其次计算原始直方图各概率 $p(r_k)=\frac{n_k}{N}$，并计算累计直方图 $S_k=\sum_{i=0}^{k}p(r_i)$；然后计算新的灰度级并修正 S_k 为合理灰度级，一种方式计算出 S_k 后，对比 S_k 与 r_k，寻找最接近 S_k 的 r_k 作为变换后的灰度级，另一种方式是按 $\mathrm{int}[(L-1)S_k+0.5]$ 计算 S_k 的灰度级；最后确定 r_k 到 S_k 的对应关系，获得均衡化后的直方图 n_{S_k}，并对图像进行增强。具体的计算过程如表 3.1 所列，计算过程图示如图 3.20 所示。

直方图均衡化的优点是其能自动增强整个图像对比度，并得到全局均匀化的直方图；其缺点是图像具体增强效果不易控制，无法有选择性地增强图像某个灰度值范围内的对比度。为解决该问题，通常采用直方图均衡化的改进形式，即更灵活的直方图规定化算法，选择合理的规定化函数获得更好的增强效果。

表 3.1　直方图均衡化计算过程

原图像灰度级 k	归一化灰度级 r_k	第 k 个灰度级像素个数 n_k	第 k 个灰度级出现的概率	$S_k=\sum_{i=0}^{k}p(r_i)$	$\text{int}[(L-1)S_k+0.5]$	n_{S_k}	$p(S_k)$
0	0/9=0.0	3	0.12	0.12～1/9	S_1	3	0.12
1	1/9=0.111	2	0.08	0.2～2/9	S_2	2	0.08
2	2/9=0.222	4	0.16	0.36～3/9	S_3	4	0.16
3	3/9=0.333	4	0.16	0.52～5/9	S_5	6	0.24
4	4/9=0.444	1	0.04	0.56～5/9	S_5		
5	5/9=0.556	1	0.04	0.60～5/9	S_5		
6	6/9=0.667	4	0.16	0.76～7/9	S_7	5	0.20
7	7/9=0.778	1	0.04	0.80～7/9	S_7		
8	8/9=0.889	2	0.08	0.88～8/9	S_8	2	0.08
9	9/9=1.0	3	0.12	1.0～9/9	S_9	3	0.12

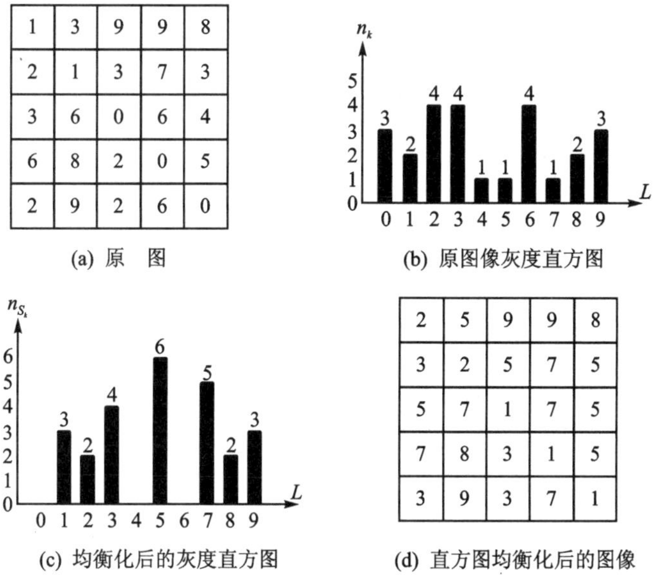

图 3.20　直方图均衡化计算过程示例

(2) 直方图规定化

直方图规定化，又称直方图匹配，是指使一幅图像的直方图变成规定形状的直方图而对图像进行变换的增强方法，其核心是通过一个灰度映射函数，将原图像灰度直方图映射为所希望的直方图。因此，直方图修正的关键是灰度映射函数。

直方图规定化原理是通过对原图像直方图和规定形状的直方图都做均衡化，使两者变成相同的归一化均匀直方图，并以此均匀直方图为媒介，再对参考图像做均衡化的逆运算，因此直方图均衡化是直方图规定化的桥梁。

直方图规定化过程示意图如图 3.21 所示。首先按照表 3.1 和图 3.20 所示过程对原图像

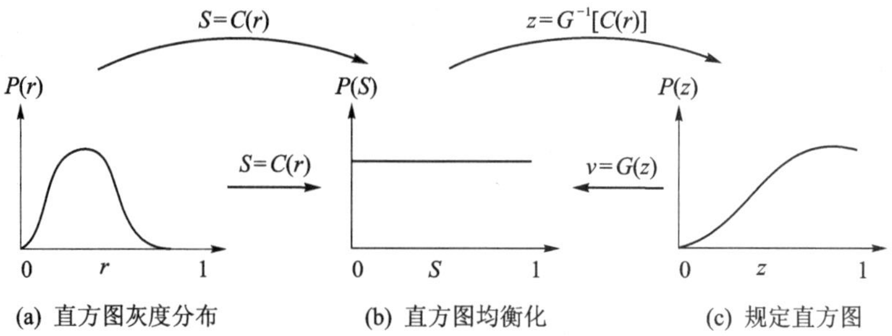

图 3.21　直方图规定化过程示意图

直方图进行均衡化；然后对规定的直方图也进行均衡化，于是有

$$p(z_k)=\frac{n_{z_k}}{N}\quad k=0,1,\cdots,L-1 \tag{3.30}$$

$$v_k=G(z_k)=\sum_{j=0}^{k}p(z_j) \tag{3.31}$$

进而对参考图像做均衡化的逆运算，于是有

$$z_k=G^{-1}(S_k)=G^{-1}[C(r_k)] \tag{3.32}$$

但在实际应用中，参考图像均衡化的逆运算 $G^{-1}(*)$很难获得，但 S_k 和 v_k 且容易获得，因此可以根据单映射规则实现 $G^{-1}(*)$的计算，单映射规则目标函数为

$$\min\left|\sum_{i=0}^{k}p(r_i)-\sum_{j=0}^{k}p(z_j)\right|\quad i,j=0,1,\cdots,L-1 \tag{3.33}$$

也可以根据 S_k 和 v_k 值进行判断，即当 $S_i\approx v_j$ 时，将 S 的第 i 个灰度级映射为 z 的第 j 个灰度级，$i,j=0,1,\cdots,L-1$。

下面以一幅共 8 个灰度级的 64×64 像素图像为例说明直方图规定化的计算过程（见表 3.2），相应的计算过程示意图如图 3.22 所示，其中图像总像素数 $N=4\ 096$。

表 3.2　直方图规定化计算过程

原图像灰度级	0	1	2	3	4	5	6	7
归一化灰度级 r_k	0/7=0.0	1/7=0.14	2/7=0.29	3/7=0.43	4/7=0.57	5/7=0.71	6/7=0.86	7/7=1.0
原图各灰度级像素数 n_k	790	1 023	850	656	329	245	122	81
原图第 k 个灰度级出现的概率 $p(r_k)$	0.19	0.25	0.21	0.16	0.08	0.06	0.03	0.02
原图像累积直方图 S_k	0.19	0.44	0.65	0.81	0.89	0.95	0.98	1.00
均衡化后的灰度级 $(r_k\rightarrow S_k)$	1	3	5	6	6	7	7	7
均衡化后直方图 n_{S_k}	790	1 023	850	895		448		
均衡化后各灰度级出现的概率 $p(S_k)$	0.19	0.25	0.21	0.24		0.11		
规定化直方图各灰度级概率 $p(z_k)$	0.00	0.00	0.00	0.15	0.20	0.30	0.20	0.15

续表 3.2

原图像灰度级	0	1	2	3	4	5	6	7
规定的累积直方图 v_k	0.00	0.00	0.00	0.15	0.35	0.65	0.85	1.00
规定直方图均衡换后的灰度级	0	0	0	1	2	5	6	7
确定映射关系	0→3	1→4	2→5	3,4→6		5,6,7→7		
变换后直方图各灰度级出现的概率	0.00	0.00	0.00	0.19	0.25	0.21	0.24	0.11

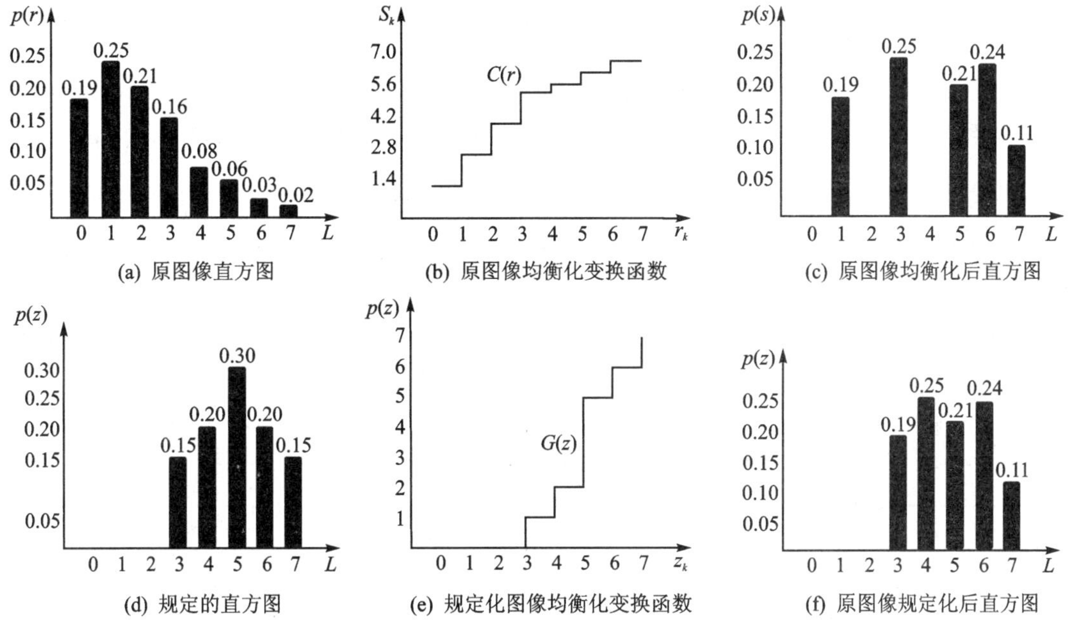

图 3.22　图像直方图规定化过程示意图

3.2.3　图像平滑

在图像数字化和传输中，受传感器与外部环境（例如大气）噪声干扰等影响，图像中含有噪声，称为含噪图像或噪声图像。根据图像噪声来源，可将噪声分为加性噪声、乘性噪声和量化噪声。加性噪声与图像输入信号无关，通常表现为高斯噪声或脉冲噪声（椒盐噪声），含噪图像可表示为 $I(m,n)=f(m,n)+N(m,n)$，其中 $f(m,n)$ 表示理想图像，$N(m,n)$ 表示图像噪声；乘性噪声与图像信号有关，含噪图像可表示为 $I(m,n)=f(m,n)[1+N(m,n)]$，噪声 $N(m,n)$ 与图像光强的大小相关，随亮度的大小变化而变化；量化噪声与输入图像信号无关，这主要是在量化过程中存在误差并反映到接收端而产生的噪声，是数字图像的主要噪声源。

在实际的视觉应用系统中，除了要抑制图像噪声，改善图像质量，还须对图像进行适当模糊，去除部分细节或将目标内的小间断连接起来。从信号处理的角度看，图像的噪声和细节都属于高频信息，因此通过对图像实施低通滤波，抑制图像中的噪声并模糊图像。平滑滤波是低频增强的空间域滤波技术，图像平滑滤波的目的就是对图像的低频分量增强，同时削弱高频分量，用于消除图像中的随机噪声，使图像亮度平缓渐变，减小突变梯度，起到平滑作用。

模板操作是图像预处理中常用的运算方式，图像平滑和后面将要讨论的图像锐化和边缘检测等都要用到模板操作。根据平滑滤波过程中所用到的操作模板不同，图像平滑滤波主要有均值滤波、高斯平滑滤波和中值滤波。

(1) 均值滤波

均值滤波也称为邻域平均法，均等地对待邻域中的每个像素，对于每个像素，取邻域像素值的平均作为该像素的新值，可以去除突变的像素点，滤掉一定噪声，其常用邻域有 4 邻域和 8 邻域。从频率域的角度看，相当于进行了低通滤波。均值滤波是最常用的线性低通滤波器，其对高斯噪声滤除的效果较好，对椒盐噪声滤除的效果不明显。均值滤波的数学模型为

$$g(m,n)=\frac{1}{M'N'}\sum_{I\in W}I(m,n)=\sum_{i=-a}^{a}\sum_{j=-b}^{b}[I(m+i,n+j)K(i,j)] \tag{3.34}$$

式中，$I(m,n)$和$g(m,n)$分别为原始图像和滤波后图像；W 为 $M'\times N'$（M'和N'为奇数）大小的邻域；K 为 $M'\times N'$像素的滤波模板，也称为核，当滤波模板中的所有系数相等时，也称为盒状滤波器；$a=\dfrac{M'-1}{2}$和$b=\dfrac{N'-1}{2}$。均值滤波模板及其滤波结果示意图如图 3.23 所示，实际的图像均值滤波结果如图 3.24 所示。在模板操作时，通常忽略边界数据或复制图像的边界数据并外扩。

1	2	1	4	3
1	2	3	3	4
5	7	6	8	9
5	7	6	8	8
5	6	7	8	9

(a) 原图像

$$\frac{1}{9}\begin{bmatrix}1&1&1\\1&1&1\\1&1&1\end{bmatrix}$$

1	2	1	4	3
1	3	4	5	4
5	5	6	6	9
5	6	7	8	8
5	6	7	8	9

(b) 滤波模板1和滤波后图像

$$\frac{1}{8}\begin{bmatrix}1&1&1\\1&0&1\\1&1&1\end{bmatrix}$$

1	2	1	4	3
1	3	4	4	4
5	4	6	6	9
5	6	7	8	8
5	6	7	8	9

(c) 滤波模板2和滤波后图像

图 3.23　常用的 3×3 均值滤波模板及其滤波结果示意

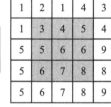

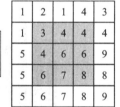

(a) 原图像　　(b) 滤波后图像

图 3.24　实际图像均值滤波结果

从图 3.23 所示的均值滤波过程和图 3.24 所示实际图像均值滤波结果可以看出，均值滤波算法简单，计算速度快，其缺点是降低噪声的同时造成图像模糊，对图像的边缘和细节削弱很多；随着邻域范围的扩大（即模板增大），去噪能力增强，同时模糊程度越严重。为了避免中心像素值过高进而影响平均值升高，在运算时可不取中心值（即让中心值为 0），利用中心像素

周围的八个像素进行计算。

为了实现均值滤波在平滑图像的同时尽量降低其对图像的模糊，通常采用加权均值滤波器，即其不同于图 3.23 中均值滤波模板对所有像素的系数都是相同的，加权均值滤波器的模板系数会根据像素和窗口中心像素的距离而取不同的系数，对中心点赋予最高的权重，随着离中心点距离的增加而减小系数，加权均值滤波器的过程可描述为

$$g(m,n)=\frac{\sum_{i=-a}^{a}\sum_{j=-b}^{b}[I(m+i,n+j)w(i,j)]}{\sum_{i=-a}^{a}\sum_{j=-b}^{b}w(i,j)} \tag{3.35}$$

(2) 高斯平滑滤波

高斯平滑滤波器和均值滤波器类似，与均值滤波器不同的地方是核不同。均值滤波器模板中每一个值都相等，而高斯平滑滤波器模板内的数却是呈现高斯分布的。对于二维高斯分布有 5 个重要性质：

$$G(m,n)=\frac{1}{\sqrt{2\pi\sigma^2}}e^{-\frac{1}{2\sigma^2}(m^2+n^2)} \tag{3.36}$$

① 二维高斯函数具有旋转对称性，即滤波器在各个方向上的平滑程度是相同的；

② 高斯函数是单值函数，因此高斯滤波器用像素邻域的加权均值来代替该点的像素值，而每一邻域像素点的权值是随着该点与中心点距离单调递减的；

③ 高斯函数的傅里叶变换频谱是单瓣的，该性质是高斯函数傅里叶变换等于高斯函数本身这一事实的直接推论；

④ 参数 σ 表征高斯滤波器的宽度（决定着平滑程度），它代表着数据的离散程度，而且 σ 与平滑程度的关系是非常简单的；

⑤ 高斯函数的可分离性，二维高斯函数的卷积可以分成两个一维的高斯函数卷积来实现，有效降低大高斯函数的计算量。

高斯平滑滤波模板中最重要的参数是高斯分布的标准差 σ。若 σ 较小，则生成模板的中心系数越大，而周围的系数越小，对图像的平滑效果不明显。反之，σ 较大时，则生成模板的各系数相差不是很大，类似于均值模板，对图像的平滑效果比较明显，其整数型模板示例如图 3.25 所示。

$$\frac{1}{16}\begin{bmatrix}1&2&1\\2&4&2\\1&2&1\end{bmatrix}$$

(a) $3\times3,\sigma=0.8$

$$\frac{1}{10}\begin{bmatrix}1&1&1\\1&2&1\\1&1&1\end{bmatrix}$$

(b) $3\times3,\sigma=1.0$

$$\frac{1}{273}\begin{bmatrix}1&4&7&4&1\\4&16&26&16&4\\7&26&41&26&7\\4&16&26&16&4\\1&4&7&4&1\end{bmatrix}$$

(c) $5\times5,\sigma=1.0$

图 3.25　高斯平滑滤波的整数型模板

常用的 3×3 均值滤波模板和高斯平滑滤波模板及其滤波后结果如图 3.26 所示。

1	2	1	4	3
1	2	3	3	4
5	7	6	8	9
5	7	6	8	8
5	6	7	8	9

(a) 原图像

$$\frac{1}{9}\begin{bmatrix}1&1&1\\1&1&1\\1&1&1\end{bmatrix}$$

1	2	1	4	3
1	3	4	5	4
5	5	6	6	9
5	6	7	8	8
5	6	7	8	9

(b) 均值滤波模板和滤波后图像

$$\frac{1}{16}\begin{bmatrix}1&2&1\\2&4&2\\1&2&1\end{bmatrix}$$

1	2	1	4	3
1	3	5	4	4
5	5	6	7	9
5	6	6	8	8
5	6	7	8	9

(c) 加权均值滤波模板和滤波后图像

图 3.26 均值滤波和高斯平滑滤波结果

(3) 中值滤波

中值滤波是一种非线性空间域滤波方法。它能有效抑制图像噪声,提高图像信噪比的非线性滤波技术。中值滤波是通过对邻域内像素按灰度排序的结果来确定中心像素的灰度,即用一个奇数点的移动窗口,将窗口中心点的值用窗口内各点的中值代替。下面以一个一维信号为例介绍中值滤波的定义。

设一个一维序列 $f_1, f_2, \cdots, f_i, \cdots, f_{N-1}, f_N$,取窗口长度(点数)为 M'(M'为奇数),对其进行中值滤波,就是从输入序列中相继抽出 M' 个数 $f_{i-a}, \cdots, f_{i-1}, f_i, f_{i+1}, \cdots, f_{i+a}$,再将这 M' 个点按其数值大小排序,取其序号为中心点的那个数作为滤波输出,即

$$g_i = \underset{i \in N}{\mathrm{med}}\{f_{i-a}, \cdots, f_{i-1}, f_i, f_{i+1}, \cdots, f_{i+a}\}, \quad a = \frac{M'-1}{2} \tag{3.37}$$

二维中值滤波可表示为

$$g(m,n) = \underset{I \in W}{\mathrm{med}}\{I(i,j)\} \tag{3.38}$$

式中,$I(m,n)$ 和 $g(m,n)$ 分别为原始图像和滤波后图像;W 为 $M' \times N'$(M'和 N'为奇数)大小的邻域。如图 3.27 所示,对原图像中 3×3 像素窗口中的像素值进行排序 14→11→8→6→5→4→3→2→0,并取中间值 5 作为滤波后窗口中心的像素值。而且中值滤波还能有效滤除图像中的孤立点,即原图像中的 0 经滤波后赋予的值为 7,因此中值滤波可以很好地滤除脉冲噪声和椒盐噪声,同时能够很好地保护图像边缘轮廓的细节。中值滤波的缺点是对点、线等细节较多的图像不宜使用。均值滤波和中值滤波对比结果如图 3.28 所示。

1	2	1	4	3
1	2	3	5	4
5	4	8	11	9
4	6	0	14	8
1	3	7	8	9

(a) 原图像

1	2	1	4	3
1	2	4	4	4
5	4	5	5	9
4	4	7	8	8
1	3	7	8	9

(b) 中值滤波

图 3.27 中值滤波过程示意图

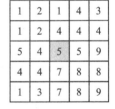

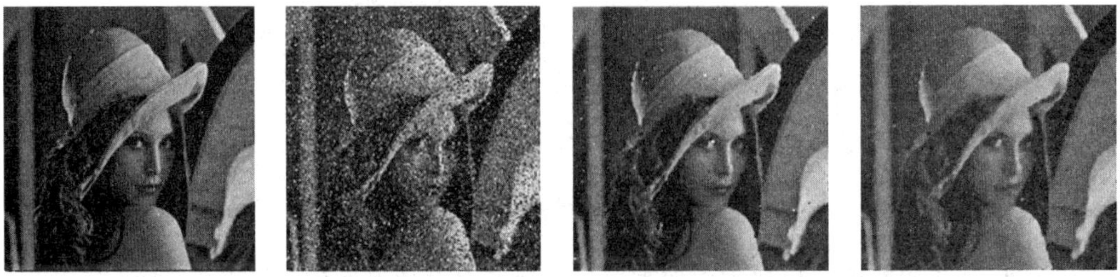

(a) Lena原图像 (b) 加入椒盐噪声 (c) 均值滤波 (d) 中值滤波

图 3.28 均值滤波和中值滤波对椒盐噪声处理的对比结果

中值滤波器的窗口形状有多种，如线形、方形、十字形、圆形和菱形等。其形状选择主要遵循如下准则：有缓变的较长轮廓线物体的图像，采用方形或圆形窗口为宜；含有尖顶物体的图像，用十字形窗口。在窗口大小选择时，以不超过图像中最小有效物体的尺寸为宜。

3.2.4　图像锐化

在实际的视觉应用系统中，常常需要完成目标边缘提取、区域形状提取、目标区域识别和图像分割等，为此需要突出图像中的地物边缘、目标和形状的轮廓等，提高边缘、轮廓和形状与周围像素之间的反差，即对图像中的边缘、轮廓和形状进行增强，也称为边缘增强。将边缘增强的过程称为图像锐化。图像锐化是图像平滑的相反操作，图像平滑是通过积分过程使图像边缘模糊，而图像锐化则是通过微分过程使图像边缘突出。图像锐化的常用方法有微分法和高通滤波，图像锐化在增强图像边缘的同时也增加了图像的噪声。

图像中的细节是指画面中的灰度变化情况，反映图像噪声点、细线和边缘的灰度变化规律。如图 3.29 所示，一条扫描线沿着图像水平方向由左向右扫描，画面依次出现：由亮逐渐变暗、噪声点（孤立点）、细线、灰度无变化区域和由黑突变到亮，灰度变化曲线呈现为斜坡变化、突起的尖峰、比孤立点略显平缓的尖峰、平坦和阶跃变化。灰度变化曲线导数与图像边缘特征间的关系如图 3.30 所示，边缘通常可以通过一阶导数或二阶导数检测得到。一阶导数是以最大值作为对应的边缘位置，而二阶导数则以过零点作为对应边缘的位置。图像锐化正是利用这一关系对图像进行增强，后续的边缘特征检测也是基于这一关系。

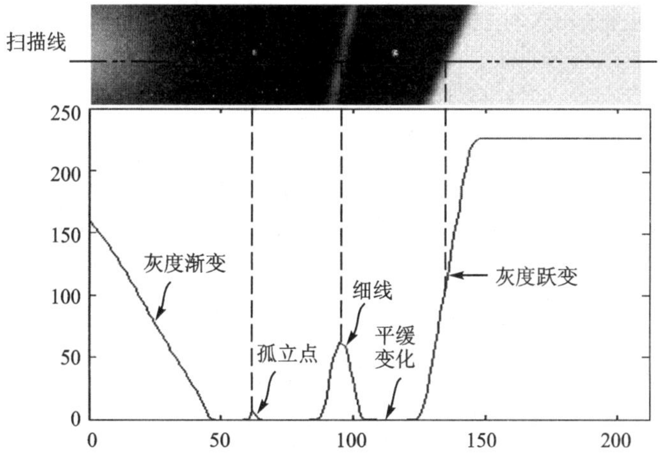

图 3.29　图像细节与灰度变化曲线间的关系

对于一幅连续图像 $I(m,n)$，在像点 (m,n) 处的梯度是一个矢量，可用微分来计算梯度，其一阶微分和二阶微分分别为

$$\nabla I(m,n)=\begin{bmatrix}\dfrac{\partial I}{\partial m} & \dfrac{\partial I}{\partial n}\end{bmatrix}^{\mathrm{T}} \tag{3.39}$$

$$\nabla^2 I(m,n)=\frac{\partial^2 I(m,n)}{\partial m^2}+\frac{\partial^2 I(m,n)}{\partial n^2} \tag{3.40}$$

图像的边缘有方向和幅值两种属性。其梯度的方向是图像中最大变化率的方向，梯度的幅值比例于相邻像素的灰度级差值，分别定义为

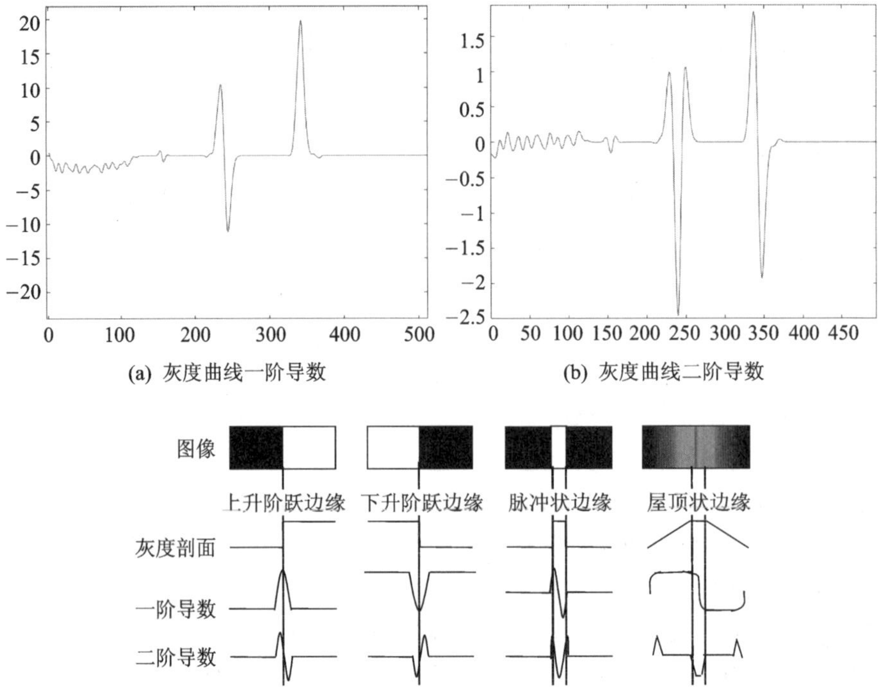

(a) 灰度曲线一阶导数　　(b) 灰度曲线二阶导数

(c) 边缘和灰度曲线导数间的对应关系

图 3.30　灰度变化曲线导数与图像边缘间的关系

$$\theta = \arctan\left(\frac{\partial I}{\partial n} \Big/ \frac{\partial I}{\partial m}\right) \tag{3.41}$$

$$|\nabla I(m,n)| = \sqrt{\left(\frac{\partial I}{\partial m}\right)^2 + \left(\frac{\partial I}{\partial n}\right)^2} \tag{3.42}$$

对如图 3.31 所示的数字图像而言，使用差分替代微分来计算梯度，其一阶差分和二阶差分分别为

$$\nabla I(m,n) = [\nabla_m I(m,n) \quad \nabla_n I(m,n)]^{\mathrm{T}} \tag{3.43}$$

$$\begin{aligned}\nabla^2 I(m,n) &= [\nabla_m I(m+1,n) - \nabla_m I(m,n)] + [\nabla_n I(m,n+1) - \nabla_n I(m,n)] \\ &= I(m+1,n) + I(m-1,n) + I(m,n+1) + I(m,n-1) - 4I(m,n)\end{aligned} \tag{3.44}$$

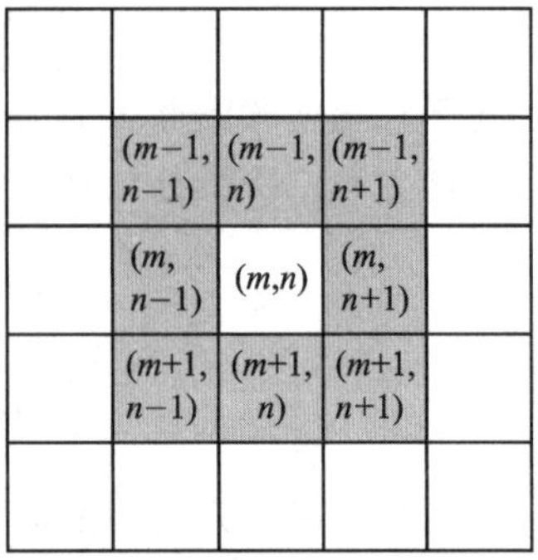

图 3.31　离散的数字图像

式中，$\nabla_m I(m,n) = I(m,n) - I(m-1,n)$ 和 $\nabla I(m+1,n) = I(m+1,n) - I(m,n)$ 为水平梯度；$\nabla_n I(m,n) = I(m,n) - I(m,n-1)$ 和 $\nabla_n I(m,n+1) = I(m,n+1) - I(m,n)$ 为垂直梯度。

获得了图像的梯度信息后，利用梯度对图像进行锐化，常用的锐化输出结果有以下 5 种。

(1) 以梯度代替锐化输出

以图像的梯度直接代替图像锐化的结果，即

$$g(m,n) = \nabla I(m,n) \tag{3.45}$$

该方法简单，边缘突出，但图像均匀区域，锐化图像整体偏暗。

(2) 输出阈值判断

设定阈值 Th，并将梯度与阈值进行比较，进而给出图像锐化输出，即

$$g(m,n)=\begin{cases}\nabla I(m,n) & \nabla I(m,n)>Th\\ I(m,n) & \text{其他}\end{cases}\tag{3.46}$$

该方法不会破坏图像的背景，且边界清晰，轮廓突出。

(3) 边缘为特定的灰度级

设定阈值 Th，并将梯度与阈值进行比较，当梯度大于阈值时将其设定为特定的灰度级 L_α，即

$$g(m,n)=\begin{cases}L_\alpha & \nabla I(m,n)>Th\\ I(m,n) & \text{其他}\end{cases}\tag{3.47}$$

该方法也不会破坏图像的背景，且边界清晰，轮廓突出。

(4) 背景为特定的灰度级

设定阈值 Th，并将梯度与阈值进行比较，当梯度不大于阈值时将背景设定为特定的灰度级 L_β，该方法有利研究边缘灰度变化，其数学模型为

$$g(m,n)=\begin{cases}\nabla I(m,n) & \nabla I(m,n)>Th\\ L_\beta & \text{其他}\end{cases}\tag{3.48}$$

(5) 二值化图像

设定阈值 Th，并将梯度与阈值进行比较，根据比较结果将边缘和背景分别设定为特定的灰度级 L_α 和 L_β，该方法有利于研究边缘所在位置，其数学模型为

$$g(m,n)=\begin{cases}L_\alpha & \nabla I(m,n)>Th\\ L_\beta & \text{其他}\end{cases}\tag{3.49}$$

利用一阶梯度和二阶梯度可以构建空间域图像锐化增强算法，前者主要有微分算子（水平垂直算子）、Roberts 算子（交叉微分算子）、Priwitt 算子、Sobel 算子和 Kirsch 算子等；后者主要有 Laplacian 算子和 Wallis 算子等。

① 微分算子：微分算子也称为水平垂直算子，其直接利用一阶水平梯度和垂直梯度对图像进行增强，其对应的模板如图 3.32(a)所示。

② Roberts 算子：Roberts 算子又称为交叉微分算子，它是基于交叉差分的梯度算法，通过局部差分计算检测边缘线条，算法简单，且无方向性。常用来处理具有陡峭的低噪声图像，当图像边缘接近于 45°或−45°时，该算法处理效果更理想，但其对边缘的定位不太准确，仅获得在差分点 $\left(\frac{m+1}{2},\frac{n+1}{2}\right)$ 处梯度幅值的近似值，提取的边缘线条较粗。Roberts 算子的模板如图 3.32(b)所示，其梯度计算过程为

$$\nabla_m I(m,n)=I(m,n)-I(m+1,n+1)\tag{3.50a}$$

$$\nabla_n I(m,n)=I(m+1,n)-I(m,n+1)\tag{3.50b}$$

水平垂直差分和交叉差分算子都是利用邻域 2×2 像素，算法简单，信息利用不足，为解决该问题，通常采用 3×3 像素邻域计算梯度值。

③ Prewitt 算子：为了在锐化边缘的同时减少噪声的影响，Prewitt 算子从 Robert 算子的模板出发，更多地考虑了邻域点的关系，由 2×2 扩大到 3×3 来计算差分，本质上是利用卷积

运算的模板，最终效果是求灰度图像各点的梯度。Prewitt 算子的模板如图 3.32(c)所示，其计算公式为

$$\nabla_m I(m,n)=I(m+1,n-1)+I(m+1,n)+I(m+1,n+1)-I(m-1,n-1)-I(m-1,n)-I(m-1,n+1) \tag{3.51a}$$

$$\nabla_n I(m,n)=I(m-1,n+1)+I(m,n+1)+I(m+1,n+1)-I(m-1,n-1)-I(m,n-1)-I(m+1,n-1) \tag{3.51b}$$

④ Sobel 算子：Sobel 算子在 Prewitt 算子的基础上对像素位置的影响做了加权，可以降低边缘模糊程度，对边缘检测更加精确。Sobel 算子的模板如图 3.32(d)所示，其计算公式为

$$\nabla_m I(m,n)=I(m+1,n-1)+2I(m+1,n)+I(m+1,n+1)-I(m-1,n-1)-2I(m-1,n)-I(m-1,n+1) \tag{3.52a}$$

$$\nabla_n I(m,n)=I(m-1,n+1)+2I(m,n+1)+I(m+1,n+1)-I(m-1,n-1)-2I(m,n-1)-I(m+1,n-1) \tag{3.52b}$$

(a) 微分算子模板

$\nabla_m I(m,n)$

-1	1
0	0

$\nabla_n I(m,n)$

-1	0
1	0

(b) Roberts算子模板

$\nabla_m I(m,n)$

1	0
0	-1

$\nabla_n I(m,n)$

0	-1
1	0

(c) Prewitt算子模板

$\nabla_m I(m,n)$

-1	-1	-1
0	0	0
1	1	1

$\nabla_n I(m,n)$

-1	0	1
-1	0	1
-1	0	1

(d) Sobel算子模板

$\nabla_m I(m,n)$

-1	-2	-1
0	0	0
1	2	1

$\nabla_n I(m,n)$

-1	0	1
-2	0	2
-1	0	1

图 3.32 微分算子、Roberts 算子、Prewiit 算子和 Sobel 算子的模板

⑤ Laplacian 算子：Laplacian 算子是线性二阶微分算子，与梯度算子一样具有旋转不变性，从而满足了不同方向的图像边缘锐化的要求，其获得的边界比较细，包括较多的细节信息，但边界不清晰。根据二阶差分算子计算式(3.44)可以看出，Laplacian 算子是其 4 倍中心元素值与其邻域值和之差的绝对值。常用的三种 Laplacian 算子模板如图 3.33 所示。使用 Laplacian 算子进行锐化时，其锐化输出为

$$g(m,n)=\begin{cases} I(m,n)-\nabla^2 I(m,n) & \nabla^2 I(m,n)<0 \\ I(m,n)+\nabla^2 I(m,n) & \nabla^2 I(m,n)\geqslant 0 \end{cases} \tag{3.53}$$

0	1	0
-1	4	-1
0	1	0

-1	-1	-1
-1	8	-1
-1	-1	-1

1	-2	1
-2	4	-2
1	-2	1

图 3.33 三种常用 Laplacian 算子模板

Laplacian 算子是一种各向同性算子，其可增强图像中灰度突变的区域，减弱灰度缓慢变化区域。一般增强技术对于陡峭的边缘和缓慢变化的边缘很难确定其边缘线的位置，但该算子却可用二阶微分正峰和负峰之间的过零点来确定。同梯度算子一样，Laplacce 算子对噪声敏感，会出现伪边缘响应。

3.2.5 频率域滤波

频率域滤波和空间域滤波可以视为对同一图像增强问题的殊途同归的两种解决方式。一些在空间域表述困难的图像增强任务，在频率域中变得非常简单。其通过傅里叶变换将其转

换到频率域，将图像在空间坐标上描述的点与点的关系转换到频率域中频率和幅值的关系，原始图像被分解为不同频率的信号，而且频域反应了图像在空域灰度变化剧烈程度，也就是图像的梯度大小。对图像而言，图像的边缘部分是突变部分，变化较快，因此其在频率域上是高频分量；大多数情况下，图像噪声在频率域上也是高频分量；图像平缓变化部分则为低频分量。低通滤波器主要抑制高频分量而通过低频分量，模糊一幅图像，起到图像平滑作用；高通滤波器主要是衰减低频分量而通过高频分量，增强图像细节，起到图像锐化作用。在频率域对图像增强后，在通过傅里叶反变换将其变换到空间域。

(1) 低通滤波器

理想的低通滤波器是指小于频率 D_0 的信号可以完全不受影响地通过滤波器，而大于频率 D_0 的信号则完全不通过，其示意图如图 3.34 所示，其滤波函数为

$$H(m',n')=\begin{cases}1 & D(m',n')\leqslant D_0\\0 & D(m',n')>D_0\end{cases}\tag{3.54}$$

式中，$D(m',n')$ 为从点 (m',n') 到频率平面原点的距离，即 $D(m',n')=\sqrt{m'^2+n'^2}$；$D_0$ 为截止频率，非负整数。

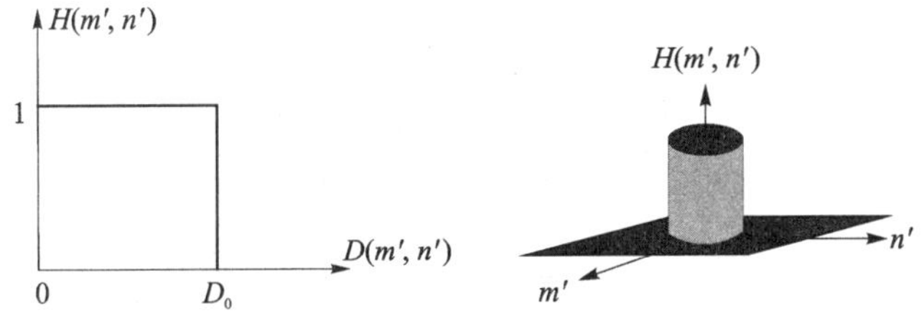

图 3.34　理想的低通滤波器

理想低通滤波器的数学定义非常清晰，平滑作用非常明显，但是会使图像变得比较模糊，而且有“振铃”现象，即在对一幅图像进行滤波处理，若选用的频域滤波器具有陡峭的变化，则会使滤波图像产生振铃，因为接近窗口函数的傅里叶变换图接近 Sinc（辛格）函数，在图像的灰度剧烈变化处因辛格函数存在旁瓣会产生震荡，其原理示意图如图 3.35 所示。理想的低通滤波器在物理上很难实现，物理上可实现的低通滤波器有巴特沃斯低通滤波器和高斯低通滤波器。

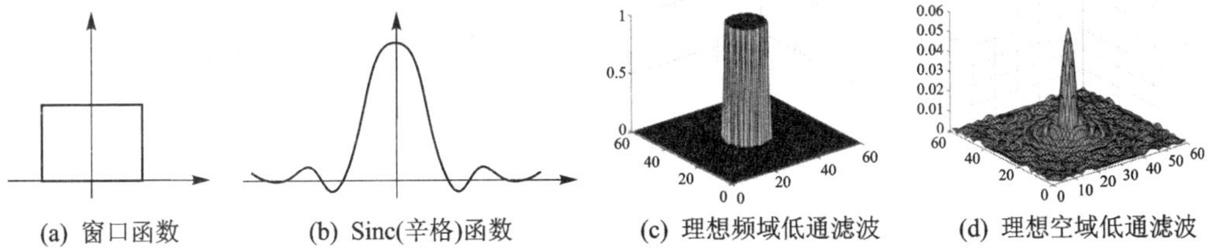

图 3.35　理想低通滤波器振铃现象产生的原理

截止频率位于距原点 D_0 处的 k 阶巴特沃斯低通滤波器的传递函数为

$$H(m',n')=\frac{1}{1+\left[\dfrac{D(m',n')}{D_0}\right]^{2k}}\tag{3.55a}$$

在空间域的一阶巴特沃斯滤波没有振铃现象,但随着滤波器的阶次增加振铃现象会越明显。由于高斯函数的傅里叶变换仍然是高斯函数,因此高斯型低通滤波器不会产生“振铃”。高斯低通滤波器的传递函数为

$$H(m',n')=\mathrm{e}^{\frac{-D^2(m',n')}{2D_0^2}} \tag{3.55b}$$

巴特沃斯低通滤波器和高斯低通滤波器在频率域和空域的函数图形如图 3.36 所示,从图 3.36(b)中可以看出 2 阶巴特沃斯低通滤波器的空域函数外围部分出现震荡。

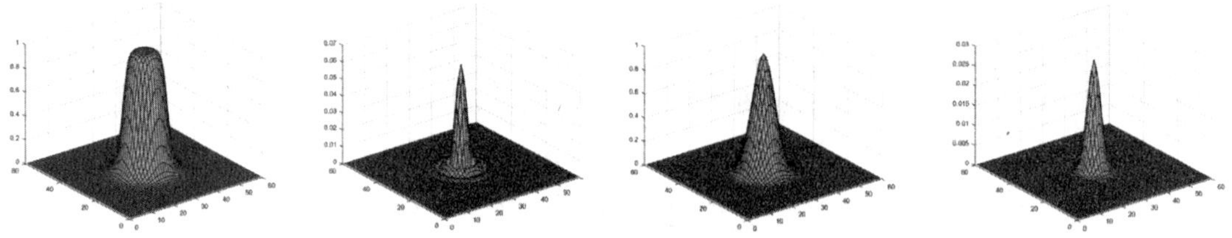

(a) 频域2阶巴特沃斯滤波　(b) 空域2阶巴特沃斯滤波　(c) 频域高斯低通滤波　(d) 空域高斯低通滤波

图 3.36　巴特沃斯低通滤波器和高斯低通滤波器的函数图形

(2) 高通滤波器

理想的高通滤波器是指大于频率 D_0 的信号可以完全不受影响地通过滤波器,而小于频率 D_0 的信号则完全不通过,其示意图如图 3.37 所示,其滤波函数为

$$H(m',n')=\begin{cases}1 & D(m',n')\geqslant D_0\\ 0 & D(m',n')<D_0\end{cases} \tag{3.56}$$

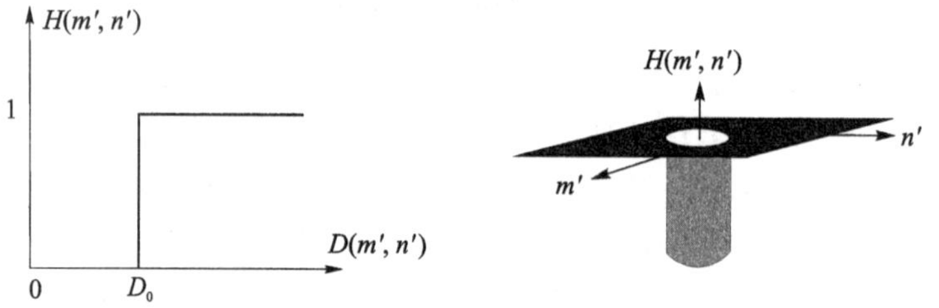

图 3.37　理想的高通滤波器

和理想的低通滤波器一样,理想的高通滤波器在物理上也很难实现,物理上可实现的高通滤波器有巴特沃斯高通滤波器和高斯高通滤波器等。k 阶巴特沃斯高通滤波器和高斯高通滤波器的传递函数分别为

$$H(m',n')=\frac{1}{1+\left[\dfrac{D_0}{D(m',n')}\right]^{2k}} \tag{3.57}$$

$$H(m',n')=1-\mathrm{e}^{\frac{-D^2(m',n')}{2D_0^2}} \tag{3.58}$$

巴特沃斯高通滤波器在通过频率与截止频率之间无明显的不连续性,缺点是低频成分被严重削弱,使图像失去层次,其改进措施是加一个常数到变换函数,即 $H(m',n')+c$,这种方法称为高频加强滤波;高斯高通滤波较平滑,即使对微小物体和细节也较清晰。

3.3　视觉图像特征信息提取

在视觉图像中，把其中具有鲜明特征的信息，例如边缘、角点、纹理、颜色和形状特征等称为视觉图像特征信息。视觉图像特征信息的提取是标定机器视觉系统模型参数和实现机器视觉实际应用的前提和基础。视觉图像特征是用于区分一个图像内部特征的最基本属性，其可分成自然特征和人工特征两大类。自然特征是图像固有特征，例如图像的边缘、角点、颜色、纹理、形状和空间关系等；人工特征是对图像进行处理和分析过程中而人为认定的图像特征，例如图像直方图、图像频谱和图像的各种统计特征（图像的均值、方差、标准差和熵）等。本节重点讨论边缘特征和点特征的提取与描述方法。

3.3.1　边缘特征信息提取

根据图 3.29 和图 3.30，灰度变化曲线的一阶导数是以最大值作为对应边缘的位置，而二阶导数则以过零点作为对应边缘的位置，通过一阶微分算子和二阶微分算子可以提取图像的边缘特征。在 3.2.4 节中介绍的微分算子（水平垂直算子）、Roberts 算子（交叉微分算子）、Priwitt 算子、Sobel 算子和 Laplacian 算子都可以用于图像边缘特征提取，本节不再对其原理和方法进行讨论。本节重点讨论 Canny 算子、高斯 Laplacian（LOG）算子和高斯差分（Difference of Gaussian，DoG）算子。

（1）Canny 算子

Canny 边缘检测算子是 John F. Canny① 于 1986 年首次在论文《A Computational Approach to Edge Detection》中提出并开发出来的一个多级边缘检测算法。Canny 发现，在不同视觉系统上对边缘检测的要求类似，边缘检测的一般标准包括：

① 以低错误率检测边缘，即尽可能准确地捕获图像中尽可能多的边缘，且没有伪边缘响应；

② 边缘点应定位准确，即检测到的边缘应精确定位在真实边缘的中心；

③ 单一边缘点响应，图像中给定的边缘应只被标记一次，检测器不应指出多个像素边缘，且在可能的情况下，图像的噪声不应产生假的边缘。

目前，在常用的边缘检测方法中，Canny 边缘检测算法具有严格的定义，它满足边缘检测的三个标准且具有实现过程简单的优势，成为边缘检测最流行的算法之一。Canny 边缘检测算子主要有 4 个步骤。

步骤 1：高斯平滑滤波

为减少噪声对边缘检测结果的影响，利用高斯平滑滤波式（3.55）对图像进行处理，滤除噪声以减少边缘检测器上明显的噪声影响，防止由噪声引起的错误边缘检测，$(2k+1)\times(2k+1)$ 高斯平滑滤波为

$$H(m,n)=\mathrm{e}^{-\frac{(m-k-1)^2+(n-k-1)^2}{2\sigma^2}} \tag{3.59}$$

式中，k 常取 2，即 5×5 的高斯平滑滤波器。

① John F. Canny，伯克利大学电气工程与计算机科学系教授，创立了边缘检测计算理论。

步骤 2:计算梯度的幅值和方向

利用微分算子(水平垂直算子)、Roberts 算子(交叉微分算子)、Priwitt 算子或 Sobel 算子计算图像的梯度,进而利用式(3.41)和式(3.42)计算梯度的幅值和方向,而且梯度方向与边缘方向垂直,其示意图如图 3.38 所示。

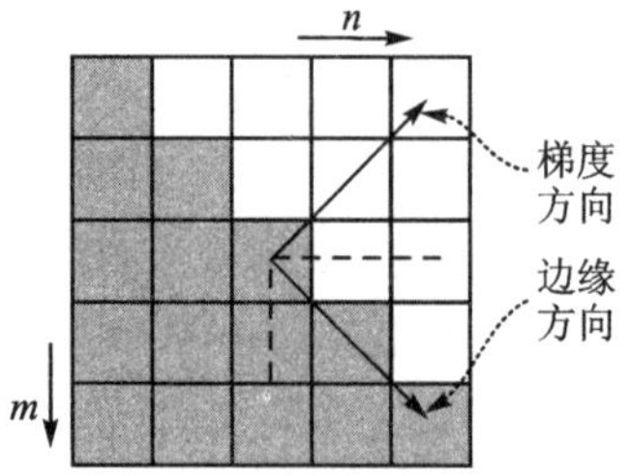

图 3.38 边缘方向和梯度方向间的关系

步骤 3:非极大值抑制

通过步骤 2 获得的全局的梯度并不足以确定边缘,通常采用非极大值抑制(Non - Maxima Suppression, NMS)来保留局部梯度最大的点。非极大值抑制主要是排除非边缘像素,仅保留一些候选边缘(细线条),也称为边缘稀疏技术。对梯度图像中每个像素,将当前像素的梯度强度与沿正负梯度方向上两个像素的梯度强度进行比较,如果当前像素的梯度强度与另外两个像素相比最大,则该像素点保留为边缘点,否则该像素点将被抑制,其实现过程如图 3.39 所示。

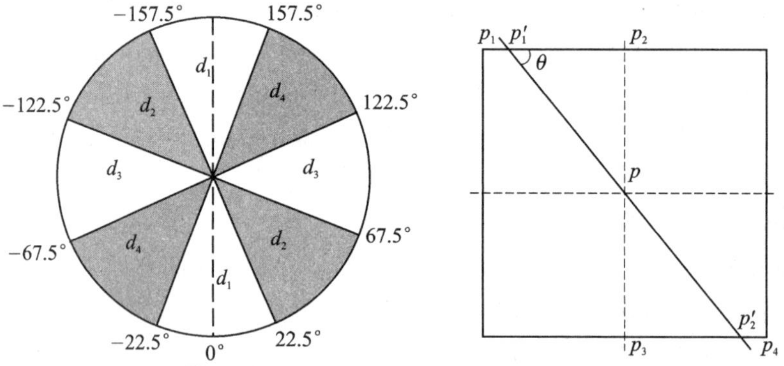

(a) 梯度方向量化　　(b) 非极大值抑制过程示意

图 3.39 非极大值抑制过程

例如,按照图 3.39(a)所示,为了对 3×3 区域内的边缘进行非极大值抑制,将所有可能的方向量化为 4 个方向,即将 3×3 区域内的边缘划分为垂直、水平、45°和 135°共 4 个方向;同理,梯度反向也为 4 个方向(与边缘方向正交)。在此基础上,沿着 4 种类型的梯度方向进行非极大值抑制,即比较 3×3 邻域内对应邻域值的大小,如图 3.39(b)所示,邻域中心 p 与沿着其对应梯度方向的两个像素 p'_1 和 p'_2 相比,如果中心像素为最大值,则保留;否则,若中心像素比 p'_1 和 p'_2 小,则邻域中心点 p 置 0,其中像素点 p'_1 和 p'_2 利用已知像素点 p_1、p_2、p_3 和 p_4 插值得到。这样可以抑制非极大值,保留局部梯度最大的点,以得到细化的边缘。

步骤 4:双阈值算法检测和边缘连接

在完成非极大值抑制之后,剩余的像素可以更准确地表示图像中的实际边缘。但仍存在由于噪声或颜色变化引起的伪边缘像素。一般的边缘检测算法用一个阈值来滤除噪声或颜色变化引起的较小的梯度值,而保留较大的梯度值。Canny 算法采用双阈值来过滤边缘像素,即一个高阈值和一个低阈值来区分边缘像素,并保留具有高梯度值的边缘像素。如果边缘像素的梯度值高于高阈值,则将其标记为强边缘像素;如果边缘像素的梯度值小于高阈值并且大于低阈值,则将其标记为弱边缘像素;如果边缘像素的梯度值小于低阈值,则会被抑制。阈值的选择取决于给定输入图像的内容。

强边缘点可以认为是真的边缘。弱边缘点则可能是真边缘,也可能是噪声或颜色变化引起的伪边缘。为得到更精确的边缘,需将后者引起的弱边缘点去掉。通常认为真实边缘引起的弱边缘点和强边缘点是连通的,而由噪声引起的弱边缘点则不会。因此,在弱边缘点的 8 连通领域像素中,只要有强边缘点存在,那么这个弱边缘点被认为是真实边缘而保留下来;否则,在弱边缘点的 8 连通邻域像素中,没有强边缘点时,则这个弱边缘点被抑制。

(2) 高斯拉普拉斯算子

利用图像强度二阶导数的零交叉点来求边缘点的算法(例如 Laplacian 算子)对噪声十分敏感,会出现伪边缘响应,在实际应用中,通常在边缘增强前先滤除噪声。1980 年,马尔(David C Marr)和希尔得勒斯(Ellen Hildreth)①根据人类视觉特性,提出一种边缘检测方法,将高斯滤波和拉普拉斯算子结合在一起进行边缘检测,即先利用高斯平滑(低通滤波)滤除噪声,再利用 Laplacian 算子对边缘增强,故称为高斯拉普拉斯(Laplacian of Gaussian,LoG)算子,也称为 Marr-Hildreth 算子。

对于图像 $I(m,n)$,先用尺度为 σ 的高斯平滑对图像进行平滑,即

$$g(m,n)=I(m,n)*G(m,n) \tag{3.60}$$

$$G(m,n)=\frac{1}{\sqrt{2\pi\sigma^2}}\exp\left(-\frac{m^2+n^2}{2\sigma^2}\right) \tag{3.61}$$

然后,使用 Laplacian 算子计算二阶差分,即

$$g(m,n)=\nabla^2(I(m,n)*G(m,n)) \tag{3.62}$$

该式等价于先对高斯函数求二阶导数,然后再与图像进行卷积运算,即

$$g(m,n)=I(m,n)*\nabla^2 G(m,n) \tag{3.63}$$

将高斯拉普拉斯算子展开,有

$$\text{LoG}=\nabla^2 G(m,n)=\frac{\partial^2 G}{\partial m^2}+\frac{\partial^2 G}{\partial n^2}=\frac{m^2+n^2-2\sigma^2}{\sigma^4}\exp\left(-\frac{m^2+n^2}{2\sigma^2}\right) \tag{3.64}$$

该式也称为 LoG 滤波器算法。最后,通过检测滤波结果的零交叉点获得图像或物体的边缘。

如图 3.40 所示,由于高斯函数的二阶导数的 3D 图倒置后,其形状有点像墨西哥草帽,因此 LOG 算子也被称为墨西哥草帽小波(Mexican hat wavelet)。

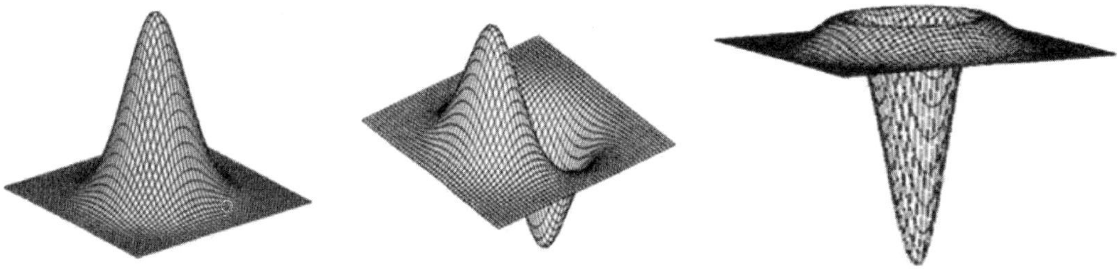

(a) 高斯函数　　(b) 高斯函数一阶导数　　(c) 高斯函数二阶导数

图 3.40　高斯函数及其一阶、二阶导数示意图

① Ellen Hildreth,毕业于 MIT 计算机科学系,目前为韦尔斯利女子学院计算机系教授,是 MIT 人脑、记忆与机器智能中心的科学家。

该算法的优点在于其先进行了高斯滤波，在一定程度上克服了噪声的影响。它的局限性有两点：一是可能产生假边缘；二是对一些曲线边缘的定位误差较大。尽管该算法存在不足，但其对图像特征提取的研究起到了积极作用，特别是对图像先进行高斯滤波（噪声平滑）再进行图像梯度计算的思想被后来很多的图像特征检测技术所采纳，例如 Canny 算子、Harris 角点，尺度不变特征变换（Scale Invariant Feature Transform，SIFT）等。

(3) 高斯差分算子

高斯差分（Difference of Gaussian，DoG）算子与高斯拉普拉斯算子相似，其先经过高斯平滑，再做差分。在介绍 DoG 算子前，有必要先介绍一下尺度空间（Scale space）的概念。尺度是自然存在的，物体通过一定的尺度来反映，现实世界的物体由不同尺度的结构所组成，而且在人的视觉中，对物体观察的尺度不同，物体的呈现方式也不同。尺度空间是观测、获取或处理信息的不同尺度的一种数学集合，最早是由 Tony Lindeberg 提出的，并不断发展和完善。图像的尺度空间是指图像的模糊程度，而非图像的大小。近距离看一个物体和远距离看一个物体，模糊程度是不一样的；从近到远，图像越来越模糊、也是图像的尺度越来越大的过程。这一过程，模拟人距目标由近到远时目标在视网膜上的形成过程。图像尺度空间的主要目的是模拟图像数据多尺度特征。在视觉信息处理模型中，引入一个尺度参数，通过连续变化尺度参数获得不同尺度下的视觉处理信息，进而综合这些信息来获得图像的本质特征。高斯卷积核是实现尺度变换的唯一线性核，其尺度变化由因子 σ 决定。

高斯差分（DoG）算子就是对不同尺度下的高斯函数进行差分，即

$$\mathrm{DoG}=G(m,n,\sigma_1)-G(m,n,\sigma)=\frac{1}{\sqrt{2\pi}}\left(\frac{1}{\sigma_1}\mathrm{e}^{-\frac{m^2+n^2}{2\sigma_1^2}}-\frac{1}{\sigma}\mathrm{e}^{-\frac{m^2+n^2}{2\sigma^2}}\right) \tag{3.65}$$

在 LoG 算子式(3.64)前面加上变化率，就变为归一化的 LoG 算子，即

$$L_{\mathrm{norm}}(m,n,\sigma)=\sigma^2\left(\frac{\partial^2 G(m,n,\sigma)}{\partial m^2}+\frac{\partial^2 G(m,n,\sigma)}{\partial n^2}\right)=\sigma\frac{\partial G}{\partial \sigma} \tag{3.66}$$

而根据导数的定义并令 $\sigma_1=\sigma+\Delta\sigma=k\sigma$，于是有

$$\frac{\partial G}{\partial \sigma}=\lim_{\Delta\sigma\to 0}\frac{G(m,n,\sigma+\Delta\sigma)-G(m,n,\sigma)}{\sigma+\Delta\sigma-\sigma}\approx\frac{G(m,n,k\sigma)-G(m,n,\sigma)}{k\sigma-\sigma} \tag{3.67}$$

于是，DoG 算子可变为

$$\mathrm{DoG}=G(m,n,k\sigma)-G(m,n,\sigma)=(k-1)\sigma^2\nabla^2 G \tag{3.68}$$

因此，在利用 DoG 算子检测边缘图像的实际计算中，只需要先对输入图像作两个不同尺度的高斯平滑，然后将两幅平滑后的图像相减，即

$$\mathrm{DoG}(m,n,\sigma_1,\sigma_2)*I(m,n)=G(m,n,\sigma_1)*I(m,n)-G(m,n,\sigma_2)*I(m,n) \tag{3.69}$$

对比 DoG 算子和 LoG 算子可以发现，两者具有类似的波形，仅仅是幅度不同，不影响极值点的检测，而 DoG 算子的计算复杂度低于 LoG 算子，因此 DoG 算子在实际应用中更广泛。

3.3.2 点特征信息提取

在图像中，如果一个非常小区域的灰度幅值与其邻域值相比，有明显的差异，则称这个非常小的区域为图像特征点（一般意义上的孤立像素点），如图 3.41 所示。点特征是影像最基本的特征，它是图像灰度值发生剧烈变化的点或者在图像边缘上曲率较大的点（即两个边缘的交点），例如角点、圆点等。图像特征点能够反映图像本质特征，能够标识图像中目标物体，其在

图像匹配中有着十分重要的作用，通过特征点的匹配能够完成图像的匹配。常用的角点检测算子有 SUSAN 算子、Harris 算子、SIFT 算子、SURF 算子、FAST 算子和 ORB 算子。角点检测方法可分为三类，即基于模板的角点检测、基于边缘的角点检测和基于图像灰度变化的角点检测。

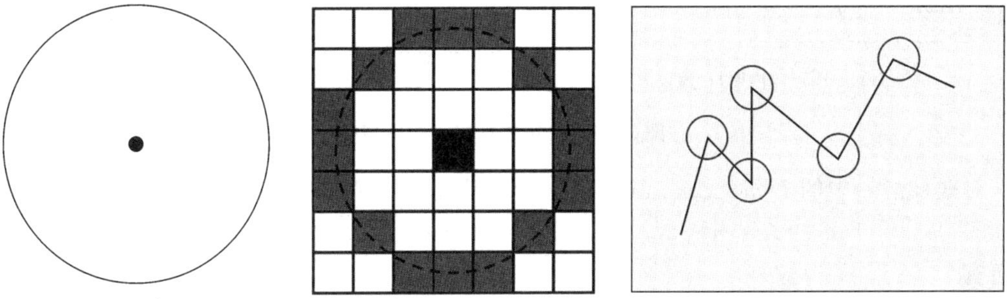

(a) 孤立点　　(b) 孤立点示意图　　(c) 角点示意图

图 3.41　特征点示意图

人眼对角点的识别通常是在一个局部的小区域或小窗口完成的。如果该特定的窗口在图像各个方向上移动时，窗口内图像的灰度没有发生变化，那么窗口内不存在角点；如果窗口在某一个方向移动时，窗口内图像的灰度发生了较大变化，而在其他方向上没有发生变化，那么窗口内的图像是一条直线段；如果在各个方向上移动该窗口，窗口内图像的灰度发生了较大变化，那么在窗口内遇到了角点。基于模板的角点检测算子是用一个固定窗口在图像上进行任意方向滑动，比较滑动前和后窗口中像素灰度变化的程度，其示意图如图 3.42 所示，其中在任何方向上，其灰度信息没有变化，即无特征点区域，如图 3.42(a)所示；沿着边缘方向，其灰度信息无变化，即边缘，如图 3.42(b)所示；在所有方向上，其灰度信息有变化，即角点，如图 3.42(c)所示。基于模板的角点检测算子主要有 Harris 和 SUSAN 等检测算子。

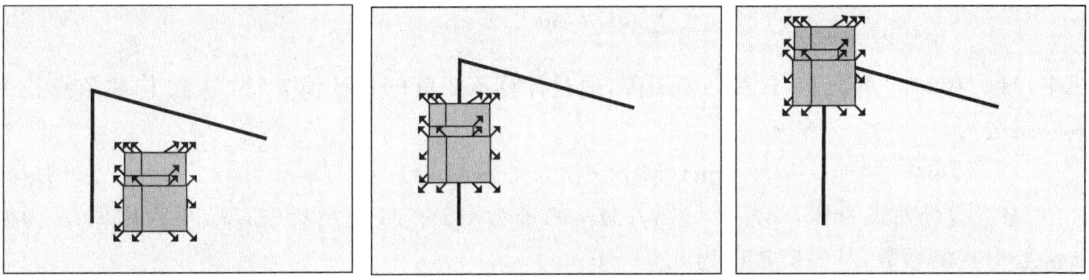

(a) 无特征点区域　　(b) 边缘特征　　(c) 角　点

图 3.42　基于模板检的角点检测示意图

(1) Harris 算子

当窗口在图像上移动时，则窗口滑动前与滑动后对应的像素点灰度变化可描述为

$$E(\Delta m,\Delta n)=\sum_{m,n} w(m,n)\left[I(m+\Delta m,n+\Delta n)-I(m,n)\right]^2 \tag{3.70}$$

式中，$(\Delta m, \Delta n)$为窗口偏移量；$E(\Delta m, \Delta n)$为窗口平移后的灰度变化；(m, n)为窗口内所对应的像素坐标位置，窗口有多大就有多少位置；$w(m, n)$为窗口函数，其通常是以窗口中心为

原点的高斯函数，有时也将窗口内所有像素对应的权重都设为1，其示意图如图3.43所示。

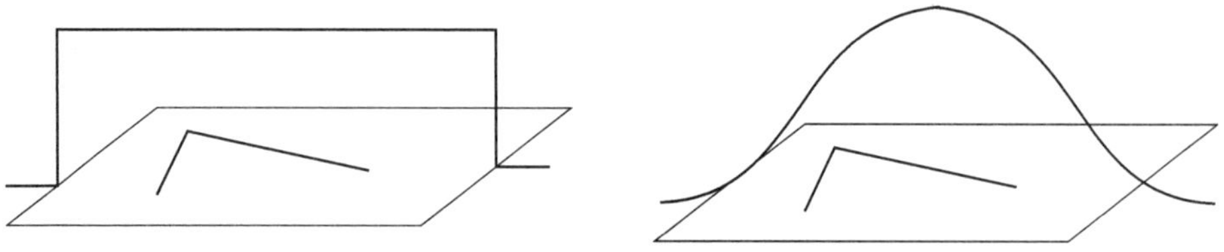

图3.43　常用的窗口函数示意图

对式(3.70)中的$I(m+\Delta m,n+\Delta n)$进行泰勒展开并保留一阶项，就有

$$I(m+\Delta m,n+\Delta n)\approx I(m,n)+\Delta m I_m(m,n)+\Delta n I_n(m,n) \tag{3.71}$$

进而有

$$\begin{aligned}&\sum[I(m+\Delta m,n+\Delta n)-I(m,n)]^2\\=&\sum[\Delta m I_m(m,n)+\Delta n I_n(m,n)]^2\\=&\sum[\Delta m^2 I_m^2(m,n)+2\Delta m\Delta n I_m(m,n)I_n(m,n)+\Delta n^2 I_n^2(m,n)]\\=&\sum[\Delta m\quad\Delta n]\begin{bmatrix}I_m^2 & I_mI_n\\ I_mI_n & I_n^2\end{bmatrix}\begin{bmatrix}\Delta m\\ \Delta n\end{bmatrix}\\=&[\Delta m\quad\Delta n]\left(\sum\begin{bmatrix}I_m^2 & I_mI_n\\ I_mI_n & I_n^2\end{bmatrix}\right)\begin{bmatrix}\Delta m\\ \Delta n\end{bmatrix}\end{aligned} \tag{3.72}$$

将式(3.72)代入式(3.70)中，整理得

$$\boldsymbol{E}(\Delta m,\Delta n)=[\Delta m\quad\Delta n]\boldsymbol{M}_H\begin{bmatrix}\Delta m\\ \Delta n\end{bmatrix} \tag{3.73a}$$

$$\boldsymbol{M}_H=\sum w(m,n)\begin{bmatrix}I_m^2 & I_mI_n\\ I_mI_n & I_n^2\end{bmatrix} \tag{3.73b}$$

式中，$\boldsymbol{M}_{\mathrm{H}}$为2×2的海森(Hessian)矩阵，通过计算该矩阵的特征值λ_1和λ_2并构建角点检测响应函数为

$$C_p=\det(M_H)-k(\mathrm{trace}(M_H))^2\geqslant Th \tag{3.74}$$

式中，$\boldsymbol{M}_{\mathrm{H}}$的行列式为$\det(M_H)=\lambda_1\lambda_2$；$\boldsymbol{M}_H$的迹为$\mathrm{trace}(M_H)=\lambda_1+\lambda_2$；$Th$为阈值；$k$为调节函数形状的系数，其经验取值为0.04～0.06。

由于Harris算子仅用了图像导数，其对灰度平移和尺度变化具有不变性，对亮度和对比度变化不敏感，而且根据海森矩阵两个特征值的大小还可以判断图像视觉特征信息。利用Hessian矩阵的两个特征值判断图像视觉特征信息的示意图如图3.44所示。

(2) SIFT算子

尺度不变特征变换(Scale Invariant Feature Transform，SIFT)是计算机视觉领域非常著名的特征检测算子。SIFT算子最早是由David G. Lowe① 于1999年提出的，并于2004年进

① David G. Lowe，哥伦比亚大学计算机科学系教授，SIFT算法的创始人，于2011年和2017年在计算机视觉国际会议上获得Helmholtz奖，并于2015年获得PAMI杰出研究员奖。

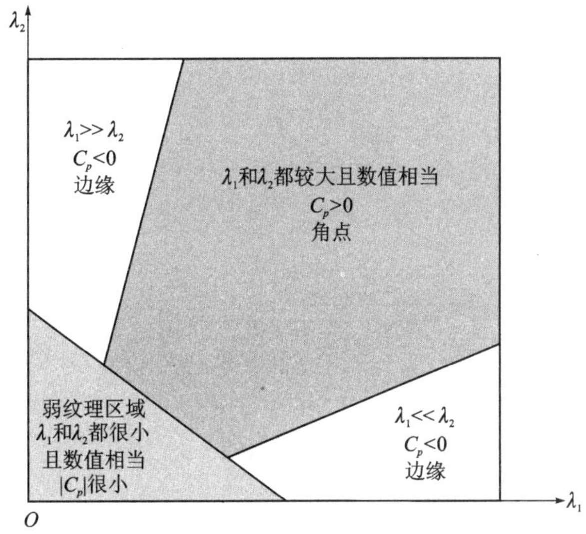

图 3.44　Hessian 矩阵特征值与图像视觉特征间的关系示意图

行完善总结。SIFT 算子是将图像用一个局部特征向量集来描述，使其对旋转、尺度缩放和亮度变化等保持不变性，是一种非常稳定的局部特征。

一幅图像的 SIFT 特征向量计算共包括四个步骤：检测尺度空间极值点并对关键点进行初定位、关键点精确定位、关键点主方向计算以及关键点描述子生成。

为实现算子的尺度不变性，将图像进行金字塔分解，即将原始图像不断降采样，得到一系列大小不一的图像，金字塔的层数根据图像的原始大小和塔顶图像的大小共同决定，即

$$L = \log_2\{\min(M,N)\} - D,\quad D \in [0,\log_2\{\min(M',N')\}) \tag{3.75}$$

式中，M 和 N 为图像大小；M' 和 N' 为金字塔塔顶图像的大小；D 为塔顶图像最小维数的对数值。

为描述出尺度的连续性，对每一层金字塔图像利用不同尺度的高斯滤波进行高斯模糊，使金字塔每层含有多张高斯模糊图像，将金字塔每层的多张图像合成为一组(Octave)，金字塔每层只有一组图像，组数 O 和金字塔层数 L 相等；用 S 表示一组图像包含的图像层数(Interval)。为实现尺度的连续性，高斯金字塔上某一组初始图像(底层图像)是由前一组图像的倒数第三张图像降低采样得到的，其示意图如图 3.45 所示，其中组间尺度为 $k=2^{\frac{1}{S}}$ 和组内尺度为 $2^{O-1}(\sigma, k\sigma, k^2\sigma, \cdots, k^{S-1}\sigma)$。

例如：以一幅 512 像素×512 像素的图像为例，并假设金字塔塔顶图像为 64 像素×64 像素，首先利用式(3.75)计算金字塔的组数，去掉因子 5，金字塔的组数为 4；然后，取每组的层数为 5，构建第 o 组、第 s 层图像为 $I_o * G(m,n,2^o k^s \sigma_0)$，$o \in [0,\cdots,O-1]$，$s \in [0,\cdots,S-1]$。构建第 0 组图像，将图像放大一倍，变成 1 024 像素×1 024 像素，记为 I_0，第 0 层为 $I_0 * G(m,n,\sigma_0)$，第 1 层为 $I_0 * G(m,n,k\sigma_0)$，第 2 层为 $I_0 * G(m,n,k^2\sigma_0)$，第 3 层为 $I_0 * G(m,n,k^4\sigma_0)$，第 4 层为 $I_0 * G(m,n,k^8\sigma_0)$；构建第 1 组图像，对图像 I_0 降低采样变成 512 像素×512 像素，记为 I_1，其第 0 层为 $I_1 * G(m,n,2\sigma_0)$，第 1 层为 $I_1 * G(m,n,2k\sigma_0)$，第 2 层为 $I_1 * G(m, n, 2k^2\sigma_0)$，第 3 层为 $I_1 * G(m, n, 2k^4\sigma_0)$，第 4 层为 $I_1 * G(m, n, 2k^8\sigma_0)$；……利用多尺度金字塔分解获得连续变化图像的示意图如图 3.46 所示。

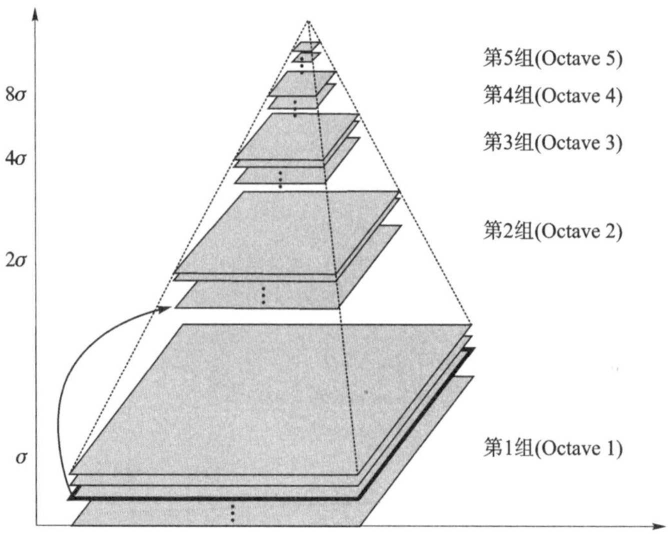

图 3.45　多尺度金字塔分解示意图

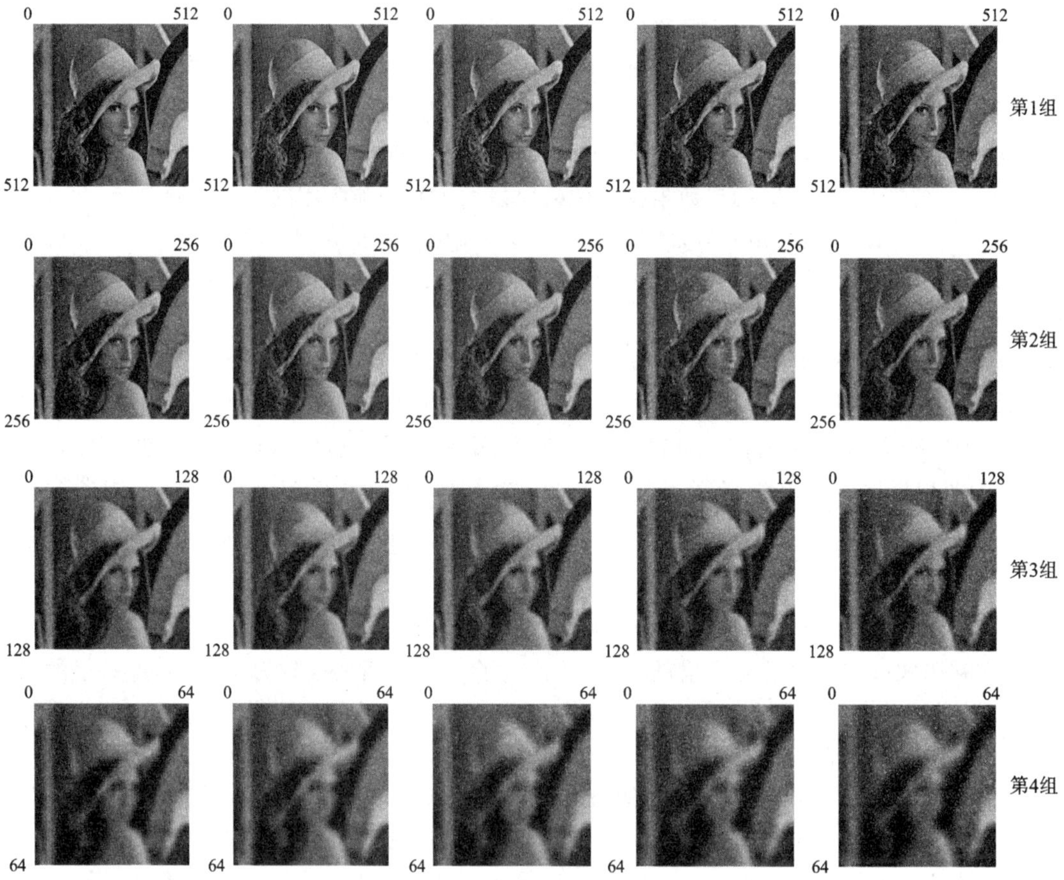

图 3.46　多尺度金字塔图像示意

在获得多尺度金字塔图像的基础上，计算高斯差分图像，即将同一组图像相邻层做差，计算高斯差分图像。在此基础上，每个像素点与它所有的邻域点比较，是否比其图像域和尺度域的相邻点大或小，即同尺度的 8 个相邻点和其相邻两个尺度对应的 18 个点，共 26 个点进行比较，其目的是在尺度空间和二维图像空间都检测到极值点，其示意图如图 3.47 所示。由于高斯差分图像的首末两层无法进行极值比较，为满足尺度变化的连续性，在生成多尺度金字塔图像时，通常在每组图像的顶层继续用高斯模糊生成 3 幅图像。

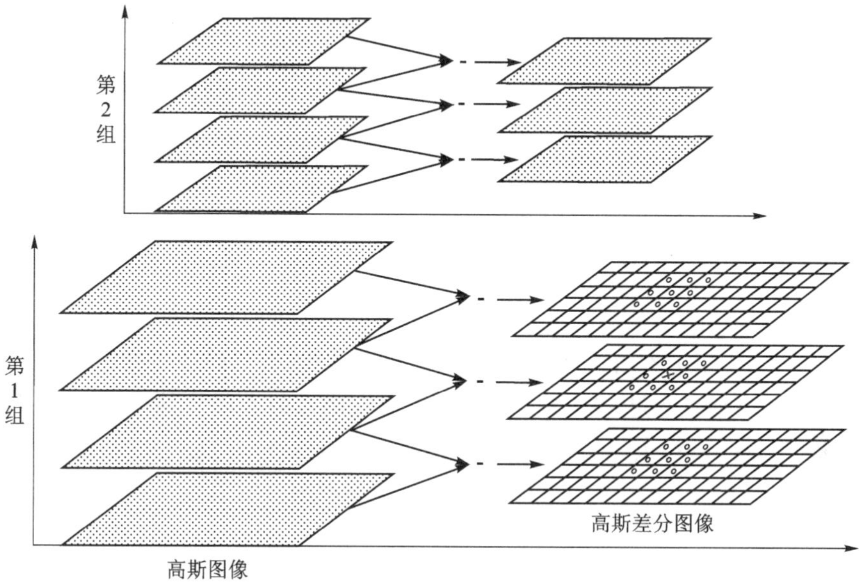

图 3.47　多尺度极值点检测示意图

利用高斯差分算子获得的局部极值点是在离散空间搜索得到的，因此在离散空间找到的极值点未必是真正的极值点，需将不满足条件的点剔除掉，即剔除低对比度的特征点和不稳定的边缘响应点。假设候选特征点 p，其偏移量为 Δp，其对比度为 $D(p)$，对 $D(p)$进行泰勒展开，有

$$D(p)=D+\frac{\partial D^{\mathrm{T}}}{\partial p}\Delta p+\frac{1}{2}\Delta p^{\mathrm{T}}\frac{\partial^2 D^{\mathrm{T}}}{\partial p^2}\Delta p \tag{3.76}$$

由于 p 是 $D(p)$的极值点，所以对式(3.76)求导并令其为 0，于是可得

$$\Delta\hat{p}=-\left(\frac{\partial^2 D}{\partial p^2}\right)^{-1}\frac{\partial D^{\mathrm{T}}}{\partial p} \tag{3.77}$$

然后再将 $\Delta\hat{p}$ 代入式(3.76)中，得

$$D(\hat{p})=D+\frac{1}{2}\frac{\partial^2 D^{\mathrm{T}}}{\partial p^2}\hat{p} \tag{3.78}$$

当$|D(\hat{p})|>Th$ 时，保留该特征点，否则剔除。

在边缘梯度方向上，主曲率值大；而沿着边缘方向，主曲率值小。候选特征点 p 的高斯差分函数 $D(p)$的主曲率与 2×2 的海森矩阵特征值成正比。为避免求海森矩阵的具体特征值，常使用海森矩阵特征值的比例，因此设海森矩阵特征值的最大值和最小值分别为 $\alpha=\lambda_{\max}$ 和

$\beta=\lambda_{\min}$，且令 $\gamma=\dfrac{\alpha}{\beta}$，于是海森矩阵的迹和行列式分别为 $\mathrm{trace}(M_H)=\alpha+\beta$ 和 $\det(M_H)=\alpha\beta$。构建特征点检测函数

$$\frac{\mathrm{trace}(M_H)^2}{\det(M_H)}=\frac{(\alpha+\beta)^2}{\alpha\beta}=\frac{(\gamma\beta+\beta)^2}{\gamma\beta^2}=\frac{(\gamma+1)^2}{\gamma}<\frac{(Th+1)^2}{Th} \tag{3.79}$$

当检测函数成立时，保留该关键点；否则剔除该点。David G. Lowe 在其论文中取 $Th=10$。

在获得精确的关键点后，利用关键点邻域像素的梯度方向分布特性，可为每个关键点指定方向，从而使描述子对图像旋转具有不变性。通过求每个极值点的梯度来为极值点赋予方向。像素点(m, n)梯度值表示为 $G(m,n)=\left(\dfrac{\partial I}{\partial m},\dfrac{\partial I}{\partial n}\right)$，于是梯度幅值和梯度方向分别为

$$G_A(m,n)=\sqrt{(I(m+1,n)-I(m-1,n))^2+(I(m,n+1)-I(m,n-1))^2} \tag{3.80}$$

$$G_\theta(m,n)=\arctan\frac{I(m,n+1)-I(m,n-1)}{I(m+1,n)-I(m-1,n)} \tag{3.81}$$

计算以关键点为中心的邻域内所有点的梯度方向（梯度方向范围 0～360°），对梯度方向归一化到 8 个方向内，每个方向代表 45°范围，统计落入每个方向内的关键点个数，以此生成梯度方向直方图。取极值点邻域梯度直方图的主峰值所对应的方向为特征点主方向，取次峰值（约为主峰值 80%能量的峰值）所对应的方向为关键点的辅方向，其示意图如图 3.48 所示，其中图 3.48(a)中“＋”为关键点，方框的大小代表了梯度幅值；图 3.48(b)为关键点的圆圈邻域内的梯度方向直方图。

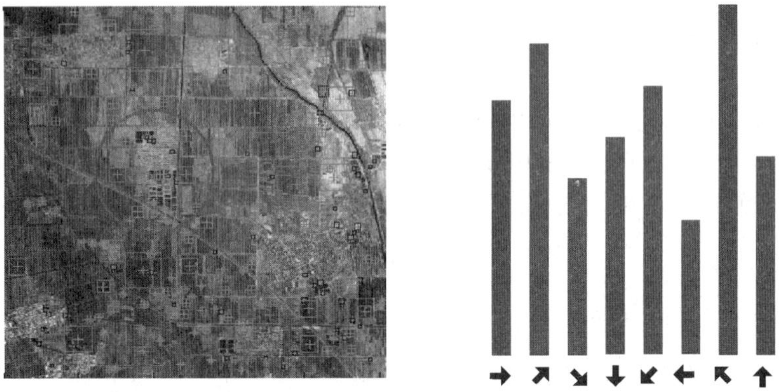

(a) 特征点提取　　(b) 方向直方图

图 3.48　特征点提取与方向直方图

在对关键分配方向后，对关键点进行描述，如图 3.49(a)所示，每一小格代表关键点邻域所在的尺度空间的一个像素；在 4×4 窗口内计算 8 个方向的梯度方向直方图，箭头方向和长度分别代表像素的梯度方向和幅值，绘制每个梯度方向的累加可形成一个种子点，共形成 4×4＝16 个种子点，一个特征点由 4×4 个种子点的信息所组成，即一个特征点用 4×4×8＝128 维的特征向量来描述，如图 3.49(b)所示。

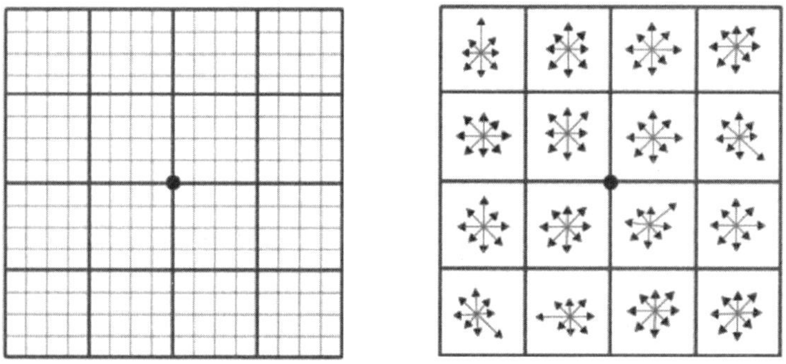

(a) 关键点16像素×16像素邻域　　(b) 4×4×8维特征向量

图 3.49　特征点描述子

(3) FAST 算子

FAST 角点，即 Features From Accelerated Segment Test，由 Edward Rosten① 和 Tom Drummond② 在 2006 年首先提出，如果某点的灰度值比其周围邻域内足够多的像素点的灰度值大或者小，则该像点可能为角点，它不仅计算速度快，还具有较高的精确度，是近年来广受关注的角点检测方法。

如图 3.50 所示，选取图像中某一像素点 p，该点的灰度值为 I_p，半径为 3 像素圆上的像素点，按照顺时针方向编号为 1 至 16，将 16 个点的灰度值依次与 I_p 比较，如有 n 个连续点（n 通常取 9～12）的灰度值比中心像素点 p 的灰度值 I_p+Th 或 I_p-Th 都大或小的话，则 p 点是角点，其检测算子为

$$P_{p\to i}=\begin{cases} d & I_{p\to i}\leqslant I_p-Th & (\text{更暗}) \\ s & I_p-Th<I_{p\to i}<I_p+Th & (\text{相似}) \\ b & I_p+Th\leqslant I_{p\to i} & (\text{更亮}) \end{cases} \tag{3.82}$$

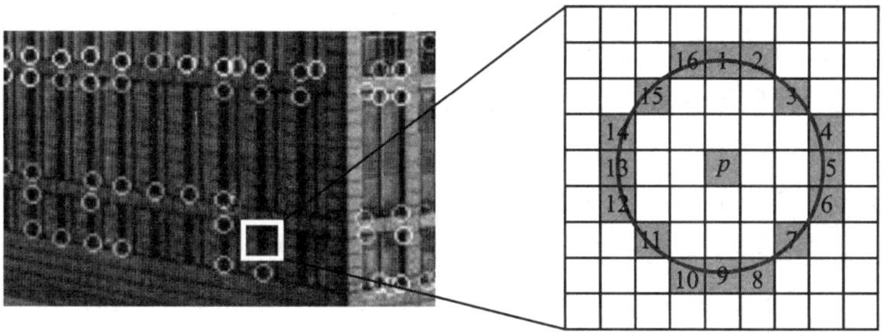

图 3.50　FAST 角点检测算子

为了加快算法的角点检测速度，先检查 1、9、5 和 13 四个位置的像素点，首先检测位置 1 和 9，若它们都比阈值暗或比阈值亮，再检测位置 5 和 13。若 p 是角点，则四个像点中至少有 3 个必须大于 I_p+Th 或小于 I_p-Th。若 p 是角点，则超过四分之三圆的部分应该满足判断条件；否则，p 不可能是角点。将符合条件的点作为候选角点，做完整测试，即检测圆上的所有

① Edward Rosten，剑桥大学。

② Tom Drummond，莫纳什大学电子与计算机系统工程系主任，教授，曾获 Könderink 奖和 ISMAR 10 年影响奖。

点。FAST 角点检测算子存在 4 点不足，即如果在四点检测里，只有 2 个点同中心点不相似，也并不能说明其不是角点；检测效率依赖于检测点的顺序和角点邻域分布；四点检测结果未能充分用到后面检测上来；连在一起的特征点很可能检测到了相邻的位置。为了克服这些缺点，其改进方法是进一步采用机器学习和非极大值抑制方法。

(4) BRIEF 描述子

BRIEF(Binary Robust Independent Elementary Features)描述子是一种对已检测到的特征点进行表示和描述的方法。与利用图像局部邻域灰度直方图或梯度直方图描述特征的方式不同，BRIEF 是一种二进制编码的特征描述子，并利用汉明距离(Hamming Distance)进行特征点匹配，既降低了对存储空间的要求，提升了特征描述的生成速度，也减少了特征匹配时所需的时间。BRIEF 由瑞士洛桑联邦理工学院(EPFL)计算机视觉实验室的 Calonder 等人于 2010 年发表在 ECCV2010 上，其实现过程是在特征点附近随机选取若干点对，将这些点对的灰度值大小，组合成一个二进制串，并将这个二进制串作为该特征点的特征描述子。例如两个二进制串分别为 1011101 和 1001001，通过将两个二进制串对应位进行模 2 和得到新的字符串 0010100，于是两个字符串的汉明距离为 2。

BRIEF 算子首先利用 Harris 或 FAST 等方法检测特征点，确定特征点的邻域窗口 $W\times W$，并对该邻域内像素点进行高斯平滑，以滤除噪声(也可直接对整幅图像做高斯平滑)，然后在邻域窗口内随机选取 N 对像素点 p_i 和 q_i，$i=1,2,\cdots,N$ (N 可取 128、256 等)，并根据像素点对灰度值的大小编码并生成二进制串，生成 N 位的特征描述子，其数学模型为：

$$f_{pq}=\begin{cases}1 & I(q)<I(p)\\0 & \text{其他}\end{cases}\tag{3.83}$$

经大量实验数据表明，当特征维数为 256 时，不匹配特征点的 Hamming 距离为 128 左右，而匹配点的汉明距离则远小于 128。BRIEF 算法的缺点是不具备尺度不变性和旋转不变性，当图像的旋转角度超过 30°时，特征点匹配准确率快速下降。

(5) ORB 算子

ORB(Oriented Fast and Rotated Brief)算子是一种快速特征提取的描述算法，是将改进和优化后的 FAST 特征点检测方法和 BRIEF 特征描述子结合起来。ORB 算子由 Ethan Rublee, Vincent Rabaud, Kurt Konolige 和 Gary R. Bradski 在 2012 年发表在 ICCV① 上。该算子建立图像金字塔，用 FAST 算子在金字塔图像中快速找关键点，并给其分配方向(称为 Oriented FAST)，实现部分缩放不变性；将原 BRIEF 算法在特征点邻域内选取的 N 对点集进行旋转，在新点集上形成二进制算子(称为 Rotated RIEF)，并改进其相关性。

3.3.3 形态学图像处理

如图 3.51 所示，在实际工程应用中，利用边缘检测算子检测运动目标时，受噪声影响，其目标的边界粘连并存在小的空洞和伪边缘等，这不利于运动目标分割。为解决该问题，通常需利用数学形态学对图像进一步处理，以便从图像中提取和描述区域形状的有用图像分量，例如边界、骨骼和凸壳等。“形态学”一词通常指的是生物学的某个分支，常用来处理动物和植物的

① ICCV 是国际计算机视觉大会(International Conference on Computer Vision)的简称，由 IEEE 主办，每两年召开一次。其与计算机视觉模式识别会议(CVPR)和欧洲计算机视觉会议(ECCV)并称计算机视觉方向的三大顶级会议。

形状和结构。数学形态学的语言是集合论，其集合表示图像中的对象。例如，在图 3.51 所示的二值图像中，所有白色像素的集合是该图像的一个完整的形态学描述。常用的形态学算法有腐蚀、膨胀、开运算、闭运算、击中或击不中变换、边界提取、孔洞填充、凸壳、细化、粗化、骨架、裁剪和形态学重建等，其中腐蚀和膨胀操作是形态学图像处理的基础，许多形态学算法都是基于这两种操作实现的。

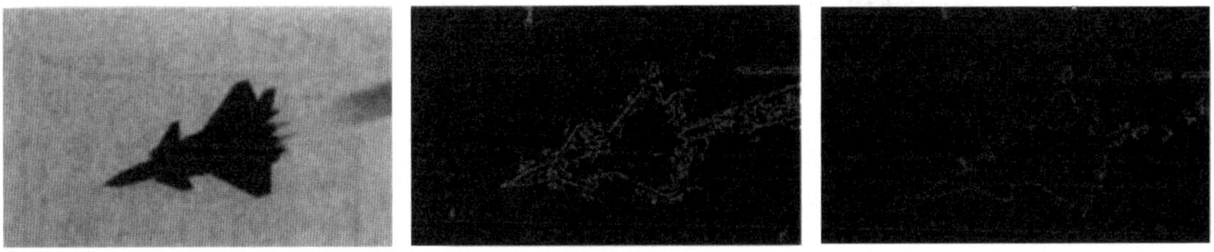

(a) 运动目标图像　(b) 运动目标检测二值图像　(c) 运动目标分割

图 3.51　运动目标检测与分割

形态学图像处理的思想是利用具有一定形状的结构元素探测目标图像，通过检验结构元素在图像目标中的可放性和填充方法的有效性，以此来获取有关图像形态结构的相关信息，进而达到对图像分析和识别的目的。所谓的结构元素就是研究一幅图像中感兴趣特性所用的小集合或子图像，常用的结构元素如图 3.52 所示，其中涂阴影的方块表示结构元素的一个成员。结构元素必须指定其原点，即图中的黑点表示结构元素的原点。当结构元素对称且未显示原点时，假定原点位于结构元素的对称中心处。

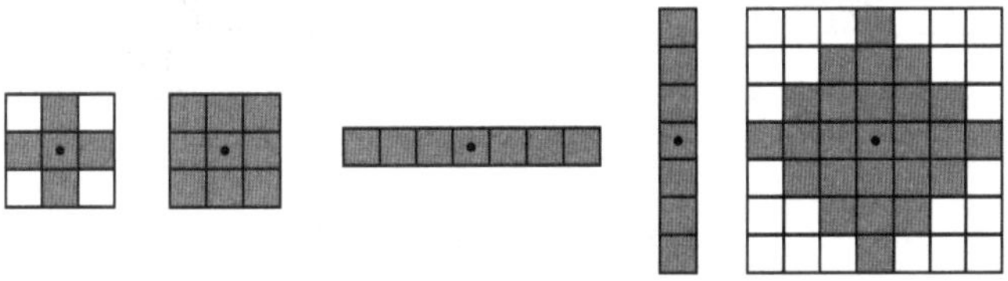

图 3.52　常用结构元素的矩阵形式(黑点表示结构元素的中心)

图像形态学操作就是用一个结构元素在图像上运动，使结构元素的原点遍历图像中的每一个元素，以此来创建一个新的集合。在结构元素的每个原点位置，如果结构元素完全与图像元素重合，则将该位置标记为新集合的一个成员；否则，将该位置标记为非新集合的成员。下面重点介绍腐蚀、膨胀、开运算和闭运算等形态学操作。

(1) 腐　蚀

设 A 为目标图像，B 为结构元素，则目标图像 A 被结构元素 B 腐蚀的定义为

$$A\Theta B=\{a\mid(B)_z\subseteq A\} \tag{3.84}$$

式中，a 表示结构元素 B 经过平移 z 后包含于 A 中所有点的集合，$(B)_z=\{c\mid c=b+z,b\in B\}$，其示意图如图 3.53 所示。从图中可以看出，当结构元素 B 的原点位于图像 A 的边界元素上时，B 的一部分将不再包含在 A 中，从而排除了 B 处在中心位置的点作为新集合成员的可能，最终的结果是 A 的边界被腐蚀。图像的腐蚀操作与结构元素的形状选取和原点的位置有关。

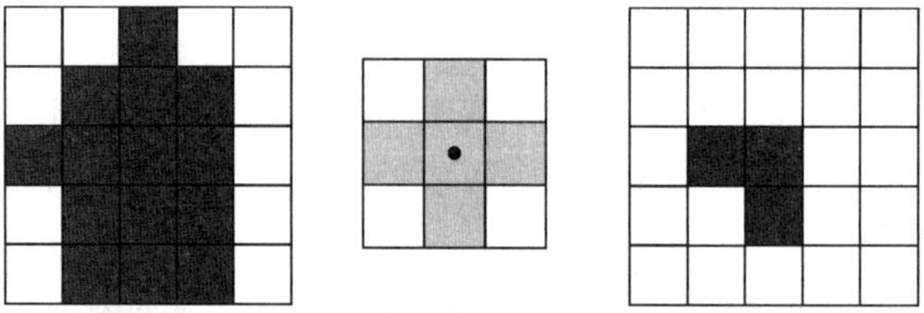

图 3.53 图像腐蚀操作示意图

(2) 膨 胀

设 A 为目标图像,B 为结构元素,则目标图像 A 被结构元素 B 膨胀的定义为

$$A \oplus B = \{a \mid ((\hat{B})_z \cap A) \neq \Phi\} \tag{3.85}$$

式中,$\hat{B}$ 为集合 B 的反射,即 $\hat{B} = \{c \mid c = -b, b \in B\}$,示意图如图 3.54 所示。在进行图像膨胀操作时,当结构元素在目标图像上平移时,允许结构元素中的非原点像素超出目标图像范围。当目标图像不变,但所给的结构元素的形状改变时;或结构元素的形状不变,而其原点位置改变时,膨胀运算的结果会发生改变。

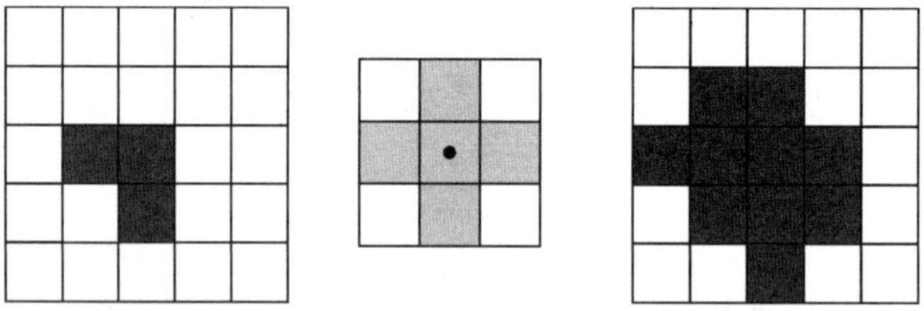

图 3.54 图像膨胀操作示意图

(3) 开运算与闭运算

用同一结构元素对目标图像先进行腐蚀运算,然后再进行膨胀运算的过程称为开运算;相反,用同一结构元素对目标图像先进行膨胀运算,然后再进行腐蚀运算的过程称为闭运算。开运算与闭运算的数学表示分别为

$$A \circ B = (A \Theta B) \oplus B \tag{3.86}$$

$$A \bullet B = (A \oplus B) \Theta B \tag{3.87}$$

利用 3×3 的十字形结构元素矩阵对图像进行形态学操作,其形态学处理结果如图 3.55、图 3.56 和图 3.57 所示。从图中可以看出,被腐蚀的灰度图像比原始图像暗,亮特征的尺寸将减小,而暗特征的尺寸将增加;相反,被膨胀的灰度图像比原始图像亮,即亮特征变浓,暗特征变淡;开运算亮特征的灰度级都降低了,降低的程度取决于这些特征相对于结构元素的尺寸;闭运算削弱了暗特征,削弱的程度取决于这些特征相对于结构元素的尺寸。膨胀粗化一幅图像中的区域,而腐蚀则细化它们。膨胀和腐蚀之差强调区域间的边界,同质区域受影响较小(只要结构元素相对较小),两者相减操作趋于消除同质区域,而增强边缘,因此将图像的膨胀与腐蚀之差称为图像的形态学梯度,即

$$G = (A \oplus B) - (A \Theta B) \tag{3.88}$$

图 3.55(a)、图 3.56(a)和图 3.57(a)的形态学梯度如图 3.58 所示。

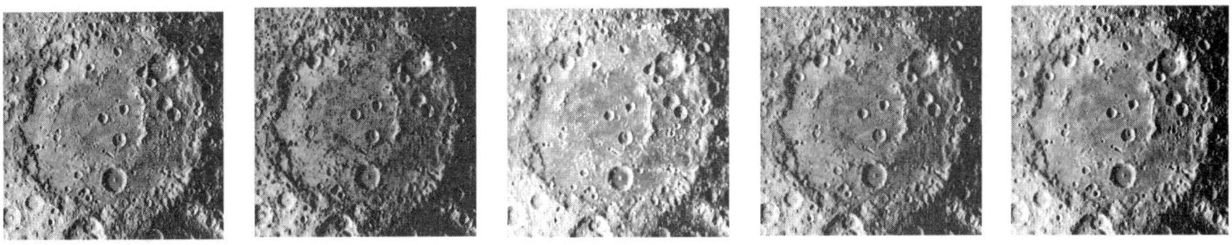

(a) 原始图像　(b) 腐蚀结果　(c) 膨胀结果　(d) 开运算结果　(e) 闭运算结果

图 3.55　月表图像的形态学处理结果

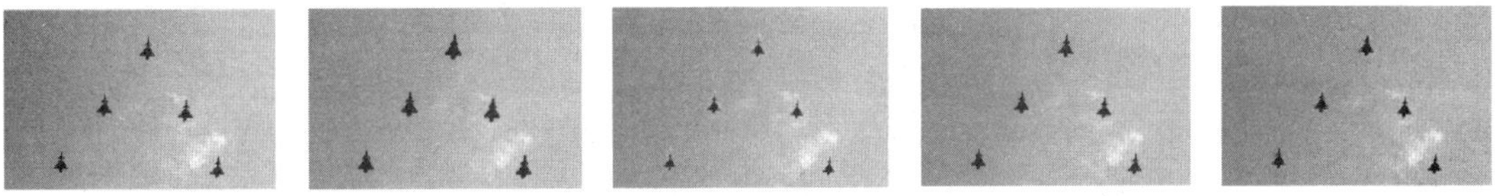

(a) 原始图像　(b) 腐蚀结果　(c) 膨胀结果　(d) 开运算结果　(e) 闭运算结果

图 3.56　飞机编队图像的形态学处理结果及其边缘检测结果

(a) 原始图像　(b) 腐蚀结果　(c) 膨胀结果　(d) 开运算结果　(e) 闭运算结果

图 3.57　首都机场遥感图像的形态学处理结果

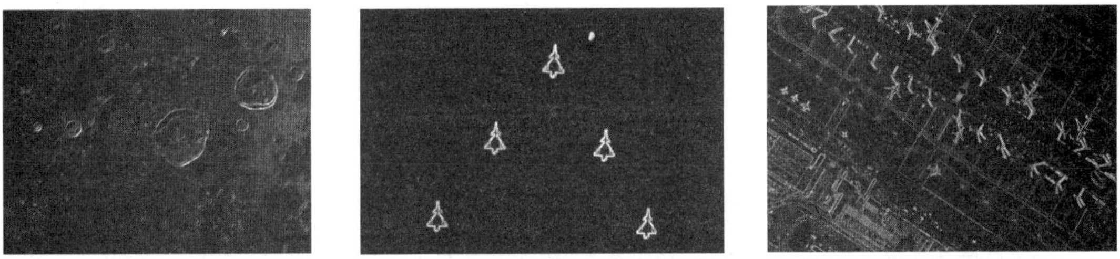

(a) 图3.55(a)的形态学梯度　(b) 图3.56(a)的形态学梯度　(c) 图3.57(a)的形态学梯度

图 3.58　图像的形态学梯度

3.4　实际工程案例

3.4.1　精确制导武器末制导段定位

在精确制导武器的末制导段，通常采用下视景像匹配技术来提升精确制导武器的定位精度，例如美国的战斧、俄罗斯的白杨、法国的风暴之影和我国 DH－10 等巡航导弹。在精确制导武器上应用景像匹配时，通过预先规划精确制导武器的飞行轨迹和匹配区，并制备相应的景像基准图。当精确制导武器抵达规划的匹配区时，精确制导武器搭载的视觉传感器实时采集地面实时图，经过一定的预处理与基准图进行匹配来获得精确制导武器的精确位置信息（见图 3.59），其中基准图中的每个像素点都具有精确的地理坐标。

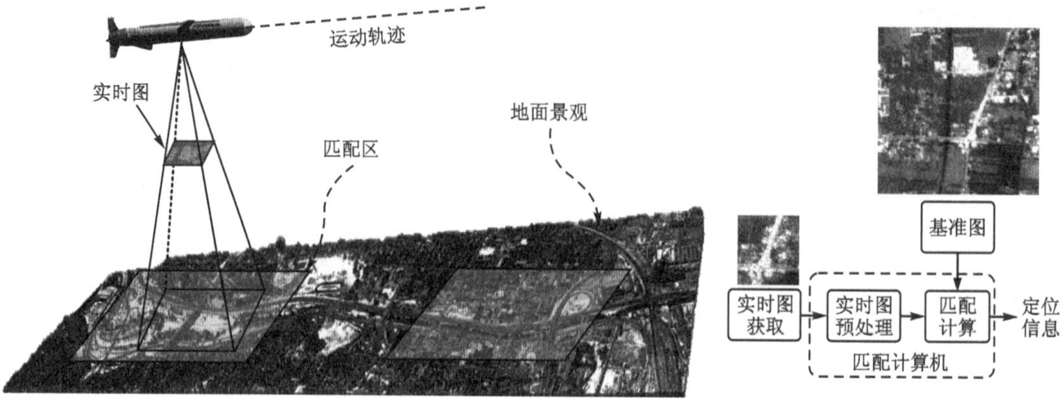

(a) 景像匹配过程示意图　　(b) 景像匹配信息处理示意图

图 3.59　景像匹配原理

为了保证景像匹配性能，需要根据具体的应用任务完成对视觉传感器的选型和标定。在实时图预处理环节主要是通过本章所讨论的图像预处理算法（图像的几何变换和图像增强算法）缩小实时图与基准图的差异，例如因获取时间的差异，导致两者在地面特征上存在着自然（季节、日照等）和人为（建筑物等）的差别；飞行航向的变化，使实时图和基准图存在旋转变化；飞行高度不同，采集的实时图与基准图分辨率存在尺度差异；不同相机自身的差异，导致两者在灰度分布上也不同；飞行姿态带来的图像变形等。在匹配计算环节，实现经预处理后的实时图像与基准图进行匹配的方法主要有灰度相关算法和特征匹配方法，前者以实时图为模板在基准图上进行滑窗卷积运算，并找出最佳匹配位置，后者通过分别提取实时图和基准图的特征点，并以欧氏距离为两者匹配的度量函数来实现特征匹配，其匹配结果如图 3.60 所示。

(a) 基准图与实时图　　(b) 灰度相关匹配　　(c) 特征匹配

图 3.60　景像匹配结果

3.4.2 视频图像自动拼接

由于视觉传感器的视场有限，1 帧图像覆盖三维场景信息有限，在实际应用中，常需要将 360°拍摄的很多张图片合成一张图片，从而可以使观察者观察到周围的全部情况。为解决该问题，通常采用图像拼接(Image mosaic)方法将拍摄的连续视频或多幅图像进行拼接，获得更大范围或更大视野的图像，该技术已被广泛应用于无人机航拍、遥感图像获取和红外预警等领域。图像拼接是通过对齐一系列空间重叠的图像，构成一个无缝的、高清晰的图像，它具有比单个图像更高的分辨率和更大的视野。

图像拼接技术主要有三个步骤：图像预处理、图像配准、图像融合与边界平滑，图像预处理的目的是对图像进行噪声抑制和几何畸变校正，以增强图像的质量，为下一步图像配准做准备；图像配准过程是对参考图像和待拼接图像进行特征提取和描述，并建立参考图像和待拼接图像的匹配代价函数，实现两者配准；图像融合的目的是对图像拼接边界进行平滑处理，使拼接的两幅图像纹理信息自然过渡，使拼接更自然。

利用 3.3.2 节的 SIFT 算子对参考图像和待拼接图像进行特征提取和匹配，获得相邻帧图像的配准点，在准确求得图像的变换关系后，就可以确定图像间重叠的位置，但如果只是简单的叠加，会形成明显的边界。为克服这一缺点，采用双线性插值的方法可实现图像的空间无缝拼接。

为使拼接后的图像色调一致，须进行调色处理，设图像 I_1 和 I_2 需要融合的区域在m 轴方向上的最大和最小值分别为 $x_{\max}$ 和 $x_{\min}$，则融合后的图像 I 在重叠区域的颜色值为

$$I(m,n)=\lambda I_1(m,n)+(1-\lambda)I_2(m,n) \tag{3.89}$$

式中，$\lambda=\dfrac{x_{\max}-x}{x_{\max}-x_{\min}}$。经过空间无缝拼接和一致的调色处理，可实现对同一地区任意数量的图像数据进行融合处理。

如图 3.61 所示，其为某型运输直升机采集的视频图像序列图像示意(4 Hz 抽样)，飞行高度600 m，图像分辨率 1.0 m，图像大小为 600 像素×400 像素，其拼接结果如图 3.62 所示。

图 3.61　机载可见光 CCD 图像分帧数据

图 3.62 机载可见光 CCD 图像自动拼接结果

小 结

在实际应用中，为提升视觉传感器获取图像的质量，根据具体的需求对图像进行几何变换、图像增强，以便提升图像的对比度，降低图像的噪声，进而提取图像的点特征和边缘特征等视觉特征信息。在此基础上，给出了实际的工程案例。

思考与练习题

(1) 平滑滤波器和锐化滤波器的相同点、不同点及相互关系？

(2) 边缘增强与边缘检测的区别？有哪些边缘增强与边缘检测方法？各有什么优缺点？

(3) 在尺度空间，图像连续变化如何实现？

(4) 简述直方图均衡化的基本原理，离散图像的直方图均衡化能否产生完全平坦的直方图？

(5) 图像平滑和图像锐化两者的作用是什么？

(6) 举例说明 LoG 算法和 DoG 算法的区别。

(7) 一幅 64×64 像素，共 8 个灰度级，其灰度分布如下表，试按表中规定的直方图进行变换，画出变换前后图像的直方图。

原图像灰度级	0	1	2	3	4	5	6	7
原图像各灰度级像素数	790	1 023	850	656	329	245	122	81
规定的直方图	0.00	0.00	0.00	0.15	0.20	0.30	0.20	0.15

(8) 视觉特征提取方法有哪些？

(9) 数学形态学方法的原理和作用？

(10) 用 Matlab 或 C/C++编程实现图像的空域平滑和增强算法，并分析两者的异同和适用范围。

(11) 说明 Canny 边缘检测的原理和优缺点，并利用 Matlab 或 C/C++编程实现 Canny 和 Sobel 边缘检测算子，并分析比较两者的性能。

(12) 用 Matlab 或 C/C++编程实现 SIFT 和 ORB 图像特征点提取和匹配。

第 4 章　视觉传感器的标定

机器视觉系统是用机器代替人类视觉系统作测量和判断，其通过视觉传感器将环境和目标转换成图像信号，传送给图像处理系统进行处理并得到环境信息和目标的位置、姿态、形状和运动信息等，完成对环境感知、目标测量和载体定位导航信息计算等，例如嫦娥探测器落月过程和天问火星探测器落火过程都需要利用视觉传感器（相机和激光雷达）进行避障下降；天宫空间站与天舟/神舟飞船自动交会对接过程需要利用视觉传感器（相机）对目标进行非接触测量；玉兔号月球车和祝融号火星车分别在月球表面和火星表面行走时都需利用视觉传感器（全景相机、导航相机和避障相机）对环境进行感知、自动避障和导航，如图 4.1 所示。

(a) 嫦娥落月避障下降

(b) 天问一号落火星避障下降

(c) 玉兔号月球车避障导航

(d) 祝融号火星车避障导航

图 4.1　视觉导航在航天中应用

在利用视觉传感器进行环境感知、视觉测量、避障与导航的过程中，需要根据视觉传感器输出的图像来确定空间物体表面点，而空间物体表面某点的三维几何位置与其在图像中对应点之间的相互关系（图像点的位置和亮度与三维空间点的位置有关）是由视觉传感器的成像模型决定的，其示意图如图 4.2 所示。

几何模型参数就是摄像机参数，这些参数必须通过实验与计算才能得到。将通过试验与计算确定摄像机参数的过程称为摄像机标定。无论是在视觉测量、视觉定位导航或视觉避障等机器视觉应用中，相机参数标定都是非常关键的环节，其标定精度及算法稳定性直接影响相机在实际应用中的准确性。因此，相机标定是机器视觉系统应用的前提，发展方便快捷的标定方法并提高标定精度是科研工作的重点所在。

根据图 2.45 所示，相机成像的几何模型与式（2.92）和式（2.93）描述相同，便于引用，本章重新编号，同时给出以像素为单位成像模型，算式如下：

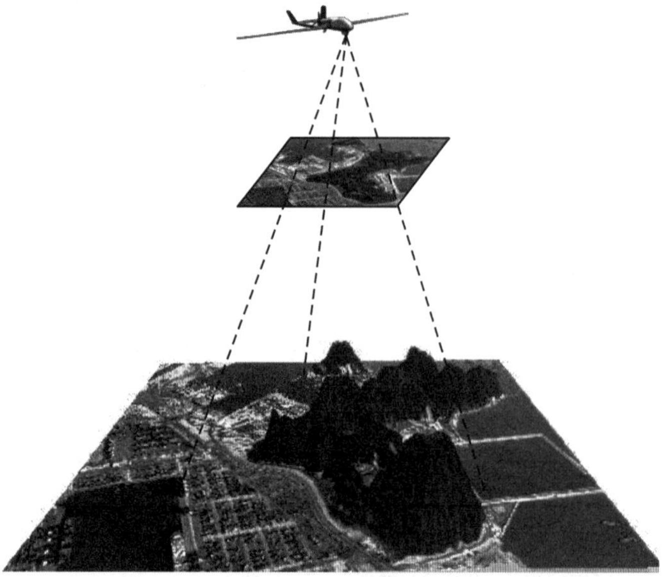

图 4.2 相机成像过程的图像点与三维空间点间的约束关系

$$\begin{cases} x - x_0 - \delta x = -f_x \dfrac{a_1 X_a^w + a_2 Y_a^w + a_3 Z_a^w + \overline{T}_x}{a_7 X_a^w + a_8 Y_a^w + a_9 Z_a^w + \overline{T}_z} \\ y - y_0 - \delta y = -f_y \dfrac{a_4 X_a^w + a_5 Y_a^w + a_6 Z_a^w + \overline{T}_y}{a_7 X_a^w + a_8 Y_a^w + a_9 Z_a^w + \overline{T}_z} \end{cases} \tag{4.1a}$$

$$\begin{cases} m - m_0 - D_m = -f_m \dfrac{a_1 X_a^w + a_2 Y_a^w + a_3 Z_a^w + \overline{T}_x}{a_7 X_a^w + a_8 Y_a^w + a_9 Z_a^w + \overline{T}_z} \\ n - n_0 - D_n = -f_n \dfrac{a_4 X_a^w + a_5 Y_a^w + a_6 Z_a^w + \overline{T}_y}{a_7 X_a^w + a_8 Y_a^w + a_9 Z_a^w + \overline{T}_z} \end{cases} \tag{4.1b}$$

或

$$\begin{cases} x - x_0 - \delta x = -f_x \dfrac{a_1(X_a^w - X_S^w) + a_2(Y_a^w - Y_S^w) + a_3(Z_a^w - Z_S^w)}{a_7(X_a^w - X_S^w) + a_8(Y_a^w - Y_S^w) + a_9(Z_a^w - Z_S^w)} \\ y - y_0 - \delta y = -f_y \dfrac{a_4(X_a^w - X_S^w) + a_5(Y_a^w - Y_S^w) + a_6(Z_a^w - Z_S^w)}{a_7(X_a^w - X_S^w) + a_8(Y_a^w - Y_S^w) + a_9(Z_a^w - Z_S^w)} \end{cases} \tag{4.2a}$$

$$\begin{cases} m - m_0 - D_m = -f_m \dfrac{a_1(X_a^w - X_S^w) + a_2(Y_a^w - Y_S^w) + a_3(Z_a^w - Z_S^w)}{a_7(X_a^w - X_S^w) + a_8(Y_a^w - Y_S^w) + a_9(Z_a^w - Z_S^w)} \\ n - n_0 - D_n = -f_n \dfrac{a_4(X_a^w - X_S^w) + a_5(Y_a^w - Y_S^w) + a_6(Z_a^w - Z_S^w)}{a_7(X_a^w - X_S^w) + a_8(Y_a^w - Y_S^w) + a_9(Z_a^w - Z_S^w)} \end{cases} \tag{4.2b}$$

式中，f_x 和 f_y 分别为 x 轴和 y 轴方向的焦距（单位：mm），实际应用中常取 $f_x = f_y = f$；f_m 和 f_n 分别以像素为单位的 m 轴和 n 轴方向的焦距；$D_m = \dfrac{\delta x}{\mathrm{d}x}$ 和 $D_n = \dfrac{\delta y}{\mathrm{d}y}$ 分别以像素为单位的 m 轴和 n 轴方向的畸变。其摄像机需要标定的模型参数分为内部参数、外部参数和畸变系数，这些参数如表 4.1 所列。

表 4.1　摄像机模型参数

模　型	表达式	自由度	备　注
透视变换	$\boldsymbol{M}_c^i=\begin{bmatrix}\alpha_x & \gamma & m_0\\ 0 & \alpha_y & n_0\\ 0 & 0 & 1\end{bmatrix}$	5	内参数
畸变模型	k_1、k_2，p_1、p_2 和 s_1、s_2	6	径向、切向和薄棱镜畸变
刚体变换	$\boldsymbol{R}=\begin{bmatrix}a_1 & a_2 & a_3\\ a_4 & a_5 & a_6\\ a_7 & a_8 & a_9\end{bmatrix}$，$\overline{\boldsymbol{T}}=\begin{bmatrix}\overline{T}_x\\ \overline{T}_y\\ \overline{T}_z\end{bmatrix}$	6	外参数

表 4.1 中，α_x、α_y、m_0、n_0 和 γ 为相机模型的内参数，其中 $\alpha_x=\dfrac{f_x}{d_x}$ 和 $\alpha_y=\dfrac{f_y}{d_y}$ 分别为 x 轴和 y 轴方向的等效焦距，d_x 和 d_y 分别为 x 轴和 y 轴方向的像元大小；m_0 和 n_0 为光学中心；γ 为 x 轴和 y 轴的不垂直因子或剪切因子，通常取 $\gamma=0$；$\boldsymbol{R}$ 和 $\overline{\boldsymbol{T}}$ 分别为旋转矩阵和平移矩阵，称为外参数。

摄像机标定主要有线性模型摄像机标定、非线性摄像机模型标定、立体视觉摄像机标定、机器人手眼标定、主动视觉头眼标定和摄像机自标定。根据相机标定过程中是否需要标定参照物，摄像机标定可分为传统的摄像机标定方法和摄像机自标定方法，其中传统的摄像机标定是在一定的摄像机模型下，基于特定的标定参照物(例如形状、尺寸已知的标定物)；摄像机自标定是不依赖于标定参照物的摄像机标定方法，其仅利用摄像机在运动过程中周围环境的图像与图像之间的对应关系对摄像机进行标定的过程。

根据相机模型的不同来分有线性模型和非线性模型，其中线性模型是指经典的小孔模型，基于线性模型的摄像机标定过程是用线性方程求解，简单快速，目前已有大量研究成果，但线性模型不考虑镜头畸变，准确性欠佳；成像过程不服从小孔模型成像规律的称为摄像机的非线性模型，其考虑了畸变参数，引入了非线性优化，但方法速度慢，对初值选择和噪声比较敏感，而且非线性搜索并不能保证参数收敛到全局最优解。从视觉系统所用的摄像机个数不同，摄像机标定分为单摄像机标定和多摄像机标定，在多目立体视觉中，还要确定摄像机之间的相对位置和方向，即相机间的结构参数。从求解参数的结果来分有显式和隐式，隐参数标定是以一个转换矩阵表示空间物点与二维像点的对应关系，并以转换矩阵元素作为标定参数。

国内外学者发展了很多种摄像机标定方法，一些方法在实际工程中被广泛应用。本章内容将介绍目前常用的摄像机标定方，这些方法或是参考国内外相关研究文献，或是北航数字导航中心的研究人员研究或改进的方法。

4.1　基于 3D 标定场/物的摄像机标定

基于 3D 标定物和标定场的摄像机标定方法需借助于 3D 的标定靶或者建立的 3D 标定场，标定靶或标定场中的标定点不共面。如图 4.3(a)所示的 3D 标定靶，在标定时将其放置在摄像机前，靶标上每一个小方块的顶点均可作为特征点，对于每一个特征点，其相对于世界坐标系的位置在制作时都可以精确测定;如图 4.3(b)所示的 3D 标定场是北航数字导航中心建设的室内摄像机高精度标定场,每一个标志点的 3D 空间坐标都经过精确测量,并统一在世界坐标系下。摄像机获取标定靶或标定场的图像,进而获取靶标或标定场特征点的世界坐标和图像坐标,即可计算出摄像机的内参数、外参数和畸变系数。基于 3D 标定场/靶上特征点直接计算摄像机线性模型和非线性模型参数的方法属于传统的摄像机标定方法。

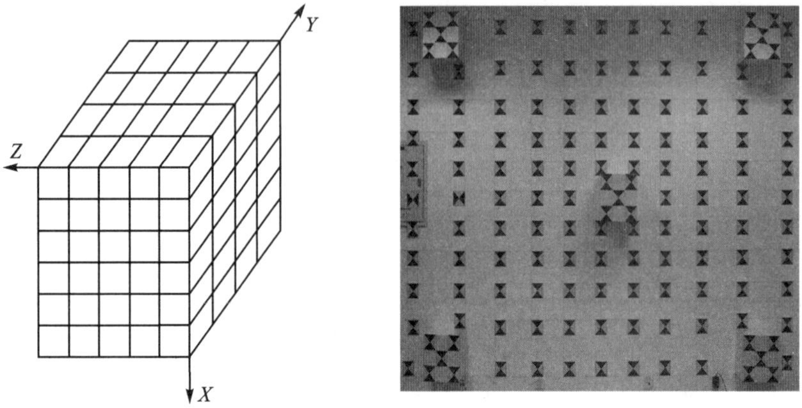

(a) 3D立体靶标　　(b) 数字导航中心高精度标定场

图 4.3　3D 立体靶标和 3D 高精度标定场

4.1.1　直接线性变换算法

直接线性变换(Direct Linear Transform,DLT)算法是典型的线性模型摄像机标定方法。该算法于 1971 年由 Abdal-Aziz 和 Karara 两位学者提出,其将 3D 空间点通过平移、旋转、投影得到 2D 图像点,建立了成像几何的线性模型,用线性方程进行参数估计。该算法速度快,但其没有考虑相机的镜头畸变问题,标定结果对噪声较敏感,适用于长焦距小畸变的镜头标定。

根据 3D 空间点与 2D 图像点间的关系式(2.88)有

$$Z^c\begin{bmatrix} m \\ m \\ 1 \end{bmatrix}=\begin{bmatrix} \alpha_x & 0 & m_0 & 0 \\ 0 & \alpha_y & n_0 & 0 \\ 0 & 0 & 1 & 0 \end{bmatrix}\begin{bmatrix} \boldsymbol{R}_w^c & \overline{\boldsymbol{T}}_w^c \\ \boldsymbol{0}^{\mathrm{T}} & 1 \end{bmatrix}\begin{bmatrix} X^w \\ Y^w \\ Z^w \\ 1 \end{bmatrix} \tag{4.3a}$$

$$Z^c\boldsymbol{p}^i=\boldsymbol{M}_c^i\boldsymbol{M}_w^c\boldsymbol{p}^w=\boldsymbol{M}_w^i\boldsymbol{p}^w \tag{4.3b}$$

式中,$\boldsymbol{M}_c^i=\begin{bmatrix} \alpha_x & 0 & m_0 & 0 \\ 0 & \alpha_y & n_0 & 0 \\ 0 & 0 & 1 & 0 \end{bmatrix}$为内参数矩阵,其描述了从摄像机坐标系 c 到像平面坐标系 i 的变换过程;$\boldsymbol{M}_w^c=\begin{bmatrix} \boldsymbol{R}_w^c & \overline{\boldsymbol{T}}_w^c \\ 0^{\mathrm{T}} & 1 \end{bmatrix}$为外参数矩阵,其描述了从世界坐标系 w 到摄像机坐标系 c 的变换过程;$\boldsymbol{p}^i=[m \quad n \quad 1]^{\mathrm{T}}$ 为 2D 像平面像点的齐次坐标;$\boldsymbol{p}^w=[X^w \quad Y^w \quad Z^w \quad 1]^{\mathrm{T}}$ 为 3D 空间点的齐次坐标;$\boldsymbol{M}_w^i=\boldsymbol{M}_c^i\boldsymbol{M}_w^c$ 为 3D 空间点到 2D 像平面像点的变换过程。

如图 4.3(b)所示,每一对点(2D 像平面像点 $\boldsymbol{p}^i$ 和 3D 空间点 $\boldsymbol{p}^w$ 称为一对点)都会有

$$Z_k^c\begin{bmatrix}m_k\\n_k\\1\end{bmatrix}=\begin{bmatrix}c_{11}&c_{12}&c_{13}&c_{14}\\c_{21}&c_{22}&c_{23}&c_{24}\\c_{31}&c_{32}&c_{33}&c_{34}\end{bmatrix}\begin{bmatrix}X_k^w\\Y_k^w\\Z_k^w\\1\end{bmatrix},\quad k=1,2,\cdots,N \tag{4.4}$$

而且每一对点有 2 个方程，即

$$c_{11}X_k^w+c_{12}Y_k^w+c_{13}Z_k^w+c_{14}-m_kc_{31}X_k^w-m_kc_{32}Y_k^w-m_kc_{33}Z_k^w=m_kc_{34} \tag{4.5a}$$

$$c_{21}X_k^w+c_{22}Y_k^w+c_{23}Z_k^w+c_{24}-n_kc_{31}X_k^w-n_kc_{32}Y_k^w-n_kc_{33}Z_k^w=n_kc_{34} \tag{4.5b}$$

N 对点是 $2N$ 个关于 $\boldsymbol{M}_w^i$ 矩阵元素的线性方程，其矩阵表达式为

$$\begin{bmatrix}X_1^w&Y_1^w&Z_1^w&1&0&0&0&0&-m_1X_1^w&-m_1Y_1^w&-m_1Z_1^w\\0&0&0&0&X_1^w&Y_1^w&Z_1^w&1&-n_1X_1^w&-n_1Y_1^w&-n_1Z_1^w\\\vdots&\vdots&\vdots&\vdots&\vdots&\vdots&\vdots&\vdots&\vdots&\vdots&\vdots\\\vdots&\vdots&\vdots&\vdots&\vdots&\vdots&\vdots&\vdots&\vdots&\vdots&\vdots\\X_N^w&Y_N^w&Z_N^w&1&0&0&0&0&-m_NX_N^w&-m_NY_N^w&-m_NZ_N^w\\0&0&0&0&X_N^w&Y_N^w&Z_N^w&1&-n_NX_N^w&-n_NY_N^w&-n_NZ_N^w\end{bmatrix}\begin{bmatrix}c_{11}\\c_{12}\\c_{13}\\c_{14}\\c_{21}\\c_{22}\\c_{23}\\c_{24}\\c_{31}\\c_{32}\\c_{33}\end{bmatrix}=\begin{bmatrix}m_1c_{34}\\n_1c_{34}\\\cdots\\\cdots\\\cdots\\\cdots\\\cdots\\\cdots\\\cdots\\m_Nc_{34}\\n_Nc_{34}\end{bmatrix} \tag{4.6}$$

事实上，投影矩阵 $\boldsymbol{M}_w^i$ 乘以或除以任意不为零的常数并不影响 $\boldsymbol{p}_k^w=[X_k^w\quad Y_k^w\quad Z_k^w\quad 1]^{\mathrm{T}}$ 与 $\boldsymbol{p}_k^i=[m_k\quad n_k\quad 1]^{\mathrm{T}}$ 间的关系。因此，将式(4.6)两边同时除以 c_{34} 或令 $c_{34}=1$，从而得到关于矩阵 $\boldsymbol{M}_w^i$ 其他元素的 $2N$ 个线性方程，其未知量的个数为 11 个，将其简写为

$$\boldsymbol{A}\overline{\boldsymbol{M}}_w^i=\boldsymbol{Z} \tag{4.7}$$

式中，$\boldsymbol{A}$ 为式(4.6)等号左边 $2N\times 11$ 维矩阵；$\overline{\boldsymbol{M}}_w^i$ 为除矩阵 $\boldsymbol{M}_w^i$ 元素 c_{34} 外其他元素构成的 11×1 维向量；$\boldsymbol{Z}$ 为式(4.6)等号右边的 $2N\times 1$ 维向量，且 $c_{34}=1$。当 $2N>11$ 时，利用最小二乘法求出线性方程式(4.7)的解为

$$\hat{\overline{\boldsymbol{M}}}_w^i=(\boldsymbol{A}^{\mathrm{T}}\boldsymbol{A})^{-1}\boldsymbol{A}^{\mathrm{T}}\boldsymbol{Z} \tag{4.8}$$

向量 $\hat{\overline{\boldsymbol{M}}}_w^i$ 与 $c_{34}=1$ 构成了所求解的投影矩阵 $\boldsymbol{M}_w^i$。由于一对点有 2 个方程，当已知 6 个以上空间点坐标和它们对应的像点坐标，就可以计算出投影矩阵 $\boldsymbol{M}_w^i$。通常情况下，一个 3D 标定场或标定物上有数十个或数百个已知特征点，使方程的个数远超过未知量的个数，利用最小二乘法求解可以降低测量误差的影响。

计算出矩阵 $\boldsymbol{M}_w^i$ 后，还须进一步计算出摄像机的全部参数。通过对比式(4.3)和式(4.4)可知

$$\begin{bmatrix} \alpha_x & 0 & m_0 & 0 \\ 0 & \alpha_y & n_0 & 0 \\ 0 & 0 & 1 & 0 \end{bmatrix} \begin{bmatrix} \boldsymbol{r}_1^{\mathrm{T}} & \overline{T}_{wx}^c \\ \boldsymbol{r}_2^{\mathrm{T}} & \overline{T}_{wy}^c \\ \boldsymbol{r}_3^{\mathrm{T}} & \overline{T}_{wz}^c \\ \boldsymbol{0}^{\mathrm{T}} & 1 \end{bmatrix} = c_{34} \begin{bmatrix} \boldsymbol{c}_1^{\mathrm{T}} & c_{14} \\ \boldsymbol{c}_2^{\mathrm{T}} & c_{24} \\ \boldsymbol{c}_3^{\mathrm{T}} & 1 \end{bmatrix} \tag{4.9}$$

式中，$\boldsymbol{c}_i^{\mathrm{T}}(i=1,2,3)$为由式(4.4)计算出的矩阵 $\boldsymbol{M}_w^i$ 第 i 行的前三个元素组成的行向量；$c_{i4}(i=1,2,3)$为矩阵 $\boldsymbol{M}_w^i$ 第 i 行第四列元素；$\boldsymbol{r}_i^{\mathrm{T}}(i=1,2,3)$为旋转矩阵 $\boldsymbol{R}_w^c$ 的第 i 行；$\overline{T}_{wx}^c$、$\overline{T}_{wy}^c$ 和 $\overline{T}_{wz}^c$ 为平移向量 $\overline{\boldsymbol{T}}_w^c$ 的三个分量。

由式(4.9)可得

$$c_{34} \begin{bmatrix} \boldsymbol{c}_1^{\mathrm{T}} & c_{14} \\ \boldsymbol{c}_2^{\mathrm{T}} & c_{24} \\ \boldsymbol{c}_3^{\mathrm{T}} & 1 \end{bmatrix} = \begin{bmatrix} \alpha_x \boldsymbol{r}_1^{\mathrm{T}} + m_0 \boldsymbol{r}_3^{\mathrm{T}} & \alpha_x \overline{T}_{wx}^c + m_0 \overline{T}_{wz}^c \\ \alpha_y \boldsymbol{r}_2^{\mathrm{T}} + n_0 \boldsymbol{r}_3^{\mathrm{T}} & \alpha_y \overline{T}_{wy}^c + n_0 \overline{T}_{wz}^c \\ \boldsymbol{r}_3^{\mathrm{T}} & \overline{T}_{wz}^c \end{bmatrix} \tag{4.10}$$

比较式(4.10)两边可知，$\boldsymbol{r}_3 = c_{34}\boldsymbol{c}_3$。由于 $\boldsymbol{r}_3$ 是正交矩阵的第三行，于是有 $|\boldsymbol{r}_3|=1$。因此，可以从 $c_{34}|\boldsymbol{c}_3|=1$ 求出 $c_{34}=\dfrac{1}{|\boldsymbol{c}_3|}$。进而可以根据式(4.8)计算出 $\boldsymbol{r}_3$、α_x、α_y、m_0 和 n_0 分别为

$$\boldsymbol{r}_3 = c_{34}\boldsymbol{c}_3 \tag{4.11}$$

$$\alpha_x = m_{34}^2 \mid \boldsymbol{c}_1 \times \boldsymbol{c}_3 \mid \tag{4.12}$$

$$\alpha_y = m_{34}^2 \mid \boldsymbol{c}_2 \times \boldsymbol{c}_3 \mid \tag{4.13}$$

$$m_0 = (\alpha_x \boldsymbol{r}_1^{\mathrm{T}} + m_0 \boldsymbol{r}_3^{\mathrm{T}})\boldsymbol{r}_3 = c_{34}^2 \boldsymbol{c}_1^{\mathrm{T}} \boldsymbol{c}_3 \tag{4.14}$$

$$n_0 = (\alpha_y \boldsymbol{r}_2^{\mathrm{T}} + n_0 \boldsymbol{r}_3^{\mathrm{T}})\boldsymbol{r}_3 = c_{34}^2 \boldsymbol{c}_2^{\mathrm{T}} \boldsymbol{c}_3 \tag{4.15}$$

由这些参数可以进一步计算其他模型参数为

$$\boldsymbol{r}_1 = \frac{c_{34}}{\alpha_x}(\boldsymbol{c}_1 - m_0 \boldsymbol{c}_3) \tag{4.16}$$

$$\boldsymbol{r}_2 = \frac{c_{34}}{\alpha_y}(\boldsymbol{c}_2 - n_0 \boldsymbol{c}_3) \tag{4.17}$$

$$\overline{T}_{wx}^c = \frac{c_{34}}{\alpha_x}(c_{14} - m_0) \tag{4.18}$$

$$\overline{T}_{wy}^c = \frac{c_{34}}{\alpha_y}(c_{24} - n_0) \tag{4.19}$$

$$\overline{T}_{wz}^c = c_{34} \tag{4.20}$$

上述标定方法中，矩阵 $\boldsymbol{M}_w^i$ 描述了 3D 空间点与其对应的 2D 图像点坐标的关系，在一些应用场合(例如立体视觉系统)，计算出矩阵 $\boldsymbol{M}_w^i$ 后，不需要再分解为摄像机的内参数和外参数；在有些应用场合(例如运动分析)，则需要将矩阵 $\boldsymbol{M}_w^i$ 进行分解，计算出摄像机的内参数和外参数。前者，将矩阵 $\boldsymbol{M}_w^i$ 作为摄像机的模型参数，但其没有具体的物理意义，也将其称为隐参数。此外，矩阵 $\boldsymbol{M}_w^i$ 由 4 个内参数和外参数 $\boldsymbol{R}_w^c$ 和 $\overline{\boldsymbol{T}}_w^c$ 构成，共计 10 个独立变量(α_x、α_y、m_0、n_0、3 个转角和 3 个平移向量)，但矩阵 $\boldsymbol{M}_w^i$ 有 12 个元素，其由 11 个参数决定(因为 c_{34} 可指定为任意不为零的常数，常取 $c_{34}=1$)，可见这 11 个参数并非相互独立，变量间存在约束关系，当数据存在误差时，计算结果误差在各参数间分配未考虑约束关系。因此，抽取标定物或

场小方块上顶点图像坐标时，要使误差尽可能小，而且标志点要充满像的平面。

4.1.2　非线性模型摄像机标定

如式(4.1)和式(4.2)所示，摄像机非线性模型除包括线性模型中的全部参数外，还包括径向畸变参数 k_1 和 k_2、切向畸变参数 p_1 和 p_2 与薄棱镜畸变参数 s_1 和 s_2。线性模型的参数 α_x、α_y、m_0、n_0 和 γ 与非线性畸变参数 k_1、k_2、p_1、p_2、s_1 和 s_2 一起构成了非线性模型的摄像机内参数。

针对 3D 标定场/靶上的特征点，利用透视变换矩阵进行摄像机标定的缺点是没有考虑镜头的非线性畸变，精度不高。通过建立非线性摄像机成像模型并采用非线性优化方法对摄像机标定，虽然标定结果精确，但是非线性求解的结果依赖于初始值的设定。如果初始值设置不合适，那么就很难得到正确的结果。因此，非线性模型摄像机标定过程通常是先计算出线性模型的参数作为近似初值，然后再用非线性优化或迭代的方法计算其精确解。

(1) Tsai 两步法

Tsai 两步法是 Roger Tsai 于 1987 年提出的一种非线性摄像机模型标定算法，该算法将线性模型标定和非线性模型标定结合起来，先利用直接线性变换方法或透视投影变换矩阵求解摄像机参数，然后以求得的参数作为初始值，考虑摄像机畸变因素，利用非线性优化方法进一步提高标定的精确度。Tsai 算法假设摄像机仅存在径向畸变且满足径向排列约束(Radial Alignment Contraint，RAC)，而且该方法分两步实现，因此也称为两步法或 Tsai 两步法。Tsai 两步法利用标定场上或标定靶上的特征点与其对应的图像像点坐标，用最小二乘法解超定线性方程，先求外参数，再求内参数。如果摄像机无透镜畸变，可由一个超定线性方程解出；如存在径向畸变，则用非线性优化的方法获得全部参数。

所谓的径向排列约束 RAC 是指在图像平面上，图像中心点坐标(m_0,n_0)、理想的像点坐标(m_t,n_t)和实际的像点坐标(m,n)三点共线或任两点连成的直线斜率相等，其示意图如图 4.4(a)所示。考虑到镜头有径向畸变情况下，图像中心点坐标(m_0,n_0)、理想的像点坐标(m_t,n_t)和实际的像点坐标(m,n)三点共线或任两点连成的直线斜率相等这一关系式仍然成立，其成像模型示意图如图 4.4(b)所示。由成像模型可知，径向畸变不改变方向，无论镜头有无透镜畸变都不改变这一事实；而且有效焦距 f 变化，也不改变径向畸变的方向，因为焦距 f 的变化只改变径向的距离。这也意味着，由 RAC 推导出的任何关系式都与有效焦距 f 和畸变系数无关。

假定 3D 空间标定点位于世界坐标系的某一平面中，且假设摄像机相对于这个平面两个条件，即世界坐标系原点不在视场范围内和世界坐标系原点不会投影到近图像的 x 轴，前者主要是消除透镜变形对相机常数和到标定面距离的影响；后者保证刚体平移分量不会接近于 0。

如图 4.4(b)所示，3D 空间点 $A(X_a^w,Y_a^w,Z_a^w)$投影到摄像机坐标系(X^c,Y^c,Z^c)，将其写成分量形式为

$$X^c=a_1X^w+a_2Y^w+a_3Z^w+\overline{T}_{wx}^c$$

$$Y^c=a_4X^w+a_5Y^w+a_6Z^w+\overline{T}_{wy}^c$$

$$Z^c=a_7X^w+a_8Y^w+a_9Z^w+\overline{T}_{wz}^c$$

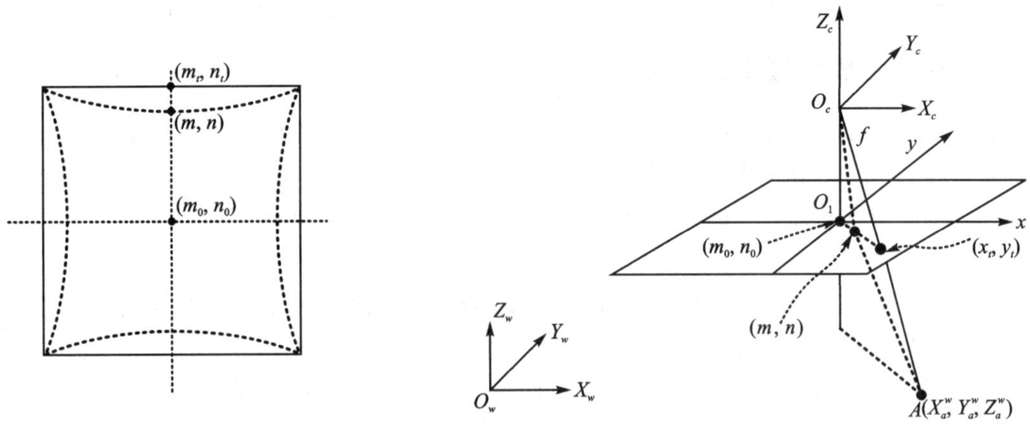

(a) RAC示意图　　(b) 有径向畸变的摄像机成像模型

图 4.4　RAC 示意图和有径向畸变的摄像机成像模型

由于理想的像点、实际像点和图像中心满足径向排列约束，于是有

$$\frac{x}{y}=\frac{x_t}{y_t}=\frac{a_1X^w+a_2Y^w+a_3Z^w+\overline{T}^c_{wx}}{a_4X^w+a_5Y^w+a_6Z^w+\overline{T}^c_{wy}} \tag{4.21}$$

对其进一步整理，得

$$yX^w\frac{a_1}{\overline{T}^c_{wy}}+yY^w\frac{a_2}{\overline{T}^c_{wy}}+yZ^w\frac{a_3}{\overline{T}^c_{wy}}+y\frac{\overline{T}^c_{wx}}{\overline{T}^c_{wy}}-xX^w\frac{a_4}{\overline{T}^c_{wy}}-xY^w\frac{a_5}{\overline{T}^c_{wy}}-xZ^w\frac{a_6}{\overline{T}^c_{wy}}=x \tag{4.22}$$

进一步写成向量乘积的形式，即

$$\begin{bmatrix}yX^w & yY^w & yZ^w & y & -xX^w & -xY^w & -xZ^w\end{bmatrix}\begin{bmatrix}a_1/\overline{T}^c_{wy}\\ a_2/\overline{T}^c_{wy}\\ a_3/\overline{T}^c_{wy}\\ \overline{T}^c_{wx}/\overline{T}^c_{wy}\\ a_4/\overline{T}^c_{wy}\\ a_5/\overline{T}^c_{wy}\\ a_6/\overline{T}^c_{wy}\end{bmatrix}=x \tag{4.23}$$

根据像素/平面坐标，实际图像到计算机图像间的关系为

$$m=\frac{x}{s\hat{d}_x}+m_0,\quad \hat{d}_x=d_x\frac{M_{cx}}{M_{fx}} \tag{4.24a}$$

$$n=\frac{y}{\hat{d}_y}+n_0,\quad \hat{d}_y=d_y\frac{N_{cy}}{N_{fy}} \tag{4.24b}$$

式中，M_{cx} 和 M_{fx} 分别为 x 方向的标称像素数和实际采集的像素数；N_{cy} 和 N_{fy} 分别为 y 方向的标称像素数和实际采集的像素数；s 为尺度因子。

利用图 4.3(b)标定场非共面点和其相应的图像点对 $(X^w_k, Y^w_k, Z^w_k)\Leftrightarrow(m_k, n_k)$ $k=1$,

2，…，N 和式(4.23)与式(4.24)求解相机成像模型的参数，该相机标定过程分为两个步骤，故称两步法。

步骤 1：求旋转矩阵 R_w^c、平移阵向量 $\overline{T}_w^c$ 的分量 $\overline{T}_{wx}^c$ 和 $\overline{T}_{wy}^c$ 与因子 s。

取 $s=1$，(m_0,n_0)表示像素坐标系的中心点坐标，于是有

$$\begin{bmatrix} y_kX^w & y_kY^w & y_kZ^w & y_k & -x_kX^w & -x_kY^w & -x_kZ^w \end{bmatrix} X = x_k \tag{4.25}$$

式中，$X=\begin{bmatrix} \frac{a_1}{\overline{T}_{wy}^c} & \frac{a_2}{\overline{T}_{wy}^c} & \frac{a_3}{\overline{T}_{wy}^c} & \frac{\overline{T}_{wx}^c}{\overline{T}_{wy}^c} & \frac{a_4}{\overline{T}_{wy}^c} & \frac{a_5}{\overline{T}_{wy}^c} & \frac{a_6}{\overline{T}_{wy}^c} \end{bmatrix}^{\mathrm{T}}$。方程共有 7 个未知量，点对 $N>7$ 时，可以用最小二乘法求得向量 $\hat{X}$。于是，用 $\hat{X}$ 计算相机模型的参数。由于 x_t 与 x、y_t 与 y 具有相同的正负号，则假设 $\overline{T}_{wy}^c$ 的符号为正，于是有

$$\overline{T}_{wy}^c = \frac{1}{\sqrt{\frac{a_4^2}{\overline{T}_{wy}^{c\,2}}+\frac{a_5^2}{\overline{T}_{wy}^{c\,2}}+\frac{a_6^2}{\overline{T}_{wy}^{c\,2}}}}$$

$$s=\frac{\sqrt{a_4^2+a_5^2+a_6^2}}{\overline{T}_{wy}^c}\overline{T}_{wy}^c$$

$$a_1=(\overline{T}_{wy}^{c\,-1}sa_1)\overline{T}_{wy}^c/s$$

$$a_2=(\overline{T}_{wy}^{c\,-1}sa_2)\overline{T}_{wy}^c/s$$

$$a_3=(\overline{T}_{wy}^{c\,-1}sa_3)\overline{T}_{wy}^c/s$$

$$a_4=(\overline{T}_{wy}^{c\,-1}a_4)\overline{T}_{wy}^c$$

$$a_5=(\overline{T}_{wy}^{c\,-1}a_5)\overline{T}_{wy}^c$$

$$a_6=(\overline{T}_{wy}^{c\,-1}a_6)\overline{T}_{wy}^c$$

$$\overline{T}_{wx}^c=(\overline{T}_{wy}^{c\,-1}s\overline{T}_{wx}^c)\overline{T}_{wy}^c/s$$

$$\begin{bmatrix} a_7 & a_8 & a_9 \end{bmatrix} = \begin{bmatrix} a_1 & a_2 & a_3 \end{bmatrix} \times \begin{bmatrix} a_4 & a_5 & a_6 \end{bmatrix}$$

步骤 2：求焦距 f、平移阵向量 $\overline{T}_w^c$ 的分量 $\overline{T}_{wz}^c$ 和畸变系数 k。

对于每一个特征点，不考虑畸变($k=0$)时都有

$$\frac{y_k}{f}=\frac{Y_k^c}{Z_k^c}\quad y_k=\hat{d}_y(n_k-n_0)\quad k=1,2,\cdots,N \tag{4.26a}$$

$$Y_k^c=a_4X_k^w+a_5Y_k^w+a_6Z_k^w+\overline{T}_{wy}^c \tag{4.26b}$$

$$Z_k^c=a_7X_k^w+a_8Y_k^w+a_9Z_k^w+\overline{T}_{wz}^c \tag{4.26c}$$

进一步整理，得

$$\begin{bmatrix} Y_k^c & -\hat{d}_y(n_k-n_0) \end{bmatrix} \begin{bmatrix} f \\ \overline{T}_{wz}^c \end{bmatrix} = Z_k'^c\hat{d}_y(n_k-n_0) \tag{4.27}$$

式中，$Z_k'^c=a_7X_k^w+a_8Y_k^w+a_9Z_k^w$。通过 N 对点形成超定方程组，利用最小二乘求得焦距 f 和 $\overline{T}_{wz}^c$ 的初值。进而以计算出的焦距 f、$\overline{T}_{wz}^c$ 和 $k=0$ 为初值，进一步通过非线性优化方法估计式(4.1)中摄像机模型参数的精确值。

(2) 全参数标定法

Tsai 两步法假设摄像机仅存在径向畸变，而且相机畸变误差主要以径向畸变为主，因此仅考虑相机的径向畸变也能满足实际应用中的一些需求。但在精确测量和导航等实际应用中，仅考虑径向畸变误差还不能满足需求，还需要考虑切向畸变、薄棱镜畸变和不垂直（或剪切）因子等。为区别 Tsai 方法，本书将其命名为全参数标定法。

针对式(4.2)，在不考虑畸变误差时，有

$$m=\frac{(f_m a_1+m_0 a_7)X_a^w+(f_m a_2+m_0 a_8)Y_a^w+(f_m a_3+m_0 a_9)Z_a^w-(f_m a_1+m_0 a_7)X_S^w-(f_m a_2+m_0 a_8)Y_S^w-(f_m a_3+m_0 a_9)Z_S^w}{a_7 X_a^w+a_8 Y_a^w+a_9 Z_a^w-(a_7 X_S^w+a_8 Y_S^w+a_9 Z_S^w)}$$

$$n=\frac{(f_n a_4+n_0 a_7)X_a^w+(f_n a_5+n_0 a_8)Y_a^w+(f_n a_6+n_0 a_9)Z_a^w-(f_n a_4+n_0 a_7)X_S^w-(f_n a_5+n_0 a_8)Y_S^w-(f_n a_6+n_0 a_9)Z_S^w}{a_7 X_a^w+a_8 Y_a^w+a_9 Z_a^w-(a_7 X_S^w+a_8 Y_S^w+a_9 Z_S^w)}$$

对上式等式右边分子和分母分别除以常数项$-(a_7 X_S^w+a_8 Y_S^w+a_9 Z_S^w)$，于是将其变换为 3D 空间点坐标$(X_a^w,Y_a^w,Z_a^w)$和 2D 像平面坐标$(m,n)$间的投影关系，即

$$m=\frac{b_1 X_a^w+b_2 Y_a^w+b_3 Z_a^w+c_1}{b_7 X_a^w+b_8 Y_a^w+b_9 Z_a^w+1} \tag{4.28a}$$

$$n=\frac{b_4 X_a^w+b_5 Y_a^w+b_6 Z_a^w+c_2}{b_7 X_a^w+b_8 Y_a^w+b_9 Z_a^w+1} \tag{4.28b}$$

$$b_1=-\frac{f_m a_1+m_0 a_7}{a_7 X_S^w+a_8 Y_S^w+a_9 Z_S^w} \tag{4.29}$$

$$b_2=-\frac{f_m a_2+m_0 a_8}{a_7 X_S^w+a_8 Y_S^w+a_9 Z_S^w} \tag{4.30}$$

$$b_3=-\frac{f_m a_3+m_0 a_9}{a_7 X_S^w+a_8 Y_S^w+a_9 Z_S^w} \tag{4.31}$$

$$b_4=-\frac{f_n a_4+n_0 a_7}{a_7 X_S^w+a_8 Y_S^w+a_9 Z_S^w} \tag{4.32}$$

$$b_5=-\frac{f_n a_5+n_0 a_8}{a_7 X_S^w+a_8 Y_S^w+a_9 Z_S^w} \tag{4.33}$$

$$b_6=-\frac{f_n a_6+n_0 a_9}{a_7 X_S^w+a_8 Y_S^w+a_9 Z_S^w} \tag{4.34}$$

$$b_7=-\frac{a_7}{a_7 X_S^w+a_8 Y_S^w+a_9 Z_S^w} \tag{4.35}$$

$$b_8=-\frac{a_8}{a_7 X_S^w+a_8 Y_S^w+a_9 Z_S^w} \tag{4.36}$$

$$b_9=-\frac{a_9}{a_7 X_S^w+a_8 Y_S^w+a_9 Z_S^w} \tag{4.37}$$

$$c_1=\frac{f_m a_1 X_S^w+f_m a_2 Y_S^w+f_m a_3 Z_S^w}{a_7 X_S^w+a_8 Y_S^w+a_9 Z_S^w}+m_0 \tag{4.38}$$

$$c_2=\frac{f_n a_4 X_S^w+f_n a_5 Y_S^w+f_n a_6 Z_S^w}{a_7 X_S^w+a_8 Y_S^w+a_9 Z_S^w}+n_0 \tag{4.39}$$

利用直接线性变换法和图 4.3(b)标定场非共面点(X_k^w,Y_k^w,Z_k^w)与其相应的图像点(m_k,n_k)对数据$k=1,2,\cdots,N$就可计算出式(4.29)～式(4.39)中的$b_i(i=1,2,\cdots,9)$、c_1

和 c_2。

由于 $a_i(i=1,2,\cdots,9)$是旋转矩阵 $\boldsymbol{R}$ 的元素，于是有 $a_7^2+a_8^2+a_9^2=1$、$a_1a_7+a_2a_8+a_3a_9=0$ 和 $a_4a_7+a_5a_8+a_6a_9=0$。因此，计算相机模型参数的初值为

$$m_0=\frac{b_1b_7+b_2b_8+b_3b_9}{b_7^2+b_8^2+b_9^2} \tag{4.40}$$

$$n_0=\frac{b_4b_7+b_5b_8+b_6b_9}{b_7^2+b_8^2+b_9^2} \tag{4.41}$$

$$f_m=\sqrt{-m_0^2+\frac{b_1^2+b_2^2+b_3^2}{b_7^2+b_8^2+b_9^2}} \tag{4.42}$$

$$f_n=\sqrt{-n_0^2+\frac{b_4^2+b_5^2+b_6^2}{b_7^2+b_8^2+b_9^2}} \tag{4.43}$$

$$a_7=-\frac{b_7}{\sqrt{b_7^2+b_8^2+b_9^2}} \tag{4.44}$$

$$a_8=-\frac{b_8}{\sqrt{b_7^2+b_8^2+b_9^2}} \tag{4.45}$$

$$a_9=-\frac{b_9}{\sqrt{b_7^2+b_8^2+b_9^2}} \tag{4.46}$$

$$a_1=-\frac{1}{f_m}\left(a_7m_0+\frac{b_1}{\sqrt{b_7^2+b_8^2+b_9^2}}\right) \tag{4.47}$$

$$a_2=-\frac{1}{f_m}\left(a_8m_0+\frac{b_2}{\sqrt{b_7^2+b_8^2+b_9^2}}\right) \tag{4.48}$$

$$a_3=-\frac{1}{f_m}\left(a_9m_0+\frac{b_3}{\sqrt{b_7^2+b_8^2+b_9^2}}\right) \tag{4.49}$$

$$a_4=-\frac{1}{f_n}\left(a_7n_0+\frac{b_4}{\sqrt{b_7^2+b_8^2+b_9^2}}\right) \tag{4.50}$$

$$a_5=-\frac{1}{f_n}\left(a_8n_0+\frac{b_5}{\sqrt{b_7^2+b_8^2+b_9^2}}\right) \tag{4.51}$$

$$a_6=-\frac{1}{f_n}\left(a_9n_0+\frac{b_6}{\sqrt{b_7^2+b_8^2+b_9^2}}\right) \tag{4.52}$$

根据 $b_i(i=1,2,\cdots,9)$、c_1 和 c_2 的计算值以及相机模型参数计算值式(4.40)～式(4.52)，可以进一步计算出摄像机坐标系在世界坐标系下的坐标和三个角定向元素分别为

$$\begin{bmatrix} X_S^w \\ Y_S^w \\ Z_S^w \end{bmatrix}=\begin{bmatrix} a_1 & a_2 & a_3 \\ a_4 & a_5 & a_6 \\ a_7 & a_8 & a_9 \end{bmatrix}^{\mathrm{T}}\begin{bmatrix} \dfrac{c_1-m_0}{f_m\sqrt{b_7^2+b_8^2+b_9^2}} \\ \dfrac{c_2-n_0}{f_m\sqrt{b_7^2+b_8^2+b_9^2}} \\ \dfrac{1}{\sqrt{b_7^2+b_8^2+b_9^2}} \end{bmatrix}=\boldsymbol{R}^{\mathrm{T}}\begin{bmatrix} \dfrac{c_1-m_0}{f_m\sqrt{b_7^2+b_8^2+b_9^2}} \\ \dfrac{c_2-n_0}{f_m\sqrt{b_7^2+b_8^2+b_9^2}} \\ \dfrac{1}{\sqrt{b_7^2+b_8^2+b_9^2}} \end{bmatrix} \tag{4.53}$$

$$\varphi_{主} = \arctan\left(\frac{-\cos\omega\sin\varphi}{\cos\omega\cos\varphi}\right) = \arctan\left(\frac{-a_7}{a_9}\right) \tag{4.54a}$$

$$\omega_{主} = \arcsin(-\sin\omega) = \arcsin(-a_8) \tag{4.54b}$$

$$\kappa_{主} = \arctan\left(\frac{\sin\kappa\cos\omega}{\cos\kappa\cos\omega}\right) = \arctan\left(\frac{a_2}{a_5}\right) \tag{4.54c}$$

考虑畸变模型后，摄像机成像非线性模型为

$$m - m_0 + k_1 mr^2 + k_2 mr^4 + 2p_1 mn + p_2(r^2 + 2m^2) + s_1(m^2 + n^2) = \frac{b_1 X_a^w + b_2 Y_a^w + b_3 Z_a^w + c_1}{b_7 X_a^w + b_8 Y_a^w + b_9 Z_a^w + 1} \tag{4.55a}$$

$$n - n_0 + k_1 nr^2 + k_2 nr^4 + p_1(r^2 + 2n^2) + 2p_2 mn + s_2(m^2 + n^2) = \frac{b_4 X_a^w + b_5 Y_a^w + b_6 Z_a^w + c_2}{b_7 X_a^w + b_8 Y_a^w + b_9 Z_a^w + 1} \tag{4.55b}$$

可根据实际应用需求，选择适用的畸变模型，如果不考虑切向畸变或薄棱镜畸变时，可将相关的畸变系数取为零。进而利用非线性优化方法对式(2.55)进行求解，进而求出相机内参数、外参数和畸变系数的精确解。

4.1.3 非线性模型相机标定实例

利用数字导航中心高精度标定场对相机进行标定，相机型号为佳能 EOS 5D Mark Ⅱ，像幅大小为 5 616 像素×3 744 像素，CCD 大小为 36 mm×24 mm，CCD 像素大小为 6.41 μm×6.41 μm。相机标定结果如表 4.2 所列，相机主点坐标(m_0, n_0)，焦距 f，径向畸变系数 k_1 和 k_2，切向畸变 p_1 和 p_2，Δm 和 Δn 分别为光心在 x 轴方向和 y 轴方向偏离图像中心的大小，也称为偏心距。像方和物方空间的误差统计结果图如图 4.5 所示，其中 x 轴方向和 y 轴方向的像方空间误差的最大值分别为 2.64 像素和 3.34 像素，其标准差分别为 1.08 像素和 1.02 像素；x 轴方向和 y 轴方向的物方空间误差的最大值分别为 2.29 mm 和 2.51 mm，标准差分别为 0.96 mm 和 0.75 mm。

表 4.2 实际相机参数标定结果(单位:像素)

m_0	n_0	Δm	Δn	f	k_1	k_2	p_1	p_2
2 814.404	1 863.936	6.404	−8.064	5 560.629	2.772×10^{-9}	-1.239×10^{-16}	4.791×10^{-8}	7.222×10^{-8}

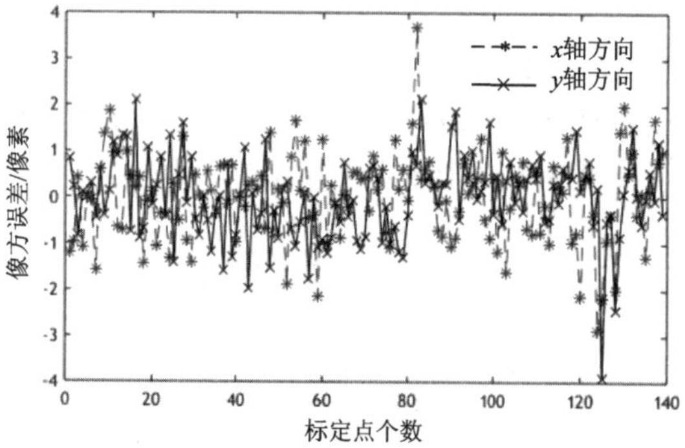

(a) 像方空间

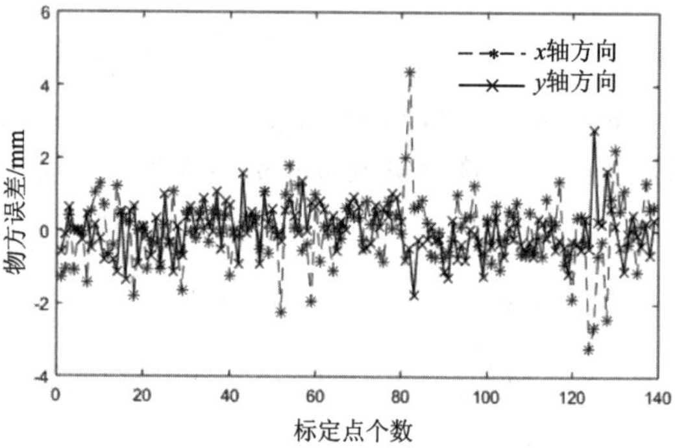

(b) 物方空间

图 4.5 像方和物方空间的误差统计结果

4.2　基于 2D 标定靶的摄像机标定

一般来讲，3D 立体靶标或 3D 标定场的制作或建设成本较高，且加工精度受到一定的限制。2000 年，张正友提出了基于 2D 平面靶标的摄像机标定方法，也称为张正友标定法。在该方法中，要求摄像机在两个以上不同的方位拍摄一个平面靶标，摄像机和 2D 平面靶标都可以自由移动，不需要知道运动参数，其示意图如图 4.6 所示。在标定过程中，假定摄像机内部参数始终不变，即不论摄像机从任何角度拍摄靶标，摄像机内部参数都为常数，只有外部参数发生变化。

(a) 平面标定靶

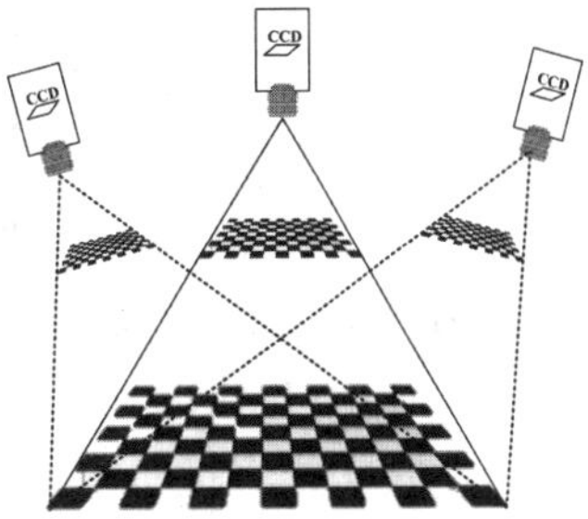

(b) 采集标定靶图像

图 4.6　平面标定靶和相机不同位置图像采集的示意图

4.2.1　张正友标定方法

一个 3D 空间点 $\boldsymbol{p}^w$ 的齐次坐标为 $(X^w \quad Y^w \quad Z^w \quad 1)^{\mathrm{T}}$，与其对应的 2D 像点 $\boldsymbol{p}^i$ 的齐次坐标为 $(m \quad n \quad 1)^{\mathrm{T}}$，其成像模型为

$$Z^w \begin{bmatrix} m \\ n \\ 1 \end{bmatrix} = \begin{bmatrix} \alpha_x & \gamma & m_0 & 0 \\ 0 & \alpha_y & n_0 & 0 \\ 0 & 0 & 1 & 0 \end{bmatrix} \begin{bmatrix} \boldsymbol{R}_w^c & \bar{\boldsymbol{T}}_w^c \\ 0^{\mathrm{T}} & 1 \end{bmatrix} \begin{bmatrix} X^w \\ Y^w \\ Z^w \\ 1 \end{bmatrix}$$

由于 3D 空间点位于同一个平面内，3D 空间点投影到像平面上的过程是从一个平面到另一个平面的投影过程，称该过程为单应性变换，其投影矩阵称为单应性矩阵。因此，上述过程可用单应性矩 $\boldsymbol{H}_w^i$ 阵来表示，即

$$\boldsymbol{p}^i = \boldsymbol{M}_c^i [\boldsymbol{R}_w^c \mid \bar{\boldsymbol{T}}_w^c] p^w = \boldsymbol{H}_w^i \boldsymbol{p}^w \tag{4.56}$$

不失一般性，假设 2D 靶标平面位于世界坐标系的 $X^w Y^w$ 平面上，即 $Z^w = 0$，于是式(4.56)可表示为

$$Z^c \begin{bmatrix} m \\ n \\ 1 \end{bmatrix} = \boldsymbol{M}_c^i [\boldsymbol{R}_w^c \mid \bar{\boldsymbol{T}}_w^c] \begin{bmatrix} X^w \\ Y^w \\ 0 \\ 1 \end{bmatrix} = \boldsymbol{M}_c^i [\boldsymbol{r}_1 \quad \boldsymbol{r}_2 \quad \boldsymbol{r}_3 \quad \bar{\boldsymbol{T}}_w^c] \begin{bmatrix} X^w \\ Y^w \\ 0 \\ 1 \end{bmatrix} = \boldsymbol{M}_c^i [\boldsymbol{r}_1 \quad \boldsymbol{r}_2 \quad \bar{\boldsymbol{T}}_w^c] \begin{bmatrix} X^w \\ Y^w \\ 1 \end{bmatrix} \tag{4.57}$$

根据平面靶标3D点和2D点对的坐标计算式(4.56)中的单应性矩阵$\boldsymbol{H}_w^i$，计算出$\boldsymbol{H}_w^i$后，可写为

$$\boldsymbol{H}_w^i = [\boldsymbol{h}_1 \quad \boldsymbol{h}_2 \quad \boldsymbol{h}_3] = s\boldsymbol{M}_c^i [\boldsymbol{r}_1 \quad \boldsymbol{r}_2 \quad \bar{\boldsymbol{T}}_w^c] \tag{4.58}$$

式中，s为一任意的比例因子。进一步整理，可得

$$\boldsymbol{r}_1 = s'\boldsymbol{M}_c^{i^{-1}}\boldsymbol{h}_1 \tag{4.59}$$

$$\boldsymbol{r}_2 = s'\boldsymbol{M}_c^{i^{-1}}\boldsymbol{h}_2 \tag{4.60}$$

$$\bar{T}_w^c = s'\boldsymbol{M}_c^{i^{-1}}\boldsymbol{h}_3 \tag{4.61}$$

由旋转矩阵的正交性得$\boldsymbol{r}_1^{\mathrm{T}}\boldsymbol{r}_1 = \boldsymbol{r}_2^{\mathrm{T}}\boldsymbol{r}_2 = 1$，$\boldsymbol{r}_1^{\mathrm{T}}\boldsymbol{r}_2 = 0$，且取$s' = 1$，于是有

$$\boldsymbol{h}_1^{\mathrm{T}}\boldsymbol{M}_c^{i^{-\mathrm{T}}}\boldsymbol{M}_c^{i^{-1}}\boldsymbol{h}_2 = 0 \tag{4.62}$$

$$\boldsymbol{h}_1^{\mathrm{T}}\boldsymbol{M}_c^{i^{-\mathrm{T}}}\boldsymbol{M}_c^{i^{-1}}\boldsymbol{h}_1 = 1 \tag{4.63}$$

$$\boldsymbol{h}_2^{\mathrm{T}}\boldsymbol{M}_c^{i^{-\mathrm{T}}}\boldsymbol{M}_c^{i^{-1}}\boldsymbol{h}_2 = 1 \tag{4.64}$$

令$\boldsymbol{B} = \boldsymbol{M}_c^{i^{-\mathrm{T}}}\boldsymbol{M}_c^{i^{-1}}$，且有

$$\boldsymbol{B} = \begin{bmatrix} B_{11} & B_{12} & B_{13} \\ B_{21} & B_{22} & B_{23} \\ B_{31} & B_{32} & B_{33} \end{bmatrix}$$

$$= \begin{bmatrix} \dfrac{1}{\alpha_x^2} & -\dfrac{\gamma}{\alpha_x^2\alpha_y} & \dfrac{n_0\gamma - m_0\alpha_y}{\alpha_x^2\alpha_y} \\ -\dfrac{\gamma}{\alpha_x^2\alpha_y} & \dfrac{\gamma^2}{\alpha_x^2\alpha_y^2} + \dfrac{1}{\alpha_y^2} & -\dfrac{\gamma(n_0\gamma - m_0\alpha_y)}{\alpha_x^2\alpha_y^2} - \dfrac{n_0}{\alpha_y^2} \\ \dfrac{n_0\gamma - m_0\alpha_y}{\alpha_x^2\alpha_y} & -\dfrac{\gamma(n_0\gamma - m_0\alpha_y)}{\alpha_x^2\alpha_y^2} - \dfrac{n_0}{\alpha_y^2} & \dfrac{(n_0\gamma - m_0\alpha_y)^2}{\alpha_x^2\alpha_y^2} + \dfrac{n_0}{\alpha_y^2} + 1 \end{bmatrix} \tag{4.65}$$

即有

$$\boldsymbol{h}_1^{\mathrm{T}}\boldsymbol{B}\boldsymbol{h}_1 - \boldsymbol{h}_2^{\mathrm{T}}\boldsymbol{B}\boldsymbol{h}_2 = 0 \tag{4.66}$$

$$\boldsymbol{h}_1^{\mathrm{T}}\boldsymbol{B}\boldsymbol{h}_2 = 0 \tag{4.67}$$

矩阵 $\boldsymbol{B}$ 是对称矩阵，有 6 个未知量，将这 6 个量写为向量形式 $\boldsymbol{b} = [B_{11} \quad B_{12} \quad B_{22} \quad B_{13} \quad B_{23} \quad B_{33}]^{\mathrm{T}}$，记$\boldsymbol{h}_i = [h_{1i} \quad h_{2i} \quad h_{3i}]^{\mathrm{T}}$，将$\boldsymbol{h}_i^{\mathrm{T}}\boldsymbol{B}\boldsymbol{h}_j$展开得

$$\boldsymbol{h}_i^{\mathrm{T}}\boldsymbol{B}\boldsymbol{h}_j = [h_{1i} \quad h_{2i} \quad h_{3i}] \begin{bmatrix} B_{11} & B_{12} & B_{13} \\ B_{12} & B_{22} & B_{23} \\ B_{13} & B_{23} & B_{33} \end{bmatrix} \begin{bmatrix} h_{1j} \\ h_{2j} \\ h_{3j} \end{bmatrix} = \boldsymbol{v}_{ij}\boldsymbol{b} \tag{4.68}$$

式中，$\boldsymbol{v}_{ij} = [h_{1i}h_{1j} \quad h_{1i}h_{2j} + h_{2i}h_{1j} \quad h_{2i}h_{2j} \quad h_{3i}h_{1j} + h_{1i}h_{3j} \quad h_{3i}h_{2j} + h_{2i}h_{3j} \quad h_{3i}h_{3j}]$。

将式(4.66)和式(4.67)代入式(4.68)中，整理得

$$\begin{bmatrix} \boldsymbol{v}_{12} \\ \boldsymbol{v}_{11} - \boldsymbol{v}_{12} \end{bmatrix} \boldsymbol{b} = \boldsymbol{V}\boldsymbol{b} = 0 \tag{4.69}$$

假定有N幅图像，则$\boldsymbol{V}$是$2N \times 6$维的矩阵，因此当$N \geqslant 3$时，可以得到b的唯一解；当$N = 2$时，扭曲参数$\gamma = 0$作为约束条件；当$N = 1$时，假定$\gamma = 0$、m_0和n_0已知。当$N \geqslant 3$时，对$\boldsymbol{V}^{\mathrm{T}}\boldsymbol{V}$进行SVD分解，其最小特征值对应的特征向量就是$\boldsymbol{V}\boldsymbol{b} = 0$的最小二乘解，从而求得矩阵

$\boldsymbol{B}$，进而求出相机的内参数和外参数为

$$s'=B_{33}-\frac{B_{13}^2+n_0(B_{12}B_{13}-B_{11}B_{23})}{B_{11}} \tag{4.70}$$

$$\alpha_x=\sqrt{\frac{s'}{B_{11}}} \tag{4.71}$$

$$\alpha_y=\sqrt{\frac{s'B_{11}}{B_{11}B_{22}-B_{12}^2}} \tag{4.72}$$

$$\gamma=-\frac{B_{12}\alpha_x^2\alpha_y}{s'} \tag{4.73}$$

$$m_0=\frac{n_0\gamma}{\alpha_y}-\frac{B_{13}\alpha_x^2}{s'} \tag{4.74}$$

$$n_0=\frac{B_{12}B_{13}-B_{11}B_{23}}{B_{11}B_{22}-B_{12}^2} \tag{4.75}$$

$$s'=\frac{1}{s}=\frac{1}{\|\boldsymbol{M}_c^{i^{-1}}\boldsymbol{h}_1\|}=\frac{1}{\|\boldsymbol{M}_c^{i^{-1}}\boldsymbol{h}_2\|} \tag{4.76}$$

$$\boldsymbol{r}_1=s'\boldsymbol{M}_c^{i^{-1}}\boldsymbol{h}_1 \tag{4.77}$$

$$\boldsymbol{r}_2=s'\boldsymbol{M}_c^{i^{-1}}\boldsymbol{h}_2 \tag{4.78}$$

$$\boldsymbol{r}_3=\boldsymbol{r}_1\times\boldsymbol{r}_2 \tag{4.79}$$

$$\bar{\boldsymbol{T}}_w^c=s'\boldsymbol{M}_c^{i^{-1}}\boldsymbol{h}_3 \tag{4.80}$$

通过 SVD 分解得到的近似单应性矩阵，并不能完全保证 $\boldsymbol{r}_1$ 和 $\boldsymbol{r}_2$ 的正交性，得到的旋转矩阵不满足旋转矩阵的正交性，需要对其进一步正交化。对一个相机，相机内方位元素是相机的固有参数，由其构成的内参数矩阵是不变的，且与标定靶、相机的位置无关。因此，在求解内参矩阵时，可以利用不同的图片（标定靶和相机的位置关系不同）获取的矩阵，共同求解相机内参数矩阵。在获得相机的内参数和外参数之后，可以利用优化的思想获得畸变系数。

考虑径向畸变模型为

$$\begin{cases}m_t=m+(m-m_0)(k_1r^2+k_2r^4)\\n_t=n+(n-n_0)(k_1r^2+k_2r^4)\end{cases}$$

于是有

$$\begin{bmatrix}(m-m_0)r^2 & (m-m_0)r^4\\(n-n_0)r^2 & (n-n_0)r^4\end{bmatrix}\begin{bmatrix}k_1\\k_2\end{bmatrix}=\begin{bmatrix}m_t-m\\n_t-n\end{bmatrix} \tag{4.81}$$

式中，(m_t,n_t)为成像模型计算出的 3D 靶标点对应 2D 图像点的坐标。利用最小二乘法可以求出畸变系数。

在实际应用中，提取特征点时会存在高斯噪声，因此在获得初始内参数和外参数的条件下，进一步采用极大似然估计或优化的方法进一步精化求解；同时将畸变参数一起进行优化求解。

假设实验中采集 N 幅不同角度的 2D 标定靶图像，每幅图像里有 M 个靶标的角点。令第 k 幅图像上的第 j 个角点记为 p_{kj}^w，其投影点为 p_{kj}^i，即

$$\boldsymbol{p}_{kj}^i=\boldsymbol{M}_p(\boldsymbol{M}_c^i,\boldsymbol{R}_{wk}^c,\bar{\boldsymbol{T}}_{wk}^c,k_1,k_2,\boldsymbol{p}_{kj}^w)=\boldsymbol{M}_c^i[\boldsymbol{R}_{wk}^c \mid \bar{\boldsymbol{T}}_{wk}^c]^{\mathrm{T}}\boldsymbol{p}_{kj}^w \tag{4.82}$$

式中，$\boldsymbol{M}_p$ 为投影矩阵。角点 $\boldsymbol{p}_{kj}^{i}$ 的概率密度函数为

$$\boldsymbol{F}(\boldsymbol{p}_{kj}^{i})=\frac{1}{\sqrt{2\pi}\sigma}\mathrm{e}^{\frac{-\left[\boldsymbol{p}_{kj}^{i}-\boldsymbol{M}_p(\boldsymbol{M}_c^{i},\boldsymbol{R}_{wk}^{c},\bar{\boldsymbol{T}}_{wk}^{c},k_1,k_2,p_{kj}^{w})\right]^2}{\sigma^2}} \tag{4.83}$$

构造似然函数为

$$\begin{aligned}\boldsymbol{L}(\boldsymbol{M}_c^{i},\boldsymbol{R}_{wk}^{c},\bar{\boldsymbol{T}}_{wk}^{c},k_1,k_2,p_{kj}^{w}) &= \prod_{k=1,j=1}^{N,M} F(\boldsymbol{p}_{kj}^{i}) \\ &= \frac{1}{\sqrt{2\pi}\sigma}\mathrm{e}^{\frac{-\sum\limits_{i=1}^{N}\sum\limits_{j=1}^{M}\left[\boldsymbol{p}_{kj}^{i}-\boldsymbol{M}_p(\boldsymbol{M}_c^{i},\boldsymbol{R}_{wk}^{c},\bar{\boldsymbol{T}}_{wk}^{c},k_1,k_2,\boldsymbol{p}_{kj}^{w})\right]^2}{\sigma^2}}\end{aligned} \tag{4.84}$$

以解算出的相机参数作为初始条件，通过非线性优化方法求解式(4.84)的最优解，进而精确获得相机的内参数、外参数和畸变系数。

4.2.2 张正友方法相机标定实例

Matlab 应用程序中集成了张正友相机标定法的工具箱 Camera Calibration。本实例利用荣耀 20 手机拍摄不同角度平面标定靶图像，其示意图如图 4.7 所示。将这些图片直接加载到工具箱中，点击相机标定，可自动实现特征点自动提取、检测原点、相机标定和重投影检测等，其界面操作过程示意图如图 4.8 所示，其中虚线框表示界面操作。将标定参数导出后，可获得主点 m_0 和 n_0 分别为 2 021.166 像素和 908.571 像素；焦距 f_x 和 f_y 分别为 3.085×10^3 像素和 3.073×10^3 像素；径向畸变系数数 k_1 和 k_2 分别为 0.1257 像素和 −0.294 像素。

图 4.7　不同角度拍摄的平面标定靶图像

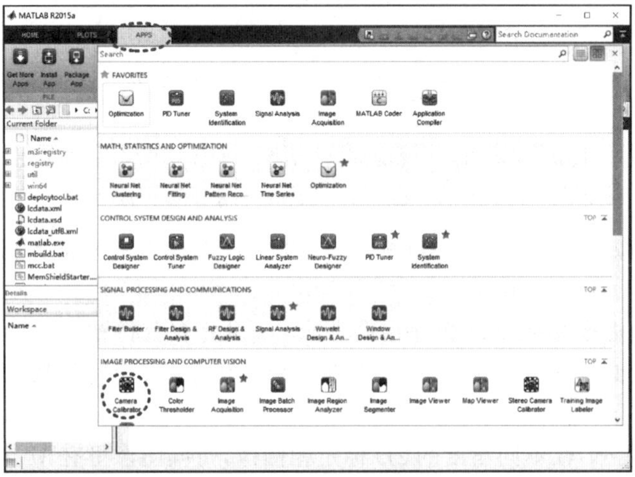

(a) 打开相机标定工具箱

图 4.8　张正友标定方法的 Matlab 工具箱操作界面及操作步骤

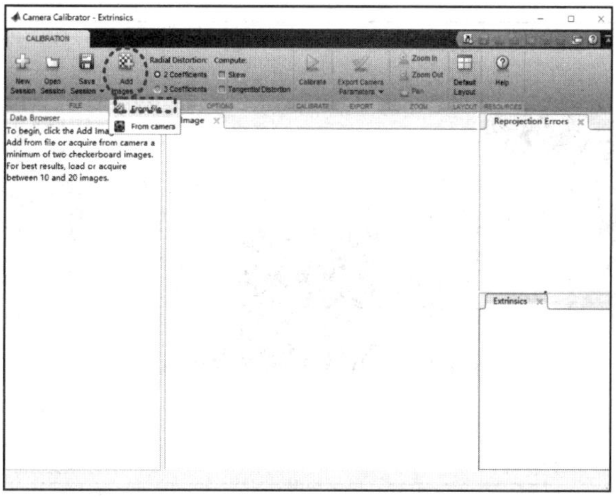

(b) 加载标定图像

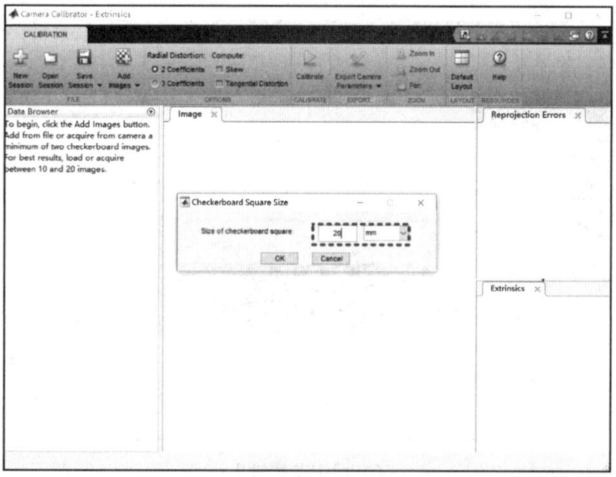

(c) 设置标定靶方块的长度

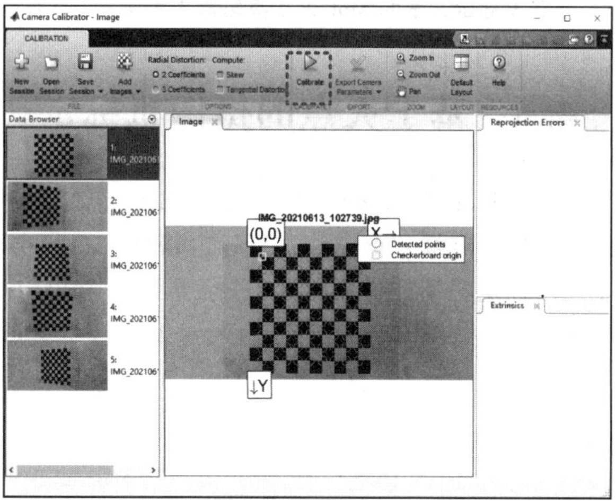

(d) 进行相机标定

图 4.8　张正友标定方法的 Matlab 工具箱操作界面及操作步骤(续)

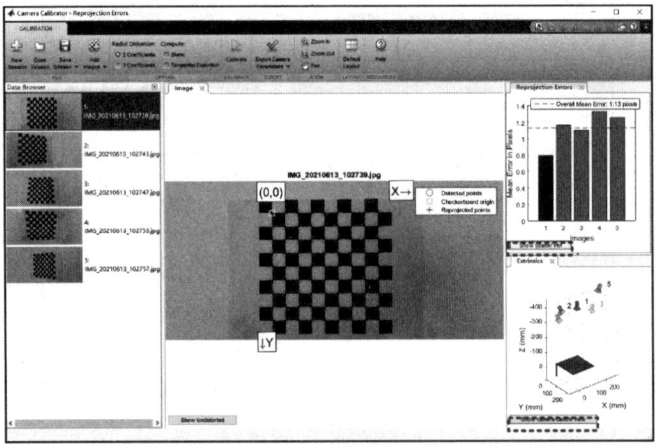

(e) 标定结果显示

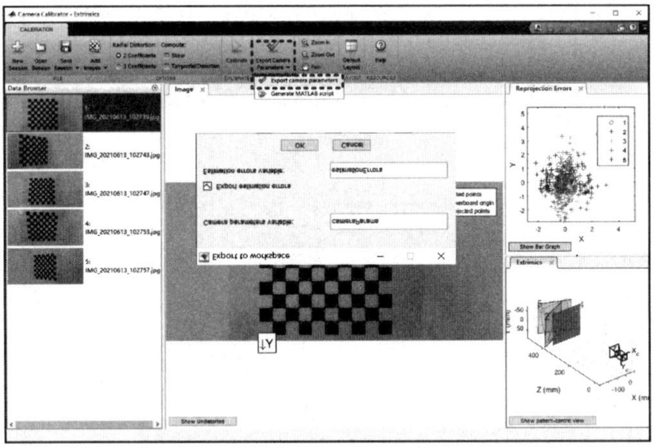

(f) 标定参数输出

图 4.8　张正友标定方法的 Matlab 工具箱操作界面及操作步骤(续)

4.3　基于灭点的摄像机标定

在一些机器视觉应用系统中,存在很多已安装相机需要标定或重新标定,但相机拆卸和安装较为麻烦,导致不能使用 3D 标定场或标定物进行标定;利用 2D 标定靶进行标定时,需要在不同位置采集图像,而且 2D 标定靶不能做得很大,这也导致基于 2D 标定靶的相机标定法在此种情况下无法使用。为解决这类相机的标定问题,通常采用基于灭点(也称为消失点)的摄像机标定方法。

4.3.1　灭点和灭线的性质

在透视投影中,一束平行于投影面的平行线的投影仍然保持平行,而不平行于投影面的平行线的投影会聚集到一个点,该点称为灭点(Vanishing Point),即三维空间的平行线(与投影面不平行)在 2D 图像平面相交于一点,其示意图如图 4.9 所示。

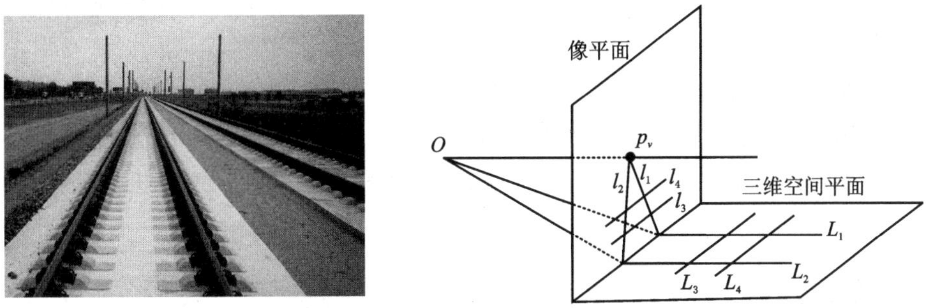

(a) 平行的高铁轨道在像平面内相交　　(b) 灭点及其性质示意图

图 4.9　灭点示意图及其特性

如图 4.9(b)所示，一条直线的灭点是过投影中心且平行于该直线的直线与像平面的交点，即 $\boldsymbol{p}_v$ 是灭点；三维空间平面的无穷远直线与平面内圆的交点称为圆环点，其坐标为 $\boldsymbol{p}_{s_1}=(1\quad i\quad 0\quad 0)^{\mathrm{T}}$ 和 $\boldsymbol{p}_{s_2}=(1\quad -i\quad 0\quad 0)^{\mathrm{T}}$，其中 $i=\sqrt{-1}$。圆环点是一对共轭点，且与圆的位置和半径大小无关(吴福朝等，2003)。

利用灭点理论计算相机参数时，要求三维空间里可以找到两组相互正交的平行线，如图 4.10(a)所示，三维空间中正方形 $ABCD$ 在像平面中的像为四边形 $abcd$，其四边形 $abcd$ 两组对边相交形成两个灭点 $\boldsymbol{p}_{v_1}$ 和 $\boldsymbol{p}_{v_2}$，两者连线即为无穷远直线的像直线 l_v，称该直线为灭线或消失线；对角线 bd 和 ac 的延长线分别与直线 l_v 交于 $\boldsymbol{p}_{v_3}$ 和 $\boldsymbol{p}_{v_4}$。根据正方形的定义可知，$(\boldsymbol{p}_{v_1},\boldsymbol{p}_{v_2})$和$(\boldsymbol{p}_{v_3},\boldsymbol{p}_{v_4})$是两组正交消失点。圆环点 $\boldsymbol{p}_{s_1}$ 和 $\boldsymbol{p}_{s_2}$ 的像点 $\boldsymbol{p}_{\mathrm{i}}$ 和 $\boldsymbol{p}_{\mathrm{j}}$ 与 $\boldsymbol{p}_{v_1}$、$\boldsymbol{p}_{v_2}$、$\boldsymbol{p}_{v_3}$ 和 $\boldsymbol{p}_{v_4}$ 调和共轭(吴福朝等，2003)，即有交比$(\boldsymbol{p}_{v_1},\boldsymbol{p}_{v_2}:\boldsymbol{p}_{\mathrm{i}},\boldsymbol{p}_{\mathrm{j}})=-1$ 和$(\boldsymbol{p}_{v_3},\boldsymbol{p}_{v_4}:\boldsymbol{p}_{\mathrm{i}},\boldsymbol{p}_{\mathrm{j}})=-1$，这一关系仅在 AC 和 BD 正交时成立。当 AC 和 BD 是非正交时($ABCD$ 为矩形)，则需要三维空间平面中有两个不同方向的矩形。如图 4.10(b)所示，摄像机的主光轴 O_cZ_c 与像平面 π_1 交于主点 $\boldsymbol{p}^i=(m_0\quad n_0\quad 1)^{\mathrm{T}}$，与三维空间的平面 π_2 相交于 $\boldsymbol{p}^w=(X^w\quad Y^w\quad Z^w\quad 1)^{\mathrm{T}}$，

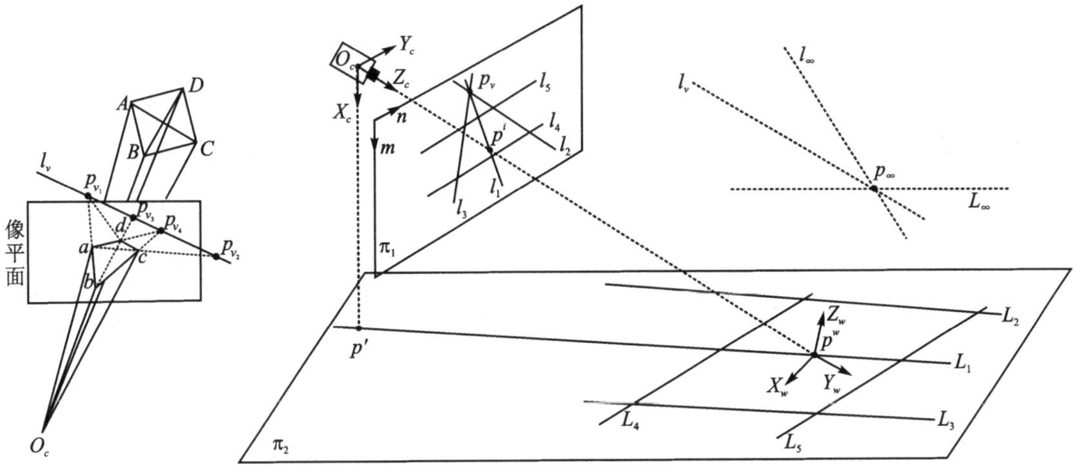

(a) 正方形的投影性质　　(b) 主线的投影性质

图 4.10　灭点和灭线的性质

摄像机投影中心 O_c 在三维空间平面 π_2 的垂直投影为 $\boldsymbol{p}'$。根据投影不变性，点 $\boldsymbol{p}'$ 和 $\boldsymbol{p}^w$ 的连线 $\boldsymbol{L}_1$ 在像平面的投影线 $\boldsymbol{l}_1$ 也经过主点 $\boldsymbol{p}^i$，而且与 $\boldsymbol{L}_1$ 平行的直线 $\boldsymbol{L}_2$ 和 $\boldsymbol{L}_3$ 在像平面的投影直线 $\boldsymbol{l}_2$ 和 $\boldsymbol{l}_3$ 相交于灭点 $\boldsymbol{p}_v$；与 $\boldsymbol{L}_1$ 正交的平行线 $\boldsymbol{L}_4$ 和 $\boldsymbol{L}_5$ 在像平面的投影线 $\boldsymbol{l}_4$ 和 $\boldsymbol{l}_5$ 依然是平行的，且 $\boldsymbol{l}_4$ 和 $\boldsymbol{l}_5$ 与直线 $\boldsymbol{l}_1$ 垂直。对于平面 π_1 和 π_2 的无穷远直线 $\boldsymbol{l}_\infty$ 和 $\boldsymbol{L}_\infty$，它们的交点 $\boldsymbol{p}_\infty$ 是一个摄影不变点，即在平面 π_2 上经过点 $\boldsymbol{p}_\infty$ 的平行线 $\boldsymbol{L}_4$ 和 $\boldsymbol{L}_5$，其投影到像平面 π_1 上的直线 $\boldsymbol{l}_4$ 和 $\boldsymbol{l}_5$ 依然平行。

4.3.2 内参数计算

三维空间点 $\boldsymbol{p}^w=(X^w \quad Y^w \quad Z^w \quad 1)^{\mathrm{T}}$ 和二维像平面像点 $\boldsymbol{p}^i=(m \quad n \quad 1)^{\mathrm{T}}$ 满足

$$Z^w\boldsymbol{p}^i=\boldsymbol{M}_w^i\boldsymbol{p}^w \tag{4.85}$$

式中，$\boldsymbol{M}_w^i$ 为 3×4 阶投影矩阵，描述了透视成像过程，其由内参数 $\boldsymbol{M}_c^i$ 和外参 $\boldsymbol{R}_w^c$ 和 $\bar{\boldsymbol{T}}_w^c$ 组成，即

$$\boldsymbol{M}_w^i=\boldsymbol{M}_c^i\begin{bmatrix}\boldsymbol{R}_w^c & \bar{\boldsymbol{T}}_w^c\end{bmatrix} \tag{4.86}$$

不考虑 x 轴和 y 轴的不垂直因子或剪切因子，即取 $\gamma=0$，于是 $\boldsymbol{M}_c^i$ 由 α_x、α_y、m_0 和 n_0 组成。

为了确定主点坐标(m_0,n_0)，首先在像平面 π_1 上确定主线 $\boldsymbol{l}_1=(a \quad b \quad c)^{\mathrm{T}}$ 的方向向量，当给定一组正交灭点的齐次表达式分别为 $\boldsymbol{p}_{v_1}=(m_1 \quad n_1 \quad 1)^{\mathrm{T}}$ 和 $\boldsymbol{p}_{v_2}=(m_2 \quad n_2 \quad 1)^{\mathrm{T}}$，于是三维空间平面 π_2 上的无穷远直线 $\boldsymbol{L}_\infty$ 上的像直线（即消失线）$\boldsymbol{l}_v$ 可被确定为

$$\boldsymbol{l}_v=\boldsymbol{p}_{v_1}\times\boldsymbol{p}_{v_2} \tag{4.87}$$

直线 $\boldsymbol{l}_4$ 和 $\boldsymbol{l}_5$ 的方向向量可以由 $\boldsymbol{l}_\infty$ 和 $\boldsymbol{l}_v$ 来确定，即

$$\boldsymbol{p}_\infty=\boldsymbol{l}_\infty\times\boldsymbol{l}_v \tag{4.88}$$

根据直线 $\boldsymbol{l}_1$ 分别与直线 $\boldsymbol{l}_4$ 和 $\boldsymbol{l}_5$ 的垂直关系，对式(4.87)和式(4.88)化简，可得主线的方向为

$$a=m_2-m_1,\quad b=n_2-n_1 \tag{4.89}$$

给定另一组正交灭点的坐标 $\boldsymbol{p}_{v_3}=(m_3 \quad n_3 \quad 1)^{\mathrm{T}}$ 和 $\boldsymbol{p}_{v_4}=(m_4 \quad n_4 \quad 1)^{\mathrm{T}}$，根据它们和它们与圆环点像点 $\boldsymbol{p}_{\mathrm{i}}$ 和的 $\boldsymbol{p}_{\mathrm{j}}$ 调和共轭关系，可计算出灭点 $\boldsymbol{p}_v$ 的坐标为

$$\boldsymbol{p}_v=\left(\frac{m_1m_2-m_3m_4}{m_1+m_2-m_3-m_4} \quad \frac{n_1n_2-n_3n_4}{n_1+n_2-n_3-n_4} \quad 1\right) \tag{4.90}$$

由于点 $\boldsymbol{p}_\infty$ 和 $\boldsymbol{p}_v$ 也是一组正交灭点，它们也与圆环点像点 $\boldsymbol{p}_{\mathrm{i}}$ 和 $\boldsymbol{p}_{\mathrm{j}}$ 调和共轭，即有$(\boldsymbol{p}_\infty,\boldsymbol{p}_v:\boldsymbol{p}_{\mathrm{i}},\boldsymbol{p}_{\mathrm{j}})=-1$，而且主线 $\boldsymbol{l}_1$ 经过灭点 $\boldsymbol{p}_{v_1}$，于是主线 $\boldsymbol{l}_1$ 的截距可计算为

$$c=-\left(a\,\frac{m_1m_2-m_3m_4}{m_1+m_2-m_3-m_4}+b\,\frac{n_1n_2-n_3n_4}{n_1+n_2-n_3-n_4}\right) \tag{4.91}$$

由于一条主线可以被两组正交灭点独立表示，拍摄多幅标定图像，可以获得多条主线，进而可以确定主点，即给定不同位姿下的 N 条主线 $a_km_0+b_kn_0+c_k=0(k=1,2,\cdots,N)$，利用最小二乘法计算出主点的坐标为 $\boldsymbol{p}^i=(m_0 \quad n_0 \quad 1)^{\mathrm{T}}$，即

$$\begin{bmatrix}m_0\\n_0\end{bmatrix}=(\boldsymbol{U}^{\mathrm{T}}\boldsymbol{U})^{-1}\boldsymbol{U}^{\mathrm{T}}\boldsymbol{C} \tag{4.92}$$

式中，$\boldsymbol{U}=\begin{bmatrix}a_1 & a_2 & \cdots & a_N\\ b_1 & b_2 & \cdots & b_N\end{bmatrix}^{\mathrm{T}}$ 和 $\boldsymbol{C}=\begin{bmatrix}-c_1 & -c_2 & \cdots & -c_N\end{bmatrix}^{\mathrm{T}}$。

当相机主点坐标 $\boldsymbol{p}^i=(m_0\quad n_0\quad 1)^{\mathrm{T}}$ 已知，则摄像机内参数可以化简为 $\widetilde{\boldsymbol{M}}_c^i=\begin{bmatrix}\alpha_x & 0 & 0\\ 0 & \alpha_y & 0\\ 0 & 0 & 1\end{bmatrix}$，根据正交灭点与绝对二次曲线的代数关系可知

$$\boldsymbol{p}_{v_1}^{\mathrm{T}}\widetilde{\boldsymbol{M}}_c^{i^{-\mathrm{T}}}\widetilde{\boldsymbol{M}}_c^{i-1}\boldsymbol{p}_{v_2}=0 \tag{4.93}$$

$$\boldsymbol{p}_{v_3}^{\mathrm{T}}\widetilde{\boldsymbol{M}}_c^{i^{-\mathrm{T}}}\widetilde{\boldsymbol{M}}_c^{i^{-1}}\boldsymbol{p}_{v_4}=0 \tag{4.94}$$

进一步简化式(4.93)和式(4.94)，有

$$\begin{bmatrix}m_1m_2 & n_1n_2\\ m_3m_4 & n_3n_4\end{bmatrix}\begin{bmatrix}\dfrac{1}{\alpha_x^2}\\ \dfrac{1}{\alpha_y^2}\end{bmatrix}=\begin{bmatrix}-1\\ -1\end{bmatrix} \tag{4.95}$$

对式(4.95)进一步求解即可获得相机的焦距。

4.3.3　外参数计算

不失一般性，见图 4.10(a)，将点 A 选为世界坐标系原点，AB 为世界坐标系的 X 轴，AD 为世界坐标系的 Y 轴，即 X 轴方向上的灭点为 $\boldsymbol{p}_{v_1}$，Y 轴方向上的灭点为 $\boldsymbol{p}_{v_2}$。当摄像机的内参数矩阵 $\boldsymbol{M}_c^i$ 已知，则摄像机的旋转矩阵 $\boldsymbol{R}_w^c$ 可由灭点确定，即

$$\boldsymbol{r}_1=\frac{\boldsymbol{M}_c^{i^{-1}}\boldsymbol{p}_{v_1}}{\|\boldsymbol{M}_c^{i^{-1}}\boldsymbol{p}_{v_1}\|},\quad \boldsymbol{r}_2=\frac{\boldsymbol{M}_c^{i^{-1}}\boldsymbol{p}_{v_2}}{\|\boldsymbol{M}_c^{i^{-1}}\boldsymbol{p}_{v_2}\|},\quad \boldsymbol{r}_3=\boldsymbol{r}_1\times\boldsymbol{r}_2 \tag{4.96}$$

式中，$\boldsymbol{r}_j\,(j=1,2,3)$为 $\boldsymbol{R}_w^c$ 的第 j 列。

如图 4.10(a)和图 4.11 所示，$\boldsymbol{p}^i$ 为主点，AB 为空间中长度已知的某条直线，a 和 b 分别为点 A 和 B 在图像平面上的投影，$\boldsymbol{p}_{v_1}$ 是直线 AB 方向上的灭点，则由灭点的性质可知，$AB//O_c\boldsymbol{p}_{v_1}$。不失一般性，设世界坐标系的原点位于点 A，则世界坐标系到相机坐标系之间的平移向量为 O_cA。由于 $O_c\boldsymbol{p}^i$ 和 $b\boldsymbol{p}_{v_1}$ 垂直，在三角形$\triangle bO_c\boldsymbol{p}_{v_1}$ 中利用正弦定理可知

$$\sin(\angle bO_c\boldsymbol{p}_{v_1})=\frac{|O_c\boldsymbol{p}^i|}{|O_c\boldsymbol{p}_{v_1}|}\,\frac{|b\boldsymbol{p}_{v_1}|}{|O_cb|} \tag{4.97}$$

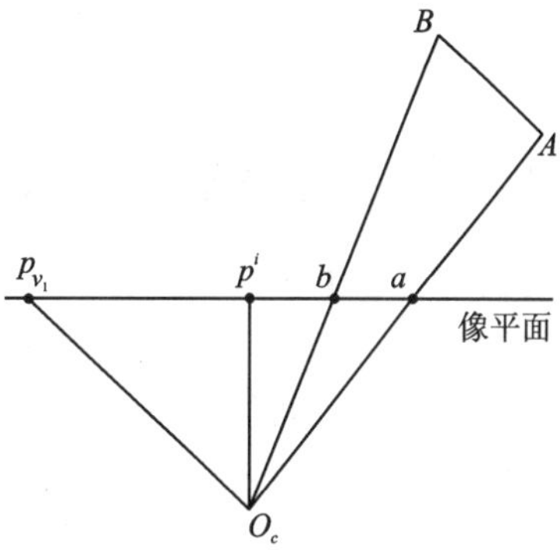

图 4.11　平移量示意图

式中，其中$|O_c\boldsymbol{p}^i|$为相机的焦距。在射影几何中，对图像平面上的点 a 和 b 进行反投影过程是相机投影中心 O_c 分别与点 a 和点 b 构成的射线 O_ca 和 O_cb，它们之间的夹角为

$$\sin(\angle AO_cB)=\arccos\left(\frac{O_ca}{|O_ca|}\cdot\frac{O_cb}{|O_cb|}\right) \tag{4.98}$$

此外，因为 $AB//O_c\boldsymbol{p}_{v_1}$，有$\angle O_cBA=BO_c\boldsymbol{p}_{v_1}$；而且在三角形$\triangle AO_cB$，有

$$\frac{\sin(\angle AO_cB)}{|AB|}=\frac{\sin(\angle O_cBA)}{|O_cA|} \tag{4.99}$$

由式(4.97)～式(4.99)可以估计出向量 O_cA 的长度，而向量 O_ca 与向量 O_cA 的方向相同，因

此，向量 O_cA 可以被确定。

4.3.4 畸变系数计算

当图像有径向畸变时，标准的小孔相机模型将无效，需要更复杂的模型来表示空间点与图像点之间的投影关系。为解决该问题，一个单参数除法模型为

$$[m_d \quad n_d]^{\mathrm{T}}=\frac{1}{1+k(m^2+n^2)}[m \quad n]^{\mathrm{T}} \tag{4.100}$$

式中，(m_d, n_d)为径向畸变校正后的图像点坐标；k 为径向畸变系数。一般情况下，当存在畸变情况时，三维场景中的直线投影后变为曲线，而真实(无畸变)点 $\boldsymbol{p}_{\mathrm{d}}$ 则依然满足线性关系式 $\boldsymbol{l}^{\mathrm{T}}\boldsymbol{p}_{\mathrm{d}}=0$。

为了从已知的图像点 $\boldsymbol{p}_{\mathrm{d}}$ 计算畸变系数 k，将式(4.100)重写为

$$\begin{bmatrix} m_d \\ n_d \\ 1 \end{bmatrix}=\begin{bmatrix} m \\ n \\ 1+k(m^2+n^2) \end{bmatrix}=\begin{bmatrix} m \\ n \\ 1 \end{bmatrix}+k\begin{bmatrix} 0 \\ 0 \\ r^2 \end{bmatrix} \tag{4.101}$$

于是，有

$$\boldsymbol{l}^{\mathrm{T}}\begin{bmatrix} m_d \\ n_d \\ 1 \end{bmatrix}=\boldsymbol{l}^{\mathrm{T}}\begin{bmatrix} m \\ n \\ 1 \end{bmatrix}+k\boldsymbol{l}^{\mathrm{T}}\begin{bmatrix} 0 \\ 0 \\ r^2 \end{bmatrix}=0 \tag{4.102}$$

进而将式(4.102)整理，并在直线 $\boldsymbol{l}$ 上取多个点，于是有

$$(D_1+kD_2)\boldsymbol{l}=0 \tag{4.103}$$

式中，$D_1=\begin{bmatrix} m_1 & n_1 & 1 \\ \vdots & \vdots & \vdots \\ m_N & n_N & 1 \end{bmatrix}$ 和 $D_2=\begin{bmatrix} 0 & 0 & r_1^2 \\ \vdots & \vdots & \vdots \\ 0 & 0 & r_N^2 \end{bmatrix}$。求解方程式(4.103)计算出畸变系数 k。

4.3.5 基于灭点的摄像机标定实例 1

利用公开数据集(Chuang, J. - H. et al,2021)中的真实图像对基于灭点的摄像机标定法进行测试验证，并与张正友方法进行比较。该数据集中的标定板为 7×8 的棋盘格，棋盘格中两个相邻特征点之间的水平或垂直的间隔为 25 mm，精度为 0.1 mm；相机型号为 Logitech C920HD Pro，图像分辨率为 640 像素×480 像素。利用该数据集测试灭点法摄像机标定结果如图 4.12、图 4.13 和表 4.3 所示，其中利用 6 幅图像确定的正方形和 6 条主线如图 4.12(a)所示，6 条主线确定的主点如图 4.12(b)所示。表 4.3 中，因为主点到主线距离的理论值为 0，焦距和畸变系数的理论值未知，因此采用主点到主线距离 d_{p} 的均方根误差(RMSE)和焦距、畸变系数的标准差(STD)作为精度评判指标。从表 4.3 中可以看出，主点到主线距离 d_{p} 的均方根误差为 0.92 像素，焦距 f_x、焦距 f_y 和畸变系数 k 的标准差分别为 4.69 像素、4.48 像素和 0.01 像素。

角点重投影误差和位姿估计统计结果如图 4.13 所示。从图 4.13 中可以看出，本文算法的总体平均误差分别为 4.30 像素(本文算法未进行非线性优化)。

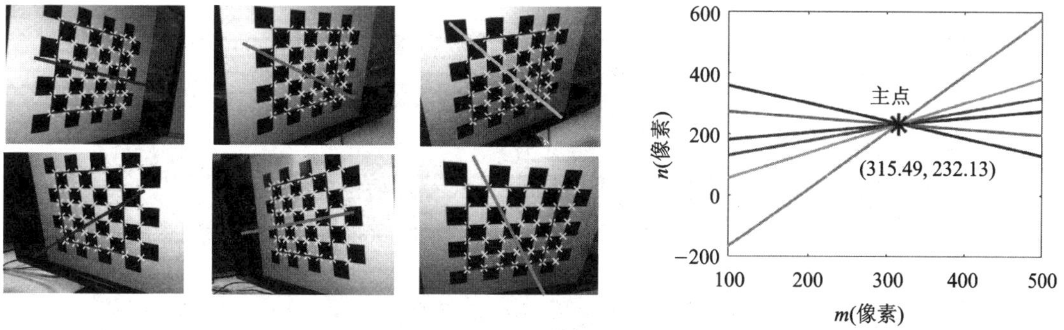

图 4.12　6 幅图像确定的主线和主点

表 4.3　基于公开数据集的灭点法摄像机标定结果(单位：像素)

主点 p^i		焦距 f_x		焦距 f_y		畸变系数 k	
坐标值	d_p 的 RMSE	均值	STD	均值	STD	均值	STD
(315.49，232.13)	0.92	614.32	4.69	614.73	4.48	0.09	0.01

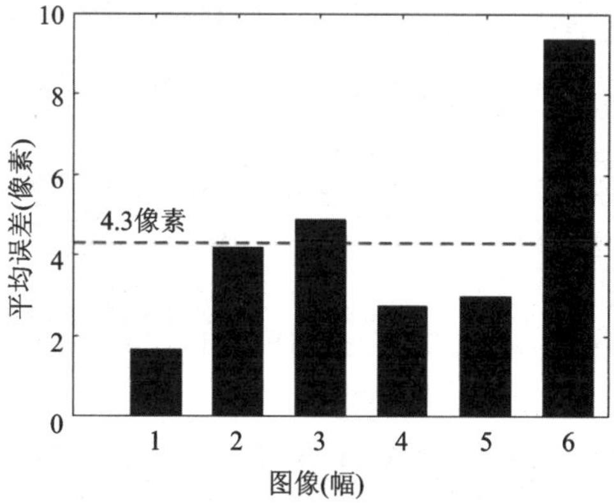

图 4.13　基于灭点的摄像机标定法的总体误差

4.3.6　基于灭点的摄像机标定实例 2

利用 MindVision USB3.0 相机对不同位姿下正方形无人机停机坪进行拍摄，其中相机图像分辨率为 4 060 像素×2 860 像素，通过提取取正方形的角点并拟合正方形的边，其结果图如图 4.14 所示。利用基于灭点的摄像机标定法对该相机进行标定，标定结果如表 4.4 所列，正方形角点的重投影误差如图 4.15 所示，相机位姿显示和每幅图像的重投影误差如图 4.16 所示。从表 4.4、图 4.15 和图 4.16 中可以看出，8 幅图像角点重投影误差的均值为 2.45 像素。

表 4.4　相机参数标定结果(单位:像素)

主点 p^i	焦距 f_x	焦距 f_y	畸变系数 k
(2033.23,1430.66)	3211.31	3218.48	−0.13

图 4.14　角点提取与正方形拟合结果

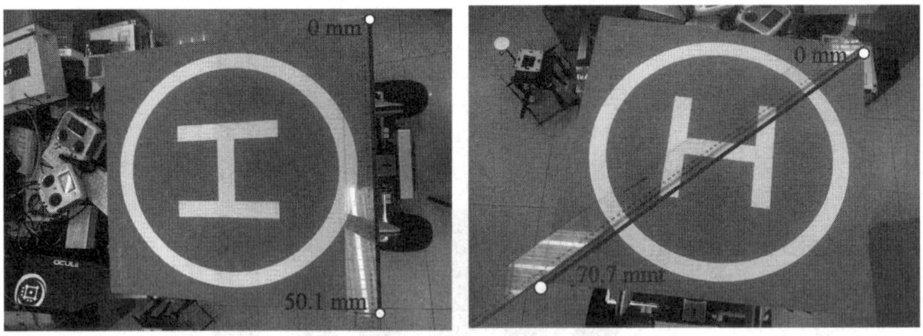

(a) 实际测量(米尺测量)结果

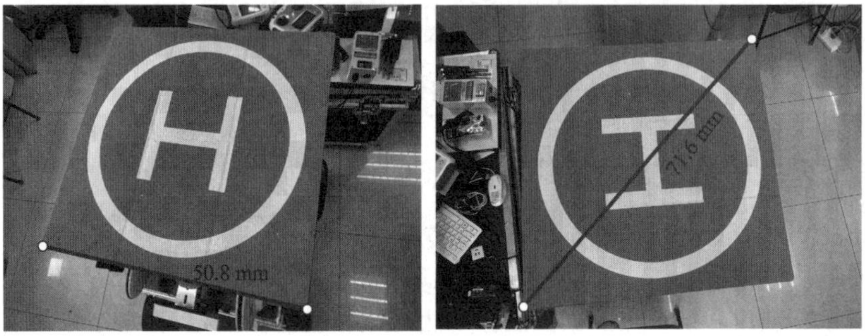

(b) 实际计算(模型计算)结果

图 4.15　正方形实际测量和视觉计算结果

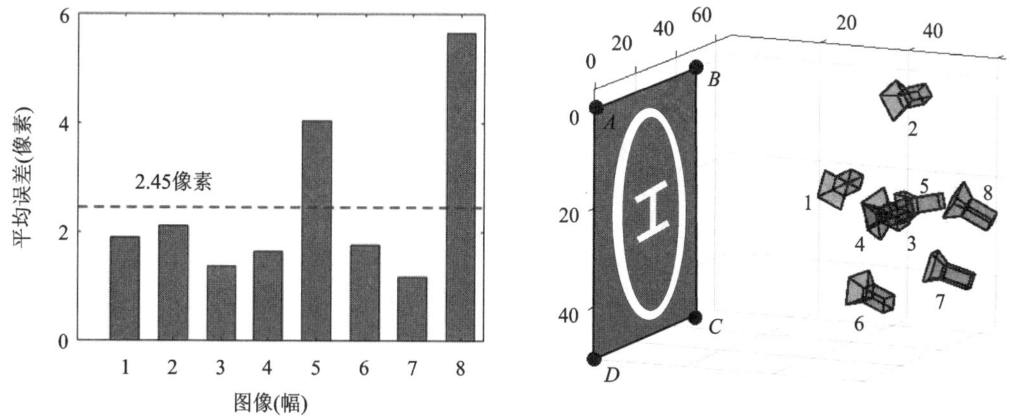

(a) 重投影误差　　(b) 相机位姿

图 4.16　图像重投影误差和相机位姿关系

4.4　双目立体视觉系统标定方法

实际应用中，例如工件非接触测量、火星车避障导航、月球车避障导航和非接触视觉测距等，常用到双目视觉或多目视觉系统。如图 4.17 所示，双目或多目摄像机标定不仅需要确定每一个摄像机的内参数、外参数和畸变系数，还需确定相机与相机间的结构参数。常规的双目视觉标定方法采用标准的三维或二维精密标定场或标定靶，通过世界坐标系下的三维空间点坐标与其投影在图像平面上的二维点坐标计算这些参数。

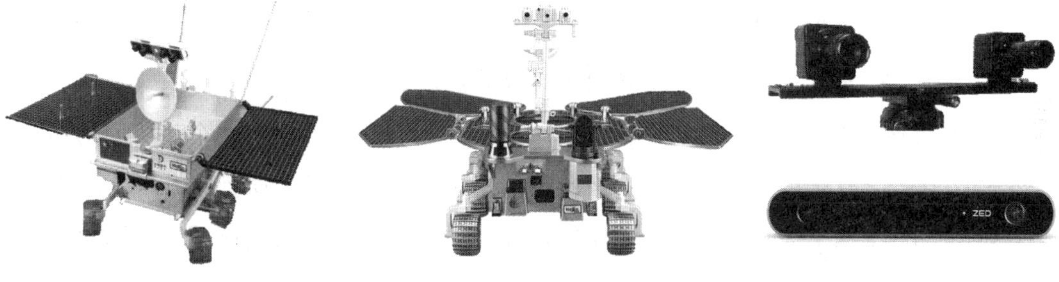

(a) 玉兔号月球车双目视觉系统　　(b) 祝融号火星车双目视觉系统　　(c) 不同类型双目相机

图 4.17　双目立体视觉系统及其实际工程应用

4.4.1　双目立体视觉相机标定方法

如图 4.17(c)所示的双目立体视觉系统可以描述如图 4.18 所示的原理图。双目视觉系统可以由两个相机固定安装同时对三维空间目标成像，也可以由一个相机从两个不同位置分别对同一空间目标成像。

对于三维空间点 $\boldsymbol{p}^{w}$ 在左右摄像机像平面所成的像点分别为 $\boldsymbol{p}^{i_1}$ 和 $\boldsymbol{p}^{i_2}$，在左右摄像机坐标系下的投影点分别为 $\boldsymbol{p}^{c_1}$ 和 $\boldsymbol{p}^{c_2}$，于是有

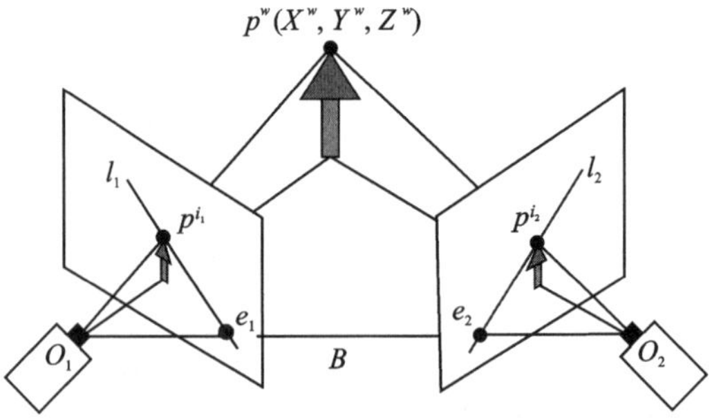

图 4.18 双目视觉系统原理图

$$p^{c_1}=R_w^{c_1}p^w+\bar{T}_w^{c_1},\quad s_1p^{i_1}=M_{c_1}^{i_1}p^{c_1} \tag{4.104}$$

$$p^{c_2}=R_w^{c_2}p^w+\bar{T}_w^{c_2},\quad s_2p^{i_2}=M_{c_2}^{i_2}p^{c_2} \tag{4.105}$$

式中，s_1 和 s_2 分别为两个相机的尺度因子，不失一般性，其可以取为 1。进一步整理，可得出两个相机坐标系下投影点的关系式为

$$p^{c_2}=R_w^{c_2}{R_w^{c_1}}^{-1}p^{c_1}+\bar{T}_w^{c_2}-R_w^{c_2}{R_w^{c_1}}^{-1}\bar{T}_w^{c_1} \tag{4.106a}$$

$$p^{c_2}=R_{c_1}^{c_2}p^{c_1}+\bar{T}_{c_1}^{c_2} \tag{4.106b}$$

式中，$R_{c_1}^{c_2}=R_w^{c_2}{R_w^{c_1}}^{-1}$，$\bar{T}_{c_1}^{c_2}=\bar{T}_w^{c_2}-R_w^{c_2}{R_w^{c_1}}^{-1}\bar{T}_w^{c_1}$，其描述两个相机间的旋转和平移关系，也称为两个相机间的结构参数矩阵。将两个相机坐标系下投影点分别投影到像平面上时，于是有

$$p^{i_2}=M_{c_2}^{i_2}R_w^{c_2}{R_w^{c_1}}^{-1}{M_{c_1}^{i_1}}^{-1}p^{i_1}+M_{c_2}^{i_2}\left(\bar{T}_w^{c_2}-R_w^{c_2}{R_w^{c_1}}^{-1}\bar{T}_w^{c_1}\right) \tag{4.107a}$$

$$p^{i_2}=R_{i_1}^{i_2}p^{i_1}+\bar{T}_{i_1}^{i_2} \tag{4.107b}$$

式中，$R_{i_1}^{i_2}=M_{c_2}^{i_2}R_w^{c_2}{R_w^{c_1}}^{-1}{M_{c_1}^{i_1}}^{-1}$ 和 $\bar{T}_{i_1}^{i_2}=M_{c_2}^{i_2}\left(\bar{T}_w^{c_2}-R_w^{c_2}{R_w^{c_1}}^{-1}\bar{T}_w^{c_1}\right)$。

在双目摄像机做标定过程中，要确定每个相机的内参数，还要确定两个相机间的结构参数。利用 4.2 至 4.4 节的方法先计算两个相机从三维空间点到像平面点的投影矩阵 $M_w^{i_1}$ 和 $M_w^{i_2}$，然后再分别计算各自的旋转和平移矩阵，进而计算相机间的结构参数，但其精度较低。

4.4.2 基于极线几何理论的双目立体视觉相机标定法

极线几何也称对极几何，其描述了同一场景两幅图像之间的视觉几何关系。如图 4.18 所示，两个相机光心的连线 O_1O_2 为基线 B；基线与两个图像平面的交点 e_1 和 e_2 称为极点；通过极点的直线 l_1 和 l_2 称为极线；三维空间点 p^w 和两相机光心 O_1 与 O_2 形成一个平面，称该平面为极平面，极平面有无穷多个，所有的极平面称为极平面族。极点、极线相关概念由法国数学家吉拉德·笛沙格[①]于公元 1639 年在摄影几何学的奠基作《圆锥曲线论稿》中首次提出。

① 吉拉德·笛沙格（Girard Desargues，1591—1961），法国数学家、建筑师，射影几何的创始人之一，奠定了射影几何的基础。

在式(4.106)中，由于 $\bar{\boldsymbol{T}}_{c_1}^{c_2}\times\bar{\boldsymbol{T}}_{c_1}^{c_2}=0$，对式(4.106)两边同时叉乘上 $\bar{\boldsymbol{T}}_{c_1}^{c_2}$，于是有

$$\bar{\boldsymbol{T}}_{c_1}^{c_2}\times\boldsymbol{R}_w^{c_2}\boldsymbol{R}_w^{c_1^{-1}}\boldsymbol{p}^{c_1}=\bar{\boldsymbol{T}}_{c_1}^{c_2}\times\boldsymbol{p}^{c_2}\tag{4.108}$$

而且因为 $\bar{\boldsymbol{T}}_{c_1}^{c_2}\times\boldsymbol{p}^{c_2}$ 和 $\boldsymbol{p}^{c_2}$ 正交，于是有 $\boldsymbol{p}^{c_2\mathrm{T}}(\bar{\boldsymbol{T}}_{c_1}^{c_2}\times\boldsymbol{p}^{c_2})=0$，进而对式(4.108)两边同时点乘 $\boldsymbol{p}^{c_2}$，于是有

$$\boldsymbol{p}^{c_2\mathrm{T}}(\bar{\boldsymbol{T}}_{c_1}^{c_2}\times\boldsymbol{R}_w^{c_2}\boldsymbol{R}_w^{c_1^{-1}})\boldsymbol{p}^{c_1}=\boldsymbol{p}^{c_2\mathrm{T}}\boldsymbol{E}\boldsymbol{p}^{c_1}=0\tag{4.109}$$

式中，$\boldsymbol{E}=\bar{\boldsymbol{T}}_{c_1}^{c_2}\times\boldsymbol{R}_w^{c_2}\boldsymbol{R}_w^{c_1^{-1}}$ 称为本质矩阵，其由两个相机间的结构参数构成。

当摄像机的内参数矩阵未知时，将 $\boldsymbol{p}^{i_1}=\boldsymbol{M}_{c_1}^{i_1}\boldsymbol{p}^{c_1}$ 和 $p^{i_2}=\boldsymbol{M}_{c_2}^{i_2}p^{c_2}$ 代入式(4.109)，可得

$$\boldsymbol{p}^{i_2\mathrm{T}}\boldsymbol{M}_{c_2}^{i_2^{-\mathrm{T}}}(\bar{\boldsymbol{T}}_{c_1}^{c_2}\times\boldsymbol{R}_w^{c_2}\boldsymbol{R}_w^{c_1^{-1}})\boldsymbol{M}_{c_1}^{i_1^{-1}}\boldsymbol{p}^{i_1}=\boldsymbol{p}^{i_2\mathrm{T}}\boldsymbol{M}_{c_2}^{i_2^{-\mathrm{T}}}\boldsymbol{E}\boldsymbol{M}_{c_1}^{i_1^{-1}}\boldsymbol{p}^{i_1}=\boldsymbol{p}^{i_2\mathrm{T}}\boldsymbol{F}\boldsymbol{p}^{i_1}=0\tag{4.110}$$

式中，$\boldsymbol{F}=\boldsymbol{M}_{c_2}^{i_2^{-\mathrm{T}}}\boldsymbol{E}\boldsymbol{M}_{c_1}^{i_1^{-1}}=\boldsymbol{M}_{c_2}^{i_2^{-\mathrm{T}}}(\bar{\boldsymbol{T}}_{c_1}^{c_2}\times\boldsymbol{R}_w^{c_2}\boldsymbol{R}_w^{c_1^{-1}})\boldsymbol{M}_{c_1}^{i_1^{-1}}$ 称为基本矩阵，其由两个摄像机的内参数矩阵和结构参数构成。

对于式(4.109)和式(4.110)，其满足点与直线的对偶关系

$$\boldsymbol{l}_1=\boldsymbol{E}^{\mathrm{T}}\boldsymbol{p}^{c_2},\quad \boldsymbol{l}_2=\boldsymbol{E}\boldsymbol{p}^{c_1}\tag{4.111a}$$

$$\boldsymbol{l}_1=\boldsymbol{F}^{\mathrm{T}}\boldsymbol{p}^{i_2},\quad \boldsymbol{l}_2=\boldsymbol{F}\boldsymbol{p}^{i_1}\tag{4.111b}$$

即左图像上的像点 $\boldsymbol{p}^{i_1}$，其在右图像的对应点 $\boldsymbol{p}^{i_2}$ 一定位于右图像的一条极线 $\boldsymbol{l}_2$ 上；同理，右图像的像点 $\boldsymbol{p}^{i_2}$，其在左图像上的对应点 $\boldsymbol{p}^{i_1}$ 也一定位于左图像的一条极线 $\boldsymbol{l}_1$ 上。

综上所述，基本矩阵不依赖于场景中的物体，只和两帧图像间的相对位姿和相机内参数矩阵有关，而本质矩阵则与相机内参数矩阵无关。双目相机中每个相机的内参数有 4 个，两相机间结构参数有 6 个，共 14 个参数，本质矩阵、基本矩阵和 4.2.1 节单应性矩阵的性质如表 4.5 所列。

表 4.5　基本矩阵和本质矩阵的性质

名　称	符　号	矩阵维数	使用坐标系	依赖参数	空间点位置	矩阵秩	自由度
本质矩阵	$\boldsymbol{E}$	3×3 齐次矩阵	相机坐标系	外参数	3D 空间点	2	5
基本矩阵	$\boldsymbol{F}$	3×3 齐次矩阵	像素坐标系	内参数和外参数	3D 空间点	2	7
单应性矩阵	$\boldsymbol{H}$	3×3 非齐次矩阵	像素坐标系	内参数和外参数	2D 平面点	3	8

令 $\boldsymbol{p}^{i_1}=(m^{i_1},n^{i_1},1)^{\mathrm{T}}$ 和 $\boldsymbol{p}^{i_2}=(m^{i_2},n^{i_2},1)^{\mathrm{T}}$，于是式(4.110)写为

$$(m^{i_2}\quad n^{i_2}\quad 1)\begin{pmatrix}F_{11} & F_{12} & F_{13}\\ F_{21} & F_{22} & F_{23}\\ F_{31} & F_{32} & F_{33}\end{pmatrix}\begin{pmatrix}m^{i_1}\\ n^{i_1}\\ 1\end{pmatrix}=0\tag{4.112}$$

整理式(4.112)，并令 $F_{33}=1$，于是有

$$
\begin{pmatrix} m^{i_1}m^{i_2} & m^{i_1}n^{i_2} & m^{i_1} & n^{i_1}m^{i_2} & n^{i_1}n^{i_2} & n^{i_1} & m^{i_2} & n^{i_2} \end{pmatrix}
\begin{pmatrix} F_{11} \\ F_{12} \\ F_{13} \\ F_{21} \\ F_{22} \\ F_{23} \\ F_{31} \\ F_{32} \end{pmatrix}
=
\begin{pmatrix} -1 \\ -1 \\ -1 \\ -1 \\ -1 \\ -1 \\ -1 \\ -1 \end{pmatrix}
\tag{4.113}
$$

该方程有 8 个未知数，需在左右图像中找到至少 8 对对应点就可以利用最小二乘的方法获得基本矩阵，这种方法也称为 8 点法。由于不需要分离相机的内参数和结构参数，也将这种相机标定方法称为相机弱标定。

4.4.3 双目摄像机标定实例

双目摄像机的标定采用 Kalibr 工具箱来完成，该工具箱是由苏黎世联邦理工(ETHz)视觉实验室开发并开源了的视觉标定工具箱，其可实现多摄像机标定、惯性视觉标定和相机标定。工具箱通过对各传感器误差约束的非线性优化来求解最优参数，下面以小觅深度相机(见图 4.19)为例，介绍 Kalibr 工具箱标定双目相机的过程，相机的分辨率为 640 像素×360 像素。Kalibr 工具箱应用环境配置过程详见北航数字导航中心网站(http://dnc.buaa.edu.cn)的下载中心“使用 Kalibr 工具箱进行视觉惯导联合标定流程”。

图 4.19 小觅双目相机

标定后双目相机的内参数和畸变系数如表 4.6 所列。

表 4.6 双目相机的内参数和畸变系数(单位:像素)

参 数	主点坐标	焦距 f_x	焦距 f_y	径向畸变系数		切向畸变系数	
				k_1	k_2	p_1	p_2
左目相机	(330.236, 176.981)	565.082	565.387	0.048	0.006	−0.004	0.005
右目相机	(340.476, 180.262)	564.169	564.022	0.065	−0.043	−0.003	0.005

左右目相机间的外参数或结构参数为

$$
\boldsymbol{T}=\begin{bmatrix} \boldsymbol{R} & \bar{\boldsymbol{T}} \\ \boldsymbol{0}^{\mathrm{T}} & 1 \end{bmatrix}=\begin{bmatrix} 0.9999 & -0.0009 & -0.0046 & -0.1197 \\ 0.0009 & 0.9999 & -0.0066 & 0.0013 \\ 0.0046 & 0.0066 & 0.9999 & -0.037 \\ 0 & 0 & 0 & 1 \end{bmatrix}
$$

左右目相机的重投影误差如图 4.20 所示。从图 4.20 中可以看出，大部分像点的重投影误差在 0.2 个像素以内，而重投影误差的标准差分别为 0.047 像素和 0.046 像素。

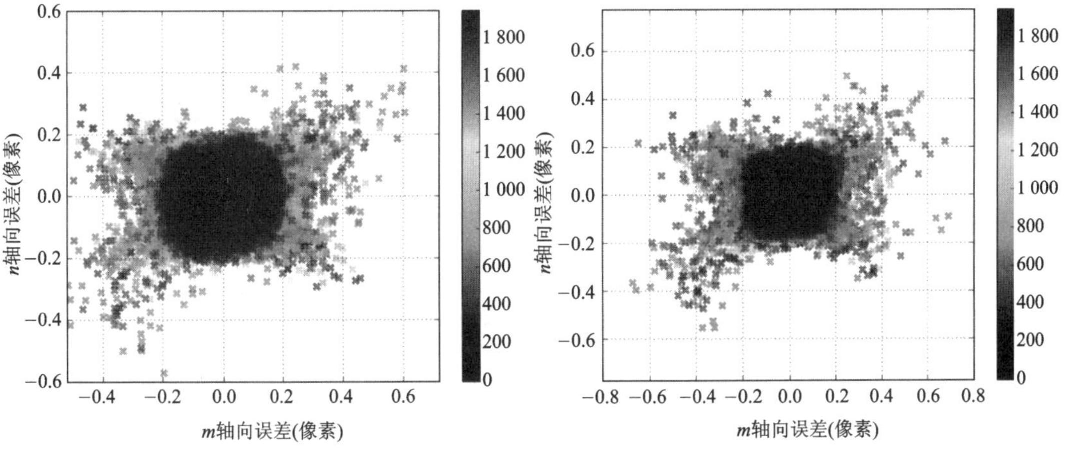

(a) 左目图像重投影误差　　(b) 右目图像重投影误差

图 4.20　双目相机的重投影误差

4.5　手眼标定方法

所谓手眼系统，就是人眼睛看到一个东西时要让手去抓取时，需要大脑知道眼睛和手的坐标关系。对于机器视觉系统，机器人的手部末端与摄像机也构成了手眼视觉系统。在实际应用中，需要确定出手部末端与摄像机间的变换关系，确定这一关系的过程称为手眼标定。根据摄像机与机器人相互位置的不同，手眼视觉系统分为眼在手(Eye-in-Hand)系统和眼在外(Eye-to-Hand)系统，其示意图如图 4.21 所示。眼在手系统的摄像机安装在机器人手部末端，在机器人工作过程中随机器人一起运动；眼在外系统的摄像机安装在机器人本体外的固定位置，在机器人工作过程中不随机器人一起运动。无论是眼在手还是眼在外系统，在实际应用中都须确定出手和眼间的相对位姿关系(也称为结构参数)，该关系须通过标定来确定，其示意图如图 4.22 所示。

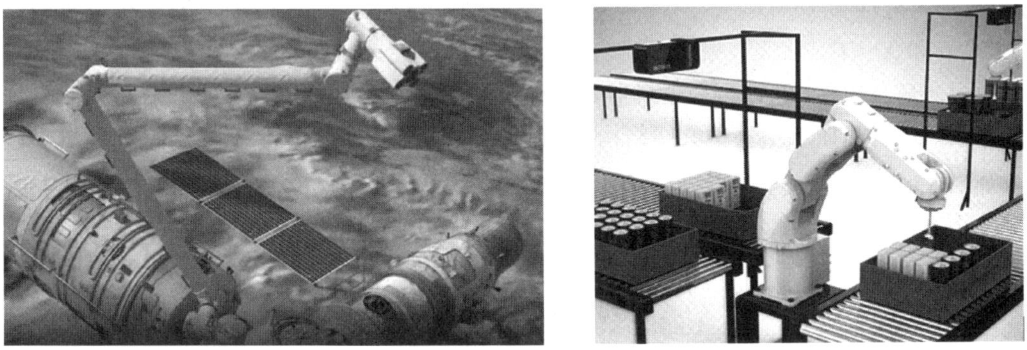

(a) 天和核心舱机械臂(眼在手)　　(b) 货物分拣系统(眼在外)

图 4.21　机器人手眼系统实物图

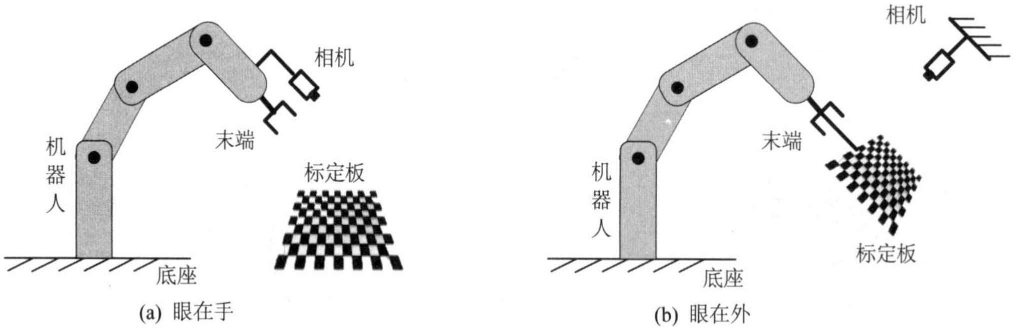

图 4.22　机器人手眼系统标定示意图

对于眼在手视觉系统，机器人本体固定在底座上，标定板固定不动，假设机器人基座坐标系为 s、末端坐标系为 e、相机坐标系为 c 和标定板坐标系(及世界坐标系)w。机器人末端和相机运动到不同位置分别对标定板成像，其有如下关系

$$\boldsymbol{T}_{e_1}^{s}\boldsymbol{T}_{c_1}^{e_1}\boldsymbol{T}_{w}^{c_1}=\boldsymbol{T}_{e_2}^{s}\boldsymbol{T}_{c_2}^{e_2}\boldsymbol{T}_{w}^{c_2} \tag{4.114}$$

式中，$\boldsymbol{T}_{w}^{c_1}$ 和 $\boldsymbol{T}_{w}^{c_2}$ 为从标定板确定的世界坐标系分别到两个摄像机位置所确定的摄像机坐标系间的变换关系；$\boldsymbol{T}_{c_1}^{e_1}$ 和 $\boldsymbol{T}_{c_2}^{e_2}$ 为从两个摄像机位置确定的摄像机坐标系分别到两个末端位置确定的末端坐标系间的变换关系，由于末端和摄像机固定安装，两者间的变换关系是不变的，即 $\boldsymbol{T}_{c_1}^{e_1}=\boldsymbol{T}_{c_2}^{e_2}$；$\boldsymbol{T}_{e_1}^{s}$ 和 $\boldsymbol{T}_{e_2}^{s}$ 分别为从两个位置确定的末端坐标系到机器人本体坐标系间的变换关系。将式(4.114)进一步整理，可得

$$\boldsymbol{T}_{e_2}^{s\ -1}\boldsymbol{T}_{e_1}^{s}\boldsymbol{T}_{c_1}^{e_1}=\boldsymbol{T}_{c_2}^{e_2}\boldsymbol{T}_{w}^{c_2}\boldsymbol{T}_{w}^{c_1\ -1} \tag{4.115}$$

令，$\boldsymbol{A}=\boldsymbol{T}_{e_2}^{s\ -1}\boldsymbol{T}_{e_1}^{s}$，$\boldsymbol{B}=\boldsymbol{T}_{w}^{c_2}\boldsymbol{T}_{w}^{c_1\ -1}$，$\boldsymbol{T}_{c_1}^{e_1}=\boldsymbol{T}_{c_2}^{e_2}=\boldsymbol{X}$，于是式(4.115)写成

$$\boldsymbol{AX}=\boldsymbol{XB} \tag{4.116}$$

同理，对于眼在外视觉系统，机器人固定在底座上，摄像机固定不动，机器人末端与标定板固连一起运动，在两个不同的位置，摄像机分别对标定板成像，根据坐标系变换关系有

$$\boldsymbol{T}_{s}^{e_1}\boldsymbol{T}_{c}^{s}\boldsymbol{T}_{w_1}^{c}=\boldsymbol{T}_{s}^{e_2}\boldsymbol{T}_{c}^{s}\boldsymbol{T}_{w_2}^{c} \tag{4.117}$$

对其进一步整理后可写为式(4.116)所示的 $\boldsymbol{AX}=\boldsymbol{XB}$ 的形式，其中 $\boldsymbol{A}=\boldsymbol{T}_{s}^{e_2\ -1}\boldsymbol{T}_{s}^{e_1}$，$\boldsymbol{B}=\boldsymbol{T}_{w_2}^{c}\boldsymbol{T}_{w_1}^{c\ -1}$ 和 $\boldsymbol{X}=\boldsymbol{T}_{c}^{s}$。

通过求解 $\boldsymbol{AX}=\boldsymbol{XB}$，即可获得机器人手眼视觉系统中手(机器人末端)和眼(摄像机)间的结构参数。下面以眼在手为例介绍结构参数 $\boldsymbol{X}$ 的计算过程。

如图 4.23 所示，对于眼在手视觉系统 $\boldsymbol{A}=\boldsymbol{T}_{e_2}^{s\ -1}\boldsymbol{T}_{e_1}^{s}$ 描述了机器人末端在 k 时刻和 $k+1$ 时刻两个不同位置时末端相对位姿变化，即

$$\boldsymbol{A}=\boldsymbol{T}_{e_2}^{s\ -1}\boldsymbol{T}_{e_1}^{s}=\begin{bmatrix}\boldsymbol{R}_{e_1}^{e_2} & \overline{\boldsymbol{T}}_{e_1}^{e_2}\\ \boldsymbol{0}^{\mathrm{T}} & 1\end{bmatrix} \tag{4.118}$$

式中，$\boldsymbol{T}_{e_1}^{s}$ 和 $\boldsymbol{T}_{e_2}^{s}$ 分别为 k 时刻和 $k+1$ 时刻机器人末端相对基座的刚体变换，其可由机器人控制器直接读取；$\boldsymbol{B}=\boldsymbol{T}_{w}^{c_2}\boldsymbol{T}_{w}^{c_1\ -1}$ 描述了摄像机在 k 时刻和 $k+1$ 时刻两个不同位置时摄像机的相对位姿变化，即

$$\boldsymbol{B}=\boldsymbol{T}_w^{c_2}\boldsymbol{T}_w^{c_1\,-1}=\begin{bmatrix}\boldsymbol{R}_{c_1}^{c_2} & \overline{\boldsymbol{T}}_{c_1}^{c_2}\\ \boldsymbol{0}^{\mathrm{T}} & 1\end{bmatrix} \tag{4.119}$$

式中，$\boldsymbol{T}_w^{c_1}$ 和 $\boldsymbol{T}_w^{c_2}$ 分别为 k 时刻和 $k+1$ 时刻摄像机对标定靶成像并计算出相机在两个位置处的内外参数，其是已知量。未知量 $\boldsymbol{X}=\boldsymbol{T}_{c_1}^{e_1}=\boldsymbol{T}_{c_2}^{e_2}$ 描述了摄像机与机器人间的相对旋转和平移变换，其不随位置的变化而变化，其表达式为

$$\boldsymbol{X}=\boldsymbol{T}_{c_1}^{e_1}=\boldsymbol{T}_{c_2}^{e_2}=\begin{bmatrix}\boldsymbol{R}_c^e & \overline{\boldsymbol{T}}_c^e\\ \boldsymbol{0}^{\mathrm{T}} & 1\end{bmatrix} \tag{4.120}$$

于是 $\boldsymbol{AX}=\boldsymbol{XB}$，可展开为两个方程，即

$$\boldsymbol{R}_{e_1}^{e_2}\boldsymbol{R}_c^e=\boldsymbol{R}_c^e\boldsymbol{R}_{c_1}^{c_2} \tag{4.121a}$$

$$\boldsymbol{R}_{e_1}^{e_2}\overline{\boldsymbol{T}}_c^e+\overline{\boldsymbol{T}}_{e_1}^{e_2}=\boldsymbol{R}_c^e\overline{\boldsymbol{T}}_{c_1}^{c_2}+\overline{\boldsymbol{T}}_c^e \tag{4.121b}$$

在标定过程中，控制机器人末端执行器动作两次，两次运动前后的坐标位置关系如图 4.23 所示，从 k 时刻运动 $k+1$ 时刻的基础上，再从 $k+1$ 时刻运动 $k+2$ 时刻，又获得一组方程为

$$\boldsymbol{R}_{e_2}^{e_3}\boldsymbol{R}_c^e=\boldsymbol{R}_c^e\boldsymbol{R}_{c_2}^{c_3} \tag{4.122a}$$

$$\boldsymbol{R}_{e_2}^{e_3}\overline{\boldsymbol{T}}_c^e+\overline{\boldsymbol{T}}_{e_2}^{e_3}=\boldsymbol{R}_c^e\overline{\boldsymbol{T}}_{c_2}^{c_3}+\overline{\boldsymbol{T}}_c^e \tag{4.122b}$$

联立式(4.121a)和式(4.122a)计算出 $\boldsymbol{R}_c^e$，再将其代入式(4.121b)和式(4.122b)计算出 $\overline{\boldsymbol{T}}_c^e$（马颂德，张正友，1998 年）。无论经典的手眼标定方程求解法，还是矩阵理论求解方法，$\overline{\boldsymbol{T}}_c^e$ 的求解精度都不高，因此在实际工程中，常采用手工测量的 $\overline{\boldsymbol{T}}_c^e$，下面重点介绍一下 $\boldsymbol{R}_c^e$ 的求解过程。

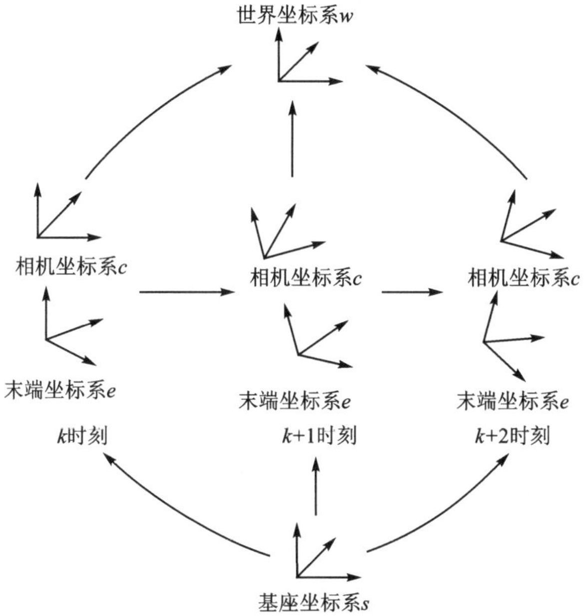

图 4.23　机器人手眼标定示意图

对于 $\boldsymbol{R}_c^e$ 的求解，可以通过对式(4.122a)进行 Kronecker 等价变换，得

$$\left(\boldsymbol{R}_{e_1}^{e_2} \otimes \boldsymbol{I} - \boldsymbol{I} \otimes \boldsymbol{R}_{c_1}^{c_2\,\mathrm{T}}\right) vec\left(\boldsymbol{R}_c^e\right) = 0 \tag{4.123}$$

式中,$\otimes$为 Kronecker 内积;$vec(\boldsymbol{R}_c^e)$为矩阵$\boldsymbol{R}_c^e$按行展开的列向量;$\boldsymbol{I}$为 3×3 单位阵。利用数据集数据形成一对矩阵$\boldsymbol{A}_k$和$\boldsymbol{B}_k$,$k=1,2,\cdots,N$,于是有

$$\begin{bmatrix} \boldsymbol{R}_{e_k}^{e_{k+1}} \otimes \boldsymbol{I} - \boldsymbol{I} \otimes \boldsymbol{R}_{c_k}^{c_{k+1}\,\mathrm{T}} \\ \vdots \\ \boldsymbol{R}_{e_{N-1}}^{e_N} \otimes \boldsymbol{I} - \boldsymbol{I} \otimes \boldsymbol{R}_{c_{N-1}}^{c_N\,\mathrm{T}} \end{bmatrix} \cdot vec\left(\boldsymbol{R}_c^e\right) = \boldsymbol{C} \cdot vec\left(\boldsymbol{R}_c^e\right) = 0 \tag{4.124}$$

式中,矩阵$\boldsymbol{C}$为一超定矩阵,不妨两边同时乘$\boldsymbol{C}^{\mathrm{T}}$,得

$$\boldsymbol{C}^{\mathrm{T}}\boldsymbol{C} \cdot vec\left(\boldsymbol{R}_c^e\right) = 0 \tag{4.125}$$

通过对矩阵$\boldsymbol{C}^{\mathrm{T}}\boldsymbol{C}$进行奇异值分解可求得$\boldsymbol{R}_c^e$,获得手眼标定的初值。

通过上述方法获得的$\boldsymbol{R}_c^e$存在一些误差,为消除该误差的影响,构建目标函数并采用非线性优化方法获得更精确的解,其目标函数为

$$\boldsymbol{J}(\boldsymbol{X}) = \frac{1}{2}\sum_k \left\| \boldsymbol{R}_{e_2}^{e_3}\boldsymbol{R}_c^e - \boldsymbol{R}_c^e\boldsymbol{R}_{c_2}^{c_3} \right\|_F^2 \rightarrow \min \tag{4.126}$$

式中,$\|*\|_F$表示矩阵$*$的F范数。此外,文献(Yang, Zhao,2017)利用李群和李代数对式(4.126)进行了优化求解。

机器人手眼标定方法还可以进一步推广到 IMU 与摄像机的结构参数标定、IMU 与激光雷达的结构参数标定和视觉与激光雷达结构参数标定。在这些标定过程中,其手眼标定模型都具有$\boldsymbol{AX}=\boldsymbol{XB}$的形式,仅其物理含义不同。在此基础上,按上述机器人手眼标定过程求解这些视觉系统的结构参数。

4.5.1 IMU/摄像机组合视觉系统标定实例

惯性导航系统和视觉系统各有其优缺点,在实际应用中,常将惯性测量单元(Inertial Measurement Unit,IMU)和摄像机进行组合形成 IMU/摄像机组合视觉系统。该系统在使用前也需要进行标定,分别对 IMU 进行标定和摄像机内参数进行标定的基础上,还应标定出 IMU 和摄像机间的结构参数。由于 IMU 和摄像机固连安装,其结构参数确定类似于机器人视觉系统的手眼标定过程。如图 4.24 所示,在标定时,先将相机标定板固定,然后实验者手持 IMU/摄像机组合系统从第k个位置移动到第$k+1$位置,且在该过程中需保证标定板位于相机前方,同时相机对标定板成像。假设参考坐标系选为导航坐标系n,IMU 坐标系b,相机坐标系c,标定靶确定的世界坐标系w,IMU 和摄像机组合系统在k时刻和$k+1$时刻间存在如下关系

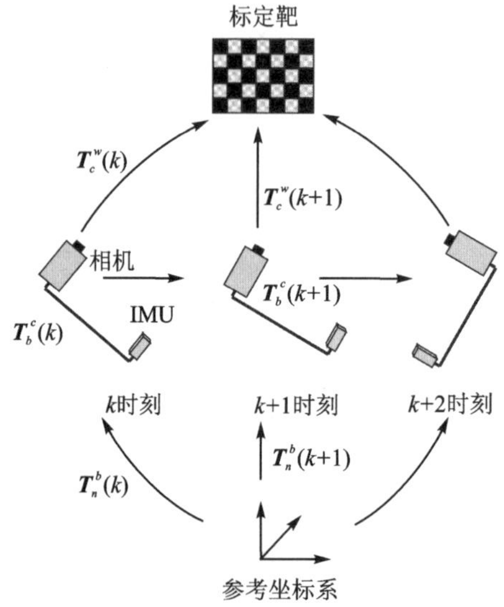

图 4.24 IMU/摄像机手眼标定

$$T_c^w(k)T_b^c(k)T_n^b(k)=T_c^w(k+1)T_b^c(k+1)T_n^b(k+1) \tag{4.127}$$

式中，$T_n^b(k)$和 $T_n^b(k+1)$分别为 IMU 在 k 时刻和 $k+1$ 时刻从导航系 n 到 IMU 坐标系 b 的变换矩阵；$T_b^c(k)$和 $T_b^c(k+1)$分别为在 k 时刻和 $k+1$ 时刻 IMU 坐标系 b 到相机坐标系 c 的变换矩阵；$T_c^w(k)$和 $T_c^w(k+1)$分别为在 k 时刻和 $k+1$ 时刻相机坐标系 c 到标定板世界坐标系的变换矩阵。由于 IMU 和相机固定安装，在 k 时刻和 $k+1$ 时刻，两者的相对位置关系不变，即 $T_b^c(k)=T_b^c(k+1)$。对式(4.127)进行整理写成 $AX=XB$ 的形式，其中 $A=T_c^{w^{-1}}(k+1)T_c^w(k)$、$B=T_n^b(k+1)T_n^{b^{-1}}(k)$和 $T_b^c(k)=T_b^c(k+1)=X$。通过求解方程 $AX=XB$，即可以获得 IMU 和摄像机间的结构参数。

本实例中的待标定相机为小觅(MYNT)双目立体视觉相机，如图 4.25 所示。该相机内置了低成本六轴 IMU 传感器，在标定中仅选用左目摄像机。实验用的标定板为 6×6 的二维码棋盘格，每个小格的大小为 5.5 cm×5.5 cm，并且在整个实验过程中保证标定板始终位于相机的视野内。实验过程中，利用机器人开源操作平台(Robotics Operation System，ROS)采集传感器的原始数据，首先对 IMU 进行标定，然后对摄像机的内参数和畸变系数进行标定，进而计算 IMU 和相机间的初始结构参数。在此基础上，利用非线性优化方法进一步减小标定误差。

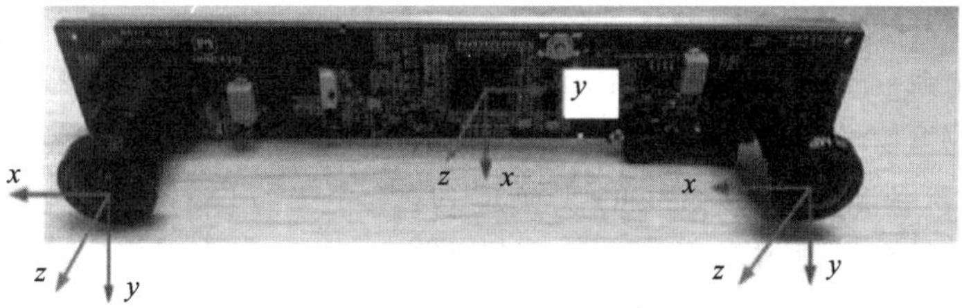

图 4.25　小觅(MYNT)双目立体视觉相机

根据图 4.25 所示的相机坐标系和 IMU 坐标系的指向，IMU 和相机间的旋转变化矩阵的理论值和计算值分别为

$$R_b^c=\begin{bmatrix}0&1&0\\-1&0&0\\0&0&1\end{bmatrix}\qquad \hat{R}_b^c=\begin{bmatrix}0.004&0.997&0.070\\-0.993&-0.008&-0.053\\0.053&-0.697&0.9961\end{bmatrix}$$

为进一步消除误差，建立如式(4.126)所示的优化模型，进一步求解结构参数。在此基础上，对数据集中每一帧采样数据都计算误差 $e=\|R_{b_k}^{b_{k+1}}R_b^c-R_b^cR_{c_k}^{c_{k+1}}\|_F,k=1,2,\cdots N$，其误差曲线如图 4.26 所示，其中优化前结果为 R_b^c 的初始解算结果，优化后结果为利用李群、李代数对 R_b^c 进一步优化的结果。

4.5.2　IMU/激光雷达组合视觉系统标定实例

如图 4.27 所示，在 IMU/激光雷达组合视觉系统标定时，将 IMU 和激光雷达固定安装，然后实验者手持 IMU/激光雷达组合系统从第 k 个位置移动到第 $k+1$ 位置，且假设参考坐标选为导航坐标系 n、IMU 坐标系 b、雷达坐标系 r、世界坐标系 w，IMU 和激光雷达组合系统在 k 时刻和 $k+1$ 时刻间存在如下关系

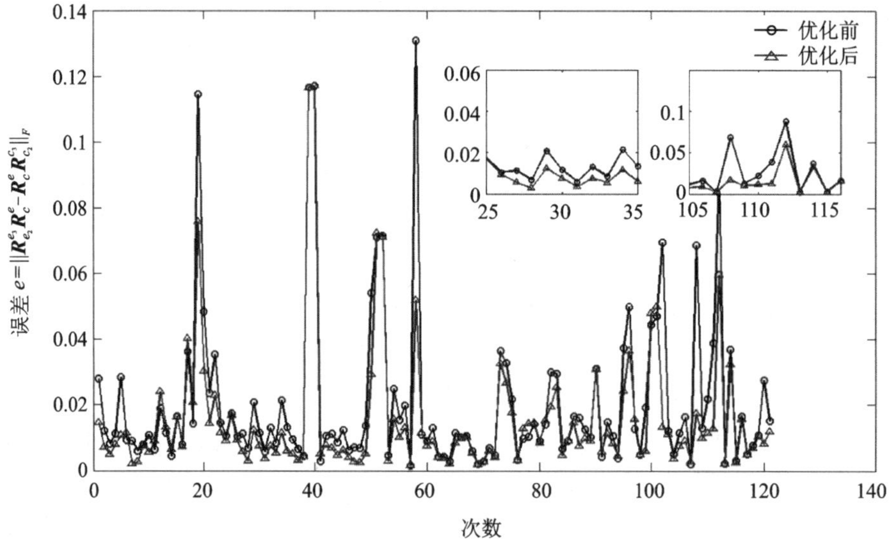

图 4.26　IMU/相机手眼标定误差曲线

$$\boldsymbol{T}_r^w(k)\boldsymbol{T}_b^r(k)\boldsymbol{T}_n^b(k)=\boldsymbol{T}_r^w(k+1)\boldsymbol{T}_b^r(k+1)\boldsymbol{T}_n^b(k+1) \tag{4.128}$$

式中，$\boldsymbol{T}_n^b(k)$和$\boldsymbol{T}_n^b(k+1)$分别为 IMU 在 k 时刻和 $k+1$ 时刻从导航系 n 到 IMU 坐标系 b 的变换矩阵；$\boldsymbol{T}_b^r(k)$和$\boldsymbol{T}_b^r(k+1)$分别为在 k 时刻和 $k+1$ 时刻 IMU 坐标系 b 到雷达坐标系 r 的变换矩阵；$\boldsymbol{T}_r^w(k)$和$\boldsymbol{T}_r^w(k+1)$分别为在 k 时刻和 $k+1$ 时刻雷达坐标系 r 到世界坐标系的变换矩阵。由于 IMU 和激光雷达固连安装，在 k 时刻和 $k+1$ 时刻，两者的相对位置关系不变，即 $\boldsymbol{T}_b^r(k)=\boldsymbol{T}_b^r(k+1)$。对式(4.128)进行整理并写成 $\boldsymbol{AX}=\boldsymbol{XB}$ 的形式，其中 $\boldsymbol{A}=\boldsymbol{T}_r^{w^{-1}}(k+1)\boldsymbol{T}_r^w(k)$、$\boldsymbol{B}=\boldsymbol{T}_n^b(k+1)\boldsymbol{T}_n^{b^{-1}}(k)$和$\boldsymbol{T}_b^r(k)=\boldsymbol{T}_b^r(k+1)=\boldsymbol{X}$。通过求解方程 $\boldsymbol{AX}=\boldsymbol{XB}$，即可以获得 IMU 和激光雷达间的初始结构参数。在此基础上，利用非线性优化方法计算其最优解，并计算误差 $e=\left\|\boldsymbol{R}_{b_k}^{b_{k+1}}\boldsymbol{R}_b^r-\boldsymbol{R}_b^r\boldsymbol{R}_{r_k}^{r_{k+1}}\right\|_F$。

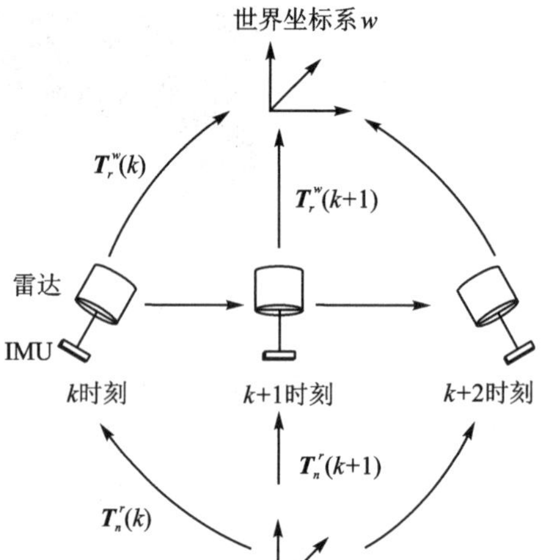

图 4.27　IMU/激光雷达手眼标定

在本实例中，MIMU/激光雷达标定实际测试中的设备如图 4.28 所示，其中激光雷达为 Velodyne 公司生产的 VLP－16 型三维激光雷达；MIMU 为 Xsense 公司生产的 MTI－G710 型组合系统。

通过对 MIMU/激光雷达在不同位置采集的数据，进行标定获得 IMU 和激光雷达间的初始结构参数为

$$\hat{\boldsymbol{R}}_b^r=\begin{bmatrix}0.994 & 0.001 & -0.110\\ 0.108 & -0.216 & 0.970\\ -0.022 & -0.976 & -0.215\end{bmatrix}$$

(a) 激光雷达　　(b) MTI-G710

图 4.28　IMU/激光雷达手眼标定的实际设备

在此基础上，进一步对 $\boldsymbol{R}_b^r$ 进行非线性优化求解，并计算其误差 $e=\|\boldsymbol{R}_{b_k}^{b_{k+1}}\boldsymbol{R}_b^r-\boldsymbol{R}_b^r\boldsymbol{R}_{r_k}^{r_{k+1}}\|_F$，$k=1,2,\cdots N$，其误差曲线如图 4.29 所示。

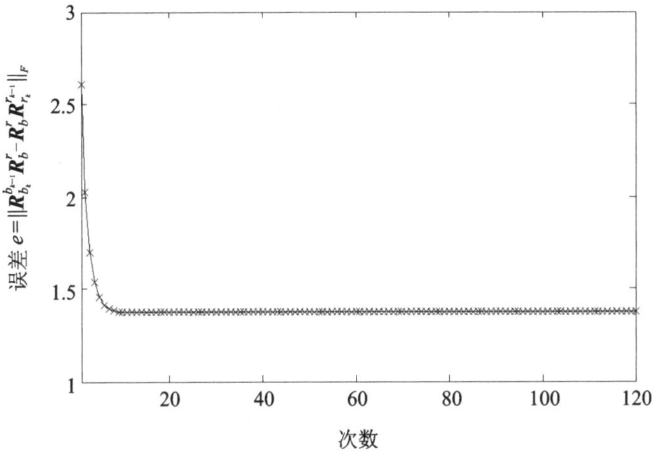

图 4.29　IMU/激光雷达手眼标定的误差

小　　结

在实际应用中，利用视觉系统进行精确测量、避障与导航和跟踪控制，需要准确知道图像与三维空间的对应关系，需要对视觉系统进行标定，而且有些视觉系统，不仅需要知道相机的内参数，还需知道相机与其他传感器间的结构参数。本章首先介绍了相机的标定方法，包括线性模型标定、非线性模型标定、基于平面标定靶的张正友标定法和基于灭点理论的标定法；其次，介绍双目立体视觉系统标定、机器人手眼标定、IMU/摄像机组合视觉系统标定和 IMU/激光雷达组合视觉系统标定的原理和方法。针对每一类视觉系统标定，给出了应用中的具体标定实例，以便读者进一步理解。

思考与练习题

(1) 为何基本矩阵 $\boldsymbol{F}$ 的自由度为 7，本质矩阵 $\boldsymbol{E}$ 的自由度为 5，单应性矩阵 $\boldsymbol{H}$ 的自由度为 8？

(2) 举例说明基本矩阵 $\boldsymbol{F}$、本质矩阵 $\boldsymbol{E}$ 和单应性矩阵 $\boldsymbol{H}$ 的适用范围。

(3) 说明本质矩阵 $\boldsymbol{E}$、基本矩阵 $\boldsymbol{F}$ 和单应性矩阵 $\boldsymbol{H}$ 的区别和联系，并分析说明基本矩阵

$\boldsymbol{F}$ 和本质矩阵 $\boldsymbol{E}$ 对极几何不成立的条件。

（4）查阅文献，总结视觉系统手眼标定法 $\boldsymbol{AX}=\boldsymbol{XB}$ 的求解过程。

（5）编程实现非线性模型标定过程。

（6）用打印机打印一张带有平面黑白方格图案的靶标，用手机摄像机获取其不同位置拍摄的图像，编制程序来标定该相机的内参数和畸变系数，并计算像方误差和物方误差。

（7）编程实现 4.2 节介绍的相机标定方法。

（8）编程实现 4.3 节介绍的相机标定方法。

（9）编程实现 4.4 节介绍的相机标定方法。

第 5 章　双目立体视觉系统

双目立体视觉技术一直是机器视觉领域的研究热点。20 世纪 60 年代中期，美国 MIT 的 Roberts 提出的"积木世界"理论对物体的形状和空间关系进行描述，将过去简单的二维图像分析推广到了复杂的三维场景，标志着立体视觉技术的诞生。随着立体视觉技术研究的深入，特别是 20 世纪 80 年代初，Marr 创立了视觉计算理论框架对立体视觉技术的发展产生了推动作用，使立体视觉技术成为计算机视觉中一个非常重要的分支。经过几十年来的发展，立体视觉技术在航空、航天、无人机、机器人、自动驾驶、三维重建、非接触式测量、医学成像和工业检测等领域中的应用越来越广，其典型应用如图 5.1 所示。

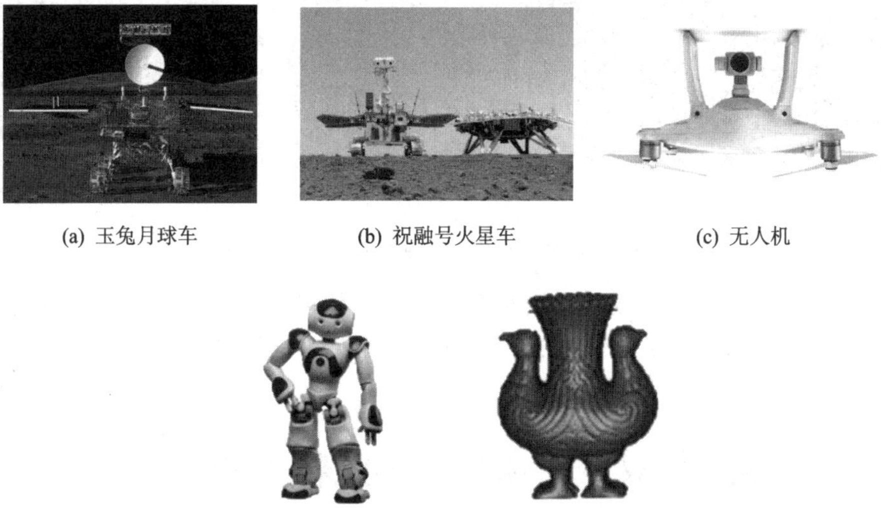

(a) 玉兔月球车　(b) 祝融号火星车　(c) 无人机

(d) 机器人导航　(e) 三维重建

图 5.1　双目立体视觉实际应用

双目立体视觉技术是一种仿生视觉技术。在某些哺乳动物，例如牛、马和羊等，它们的两眼长在头的两侧，因此两眼的视野完全不重叠，左眼和右眼各自感受不同侧面的光刺激，这些动物仅有单眼视觉(Monocular vision)。人和灵长类动物的双眼都在头部的前方，两眼视野相互重叠，落在重叠区内的任何物体都能同时被两眼所见，两眼同时看物体时产生的视觉称为双眼视觉(Binocular vision)。双眼视物时，两眼视网膜上分别形成一个完整的像，通过眼外肌的精细协调控制，可使来自物体同一部分的光线成像于两眼视网膜的对称点上，并在主观上产生单一物体的视觉，称这种视觉为单视。双眼视觉具有弥补单眼视野中的盲区缺损、扩大视野范围等优点，而且主观上还可产生被视物体的厚度和空间深度或距离等感觉，其主要原因是同一被视物体在两眼视网膜上的像并不完全相同，左眼看到物体的左侧面较多，右眼看到物体的右侧面较多，将两眼的图像信息经过视觉高级中枢处理后，产生一个具有立体感的物体形象，因此也称为立体视觉(Stereoscopic vision)。

然而，当单眼视物时，有时也能产生一定程度的立体感觉，这主要是通过眼肌调节和单眼运动来获得的，而且这种立体感觉的产生与生活经验、物体表面的阴影等也有关系。但良好的立体视觉只有在双眼观察时才能实现，通过融合两只眼睛获得的图像并观察它们之间的差别，可以获得明显的深度感，是人类利用双眼获取环境三维信息的主要途径。根据两眼图像建立特征间的对应关系，将同一三维空间点在不同图像中对应像点间的差别，通常称为视差（Disparity），由视差形成的图像称为视差图。

随着机器视觉理论在空天地信等领域的广泛应用，双目立体视觉在机器视觉研究中发挥着越来越重要的作用。在机器视觉系统中，双目立体视觉一般由双摄像机从不同角度同时获取周围景物的两幅数字图像，或由单摄像机在不同时刻从不同角度获取周围景物的两幅数字图像，并基于视差原理恢复出物体三维几何信息，重建周围景物的三维形状并确定其位置。利用双目图像恢复三维视觉信息的效果图如图 5.2 所示。

(a) 左目图像　　(b) 右目图像　　(c) 生成的3D视觉信息

图 5.2　利用双目相机图像生成三维视觉信息

本章内容主要有双目立体视觉系统的构成、双目立体视觉系统及基本原理、极线校正和双目立体匹配。在此基础上，给出在航空航天中实际应用双目立体视觉系统的案例，并对案例进行剖析。

5.1　双目立体视觉系统特点和原理

如图 5.3(a)所示，在单目视觉系统中，在投影线上的三维空间点 A、B 和 C 的像点都是点 p，无法确定三维点的深度信息，其结果导致拍摄出一些有趣或有歧义的图像效果；如图 5.3(b)所示，即月亮好像是要被投入了篮筐。为解决该问题，通常是引入一个摄像机或将摄像机移动一个位置后与原相机组成双目视觉系统。双目视觉系统中，两个相机同时拍摄同一场景或一个相机在不同位置拍摄同一场景时，两张图像有重叠部分，根据这两图像中对应点来计算出三维空间的深度信息。

双目立体视觉图像对应点满足 4.4.2 节的极线几何（或对极几何）理论，即（为方便阅读，本章重新编号）

$$\boldsymbol{p}^{c_2\,\mathrm{T}}\boldsymbol{E}\boldsymbol{p}^{c_1}=0 \tag{5.1}$$

$$\boldsymbol{p}^{i_2\,\mathrm{T}}\boldsymbol{F}\boldsymbol{p}^{i_1}=0 \tag{5.2}$$

$$\boldsymbol{l}_1=\boldsymbol{E}^{\mathrm{T}}\boldsymbol{p}^{c_2},\quad \boldsymbol{l}_2=\boldsymbol{E}\boldsymbol{p}^{c_1} \tag{5.3}$$

$$\boldsymbol{l}_1=\boldsymbol{F}^{\mathrm{T}}\boldsymbol{p}^{i_2},\quad \boldsymbol{l}_2=\boldsymbol{F}\boldsymbol{p}^{i_1} \tag{5.4}$$

式中，$\boldsymbol{E}=\bar{\boldsymbol{T}}_{c_1}^{c_2}\times\boldsymbol{R}_w^{c_2}\boldsymbol{R}_w^{c_1\,-1}$ 为本质矩阵，$\boldsymbol{F}=\boldsymbol{M}_{c_2}^{i_2\,-\mathrm{T}}\boldsymbol{E}\boldsymbol{M}_{c_1}^{i_1\,-1}=\boldsymbol{M}_{c_2}^{i_2\,-\mathrm{T}}(\bar{\boldsymbol{T}}_{c_1}^{c_2}\times\boldsymbol{R}_w^{c_2}\boldsymbol{R}_w^{c_1\,-1})\boldsymbol{M}_{c_1}^{i_1\,-1}$ 为

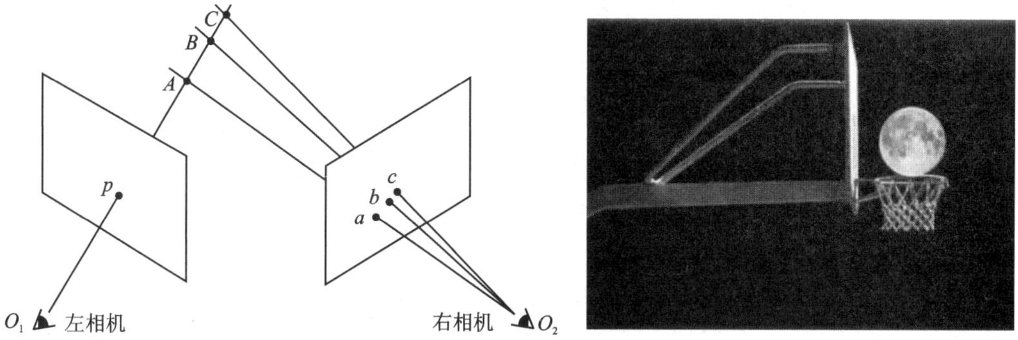

(a) 双目系统解决的问题　　(b) 单目相机照片丢失深度

图 5.3　双目立体视觉解决问题的示意图

基本矩阵，其中 $\boldsymbol{R}_w^{c_2}$ 和 $\boldsymbol{R}_w^{c_1}$ 分别为两个相机外参数中的旋转矩阵，$\overline{\boldsymbol{T}}_{c_1}^{c_2}=\overline{\boldsymbol{T}}_w^{c_2}-\boldsymbol{R}_w^{c_2}\boldsymbol{R}_w^{c_1\,-1}\overline{\boldsymbol{T}}_w^{c_1}$ 为两个相机间的平移参数，由两个相机的外参数构成；$\boldsymbol{p}^{i_1}$ 和 $\boldsymbol{p}^{i_2}$ 分别为左图像和右图像的像点；$\boldsymbol{p}^{c_1}$ 和 $\boldsymbol{p}^{c_2}$ 分别为 $\boldsymbol{p}^{i_1}$ 和 $\boldsymbol{p}^{i_2}$ 在左右摄像机坐标系下的投影点，即有 $\boldsymbol{p}^{i_1}=\boldsymbol{M}_{c_1}^{i_1}\boldsymbol{p}^{c_1}$ 和 $\boldsymbol{p}^{i_2}=\boldsymbol{M}_{c_2}^{i_2}p^{c_2}$，其中 $\boldsymbol{M}_{c_1}^{i_1}$ 和 $\boldsymbol{M}_{c_2}^{i_2}$ 分别为左右相机的内参数矩阵；$\boldsymbol{l}_1$ 和 $\boldsymbol{l}_2$ 分别为左图像和右图像上的一条极线。

5.1.1　平行光轴立体视觉系统原理

平行光轴立体视觉系统，也称简单的立体视觉系统。系统内两个摄像机的焦距 f 相同，两个相机的主光轴平行且垂直于投影面和像平面，而且两个相机的投影平面在同一个平面内，像平面在同一平面内，其示意图如图 5.4[①] 所示。将世界坐标系原点选在左摄像机投影中心 O_1 处，其 Z 轴与左摄像机的主光轴 z_1 重合，X 轴和 Y 轴与像空间的 x 轴和 y 轴重合。对于三维空间点 $p^w(X^w, Y^w, Z^w)$，其在左右摄像机的投影点分别为 $p_1(x_1, y_1)$ 和 $p_2(x_2, y_2)$，于是有

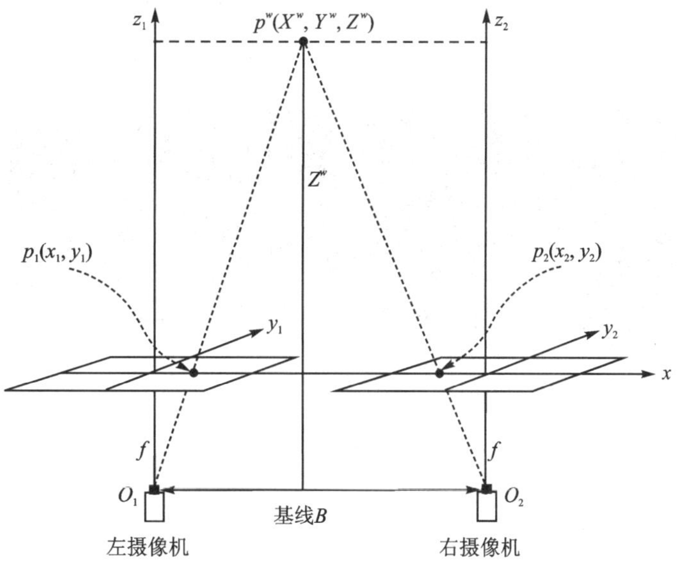

图 5.4　平行光轴立体视觉系统示意图

① 注：本章内容的图像坐标系与 2.6.1 节定义的图像坐标系存在差异，相当于将图像逆时针旋转 90°或将像平面坐标系绕坐标系原点旋转 90°，不影响其对原理和方法的理解。

$$\frac{f}{Z^w}=\frac{x_1}{X^w} \tag{5.5}$$

$$\frac{f}{Z^w}=\frac{x_2}{X^w-B} \tag{5.6}$$

进一步整理,得到简单双目立体视觉系统的深度信息为

$$Z^w=\frac{Bf}{x_1-x_2}=\frac{Bf}{dx} \tag{5.7}$$

式中,$dx=x_1-x_2$ 即为视差;B 为基线。

由式(5.7)可知,深度信息与视差成反比关系,同一深度信息的视差相等;而且远景像素的视差小,近景像素的视差大。每个像素视差用一个灰度值编码,而且高(低)灰度值表大(小)视差,将不同大小视差编码生成的图像称为视差图,如图 5.5 和图 5.6 所示,其中图 5.5 为每一个像素通过计算而生成的稠密视差图;图 5.6 为通过计算图像特征点而生成的稀疏视差图。

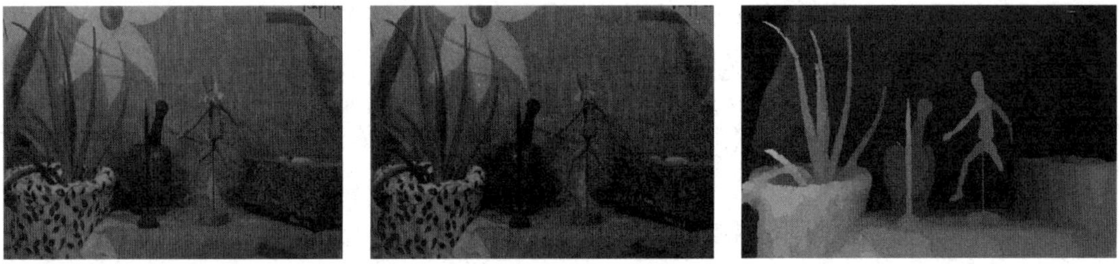

(a) 左目图像　　(b) 右目图像　　(c) 视差图

图 5.5　稠密视差图

(a) 左目图像　　(b) 右目图像　　(c) 视　差

图 5.6　稀疏视差图

根据图 5.5、图 5.6 所示的视差图与式(5.5)～式(5.7),于是可计算出三维空间点 $p^w(X^w,Y^w,Z^w)$ 的空间坐标为

$$X^w=\frac{x_1}{f}Z^w,\quad Y^w=\frac{y_1}{f}Z^w,\quad Z^w=\frac{Bf}{dx} \tag{5.8}$$

5.1.2　双目纵向立体视觉系统原理

如图 5.7 所示,双目纵向立体视觉系统是将两个相机(不妨取两者焦距相同)沿相机的主光轴依次排列,两个相机的像平面平行且与主光轴垂直,其优点是排除了由于遮挡造成的三维

空间点仅被一个摄像机看到的问题，而且公共视场的边界更容易确定。

将世界坐标系原点选在左相机的投影中心 O_1 处，三维空间点 $p^w(X^w, Y^w, Z^w)$ 在左右摄像机的投影点分别为 $p_1(x_1, y_1)$ 和 $p_2(x_2, y_2)$，于是有

$$\frac{X^w + x_1}{x_1} = \frac{Z^w}{f} \tag{5.9a}$$

$$\frac{X^w + x_2}{x_2} = \frac{Z^w - B}{f} \tag{5.9b}$$

可以计算出三维空间点 $p^w(X^w, Y^w, Z^w)$ 的空间坐标为

$$X^w = -\frac{B}{f}\frac{x_1 x_2}{x_1 - x_2}, \quad Y^w = \frac{y_1 Z^w}{f}, \quad Z^w = f - \frac{B x_2}{x_1 - x_2} \tag{5.10}$$

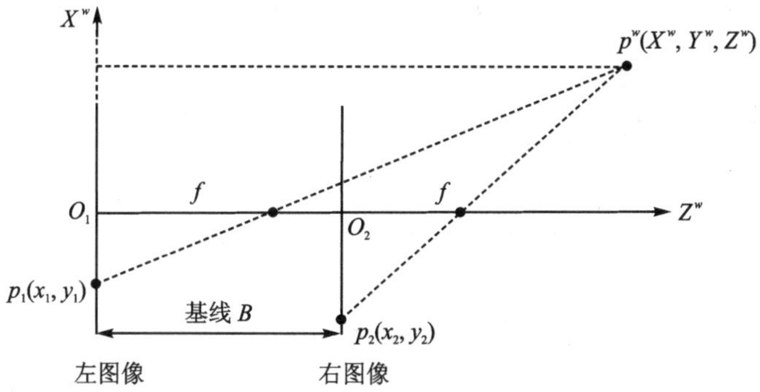

图 5.7　双目纵向立体视觉系统示意图

5.1.3　双目横向汇聚立体视觉系统原理

双目横向汇聚式立体视觉系统，也称为一般立体视觉系统，其是由两个单目视觉系统绕各自的中心相向旋转，使两相机的主光轴相交于一点 A，其示意图如图 5.8 所示，其中 θ 为汇聚角。世界坐标系原点选在 O 点，并令 $AO_1 = AO_2 = r$，于是有

$$r = \frac{B}{2\sin\theta} \tag{5.11}$$

$$Z^w = \frac{B}{2}\frac{\cos\theta}{\sin\theta} + f\cos\theta \tag{5.12}$$

根据透视投影关系，有

$$\frac{x_1}{f} = \frac{X^w\cos\theta}{r - X^w\sin\theta} \tag{5.13}$$

$$\frac{x_2}{f} = \frac{X^w\cos\theta}{r + X^w\sin\theta} \tag{5.14}$$

进一步整理，可得深度和视差分别为

$$Z^w = \frac{B}{2}\frac{\cos\theta}{\sin\theta} + \frac{2x_1 x_2\sin\theta}{x_1 - x_2} \tag{5.15}$$

$$dx = x_1 - x_2 = \frac{2fX^w\cos\theta\sin\theta}{r^2 - X^{w2}\sin^2\theta} \tag{5.16}$$

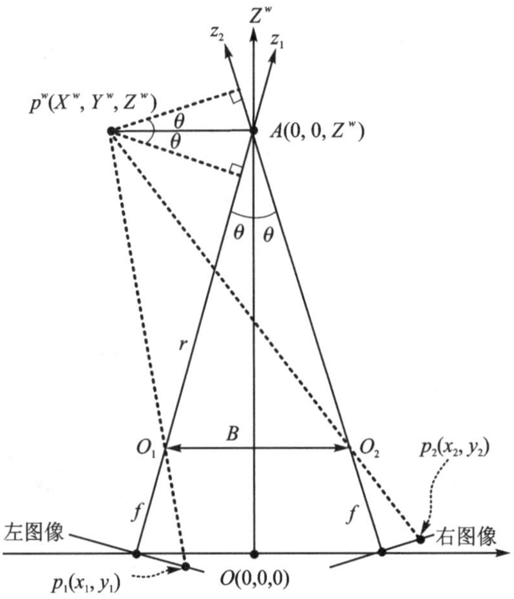

图 5.8　双目汇聚式立体视觉系统

5.1.4　双目立体视觉系统深度计算精度分析

由于双目汇聚式立体视觉系统可以转化为平行光轴立体视觉系统，因此本文以平行光轴立体视觉系统为例来分析其精度影响因素。通过分析式(5.8)可知，三维空间点坐标的精度直接取决于深度信息 $Z^w=\dfrac{Bf}{dx}$ 的计算，视差 dx 的计算直接与算法有关，B 和 f 是双目立体视觉系统的硬件参数，直接和硬件相关。因此，双目立体视觉系统的深度计算精度是由算法和硬件共同决定的。

(1) 视差计算精度对深度计算精度的影响

为分析算法精度对深度计算的影响，假设相机的参数 B 和 f 已知且无误差，Z^w 为定值(在同一深度值下评判其精度)，视差的偏差为 Δdx，则深度的偏差 ΔZ^w 为

$$\Delta Z^w=\frac{Bf}{dx}-\frac{Bf}{dx+\Delta dx}=Bf\left(\frac{1}{dx}-\frac{1}{dx+\Delta dx}\right) \tag{5.17}$$

视差的偏差 Δdx 越小，深度偏差 ΔZ^w 也越小，即视差的计算精度越高，深度计算精度越高，深度精度和视差精度成正比，其示意图如图 5.9 所示。从图 5.9 中也可以看出，当视差偏差减小时，由视差偏差形成的不确定区域明显减小，因此更高精度的视差估计算法可以获得更准确的深度计算值。此外，像素越小，同样的物理尺寸焦距有更长的像素尺寸焦距，深度精度就越高。

(2) 硬件因素对深度计算精度的影响

为分析双目立体视觉传感器参数(焦距和基线)对深度计算精度的影响，假设视差的偏差 Δdx 固定不变，在同一深度值 Z^w 下评判不同焦距大小、不同基线长度对深度计算精度的影响，对式(5.17)进一步整理，得

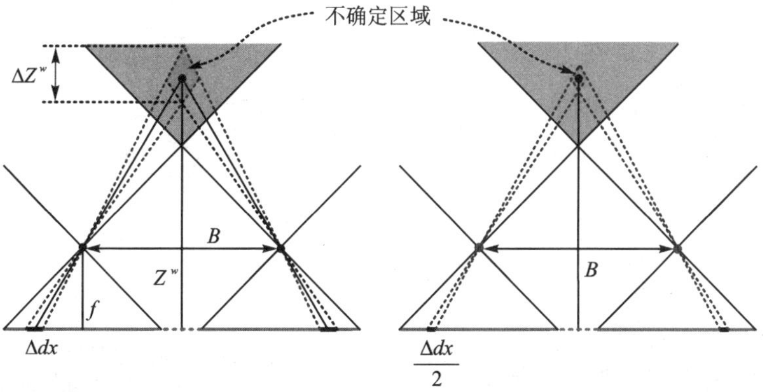

图 5.9　不同视差精度对深度计算精度的影响

$$\Delta Z^w = \frac{Bf}{dx} - \frac{Bf}{dx + \Delta dx} = Z^w - \frac{1}{\frac{1}{Z^w} + \frac{\Delta dx}{Bf}} \tag{5.18}$$

由于视差精度恒定，视差的偏差 Δdx 也恒定，焦距 f 和基线长度 B 对 Z^w 的计算精度有相同的影响关系，且深度计算精度和基线、焦距成正比，即基线长度越长、焦距越长，深度计算精度越高，其示意图如图 5.10 所示。此外，影响深度计算精度的因素是焦距 f 和基线长度 B 的乘积 Bf，如果两个参数一起增大，其深度计算精度越高；如果一个参数增大，一个减小，其深度计算精度可能高，也可能低。

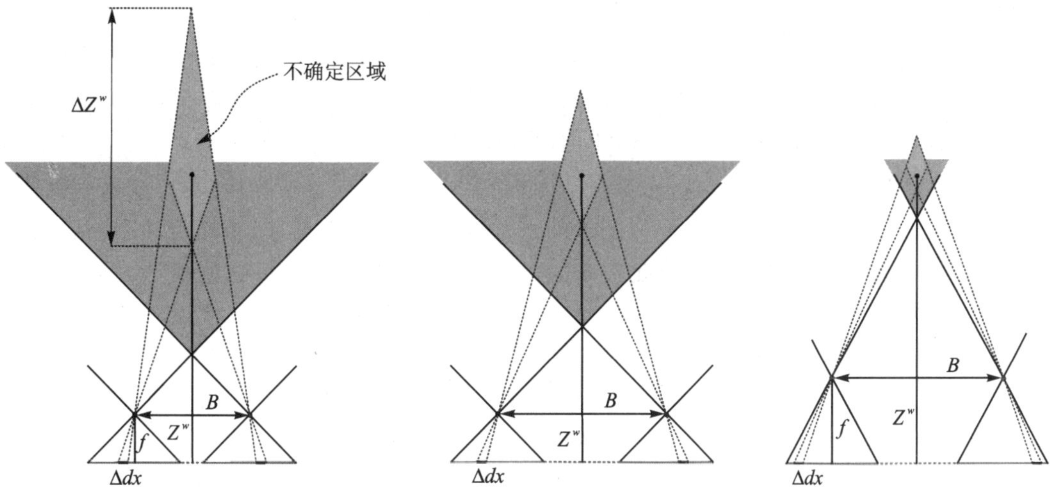

图 5.10　不同焦距、不同基线对深度计算精度的影响

(3) 目标远近(深度范围)对深度计算精度的影响

除了算法因素和硬件因素对深度计算精度影响外，目标距离镜头的距离不同，深度计算精度也不同，即深度范围不同，深度偏差 ΔZ^w 大小也不同。为了讨论深度范围对深度计算精度的影响，假设焦距 f、基线长度 B 和视差的偏差 Δdx 都恒定，对式(5.18)进一步整理，得

$$\Delta Z^w = \frac{Bf}{dx} - \frac{Bf}{dx + \Delta dx} = Z^w\left(1 - \frac{1}{1 + \frac{\Delta dx Z^w}{Bf}}\right) \tag{5.19}$$

由此可以看出，目标距离镜头越近（深度越小），则深度偏差 ΔZ^w 越小，深度计算精度越高；目标距离镜头越远（深度越大），则深度偏差 ΔZ^w 越大，深度计算精度越低，其示意图如图 5.11 所示。

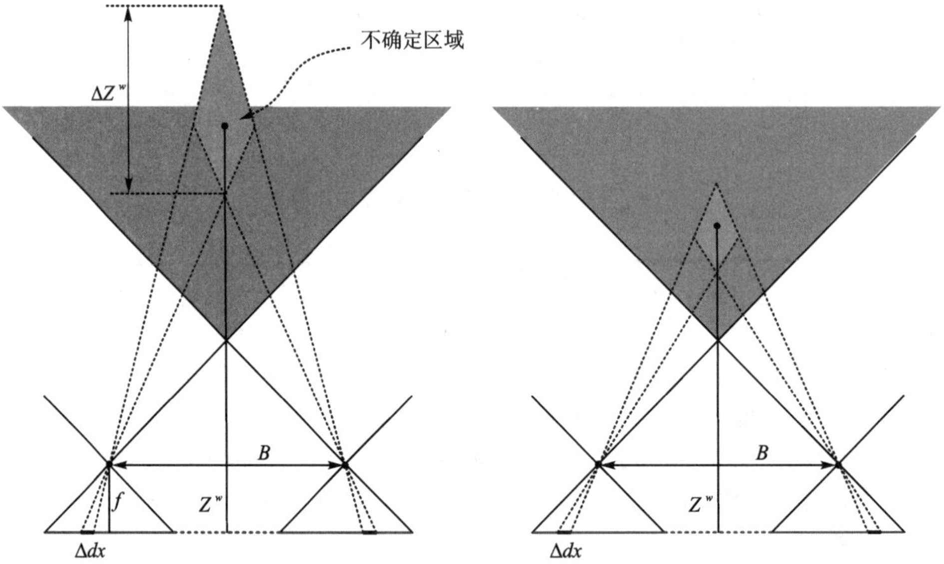

图 5.11　目标远近对深度计算精度的影响

综上所述，对于双目立体视觉系统，深度精度和视差精度成正比，视差偏差越小，深度偏差越小，即算法的视差精度越高，深度精度越高；深度精度和基线、焦距长度成正比，基线长度 B 越长、焦距越长，深度精度越高；像素越小，同样的物理尺寸焦距有更长的像素尺寸焦距，深度精度就越高；测量目标距离系统越近，深度精度越高。因此，在实际应用中，尽可能选用高精度视差估计算法，在处理器处理能力允许的条件下，尽可能选择高分辨率（像素尺寸小）相机。此外，在应用场景允许且结构稳定性满足需求的条件下，尽可能延长双目立体视觉的基线长度，并使目标距系统的距离越小。

5.2　双目立体视觉匹配原理

对于双目立体视觉系统，只要知道左右图像中的对应点坐标，就可以计算出三维空间点的坐标，进而完成三维重建和目标识别等工作。在实际应用中，如何实现双目立体视觉中对应点匹配是一个富有挑战性的问题。为此，人们建立许多约束来提高对应点匹配的准确性和可靠性。

如图 5.4 所示的平行光轴立体视觉系统输出的双目立体图像及视差图的关系如图 5.12 所示，左目图像点 (x_1, y_1) 与右目图像对应点 (x_2, y_2) 间满足如下关系

$$(x_2, y_2) = (x_1 + dx(x, y), y_1) \tag{5.20}$$

图中直线为极线，而且只要知道视差图，左右目图像对应点匹配就可以通过视差来实现。因

此，如何获得视差是双目立体视觉图像对应点匹配的关键。常用的立体视觉图像匹配方法有基于相关运算的区域匹配法和基于特征的特征匹配方法，前者获得稠密的视差图，后者获得稀疏的视差图。

(a) 左目图像　　(b) 视差图　　(c) 右目图像

图 5.12　平行光轴立体视觉系统匹配示意

按照算法运行时约束的作用范围，即采用的最优化理论方法可将立体匹配方法分为局部立体匹配方法和全局立体匹配方法，前者在进行立体匹配计算时仅利用图像点的局部信息，主要算法有基于相关运算的区域匹配法和基于特征的特征匹配法。特征匹配法在进行立体匹配计算时需要用到全图像的信息，典型算法主要有动态规划法、图割法和置信传播法等。介于局部立体匹配和全局立体匹配方法两者间，还有一个半全局立体匹配（Semi－Global Block Matching，SGBM）算法。按照生成的视差图可将立体匹配方法分为稠密匹配和稀疏匹配，前者是将所有像素都生成确定视差值；后者只选择关键像素点计算视差值。无论是哪一类立体匹配算法，其几乎都需要四个计算步骤，即匹配代价计算、代价聚合、视差计算和视差后处理。通常情况下，前两个步骤，甚至前三个步骤同时完成。

（1）匹配代价计算（Cost Computation）

通过计算参考图像上每个像素点与目标图像所有可能点的视差而形成的代价值，即以所有可能视差去匹配目标图像上对应点的代价值，并将代价值存储在一个三维数组中，其由横轴 x、纵轴 y 和视差搜索范围 d 构成，通常称这个三维数组为视差空间图（Disparity Space Image，DSI）。匹配代价是立体匹配的基础，设计抗噪声干扰、对光照变化不敏感的匹配代价，能提高立体匹配的精度。因此，匹配代价的设计在全局匹配算法和局部匹配算法中都是研究的重点。

（2）代价聚合（Cost Aggregation）

一般情况下，全局算法不需要代价聚合，而局部匹配算法需要通过求和、求均值或其他方法对一个支持窗口内的匹配代价进行聚合而得到参考图像上一点 p 在视差 d 处的累积代价，这一过程称为代价聚合。通过匹配代价聚合，可以降低异常点的影响，提高匹配精度。代价聚合策略通常是局部匹配算法的核心，策略的好坏直接关系到最终视差图（Disparity maps）的质量。

（3）视差计算（Disparity Computation）

在局部立体匹配算法中，在支持窗口内聚合完匹配代价后，获取视差的过程就比较简单。通常采用“胜者为王（Winner Take All，WTA）”策略，即在视差搜索范围内选择累积代价最优的点作为对应匹配点，与之对应的视差即为所求的视差。

(4) 视差后处理(Post Process)

通常情况下,分别以左右两图为参考图像,完成上述三个步骤后可以得到左右两幅视差图像。但由于实际图像受噪声、遮挡和光照等因素的影响,导致视差图还存在一些问题,因此还需要对视差图进行优化和后处理,进一步对视差图进行修正。常用的方法有插值、亚像素增强和图像滤波等方法。

5.2.1 基于相关运算的区域匹配法

基于相关运算的区域匹配法是通过匹配图像的强度或相关性来确定相应点在每一个图像窗口上进行相关运算,其示意图如图 5.13 所示。在左目图像中,以点(x_1,y_1)为中心确定一个模板图像,如图 5.13(a)中的正方形,并在右图像对应像素坐标位置确定一个 M 像素×N 像素的待匹配模板窗口,如图 5.13(b)所示的虚线长方形。将模板图像在右图像的待匹配模板窗口沿着极线进行滑窗相关运算,并根据最优准则确定出点(x_1,y_1)在右图像中的对应点(x_2,y_2),最优准则主要有差的绝对值(Sum of Absolute Difference,SAD)最小准则、差的平方和(Sum of Squared Difference,SSD)最小准则和归一化交叉相关(Normalized Cross Correlation,NCC)最大准则,其目标是找出最佳的匹配位置,输出视差图。

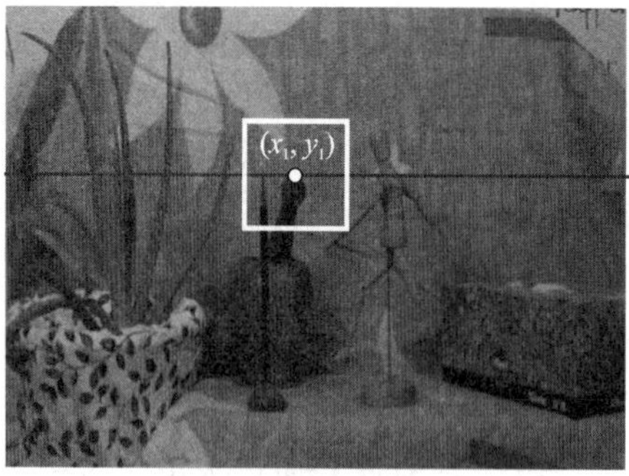

(a) 左目图像

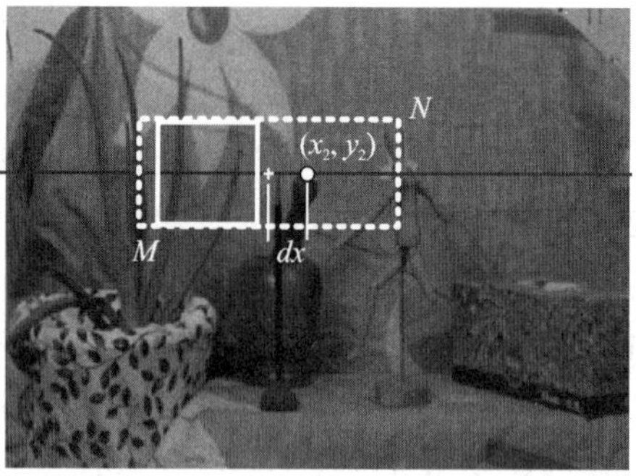

(b) 右目图像

图 5.13 基于区域相关运算的区域匹配方法示意图

(1) 绝对差(Sum of Absolute Difference,SAD)算法

SAD 算法的计算代价函数为

$$F(x,y,d_x)=\sum_w \| I_1(x,y)-I_2(x+d_x,y) \| \tag{5.21}$$

式中,$I_1(x,y)$和 $I_2(x+d_x,y)$分别为左目图像和右目图像的对应点;w 为 M 像素×N 像素的待匹配模板窗口。当目标函数 $F(x,y,d_x)$取极小值时的输出值即为其对应点的视差。

(2) 差值平方和(Sum of Squared Difference,SSD)算法

SSD 算法的计算代价函数为

$$F(x,y,dx)=\sum_w (I_1(x,y)-I_2(x+dx,y))^2 \tag{5.22}$$

当目标函数 $F(x,y,dx)$取极小值时的输出值即为其对应点的视差。

(3) 归一化交叉相关(Normalized Cross Correlation,NCC)算法

NCC 算法的计算代价函数为

$$F(x,y,dx)=\frac{\mathrm{Cov}(I_1(x,y),I_2(x+dx,y))}{\sqrt{\mathrm{Var}(I_1(x,y))\mathrm{Var}(I_2(x+dx,y))}} \tag{5.23}$$

式中，$\mathrm{Cov}(I_1(x,y),I_2(x+dx,y))$为 $I_1(x,y)$和 $I_2(x+dx,y)$的协方差；$\mathrm{Var}(*)$为 $*$ 的方差。当目标函数 $F(x,y,dx)$取极大值时的输出值即为其对应点的视差。

5.2.2 基于特征的特征匹配法

基于特征的特征匹配法算法首先利用第 3 章“图像预处理与视觉信息提取”中的相关算法提取图像中的点、线和面等特征，并利用这些特征构建特征集合，构建特征集合描述子实现匹配，其目标是输出视差图。

5.2.3 基于动态规划的立体匹配法

基于动态规划的立体匹配法是全局立体匹配算法，其利用图像的全局约束信息，通过构建包括匹配代价的数据项和平滑项的全局能量函数，基于极线约束，通过依次寻找每条极线上匹配点对的最小代价路径，以动态寻优方法求解全局能量最小化，获得视差图。

构建全局能量函数为

$$\boldsymbol{f}_E(d)=\boldsymbol{f}_E(p_1,dx)+\alpha f_s(d_p,d_q) \tag{5.24}$$

式中：$\boldsymbol{f}_E(p_1,dx)=\sum_{P_1\in I_1}\boldsymbol{D}(p_1,dx)$为图像数据约束项，是左图像像素点与视差为 dx 的右图像像素点的匹配代价函数，用于测量像素点间的相似性；$\boldsymbol{f}_s(d_p,d_q)=\sum_{p,q\in N}\boldsymbol{V}(d_p,d_q)$为相邻像素点 p 和 q 之间的平滑约束项，d_p 和 d_q 分别表示相邻像素点 p 与像素点 q 的视差，用于判断相邻像素点之间的连续性；α 为惩罚因子。

将求解整个图像视差的过程分解为一些子过程，并逐个求解子过程，具体求解过程是根据外极线顺序约束，通过在视差图像上寻找最小代价路径，最终得到视差图，算法简单高效，其示意图如图 5.14 所示。传统的动态规划算法可以较快速地处理图像遮挡区域和纹理单一区域的误匹配，具有良好的效果，但由于在匹配过程中仅考虑极线上的约束而忽略了极线间视差的约束，导致得到的视差图有条纹瑕疵现象。

综上所述三种方法的优缺点如表 5.1 所列。

表 5.1　三种算法的优缺点

算　法	输出结果	优　点	缺　点
区域匹配法	稠密视差图	算法简单，易实现	对噪声敏感；弱纹理区易出现误匹配
特征匹配法	稀疏视差图	对光照变化不敏感；有遮挡时，也能很好工作；精度高；计算速度快	需经内插计算获得整幅深度图；部分特征提取不完整；易受遮挡、光线和重复纹理影响
动态规划法	稠密视差图	算法简单，可提高局部无纹理区域的匹配精度	视差图易出现条纹瑕疵

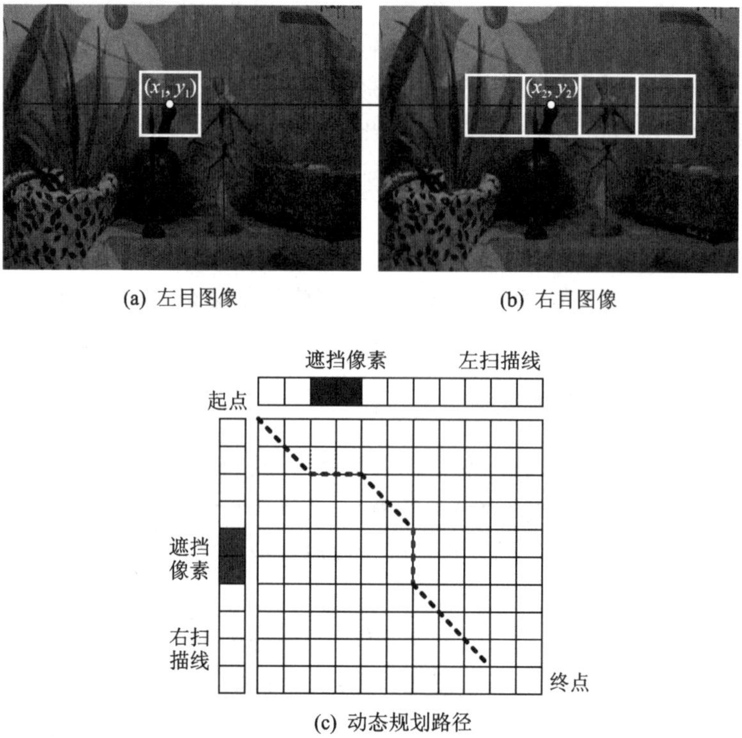

图 5.14 动态规划立体匹配算法过程示意图

5.2.4 立体匹配约束

立体匹配存在的困难主要有两点：一是场景投影到两幅图像中存在不一致性，二是左右目图像匹配存在着不确定性。前者主要受图像噪声、不同增益、不同对比度、透视畸变、遮挡和镜面反射等因素的影响；后者主要原因是图像中存在重复场景、无纹理区域和遮挡区域等。为解决这些问题，通常在匹配中加入一些约束条件，获得唯一的匹配点(子图像)。

在双目立体图像匹配中，常用的约束条件主要有外极线约束、相似性约束、顺序一致性约束、唯一性约束、视差连续性约束和可视性约束等。例如，外极线约束是利用匹配点一定位于两幅图像中相应的极线上，由此来获得唯一的匹配点；相似性约束主要利用三维空间中的物体在不同视角下投影产生的匹配基元(点、线和面等)必须有相同或相似的属性的特性来获得唯一的匹配点；视差连续性约束是利用除遮挡和视差不连续区域外，视差的变化应该是平滑的，由此来获得唯一匹配点。

5.3 立体视觉图像校正

对于平行光轴立体视觉系统输出的双目图像对，其对应点的极线是共线的，而且所有极线是平行的，其对应点匹配仅需在极线上滑动窗口进行匹配计算。但对于一般的双目立体视觉系统，其左右目图像的极线分别相交于左右目图像的极点，对应点的极线不平行，其对应点匹配也将变得复杂。如果能将一般的立体视觉系统输出图像转换为平行光轴立体视觉系统输出的图像,则可直接利用 5.2 节的结论即可实现一般立体视觉系统的对应点匹配。将一般的立体视觉系统输出的图像转换为平行光轴立体视觉系统输出图像的过程称为双目立体视觉图像校正或极线校正,其示意图如图 5.15 所示。立体视觉图像校正主要有平面校正(Planar rectification)和极约束校正(Polar rectification)两种方法。

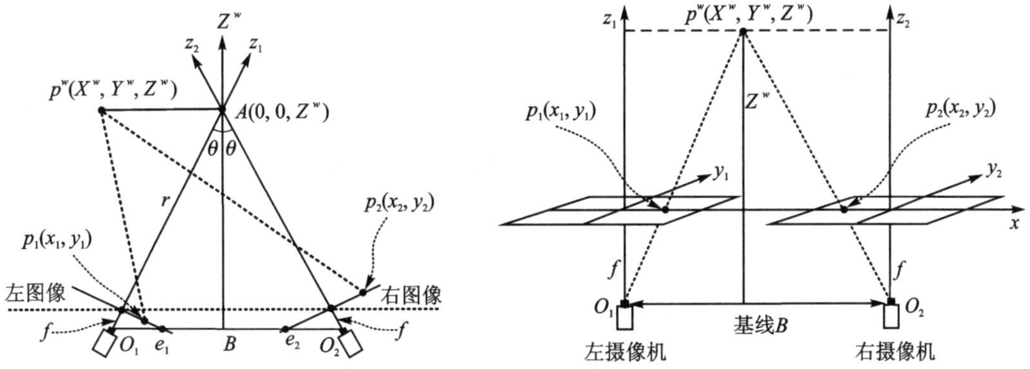

(a) 一般立体视觉系统　　(b) 平行光轴立体视觉系统

图 5.15　一般立体视觉系统和平行光轴立体视觉系统转换示意图

5.3.1　平面校正法

如图 5.15 所示,双目立体图像平面校正(Planar rectification)的实质就是要寻找一种变换,使变换后的图像像平面在公共像平面内且与基线平行,图像对应点的极线在同一条直线上且与基线平行。如图 5.15(a)所示,一般立体视觉系统的图像不在同一平面内,左右目图像中的极线分别相交于极点 e_1 和 e_2,而且 e_1 和 e_2 分别为右目相机投影中心 O_2 和左目相机投影中心 O_1 在左目图像和右目图像的投影点。三维空间点 $\boldsymbol{p}^w$ 在左目相机和右目相机的投影点满足如下关系

$$\bar{\boldsymbol{p}}^{c_1}=\boldsymbol{R}_w^{c_1}\bar{\boldsymbol{p}}^w+\bar{\boldsymbol{T}}_w^{c_1} \tag{5.25}$$

$$\bar{\boldsymbol{p}}^{c_2}=\boldsymbol{R}_w^{c_2}\bar{\boldsymbol{p}}^w+\bar{\boldsymbol{T}}_w^{c_2} \tag{5.26}$$

式中,$\bar{\boldsymbol{p}}^{c_1}=\begin{bmatrix}X^{c_1} & Y^{c_1} & Z^{c_1}\end{bmatrix}^{\mathrm{T}}$ 和 $\bar{\boldsymbol{p}}^{c_2}=\begin{bmatrix}X^{c_2} & Y^{c_2} & Z^{c_2}\end{bmatrix}^{\mathrm{T}}$ 分别为对应点 $\boldsymbol{p}_1$ 和 $\boldsymbol{p}_2$ 在摄像机坐标系下投影的坐标,上角标 c_1 和 c_2 分别为左目相机和右目相机的摄像机坐标系。于是左目相机和右目相机间满足如下关系

$$\boldsymbol{p}^{c_1}=\boldsymbol{R}_w^{c1}\boldsymbol{R}_w^{c_2\,-1}\boldsymbol{p}^{c_2}+\bar{\boldsymbol{T}}_w^{c1}-\boldsymbol{R}_w^{c_1}\boldsymbol{R}_w^{c_2\,-1}\bar{\boldsymbol{T}}_w^{c_2}=\boldsymbol{R}_{c_2}^{c_1}\boldsymbol{p}^{c_2}+\boldsymbol{T}_{c_2}^{c_1} \tag{5.27}$$

式中,$\boldsymbol{R}_{c_2}^{c_1}=\boldsymbol{R}_w^{c_1}\boldsymbol{R}_w^{c_2\,-1}$ 和 $\boldsymbol{T}_{c_2}^{c_1}=\bar{\boldsymbol{T}}_w^{c_1}-\boldsymbol{R}_w^{c_1}\boldsymbol{R}_w^{c_2\,-1}\bar{\boldsymbol{T}}_w^{c_2}$ 分别为左目相机和右目相机间的结构参数。

如图 5.15(b)所示,经平面校正后的立体图像,极点移到无穷远处,即 $e_1=e_2=(1\quad 0\quad 0)^{\mathrm{T}}$,同时在摄像机坐标系下的图像点满足

$$\hat{\boldsymbol{p}}^{c_1}=\hat{\boldsymbol{p}}^{c_2}+\hat{\boldsymbol{T}}_{c_2}^{c_1} \tag{5.28}$$

其实际上是使左目相机和右目相机间的结构参数满足

$$\hat{\boldsymbol{R}}_{c_2}^{c_1}=\boldsymbol{I} \tag{5.29}$$

$$\hat{\boldsymbol{T}}_{c_2}^{c_1}=(B\quad 0\quad 0)^{\mathrm{T}} \tag{5.30}$$

不失一般性，取 $\hat{\boldsymbol{T}}_{c_2}^{c_1}=(1\quad 0\quad 0)^{\mathrm{T}}$。

如图 5.15 所示，平面校正的最直观过程就是使左右像平面同时旋转，使它们具有相同的 x 轴。假定左目相机像平面的旋转矩阵为 $\boldsymbol{R}_{c_1}^{c}$，其中上角标 c 代表左右像平面转换到公共像平面所对应的相机坐标系。下面主要是推导右目相机像平面的旋转矩阵 $\boldsymbol{R}_{c_2}^{c}$ 和确定 $\boldsymbol{R}_{c_1}^{c}$ 矩阵。

对式(5.27)进行变形有

$$\boldsymbol{p}^{c_2}=\boldsymbol{R}_{c_1}^{c_2}(\boldsymbol{p}^{c_1}+\widetilde{\boldsymbol{T}}_{c_1}^{c_2}) \tag{5.31}$$

式中，$\widetilde{\boldsymbol{T}}_{c_1}^{c_2}={\boldsymbol{R}_{c_1}^{c_2}}^{-1}\boldsymbol{T}_{c_1}^{c_2}$。分别对左右图像进行旋转使其共面，于是有

$$\begin{cases}\hat{\boldsymbol{p}}^{c_1}=\boldsymbol{R}_{c_1}^{c}\boldsymbol{p}^{c_1}\\ \hat{\boldsymbol{p}}^{c_2}=\boldsymbol{R}_{c_2}^{c}\boldsymbol{p}^{c_2}\end{cases} \tag{5.32}$$

将式(5.32)代入式(5.31)中并整理，得

$$\hat{\boldsymbol{p}}^{c_2}=\boldsymbol{R}_{c_2}^{c}\boldsymbol{R}_{c_1}^{c_2}{\boldsymbol{R}_{c_1}^{c}}^{-1}\hat{\boldsymbol{p}}^{c_1}+\boldsymbol{R}_{c_2}^{c}\boldsymbol{R}_{c_1}^{c_2}\widetilde{\boldsymbol{T}}_{c_1}^{c_2} \tag{5.33}$$

对比式(5.33)和式(5.28)可得

$$\boldsymbol{R}_{c_2}^{c}\boldsymbol{R}_{c_1}^{c_2}{\boldsymbol{R}_{c_1}^{c}}^{-1}=\boldsymbol{I} \tag{5.34}$$

于是右目相机像平面旋转到公共像平面的旋转矩阵为

$$\boldsymbol{R}_{c_2}^{c}=\boldsymbol{R}_{c_1}^{c}{\boldsymbol{R}_{c_1}^{c_2}}^{-1}=\boldsymbol{R}_{c_1}^{c}{\boldsymbol{R}_{c_1}^{c_2}}^{\mathrm{T}} \tag{5.35}$$

双目立体图像平面校正的物理意义是将两图像平面变换到公共像平面，两平面间在方向上相差一个旋转矩阵 $\boldsymbol{R}_{c_1}^{c_2}$，则让两个相机像平面各旋转一半。只要确定了左相机像平面的旋转矩阵 $\boldsymbol{R}_{c_1}^{c}$，就可以利用式(5.35)获得右相机像平面的旋转矩阵 $\boldsymbol{R}_{c_2}^{c}$。为确定 $\boldsymbol{R}_{c_1}^{c}$，需构造一组彼此正交的单位向量 $r_i(i=1,2,3)$。通常选左相机的投影中心为原点，选择两个相机投影中心连线 O_1O_2 作为一个基底，即 $O_1O_2=\boldsymbol{T}_{c_1}^{c_2}=\left(T_{c_1x}^{c_2}\quad T_{c_1y}^{c_2}\quad T_{c_1z}^{c_2}\right)^{\mathrm{T}}$，将其归一化后并取

$$\boldsymbol{r}_1=\frac{\boldsymbol{T}_{c_1}^{c_2}}{\|\boldsymbol{T}_{c_1}^{c_2}\|} \tag{5.36}$$

构造 $\boldsymbol{r}_2$ 时，仅须考虑其是与 $\boldsymbol{r}_1$ 正交的单位向量这一约束，选取比较任意，例如可以取

$$\boldsymbol{r}_2=\frac{1}{\sqrt{(\boldsymbol{T}_{c_1x}^{c_2})^2+(\boldsymbol{T}_{c_1y}^{c_2})^2}}\left(-\boldsymbol{T}_{c_1y}^{c_2}\quad \boldsymbol{T}_{c_1x}^{c_2}\quad 0\right)^{\mathrm{T}} \tag{5.37}$$

进而有 $\boldsymbol{r}_3=\boldsymbol{r}_1\times\boldsymbol{r}_2$。于是，左相机像平面到公共像平面的旋转矩阵 $\boldsymbol{R}_{c_1}^{c}$ 为

$$\boldsymbol{R}_{c_1}^{c}=(\boldsymbol{r}_1\quad \boldsymbol{r}_2\quad \boldsymbol{r}_3) \tag{5.38}$$

通过 $\boldsymbol{R}_{c_1}^{c}$ 和 $\boldsymbol{R}_{c_2}^{c}$ 两个整体旋转矩阵对左右图像进行旋转，并对校正后的图像进行裁剪，用两幅等价的图像代替原图像，与平行于基线的平面共面，减少图像对应点匹配的计算量。双目立体图像及平面校正后的图像如图 5.16 所示。

(a) 左目图像

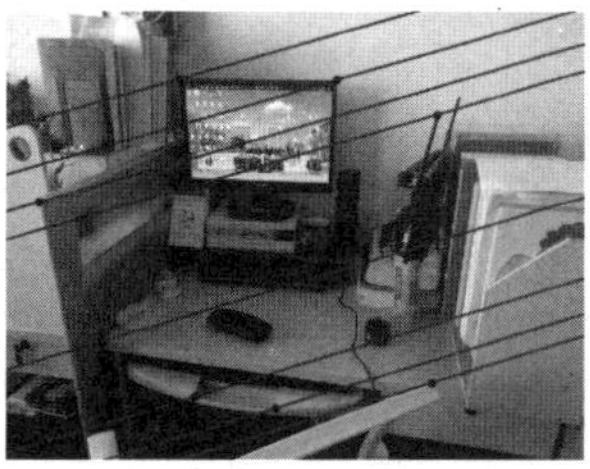

(b) 右目图像

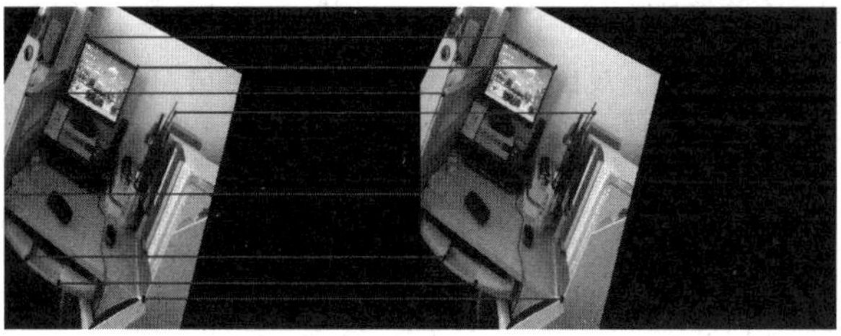

(c) 平面校正后的图像

图 5.16　双目立体图像对及平面校正后的图像

5.3.2　极约束校正法

平面校正法的实质是应用摄影变换将极线变成水平的扫描直线，图像的极点趋于无穷远处，同时要保证图像变形较小。当极点靠近图像或在图像内部时，将极点移到无穷远时，会导致图像变形严重。为解决该问题，Pollefeys M 等学者于 1999 年提出了一种可以处理任意位置相机运动的立体图像广义校正方法。该方法可以处理所有可能的摄像机位置关系，其仅需本质矩阵或基本矩阵，不需要知道两个摄像机的投影矩阵，而且所有的变换都是在图像范围内进行，图像可以足够小而不需要压缩图像的一部分，因为该方法通过保留极线长度，并为每条半极线独立设定宽度来保证。

极约束校正法使用极坐标对图像重新进行参数化，其有两个步骤：确定两幅图像公共区域和极线逐行校正，其中，当极点在图像外部时，从边界极线（经过图像顶点使图像完全在该线某一边的极线）开始逐行校正图像；当极点在图像内部时，则可从任意一条极线开始逐行校正。

(1) 确定两幅图像的公共区域

当基本矩阵 F 未知时，可以通过 4.4.2 节所述的 8 点法获得基本矩阵 F。当基本矩阵 F 已知时，可以根据对极几何约束，有

$$\boldsymbol{F}\boldsymbol{e}_1=0,\quad \boldsymbol{F}^{\mathrm{T}}\boldsymbol{e}_2=0 \tag{5.39}$$

通过 SVD 分解可以求得齐次方程的解，即极点 e_1 和 e_2 的坐标，进而可以确定出两幅图像的边界极线为 $\boldsymbol{l}_2=\boldsymbol{e}_1\times\boldsymbol{A}$、$\boldsymbol{l}_4=\boldsymbol{e}_1\times\boldsymbol{C}$、$\boldsymbol{l}'_1=\boldsymbol{e}_2\times\boldsymbol{B}$ 和 $\boldsymbol{l}'_3=\boldsymbol{e}_2\times\boldsymbol{C}$，由此可以确定两幅图像的公共区域为极线 $\boldsymbol{l}_2$ 和 $\boldsymbol{l}_3$ 间的区域，其示意图如图 5.17 所示。

(2) 极线逐行校正

如图 5.18(a)所示，当极点位于图像外面时，从边界极线 $\boldsymbol{l}_2$ 开始对每一条极线进行逐行校正。要实现极线逐行校正，其关键是如何确定极线段的另一个端点（该线段一个固定端点是极

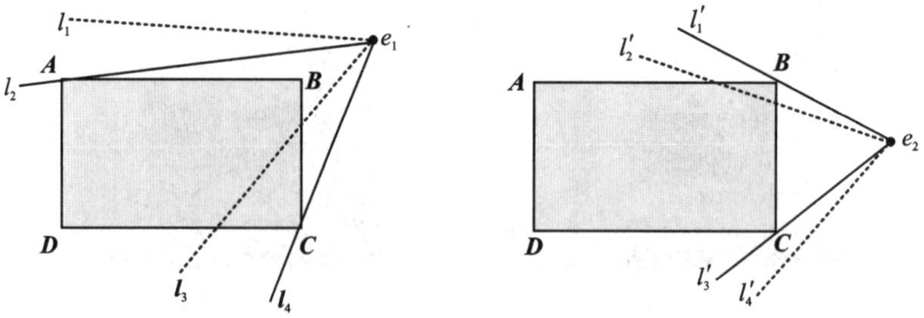

(a) 左目图像及边界极线 (b) 右目图像及边界极线

图 5.17 双目立体图像对的边界极线及公共区域

点,假设已知)的值。当极线 $\boldsymbol{l}_{i-1}$ 已知,即 F 点已知,需确定下一条极线 $\boldsymbol{l}_i$ 的端点(或下降宽度)G 的位置。为避免像素信息损失,通常取极线的间隔为一个像素,即 FH 的长度为 1 个像素。为确定 G 点的位置,做辅助线 $\boldsymbol{e}_1E//AB$,连接 AE 并使 $AE\perp \boldsymbol{e}_1E$,做 $FH\perp \boldsymbol{e}_1G$,于是 $\triangle \boldsymbol{e}_1EG$ 和 $\triangle FHG$ 相似,于是有

$$FG=\left|\frac{Ge_1}{Ee1}\right|\approx\left|\frac{Fe_1}{Ee_1}\right| \tag{5.40}$$

端点 G 的位置应该从点 F 向下移动 $\left|\frac{Fe_1}{Ee_1}\right|$ 个像素。

在确定极线的下降端点后,就可以确定相邻两条极线的夹角 $\Delta\theta_i(i=1,2,\cdots,M)$、极点到图像边界的最小距离 $r_{\min}$ 与最大距离 $r_{\max}$,以及极线的方位角的最小值 $\theta_{\min}$ 与最大值 $\theta_{\max}$,如图 5.18(b)所示。以极线方位角为纵轴,以极点到图像边界的距离为横轴建立直角坐标系,对图像重新参数化,使两条极线平行,其示意图如图 5.18(c)所示。双目立体图像极线校正示例如图 5.19 所示。

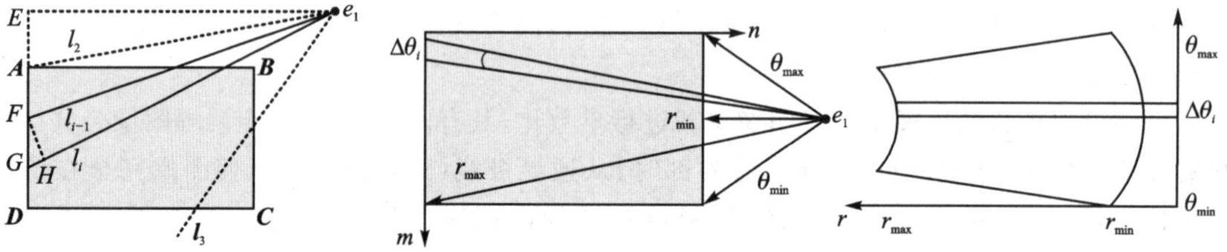

(a) 确定极线的下降端点 (b) 确定极线的距离和方位角的极值 (c) 图像重新参数化

图 5.18 极线逐行校正示意图

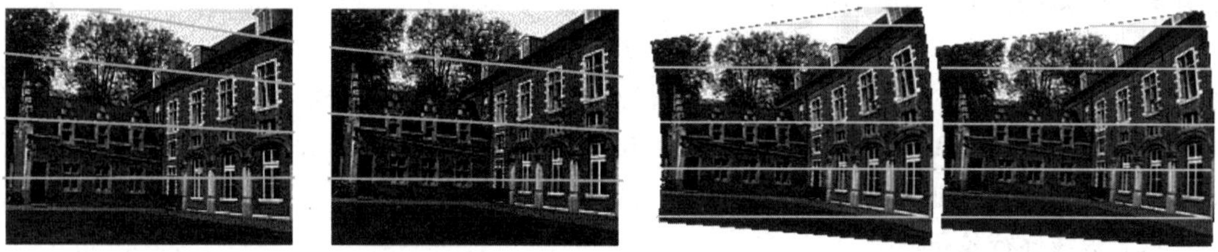

(a) 双目立体图像及其极线 (b) 图像校正及其极线

图 5.19 双目立体图像极约束校正的示例图(Pollefeys M,1999)

综上所述，将一般的立体视觉系统转换为平行光轴立体视觉系统，使对应点搜索匹配变得简单化，即由校正前的全平面搜索匹配，变为仅在一条极线上进行搜索匹配，简化了双目立体视觉图像的匹配计算量，其示意图如图 5.20 所示。

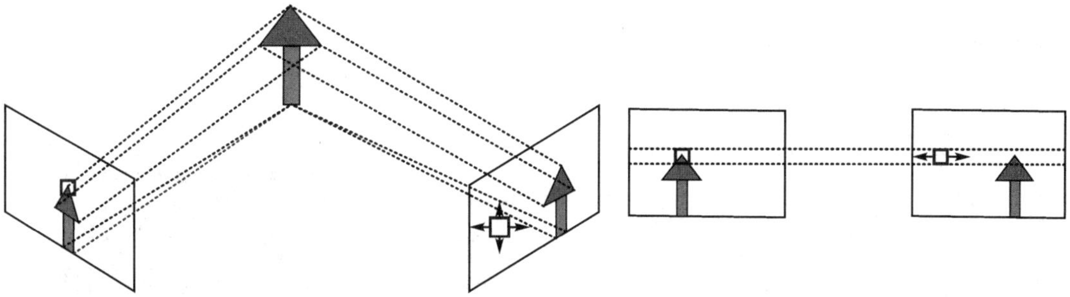

(a) 一般双目立体图像对应点匹配过程　　(b) 极线校正后对应点匹配过程

图 5.20　极线校正前后立体图像对应点匹配过程示意图

5.4　立体匹配算法性能评估

5.4.1　Middlebury 评估平台

Middlebury 测试评估平台(https://vision.middlebury.edu/stereo/)是一个专门用于评价立体匹配算法的网站，网站界面截图如图 5.21 所示。该网站包含了算法在线测试评估页面，给出了各种算法的性能和排名，同时给出了这些测试图像对的真实视差图；测试图像数据集页面，数据集包括 Sawtooth 测试图像对、Venus 测试图像对、Teddy 测试图像对和 Cones 测试图像对等，图像分辨率主要为 384 像素×288 像素、434 像素×383 像素和 450 像素×375 像素；代码页面不提供先进算法的实现，仅提供评估测试的 SDK 下载和使用；在线提交页面提供了在线提交脚本，可在 Middlebury 测试评估的框架下，实现对自己的算法进行评估测试。

5.4.2　KITTI 立体视觉评估平台

KITTI 立体视觉的评估平台(http://www.cvlibs.net/datasets/kitti/eval_stereo.php)是 Karlsruhe 理工学院和芝加哥 Toyota 理工学院开发的一个项目平台，旨在开发出具有全新挑战性的真实世界计算机视觉基准。KITTI 平台中的立体视觉测试评估平台包含了“KITTI Stereo 2012”和“KITTI Stereo 2015”，其网站截屏如图 5.22 和图 5.23 所示。测试平台旨在评测对象(机动车、非机动车和行人等)检测、目标跟踪等计算机视觉技术在车载环境下的性能，为机动车辅助驾驶应用做技术评估与技术储备。KITTI 包含了市区、乡村和高速公路等场景采集的真实图像数据。

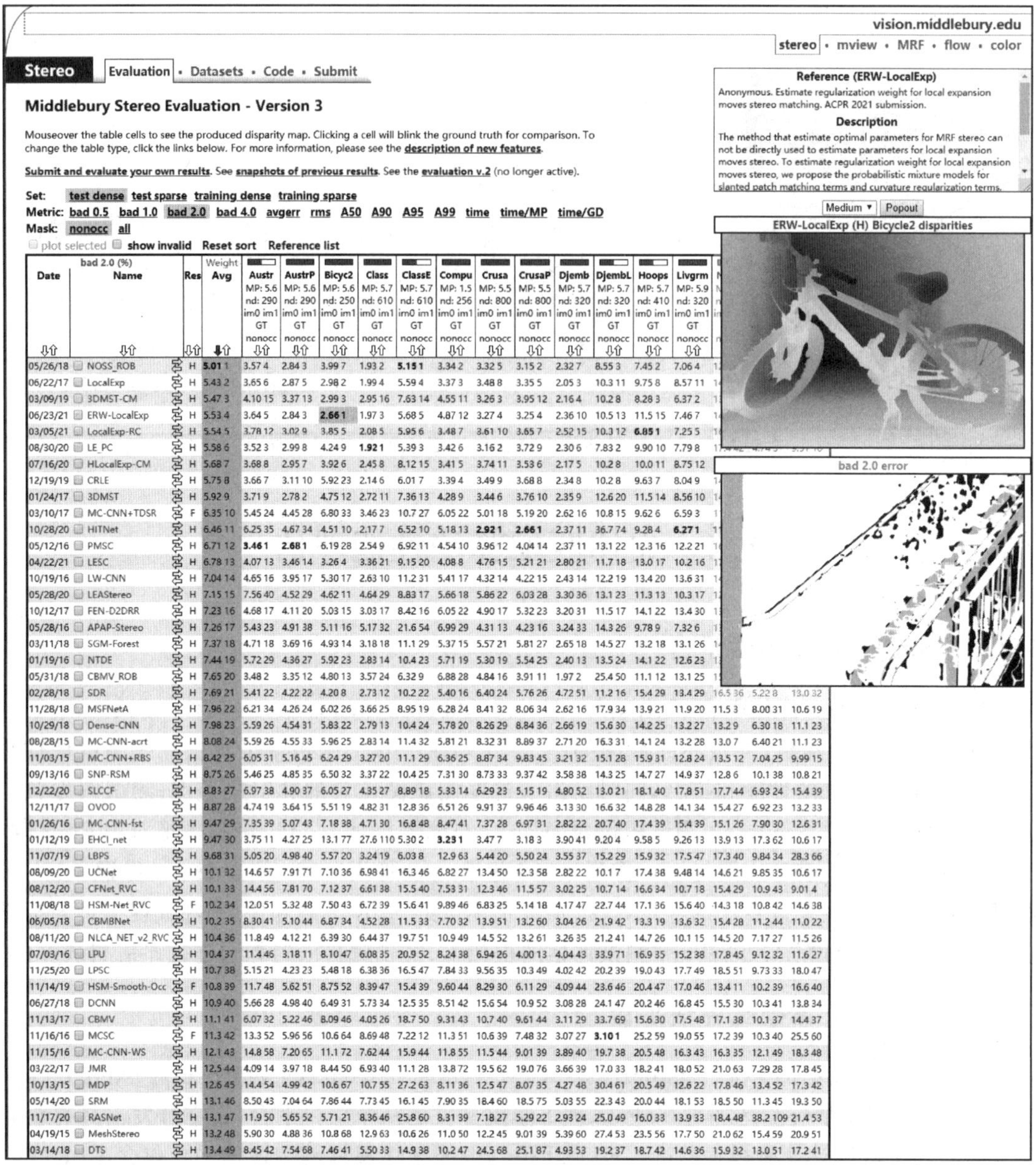

图 5.21　Middlebury 立体视觉在线评估网站(部分截图)

The KITTI Vision Benchmark Suite
A project of Karlsruhe Institute of Technology and Toyota Technological Institute at Chicago
TOYOTA TECHNOLOGICAL INSTITUTE CHICAGO
KIT
Karlsruhe Institute of Technology
home setup stereo flow sceneflow depth odometry object tracking road semantics raw data submit results
Andreas Geiger (MPI Tübingen) | Philip Lenz (KIT) | Christoph Stiller (KIT) | Raquel Urtasun (University of Toronto)
Stereo Evaluation
Stereo 2012
This is our original stereo evaluation referred to as "KITTI Stereo" or "KITTI Stereo 2012" and published in Are we ready for Autonomous Driving? The KITTI Vision Benchmark Suite (CVPR 2012).
It consists of 194 training and 195 test scenes of a static environment captured by a stereo camera.
Stereo 2015
This is our new stereo evaluation referred to as "KITTI Stereo 2015" which has been derived from the scene flow dataset published in Object Scene Flow for Autonomous Vehicles (CVPR 2015).
It consists of 200 training and 200 test scenes with moving objects captured by a stereo camera.

图 5.22　KITTI 立体视觉评估平台界面

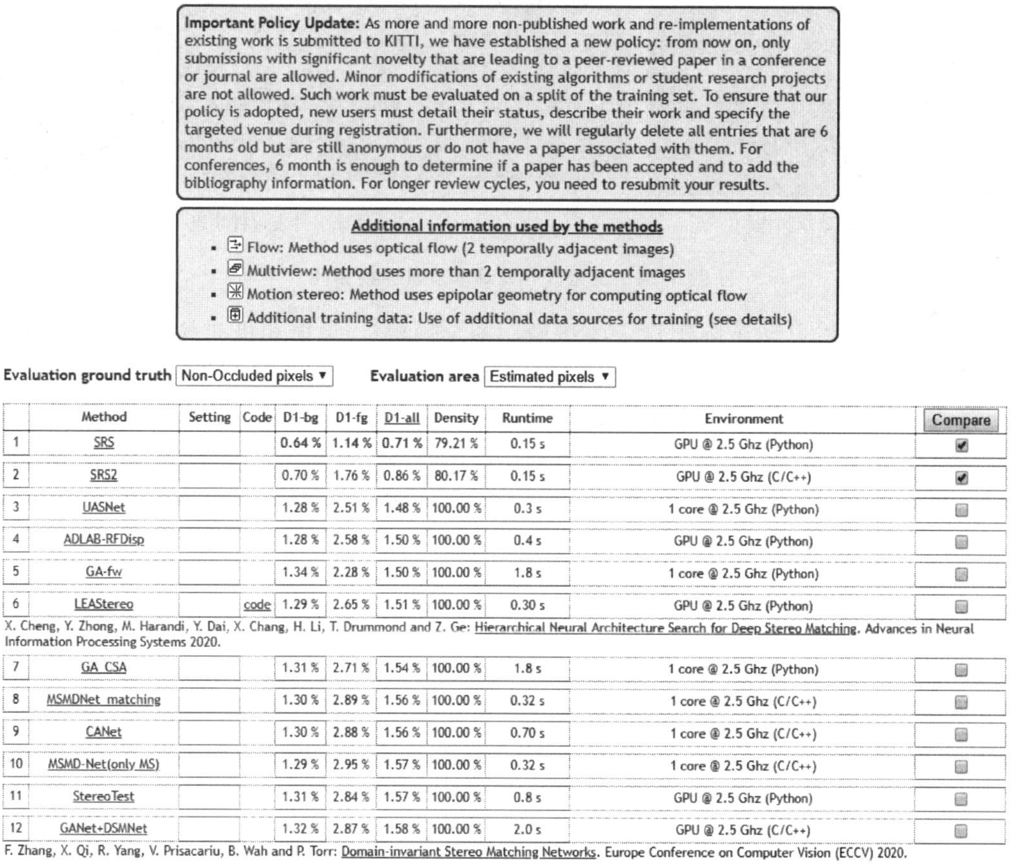

Important Policy Update: As more and more non-published work and re-implementations of existing work is submitted to KITTI, we have established a new policy: from now on, only submissions with significant novelty that are leading to a peer-reviewed paper in a conference or journal are allowed. Minor modifications of existing algorithms or student research projects are not allowed. Such work must be evaluated on a split of the training set. To ensure that our policy is adopted, new users must detail their status, describe their work and specify the targeted venue during registration. Furthermore, we will regularly delete all entries that are 6 months old but are still anonymous or do not have a paper associated with them. For conferences, 6 month is enough to determine if a paper has been accepted and to add the bibliography information. For longer review cycles, you need to resubmit your results.

Additional information used by the methods

- Flow: Method uses optical flow (2 temporally adjacent images)
- Multiview: Method uses more than 2 temporally adjacent images
- Motion stereo: Method uses epipolar geometry for computing optical flow
- Additional training data: Use of additional data sources for training (see details)

Evaluation ground truth Non-Occluded pixels ▼　　Evaluation area Estimated pixels ▼

	Method	Setting	Code	D1-bg	D1-fg	D1-all	Density	Runtime	Environment	Compare
1	SRS			0.64 %	1.14 %	0.71 %	79.21 %	0.15 s	GPU @ 2.5 Ghz (Python)	☑
2	SRS2			0.70 %	1.76 %	0.86 %	80.17 %	0.15 s	GPU @ 2.5 Ghz (C/C++)	☑
3	UASNet			1.28 %	2.51 %	1.48 %	100.00 %	0.3 s	1 core @ 2.5 Ghz (Python)	☐
4	ADLAB-RFDisp			1.28 %	2.58 %	1.50 %	100.00 %	0.4 s	GPU @ 2.5 Ghz (Python)	☐
5	GA-fw			1.34 %	2.28 %	1.50 %	100.00 %	1.8 s	1 core @ 2.5 Ghz (Python)	☐
6	LEAStereo		code	1.29 %	2.65 %	1.51 %	100.00 %	0.30 s	GPU @ 2.5 Ghz (Python)	☐
X. Cheng, Y. Zhong, M. Harandi, Y. Dai, X. Chang, H. Li, T. Drummond and Z. Ge: Hierarchical Neural Architecture Search for Deep Stereo Matching. Advances in Neural Information Processing Systems 2020.										
7	GA_CSA			1.31 %	2.71 %	1.54 %	100.00 %	1.8 s	1 core @ 2.5 Ghz (Python)	☐
8	MSMDNet_matching			1.30 %	2.89 %	1.56 %	100.00 %	0.32 s	1 core @ 2.5 Ghz (C/C++)	☐
9	CANet			1.30 %	2.88 %	1.56 %	100.00 %	0.70 s	1 core @ 2.5 Ghz (C/C++)	☐
10	MSMD-Net(only MS)			1.29 %	2.95 %	1.57 %	100.00 %	0.32 s	1 core @ 2.5 Ghz (C/C++)	☐
11	StereoTest			1.31 %	2.84 %	1.57 %	100.00 %	0.8 s	GPU @ 2.5 Ghz (Python)	☐
12	GANet+DSMNet			1.32 %	2.87 %	1.58 %	100.00 %	2.0 s	GPU @ 2.5 Ghz (C/C++)	☐
F. Zhang, X. Qi, R. Yang, V. Prisacariu, B. Wah and P. Torr: Domain-invariant Stereo Matching Networks. Europe Conference on Computer Vision (ECCV) 2020.										

图 5.23　“KITTI Stereo 2015”算法性能评测界面(部分截图)

5.5 实际工程案例

5.5.1 玉兔号月球车自主航行

2018 年 12 月 8 日 2 时 23 分，嫦娥四号任务着陆器和巡视器(月球车)组合体发射升空。2019 年 1 月 3 日 10 时 26 分成功着陆在月球背面，22 时 22 分玉兔二号月球车与嫦娥四号着陆器分离，驶抵月球背面，成为中国航天事业发展的又一座里程碑。2021 年 4 月 6 日，嫦娥四号着陆器和玉兔二号月球车进入第 29 个月昼工作期，目前月球车位于 LE02805 点处，该点位于嫦娥四号着陆点西北方向，距离着陆点的直线距离为 55 m，月球车自主行驶路径历程约 682.8 m①，其示意图如图 5.24 所示。

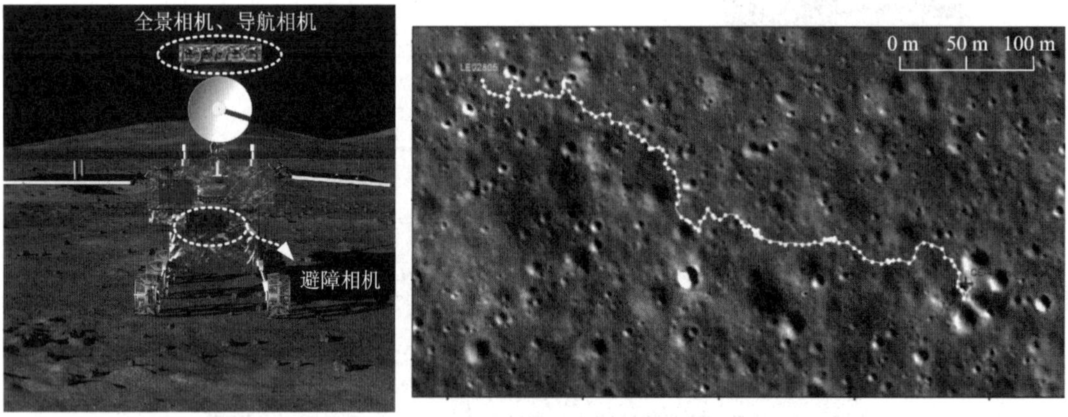

(a) 玉兔号月球车和相机　　(b) 月球车月表巡视轨迹

图 5.24　玉兔二号月球车及其巡视路径

如图 5.24 所示，月球车搭载了“三双眼睛”，即全景相机、导航相机和避障相机，其中全景相机和导航相机安装在桅杆上，避障相机安装在月球车的腹部。全景相机可以以桅杆为中心旋转将玉兔二号月球车周围的地形地貌拍摄清楚，然后在地面形成全景，其目的是规划月球车向哪走；导航相机主要目的是获取玉兔号月球车周围的影像，然后通过双目成像在地面进行三维恢复，为路径规划提供依据；避障相机辅助月球车完成 3 m 以内的近距离障碍规避，是防止玉兔号月球车前面一些危险的坑或者石块，用来避免这些危险区域。

5.5.2 祝融号火星车自主航行

祝融号②火星车作为天问一号任务火星车随天问一号于 2020 年 7 月 23 日在文昌航天发射场由长征五号遥四运载火箭发射升空。天问一号于 2021 年 2 月到达火星并被火星捕获。2021 年 5 月 15 日，天问一号着陆巡视器成功着陆于火星乌托邦平原南部预选着陆区；5 月

① 中央广播电视总台央视新闻. 嫦娥四号顺利唤醒 进入第 29 月昼工作期. https://news.cctv.com/, 2021.4.7。

② 祝融是中国上古神话中的火神。火的应用促进了人类文明的发展，驱散黑暗、带来温暖。祝融号寓意是点燃中国星际探测的火种，指引航天人不断超越自我，逐梦星辰。

22 日 10 时 40 分，“祝融号”火星车安全驶离着陆平台，到达火星表面，利用导航地形相机、前避障相机和后避障相机开始对火星表面巡视探测。由于火星环绕器与地球单向通信时延约 21 分 23 秒，“祝融号”火星车通过双目避障相机和双目导航地形相机实现环境感知和自主导航，如图 5.25 所示。截至 2021 年 8 月 6 日，“祝融号”火星车在火星表面工作 82 个火星日，累计行驶里程达到 808 m①。

(a) 祝融号火星车和导航/避障相机

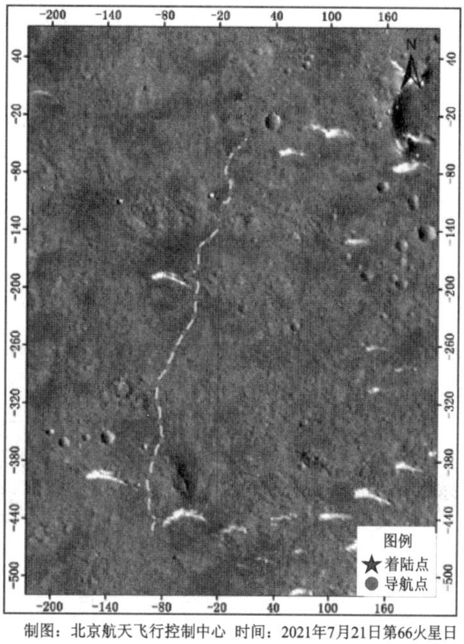

(b) 祝融号火星表面巡视轨迹

图 5.25　祝融号火星车及其巡视路径

5.5.3　有人机/无人机视觉导航

随着嵌入式处理技术和相机技术的发展，在一些有人机和无人机上，视觉传感器已成为标配传感器，相机除了负责侦察和目标信息获取外，还将相机用于辅助导航，利用相机进行导航的原理图如图 5.26 和图 5.27 所示。

对于图 5.26，利用双目相机获取重叠区域的影像，提取图像特征点并进行立体匹配，计算生成三维数字高程模型(DEM)与预先制备好且存储在导航计算机中的参考三维数字高程模型进行匹配，实时估计有/无人机的位置信息。对于图 5.27，利用双目相机获取重叠区域的影像，提取特征点，进行立体匹配，并通过极线几何理论实现有人机/无人机的自运动估计，即计算有/无人机的位姿(基本矩阵 $\boldsymbol{F}$ 或本质矩阵 $\boldsymbol{E}$)，通过进一步确定尺度来获得有人机/无人机的运动估计信息。

① 央视新闻.“祝融号”行驶里程突破 800 m 正穿越复杂地带. https://news.cctv.com，2021.8.6。

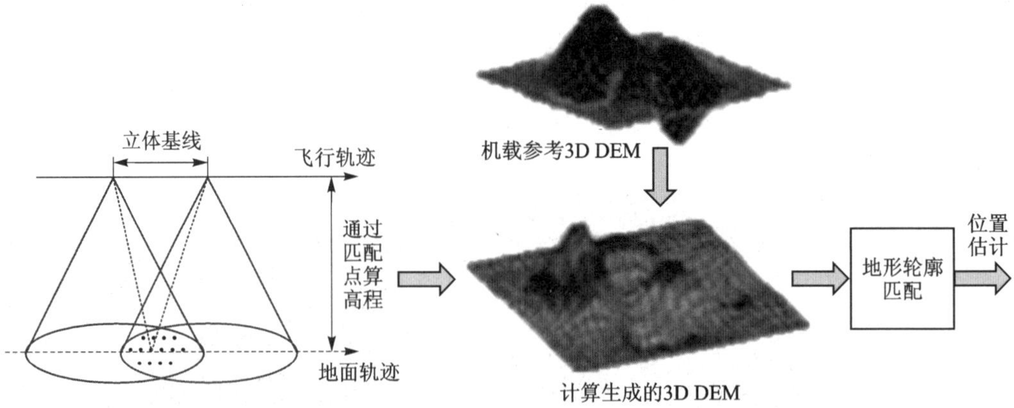

图 5.26　双目立体视觉在有/无人机运动估计中应用方案 1

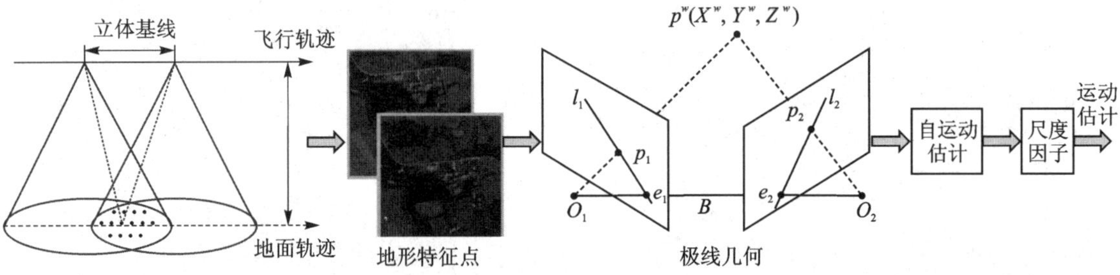

图 5.27　双目立体视觉在有/无人机运动估计中应用方案 2

小　结

双目立体视觉已在实际工程中被广泛应用，本章结合实际的应用需求讲述了双目立体视觉系统的特点、原理、视差、视差与深度之间的关系，重点介绍了立体视觉匹配原理和步骤，介绍了立体图像的极线校正和常用的立体匹配算法评估平台。在此基础上，给出了航空航天中实际应用双目立体视觉的工程案例。

思考与练习题

(1) 平行光轴立体视觉系统的深度计算公式 $Z^w=\frac{Bf}{x_1-x_2}=\frac{Bf}{dx}$ 隐含了哪些条件？

(2) 分析并说明视差与深度间的关系，并画出关系曲线。

(3) 一个双目立体视觉系统的基线长度为 12 cm，相机焦距为 6 mm，像素大小为 6 μm，视差偏差大小 1 像素，试计算不同基线、不同焦距和不同测量范围下的测距偏差大小，并画出相应的曲线。

(4) 证明一个双目立体视觉系统是平行光轴立体视觉系统的充要条件为

$$E=\begin{bmatrix}0 & 0 & 0\\0 & 0 & -1\\0 & 1 & 0\end{bmatrix}。$$

(5) 分析说明平面校正和极约束校正的优缺点。

(6) 查阅文献，学习半全局立体匹配和全局立体匹配方法，并用 OpenCV 中的库函数实现立体图像匹配。

(7) 利用手机或数码相机拍摄两张图像（平移拍摄，间距小于 20 cm），编程实现特征点提取、8 点法相机标定确定基本矩阵 F、立体图像极线校正和 SSD 立体图像匹配。

第6章　其他机器视觉系统

机器视觉是用机器代替人眼来做测量和判断。三维空间深度获取已被广泛应用于航空、航天、自动驾驶和机器人等领域。三维空间深度获取最常用的方法是第5章中讲述的双目立体视觉系统。双目立体视觉匹配完全基于图像处理技术，通过寻找两个图像中的相同特征点得到匹配点，从而得到深度值。完全基于图像匹配的方法会存在诸多问题，例如在实际应用环境中受光照、天气和环境变化等因素的影响，经常遇到纹理缺乏、曝光不足和曝光过度情况，使匹配的精度、可靠性和正确性很难保证，甚至导致视觉系统无效。为此，在实际应用中，常常采用结构光视觉系统、激光雷达视觉系统和毫米波雷达视觉系统，甚至是这些视觉系统与摄像机视觉系统融合来解决复杂环境下应用的问题，使实际应用中的视觉系统实现“补阙挂漏，俾臻完善”①。此外，本章还介绍多视几何系统。

6.1　结构光视觉系统

结构光视觉系统是一组由投影仪和摄像头组成的系统结构。用投影仪投射特定的光信息到物体表面或环境后，由摄像头采集。根据物体造成的光信号变化来计算物体的位置和深度等信息，进而复原整个三维空间。按照景物的照明条件，三维视觉可分为主动视觉和被动视觉两大类。在第5章讲述的双目立体视觉系统，光源是环境光或白光这种没有经过编码的光源，图像识别完全取决于被拍摄物体本身的特征点，其属于被动视觉，立体匹配是被动立体双目立体视觉系统的一个难点；而结构光测距系统在于对投射光源进行了编码或特征化。相机拍摄的图像是将编码的光源投影到物体上并被物体表面的深度调制过的图像，因为结构光主动提供了很多的匹配角点或直接提供了码字，而不再完全依赖被摄物体本身具有的特征点，其属于主动视觉，因此可以提供更好的匹配结果，结构光投影测距示意图见图6.1。实际应用中，常用的结构光视觉传感器如图6.2所示。

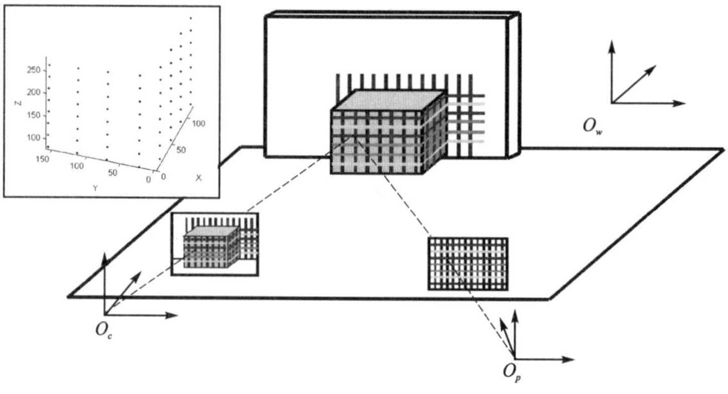

图6.1　结构光投影测距示意图

① 清·赵曦明《〈颜氏家训〉跋》：“至于补阙挂漏，俾臻完善，不能无望于将伯之助云。”

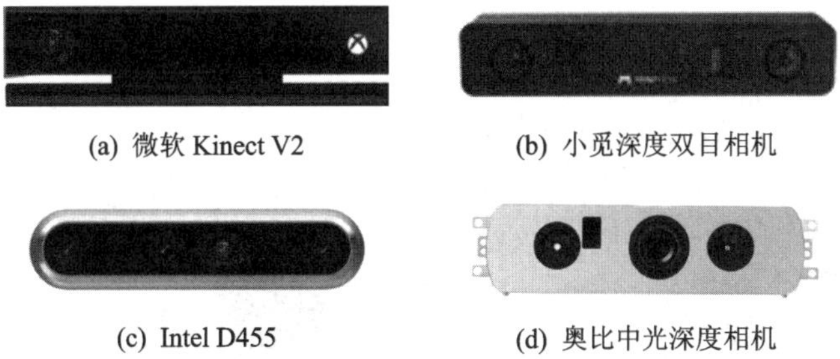

(a) 微软 Kinect V2　(b) 小觅深度双目相机

(c) Intel D455　(d) 奥比中光深度相机

图 6.2　常用的深度相机

典型结构光三维视觉系统的工作原理是红外激光发射器发射出近红外光特定图案（例如网格线或激光散斑等），经过目标反射后，形变后的图案被红外图像传感器接收，同时可见光图像传感器采集目标的图像信息，两个图像传感器的信息汇总至专用的图像处理芯片，从而得到目标的三维数据，实现空间定位。

6.1.1　结构光和结构光测距

结构光是已知空间方向投影光线的集合，其主要有光点、线、光栅、格网或斑纹等。将这些结构光投影到被测物体上，投影设备可以是投影设备或仪器，也可以是生成激光束的激光器。常见的结构光类型如图 6.3 所示。

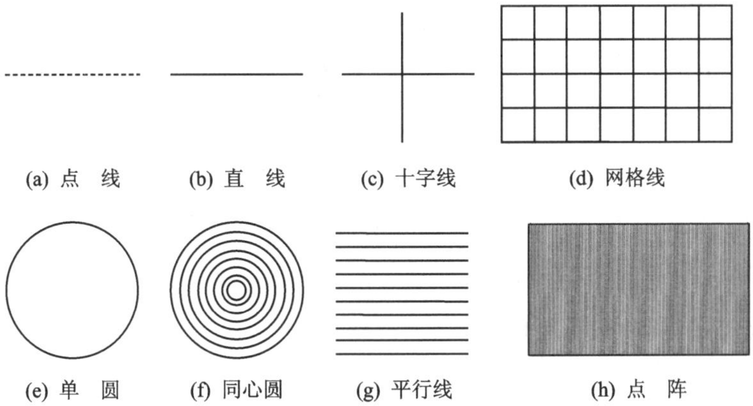

(a) 点　线　(b) 直　线　(c) 十字线　(d) 网格线

(e) 单　圆　(f) 同心圆　(g) 平行线　(h) 点　阵

图 6.3　常用的结构光类型

如图 6.4 所示，结构光测距有光编码（Light Coding）和飞行时间（TOF）两种实现方案。光编码方案是以色列的 PrimeSense 公司发明的深度传感技术（申请美国专利 US 2010/0118123 A1），例如微软的 Kinect V1；飞行时间方案是深度传感技术公司 3DV Systems 公司发明，现已被美国微软公司收购，例如微软的 Kinect V2。TOF 测距方案有两种实现方式，一种是连续波调制方式，另一种是脉冲调制方式，如图 6.5 所示。

连续脉冲调制方式是发射器发射连续正弦波信号，信号经场景目标反射后被检测器接收，通过计算发射信号和反射信号的相位差计算距离，对硬件要求相对较低；脉冲调试方式是在统一的时间基准下，发射器发射脉冲信号，信号经场景目标发射后被检测器接收，计算发射信号和接收信号的时间差，进而计算距离，对物理器件要求较高。

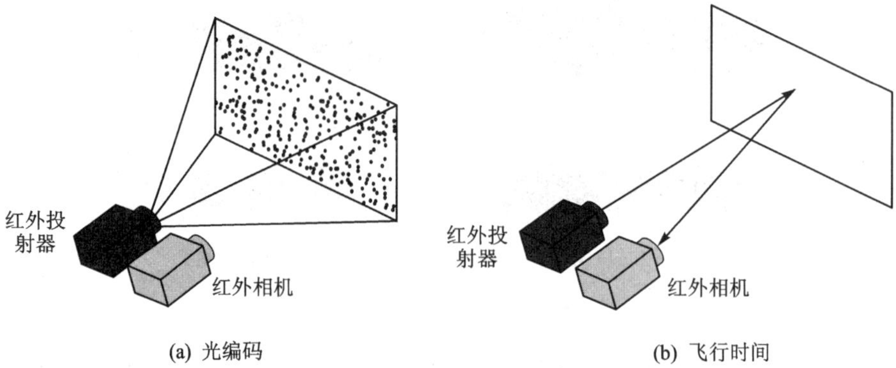

图 6.4 结构光测距方案

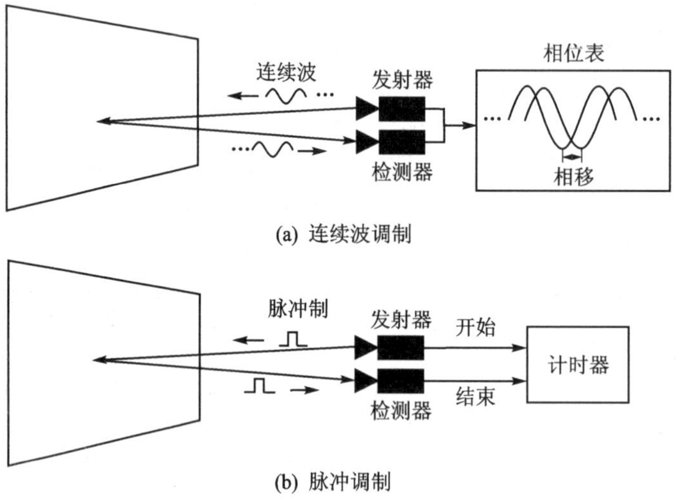

图 6.5 TOF 测距实现方式

6.1.2 结构光视觉系统测距原理

(1) 单点激光测距原理

单点激光测距原理图如图 6.6 所示，将世界坐标系原点选在摄像机投影中心处，激光器与摄像机在同一水平线(称为基准线)上，其距离为 B，摄像头焦距为 f，激光器与基准线的夹角为 α。假设目标 p^w 在点状激光器的照射下，反射回摄像机成像平面的位置为点 p。根据三角形相似，于是有

$$\frac{B}{\dfrac{f}{\tan\alpha}+x}=\frac{Z^w}{f} \tag{6.1}$$

进一步整理，可得深度信息为

$$Z^w=\frac{fB}{\dfrac{f}{\tan\alpha}+x} \tag{6.2}$$

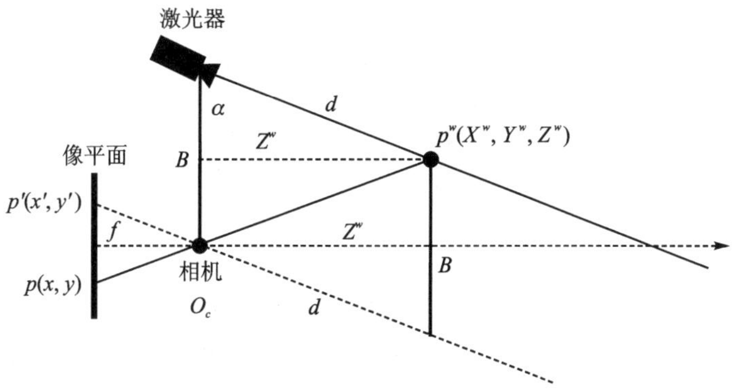

图 6.6　单点激光测距原理

(2) 线激光测距原理

线结构光由激光器和相机按特定角度组合构成，其主要有两种安装方式，线结构光安装方式及所成像示意图如图 6.7 所示。线结构光系统经过标定算法计算两者物理关系。激光在物体表面形成反射光被相机传感器接收，物体凹凸变化的轮廓在相机靶面生成平面图像，从而转换成立体点云数据。测量原理是基于激光三角测量法。当一束线激光从一侧照射在工件表面，其反射光经另一侧相机感光成像，得到一幅激光条纹图像。工件表面激光照射点的高度不同，则其在相机上的成像位置也将随之变化，此时通过系统标定和条纹中心线提取即可得到工件表面的高度信息。

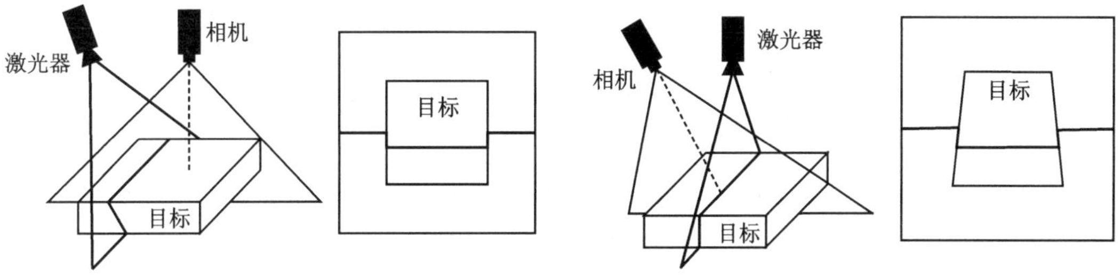

(a) 线结构光方式1及成像　　(b) 线结构光方式2及成像

图 6.7　线结构光传感器安装方式及所成像的特点

如图 6.8 所示，三维空间点 $p^w(X^w, Y^w, Z^w)$ 在像平面上的像点为 $p(x, y)$，像点应满足以下投影方程

$$Z_c\begin{bmatrix} m \\ n \\ 1 \end{bmatrix}=\begin{bmatrix} \dfrac{1}{dx} & 0 & m_0 \\ 0 & \dfrac{1}{dy} & n_0 \\ 0 & 0 & 1 \end{bmatrix}\begin{bmatrix} f & 0 & 0 & 0 \\ 0 & f & 0 & 0 \\ 0 & 0 & 1 & 0 \end{bmatrix}\begin{bmatrix} \boldsymbol{R}_w^c & \bar{\boldsymbol{T}}_w^c \\ 0^{\mathrm{T}} & 1 \end{bmatrix}\begin{bmatrix} X^w \\ Y^w \\ Z^w \\ 1 \end{bmatrix} \tag{6.3}$$

当摄像机有畸变，可以先通过标定并对畸变进行校正。同时点 $p^w(X^w, Y^w, Z^w)$ 和点 $p(x, y)$ 在直线 pO_cp^w 上，而且点 $p^w(X^w, Y^w, Z^w)$ 在光平面（由结构光投射器与物体表面结构光构成的平面）上，摄像机和结构光投射器相对位姿（通过结构光系统标定获得）不变，光平面方程不变，设在摄像机坐标系下的光平面方程为

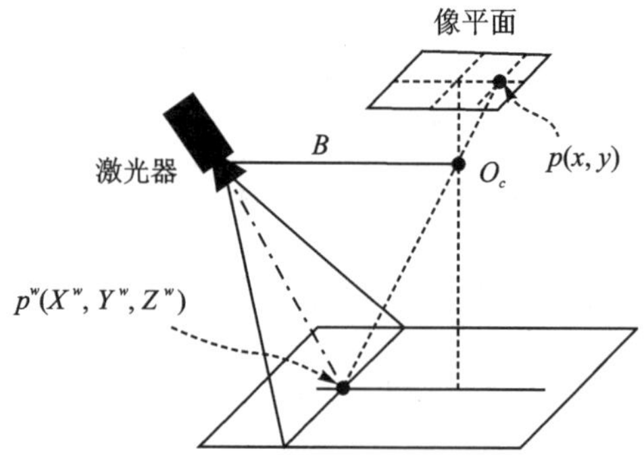

图 6.8 线结构光视觉系统测距关系示意图

$$aX^c + bY^c + cZ^c + d = 0 \tag{6.4}$$

式中，a、b、c 和 d 为结构光投射激光器的内参数，通过标定获得。点 $p(x,y)$ 在摄像机坐标系下的坐标为 (x,y,f)，不失一般性，f 取为 1；点 $p^w(X^w,Y^w,Z^w)$ 在摄像机坐标系下的坐标为 (X^c,Y^c,Z^c)，于是直线 pO_cp^w 的直线方程为

$$\frac{X^c}{X^c - x} = \frac{Y^c}{Y^c - y} = \frac{Z^c}{Z^c - 1} \tag{6.5}$$

联立方程式(6.4)和式(6.5)，可得 $p^w(X^w,Y^w,Z^w)$ 在摄像机坐标系下的坐标为

$$\begin{bmatrix} X^c \\ Y^c \\ Z^c \end{bmatrix} = \frac{-d}{ax + by + c}\begin{bmatrix} x \\ y \\ 1 \end{bmatrix} \tag{6.6}$$

6.2 雷达测距测角系统

雷达是通过扫描从一个物体上反射回来的声、光和电等信号来确定物体的距离和方位，进而可以对载体所处环境进行感知，同时建立二维或三维环境地图。根据雷达发射信号的不同，在机器人、自动驾驶和无人机等机器视觉系统中常用的雷达主要是超声波雷达、激光雷达和毫米波雷达。

超声波雷达的工作原理是通过超声波发射装置向外发出超声波，利用接收器接收到反射回来的超声波的时间差来测算距离。超声波的能量消耗较缓慢，在介质中传播的距离较远，穿透性强，测距的方法简单，成本低。但是它在速度很高情况下测量距离有一定的局限性，这是因为超声波的传输速度容易受天气情况的影响，在不同的天气情况下，超声波的传输速度不同，而且传播速度较慢，当汽车高速行驶时，使用超声波测距无法跟上汽车的车距实时变化，误差较大。另一方面，超声波散射角大，方向性较差，在测量较远距离的目标时，其回波信号会比较弱，影响测量精度。但在短距离测量中，超声波测距传感器具有非常大的优势。

激光雷达 LiDAR 的全称为 Light Detection and Ranging，是以激光为工作光束进行探测和测距的雷达。激光雷达的工作原理是向目标发射探测信号（激光束），将接收到的从目标反射回来的信号（目标回波）与发射信号进行比较和处理后，获得目标的距离、方位、高度、速度、姿态和形状等参数。激光的频率很高，波长是纳米级，所以激光雷达可以获得很高的角度、距离和速度分辨率。距离和速度分辨率高，意味着可以利用多普勒成像技术来获得目标的清晰图像，这是激光雷达的一大优势。但激光雷达的缺点也很明显，光束受遮挡后就无法正常使用，且在雨、雪、雾霾、粉尘和沙尘暴等恶劣环境条件下，其性能下降，甚至无法使用。此外，激光雷达采集的数据量大，对处理器的要求很高。激光雷达按有无机械旋转部件进行分类，可分为机械激光雷达和固态激光雷达；根据线束数量的多少，又可分为单线束激光雷达与多线束激光雷达。激光雷达未来的发展趋势将会从机械走向固态，从单线束走向多线束。

毫米波雷达是工作在毫米波电磁波段探测的雷达，其工作原理是振荡器产生一个频率随时间逐渐增加的信号，这个信号遇到障碍物之后会反弹回来，返回来的波形和发出的波形之间有个频率差，通过判断差拍频率的高低就可以判断障碍物的距离。毫米波雷达的波长从 1 cm 到 1 mm，探测距离从几十米到几十千米，可以对目标进行有无检测、测距、测速和方位测量等。它具有良好的角度分辨能力，可检测小物体。同时，毫米波雷达有极强的穿透率，能够过光照、降雨、扬尘、雾或霜冻等来准确探测物体，可全天候工作。毫米波雷达按距离又分为近程雷达和中远程雷达。近程雷达主要用于盲点探测、碰撞预警和防撞功能等；而车载中远程雷达则通常用于自适应巡航、刹车辅助、紧急刹车和车距保持等功能。常见的车载领域毫米波雷达主要有 24 GHz、77 GHz 和 79 GHz 三个频段，其中 24 GHz 频段的毫米波雷达用于汽车的盲点监测、变道辅助；77 GHz 和 79 GHz 频段的毫米波雷达主要用于探测与前车的距离和速度，实现目标检测、自动跟车和车辆紧急制动等，79 GHz 的毫米波雷达的分辨率更高。

不同形态、不同厂家的部分激光雷达如图 6.9 所示。

图 6.9　不同厂家的不同形态激光雷展示

利用多线束三维激光雷达进行环境感知、环境建模与导航定位时建立的雷达坐标系 $OX_rY_rZ_r$ 如图 6.10 所示。图中，激光雷达返回的初始数据格式为极坐标系，α 为三维空间点 p^w 与 OY_rZ_r 平面的夹角，β 为三维空间点 p^w 与 OX_rY_r 平面的夹角，ρ 为三维空间点 p^w 的距离，有了这三个参数就可以将激光雷达在极坐标系下的测距和测角信息转换到空间直角坐标

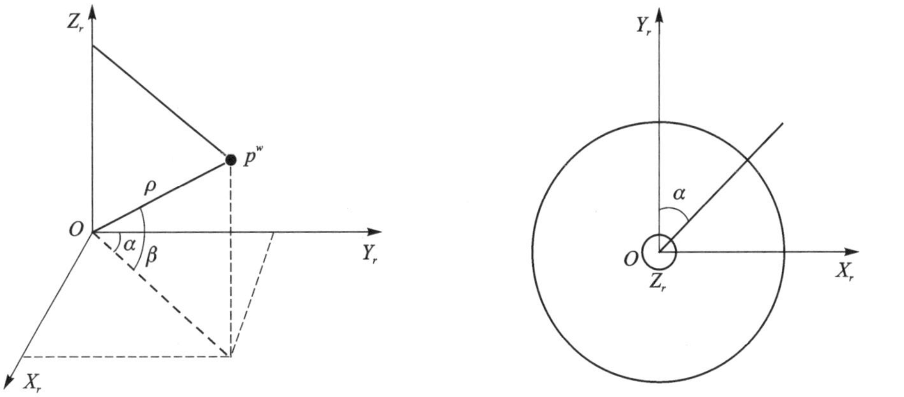

(a) 雷达坐标系　　(b) 俯视图

图 6.10　激光雷达坐标系

系下。

激光特征提取是在一组数据或者由单个数据组成的集合中找到富有代表性的若干个点的算法。受限于激光雷达庞大的数据量，直接对整个扫描进行全局匹配无法满足实时性的要求，通常需要对激光雷达的数据进行特征提取。雷达一次扫描数据是在一个扫描周期内完成的，雷达完成一次扫描需要 0.1 s，在匹配时将扫描周期内获得的所有点云投影到扫描开始时刻，例如将前后两次扫描获得的点云数据同时投影到 t_1 时刻。假设 t_0 至 t_1 时刻雷达位姿已知，且将对应的点云数据投影到 t_1 时刻，需要求解 t_1 至 t_2 时刻雷达位姿，其示意图如图 6.11 所示。利用激光雷达和毫米波雷达进行环境感知、环境建模与导航定位的结果如图 6.12 所示。

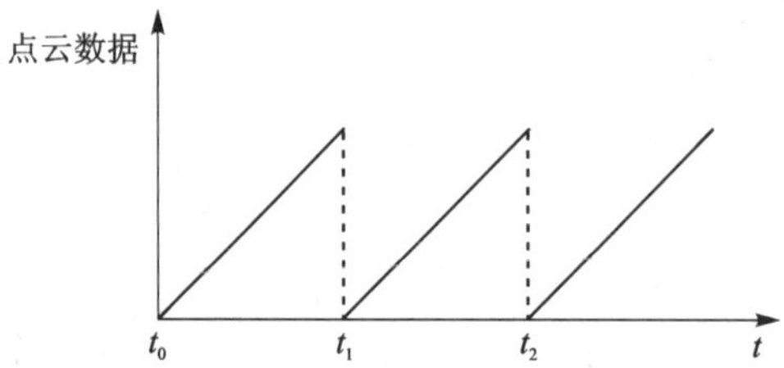

图 6.11　点云匹配投影示意图

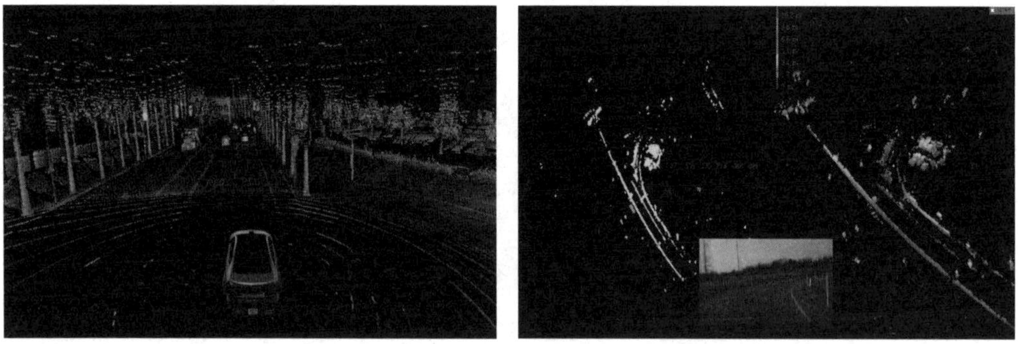

(a) 激光雷达视觉系统　　(b) 毫米波雷达视觉系统

图 6.12　激光/毫米波雷达视觉系统环境感知与建图结果(图片选自网络)

6.3　多视几何系统

实际应用中，经常需要对空间中的目标或场景进行重建，事实上机器视觉系统在一个位置上只能观看到目标或场景的局部信息，因此也就产生了“横看成岭侧成峰”①的感觉，其示意图如图 6.13 所示。为了恢复空间中的目标或场景，往往需要从不同位置对其进行成像。

景物由 $N(\geqslant 3)$ 个摄像机同时拍摄或由一个移动摄像机相继拍摄，由此形成的透视几何称为 N 视几何，其中 $N=3$ 称为三视几何。它与双目立体视觉的两视几何有一些类似的几何

① 宋代苏轼的诗《题西林壁》，横看成岭侧成峰，远近高低各不同。不识庐山真面目，只缘身在此山中。该诗是即景说理的典范，作者之所以不能辨认庐山的真实面目，是因为身在庐山之中，视野受庐山的峰峦所局限，看到的只是庐山的局部而已，其带有片面性。该诗有着丰富的内涵和哲理：由于人们所处的地位不同，看问题的角度不同，对客观事物的认识难免存在片面性；要认识事物的真相与全貌，必须超越狭小的范围，摆脱主观成见。

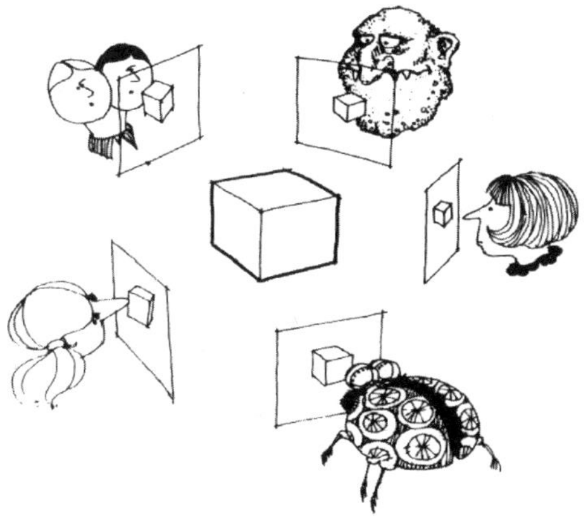

图 6.13　不同位置观看同一空间目标的结果不同

关系,例如两视几何的基本矩阵仅依赖于摄像机间的结构关系,而与景物无关。与两视图相比,三视图几何中也存在描述三幅视图间不依赖于景物结构,仅依赖于摄像机间结构参数的几何关系,称其为三焦点张量。

6.3.1　三焦点张量的几何基础

如图 6.14 所示,三维空间中一条直线 l 被投影到三幅图像中,得到像直线 $\boldsymbol{l}_1$、$\boldsymbol{l}_2$ 和 $\boldsymbol{l}_3$,这三条对应的像直线间存在着特定的约束关系,因为由每一幅视图上的直线反向投影所得的平面必交于空间中的一条直线 $\boldsymbol{l}$。

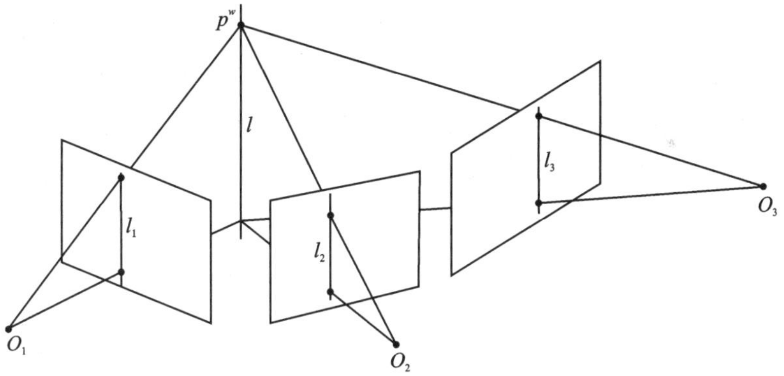

图 6.14　三维空间中的直线投影像直线间的关系

假设将世界坐标系的坐标原点选在第一个摄像机的光心 o_1 处,且世界坐标系与摄像机坐标系重合,于是三幅视图的投影矩阵分别为

$$\boldsymbol{M}_1=[\boldsymbol{R}_1 \mid \bar{\boldsymbol{T}}_1]=[\boldsymbol{I} \mid 0] \tag{6.7}$$

$$\boldsymbol{M}_2=[\boldsymbol{R}_2 \mid \bar{\boldsymbol{T}}_2]=[\boldsymbol{m}_{21},\boldsymbol{m}_{22},\boldsymbol{m}_{23},\bar{\boldsymbol{T}}_2] \tag{6.8}$$

$$\boldsymbol{M}_3=[\boldsymbol{R}_3 \mid \bar{\boldsymbol{T}}_3]=[\boldsymbol{m}_{31},\boldsymbol{m}_{32},\boldsymbol{m}_{33},\bar{\boldsymbol{T}}_3] \tag{6.9}$$

式中,$\boldsymbol{m}_{2k}$ 和 $\boldsymbol{m}_{3k}$($k=1,2,3$)分别为旋转矩阵 $\boldsymbol{R}_2$ 和 $\boldsymbol{R}_3$ 的第 k 列,且有 $\boldsymbol{e}_2=\boldsymbol{M}_2\boldsymbol{O}_1$ 和 $\boldsymbol{e}_3=\boldsymbol{M}_3\boldsymbol{O}_1$,$\boldsymbol{e}_2$ 和 $\boldsymbol{e}_3$ 分别为第 2 和第 3 视图图像的极点。

将三条像直线进行反向投影得到投影面，三张平面分别为

$$\boldsymbol{\pi}_1=\boldsymbol{M}_1^{\mathrm{T}}\boldsymbol{l}_1=\begin{pmatrix}\boldsymbol{l}_1\\0\end{pmatrix} \tag{6.10}$$

$$\boldsymbol{\pi}_2=\boldsymbol{M}_2^{\mathrm{T}}\boldsymbol{l}_2=\begin{pmatrix}\boldsymbol{R}_2^{\mathrm{T}}\boldsymbol{l}_2\\\bar{\boldsymbol{T}}_2^{\mathrm{T}}\boldsymbol{l}_2\end{pmatrix} \tag{6.11}$$

$$\boldsymbol{\pi}_3=\boldsymbol{M}_3^{\mathrm{T}}\boldsymbol{l}_3=\begin{pmatrix}\boldsymbol{R}_3^{\mathrm{T}}\boldsymbol{l}_3\\\bar{\boldsymbol{T}}_3^{\mathrm{T}}\boldsymbol{l}_3\end{pmatrix} \tag{6.12}$$

三平面满足相交约束，其交于空间直线 l，因为三像直线是由其投影产生的。相交约束可描述为 4×3 的矩阵，即

$$\boldsymbol{M}=[\boldsymbol{\pi}_1,\boldsymbol{\pi}_2,\boldsymbol{\pi}_3] \tag{6.13}$$

于是，该相交约束使像直线间满足如下线性相关关系

$$\boldsymbol{M}=[\boldsymbol{m}_1,\boldsymbol{m}_2,\boldsymbol{m}_3]=\begin{bmatrix}\boldsymbol{l}_1 & \boldsymbol{R}_2^{\mathrm{T}}\boldsymbol{l}_2 & \boldsymbol{R}_3^{\mathrm{T}}\boldsymbol{l}_3\\0 & \bar{\boldsymbol{T}}_2^{\mathrm{T}}\boldsymbol{l}_2 & \bar{\boldsymbol{T}}_3^{\mathrm{T}}\boldsymbol{l}_3\end{bmatrix} \tag{6.14}$$

式中，$\boldsymbol{m}_k(k=1,2,3)$为矩阵 $\boldsymbol{M}$ 的第 k 列。该线性相关关系可写成 $\boldsymbol{m}_1=a\boldsymbol{m}_2+b\boldsymbol{m}_3$。由于矩阵 $\boldsymbol{M}$ 的左下角元素为 0，因此可以推出 $a=s(\bar{\boldsymbol{T}}_3^{\mathrm{T}}\boldsymbol{l}_3)$和 $b=-s(\bar{\boldsymbol{T}}_2^{\mathrm{T}}\boldsymbol{l}_2)$，其中 s 为尺度因子。不妨取 $s=1$，于是有

$$\boldsymbol{l}_1=(\bar{\boldsymbol{T}}_3^{\mathrm{T}}\boldsymbol{l}_3)\boldsymbol{R}_2^{\mathrm{T}}\boldsymbol{l}_2-(\bar{\boldsymbol{T}}_2^{\mathrm{T}}\boldsymbol{l}_2)\boldsymbol{R}_3^{\mathrm{T}}\boldsymbol{l}_3=(\boldsymbol{l}_3^{\mathrm{T}}\bar{\boldsymbol{T}}_3)\boldsymbol{R}_2^{\mathrm{T}}\boldsymbol{l}_2-(\boldsymbol{l}_2^{\mathrm{T}}\bar{\boldsymbol{T}}_2)\boldsymbol{R}_3^{\mathrm{T}}\boldsymbol{l}_3 \tag{6.15}$$

因此直线 $\boldsymbol{l}_1$ 上的第 k 个坐标可写为

$$\boldsymbol{l}_{1k}=\boldsymbol{l}_2^{\mathrm{T}}(\boldsymbol{m}_{2k}\bar{\boldsymbol{T}}_3)\boldsymbol{l}_3-\boldsymbol{l}_2^{\mathrm{T}}(\bar{\boldsymbol{T}}_2\boldsymbol{m}_{3k})\boldsymbol{l}_3 \tag{6.16}$$

记 $\hat{\boldsymbol{T}}_k=\boldsymbol{m}_{2k}\bar{\boldsymbol{T}}_3-\bar{\boldsymbol{T}}_2\boldsymbol{m}_{3k}$，则式(6.16)表示为 $\boldsymbol{l}_{1k}=\boldsymbol{l}_2^{\mathrm{T}}\hat{\boldsymbol{T}}_k\boldsymbol{l}_3$。于是将三个矩阵的集合 $\{\hat{\boldsymbol{T}}_1\quad\hat{\boldsymbol{T}}_2\quad\hat{\boldsymbol{T}}_3\}$组成三焦点张量的矩阵表示。三焦点张量描述了图像坐标间的关系，不涉及三维空间点坐标。虽然本节中的三角点张量是在假设 $\boldsymbol{M}_1=[\boldsymbol{R}_1|\bar{\boldsymbol{T}}_1]=[\boldsymbol{I}|0]$条件下得出的，但任意三个摄像机的三焦点张量存在一般的表达式(Richard Hartley and Andrew Zisserman，2002)。

6.3.2 三焦点张量的性质

三焦点张量固有的一个基本几何性质是存在由第二幅图像上的一条直线获得的第一幅图像和第三幅图像间的单应关系。如图 6.15 所示，第二幅图像上的一条直线 $\boldsymbol{l}_2$ 反向投影获得了三维空间中的一个平面 $\boldsymbol{\pi}_2$，由该平面可获得第一幅图像和第三幅图像间的一个单应。在图 6.15(a)中，第一幅图像中的点 $\boldsymbol{p}_1$ 定义了三维空间中的一条射线，它与 $\boldsymbol{\pi}_2$ 的交点为空间点 $\boldsymbol{p}^w$，再将点 $\boldsymbol{p}^w$ 投影到第三幅图像中的点 $\boldsymbol{p}_3$，因此任何直线 $\boldsymbol{l}_2$ 获得的第一和第三幅图像间的单应都由其反向投影平面 $\boldsymbol{\pi}_2$ 所定义。由于第一幅图像和第三幅图像间的单应通过平面 $\boldsymbol{\pi}_2$ 上一个点建立的，因此也称为点转移。同理，在图 6.15(b)中，在第一幅图像中的直线 $\boldsymbol{l}_1$ 反向投影平面与平面 $\boldsymbol{\pi}_2$ 相交于 $\boldsymbol{l}$，然后直线 $\boldsymbol{l}$ 又被投影为第三幅图像的直线 $\boldsymbol{l}_3$，即第一幅图像和第三幅图像间的单应通过平面 $\boldsymbol{\pi}_2$ 上一条直线建立的，因此也称为线转移。

根据图 6.15(a)所示的第一幅图像和第三幅图像间的单应关系，有 $\boldsymbol{p}_3=\boldsymbol{H}\boldsymbol{p}_1$ 和 $\boldsymbol{l}_1=\boldsymbol{H}^{\mathrm{T}}\boldsymbol{l}_3$。由于三条直线 $\boldsymbol{l}_1$、$\boldsymbol{l}_2$ 和 $\boldsymbol{l}_3$ 都是直线 $\boldsymbol{l}$ 的像直线，且满足 $\boldsymbol{l}_{1k}=\boldsymbol{l}_2^{\mathrm{T}}\hat{\boldsymbol{T}}_k\boldsymbol{l}_3$。通过比较 $\boldsymbol{l}_{1k}=$

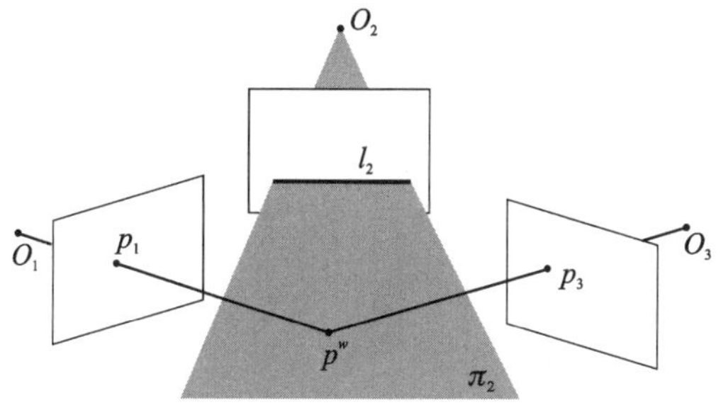

(a) 点转移

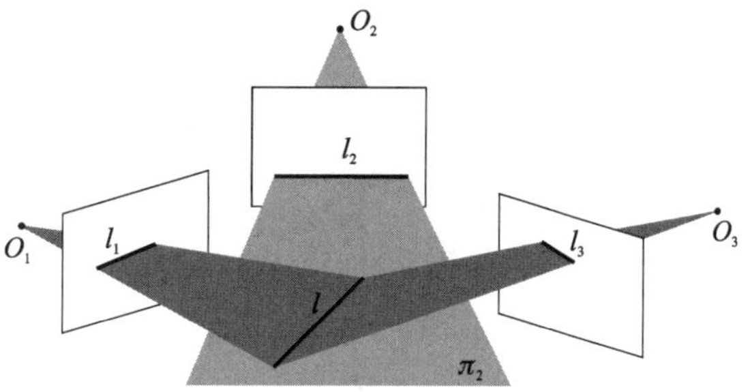

(b) 线转移

图 6.15　三焦张量的几何性质

$\boldsymbol{l}_2^{\mathrm{T}}\hat{\boldsymbol{T}}_k\boldsymbol{l}_3$ 和 $\boldsymbol{l}_1=\boldsymbol{H}^{\mathrm{T}}\boldsymbol{l}_3$，可知单应性矩阵 $\boldsymbol{H}=[\boldsymbol{h}_1\quad \boldsymbol{h}_2\quad \boldsymbol{h}_3]$，其中 $\boldsymbol{h}_k=\boldsymbol{T}_k^{\mathrm{T}}\boldsymbol{l}_2$。由此确定的单应性矩阵 $\boldsymbol{H}$ 描述了由第二幅图像中的直线所确定的第一幅图像和第三幅图像间的单应，记为 $\boldsymbol{H}_{13}$；同理，第二幅和第三幅图像有着类似的作用，由第三幅图像的一条直线确定的第一幅图像和第二幅图像间的单应可以用类似的方法获得，即 $\boldsymbol{p}_2=\boldsymbol{H}_{12}\boldsymbol{p}_1$，其中 $\boldsymbol{H}_{12}=[\hat{\boldsymbol{T}}_1^{\mathrm{T}}\quad \hat{\boldsymbol{T}}_2^{\mathrm{T}}\quad \hat{\boldsymbol{T}}_3^{\mathrm{T}}]\boldsymbol{l}_2$。同理，根据图 6.15(b)所示的关系，在相差一个尺度因子条件下，三条像直线间满足关系式为

$$\boldsymbol{l}_1^{\mathrm{T}}=\boldsymbol{l}_2^{\mathrm{T}}[\hat{\boldsymbol{T}}_1,\hat{\boldsymbol{T}}_2,\hat{\boldsymbol{T}}_3]\boldsymbol{l}_3 \tag{6.17}$$

通过对式两边进行叉积来消除该尺度因子，于是有

$$\boldsymbol{l}_1^{\mathrm{T}}\boldsymbol{l}_{1\times}=\boldsymbol{l}_2^{\mathrm{T}}[\hat{\boldsymbol{T}}_1,\hat{\boldsymbol{T}}_2,\hat{\boldsymbol{T}}_3]\boldsymbol{l}_3\boldsymbol{l}_{1\times}=\boldsymbol{l}_2^{\mathrm{T}}[\hat{\boldsymbol{T}}_k]\boldsymbol{l}_3\boldsymbol{l}_{1\times}=\boldsymbol{0}^{\mathrm{T}} \tag{6.18}$$

式中，$\boldsymbol{l}_{1\times}$ 是由 $\boldsymbol{l}_1$ 构成的反对称矩阵。由于直线 $\boldsymbol{l}_1$ 上的一点 $\boldsymbol{p}_1$ 必然满足

$$\boldsymbol{p}_1^{\mathrm{T}}\boldsymbol{l}_1=\sum_k \boldsymbol{p}_{1k}\boldsymbol{l}_{1k}=\boldsymbol{0} \tag{6.19}$$

由于 $\boldsymbol{l}_{1k}=\boldsymbol{l}_2^{\mathrm{T}}\hat{\boldsymbol{T}}_k\boldsymbol{l}_3$，于是三条像直线间的关系满足

$$\boldsymbol{l}_2^{\mathrm{T}}\left(\sum_k \boldsymbol{p}_{1k}\hat{\boldsymbol{T}}_k\right)\boldsymbol{l}_3=\boldsymbol{0} \tag{6.20}$$

根据三焦点张量的性质，很容易推导出三幅图像上的线和点的各种线性关系，这些关系除了图 6.15 中的“线-线-线”关系外，还包括“点-线-线”“点-线-点”“点-点-线”和“点-点-点”，其示意图如图 6.16 所示。

综上所述，根据三焦点张量的性质，描述三幅图像上的线和点的各种对应关系模型为

线-线-线对应　$\boldsymbol{l}_1^{\mathrm{T}}=\boldsymbol{l}_2^{\mathrm{T}}[\hat{\boldsymbol{T}}_1,\hat{\boldsymbol{T}}_2,\hat{\boldsymbol{T}}_3]\boldsymbol{l}_3$ 或 $(\boldsymbol{l}_2^{\mathrm{T}}[\hat{\boldsymbol{T}}_1,\hat{\boldsymbol{T}}_2,\hat{\boldsymbol{T}}_3]\boldsymbol{l}_3)\boldsymbol{l}_{1\times}=\boldsymbol{0}^{\mathrm{T}}$

点-线-线对应　$\boldsymbol{l}_2^{\mathrm{T}}\left(\sum_k \boldsymbol{p}_{1k}\hat{\boldsymbol{T}}_k\right)\boldsymbol{l}_3=0$

点-线-点对应　$\boldsymbol{l}_2^{\mathrm{T}}\left(\sum_k \boldsymbol{p}_{1k}\hat{\boldsymbol{T}}_k\right)\boldsymbol{p}_{3\times}=0$

点-点-线对应　$\boldsymbol{p}_{2\times}\left(\sum_k \boldsymbol{p}_{1k}\hat{\boldsymbol{T}}_k\right)\boldsymbol{l}_3=0$

点-点-点对应　$\boldsymbol{p}_{2\times}\left(\sum_k \boldsymbol{p}_{1k}\hat{\boldsymbol{T}}_k\right)\boldsymbol{p}_{3\times}=0$

6.3.3　极线、基本矩阵和投影矩阵计算

如图 6.17 所示，当直线 $\boldsymbol{l}_2$ 反向投影得到平面 $\boldsymbol{\pi}_2$ 是摄像机 O_1 和摄像机 O_2 的极平面时，产生一种“点-线-线”的特殊情形。空间点 $\boldsymbol{p}^w$ 为极平面 $\boldsymbol{\pi}_2$ 上一个点，点 $\boldsymbol{p}^w$ 在相机 O_1 上的投

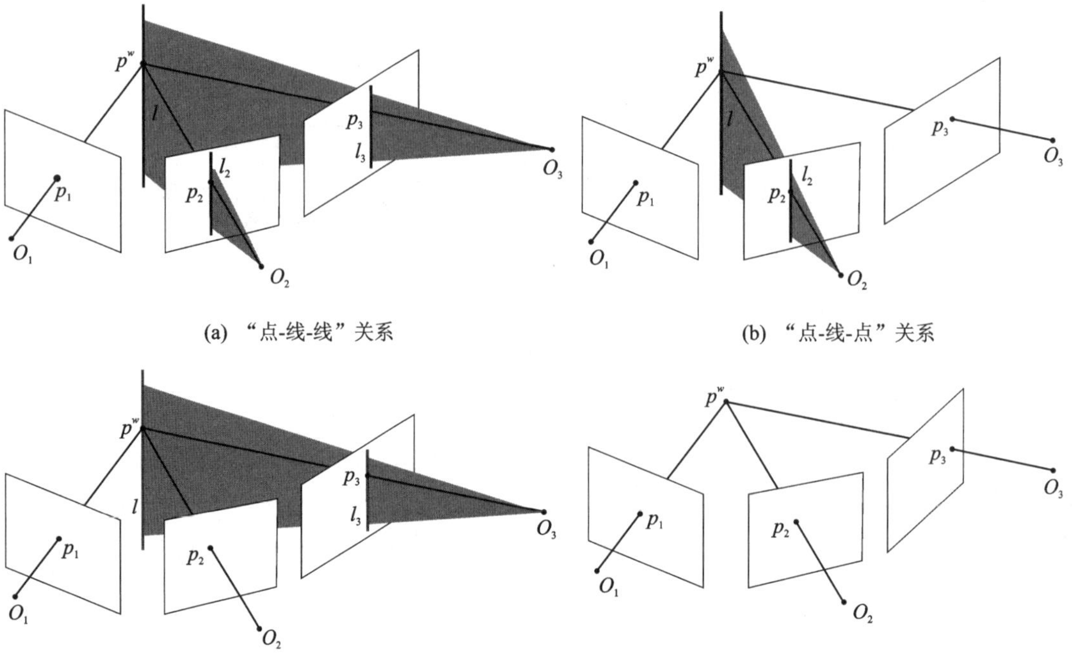

(a) "点-线-线"关系 (b) "点-线-点"关系

(c) "点-点-线"关系 (d) "点-点-点"关系

图 6.16 三幅图像上的线和点的关系

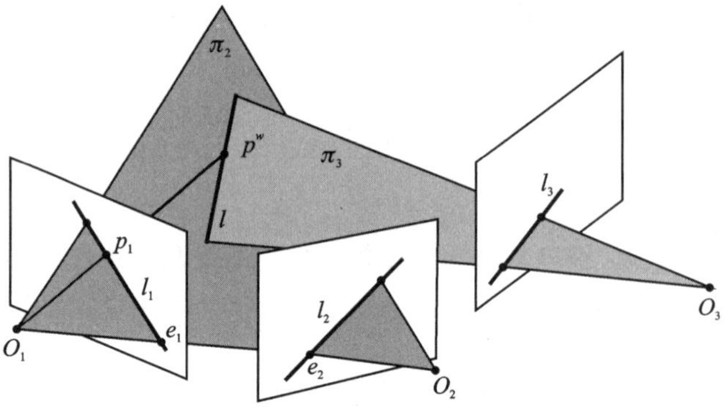

图 6.17 极线与"点-线-线"对应的关系

影线在 $\boldsymbol{\pi}_2$ 上，像点 $\boldsymbol{p}_1$ 的对应极线为直线 $\boldsymbol{l}_2$，直线 $\boldsymbol{l}_3$ 反向投影面 $\boldsymbol{\pi}_3$ 交 $\boldsymbol{\pi}_2$ 于直线 $\boldsymbol{l}$。对于第三幅图像中任意的直线 $\boldsymbol{l}_3$，根据"点-线-线"对应关系式 $\boldsymbol{l}_2^{\mathrm{T}}\left(\sum_k \boldsymbol{p}_{1k}\hat{\boldsymbol{T}}_k\right)\boldsymbol{l}_3=0$，都有 $\boldsymbol{l}_2^{\mathrm{T}}\left(\sum_k \boldsymbol{p}_{1k}\hat{\boldsymbol{T}}_k\right)=\boldsymbol{0}^{\mathrm{T}}$。

根据上述关系可知，如果直线 $\boldsymbol{l}_2$ 和 $\boldsymbol{l}_3$ 分别是第二和第三幅图像上对应于第一幅图像上像点 $\boldsymbol{p}_1$ 的极线，则有

$$\boldsymbol{l}_2^{\mathrm{T}}\left(\sum_k \boldsymbol{p}_{1k}\hat{\boldsymbol{T}}_k\right)=\boldsymbol{0}^{\mathrm{T}},\quad \left(\sum_k \boldsymbol{p}_{1k}\hat{\boldsymbol{T}}_k\right)\boldsymbol{l}_3=\boldsymbol{0}^{\mathrm{T}} \tag{6.21}$$

点 $\boldsymbol{p}_1$ 的极线 $\boldsymbol{l}_2$ 和 $\boldsymbol{l}_3$ 可作为矩阵 $\sum_k \boldsymbol{p}_{1k}\hat{\boldsymbol{T}}_k$ 的左、右零矢量来计算。当点 $\boldsymbol{p}_1$ 变化时，对应

极线也变化，但一幅图像的所有极线都通过极点，因此可通过计算不同像点 $\boldsymbol{p}_1$ 对应的极线的交点来计算该极点。不妨取点 $\boldsymbol{p}_1$ 的齐次坐标表示为 $(1\quad 0\quad 0)^{\mathrm{T}}$、$(0\quad 1\quad 0)^{\mathrm{T}}$ 和 $(0\quad 0\quad 1)^{\mathrm{T}}$，对于 $\boldsymbol{p}_1$ 的这三个点选择，$\sum_k \boldsymbol{p}_{1k}\hat{\boldsymbol{T}}_k$ 分别等于 $\hat{\boldsymbol{T}}_1$、$\hat{\boldsymbol{T}}_2$ 和 $\hat{\boldsymbol{T}}_3$。因此，第二幅图像的极点 $\boldsymbol{e}_2$ 是由矩阵 $\hat{\boldsymbol{T}}_k(k=1,2,3)$ 的左零矢量所表示极线的公共交点；极点 $\boldsymbol{e}_3$ 是由矩阵 $\hat{\boldsymbol{T}}_k$ 的右零矢量所表示极线的公共交点。

根据三焦点张量的性质，第一幅图像和其他两幅图像间的基本矩阵 $\boldsymbol{F}_{21}$ 和 $\boldsymbol{F}_{31}$ 满足关系为

$$\boldsymbol{p}_2^{\mathrm{T}}\boldsymbol{F}_{21}\boldsymbol{p}_1=0,\quad \boldsymbol{p}_3^{\mathrm{T}}\boldsymbol{F}_{31}\boldsymbol{p}_1=0 \tag{6.22}$$

对于第一幅图像上的点 $\boldsymbol{p}_1$，由第三幅图像上的直线 $\boldsymbol{l}_3$ 获得的从第一幅投影到第二幅图像的单应满足关系 $\boldsymbol{p}_2=([\hat{\boldsymbol{T}}_1,\hat{\boldsymbol{T}}_2,\hat{\boldsymbol{T}}_3]\boldsymbol{l}_3)\boldsymbol{p}_1$，然后在第二幅图像中对应于点 $\boldsymbol{p}_1$ 的极线由像点 $\boldsymbol{p}_2$ 和极点 $\boldsymbol{e}_2$ 的连线确定，而且这两个点满足关系 $\boldsymbol{l}_2=\boldsymbol{e}_2\times([\hat{\boldsymbol{T}}_1,\hat{\boldsymbol{T}}_2,\hat{\boldsymbol{T}}_3]\boldsymbol{l}_3)\boldsymbol{p}_1$，因此可以得到

$$\boldsymbol{F}_{21}=\boldsymbol{e}_2\times[\hat{\boldsymbol{T}}_1,\hat{\boldsymbol{T}}_2,\hat{\boldsymbol{T}}_3]\boldsymbol{l}_3 \tag{6.23}$$

为避免 $\boldsymbol{l}_3$ 处于任意 $\hat{\boldsymbol{T}}_k$ 的零空间而产生退化问题，一个较好的选择是 $\boldsymbol{e}_3$，因为 $\boldsymbol{e}_3$ 垂直于每一个 $\hat{\boldsymbol{T}}_k$ 的右零空间，于是第一幅图像和第二幅图像间的基本矩阵 $\boldsymbol{F}_{21}$ 为

$$\boldsymbol{F}_{21}=\boldsymbol{e}_2\times[\hat{\boldsymbol{T}}_1,\hat{\boldsymbol{T}}_2,\hat{\boldsymbol{T}}_3]\boldsymbol{e}_3 \tag{6.24}$$

同理，第一幅图像和第三幅图像间的基本矩阵 $\boldsymbol{F}_{31}$ 为

$$\boldsymbol{F}_{31}=\boldsymbol{e}_3\times[\hat{\boldsymbol{T}}_1^{\mathrm{T}},\hat{\boldsymbol{T}}_2^{\mathrm{T}},\hat{\boldsymbol{T}}_3^{\mathrm{T}}]\boldsymbol{e}_2 \tag{6.25}$$

三焦点张量仅表达了图像元素间的关系，与三维射影变换无关。利用三焦点张量可在只差一个摄影多义性意义下计算摄像机的投影矩阵（Richard Hartley and Andrew Zisserman，2002）为

$$\boldsymbol{M}_1=[\boldsymbol{R}_1\mid\bar{\boldsymbol{T}}_1]=[\boldsymbol{I}\mid 0] \tag{6.26}$$

$$\boldsymbol{M}_2=[\boldsymbol{R}_2\mid\bar{\boldsymbol{T}}_2]=[[\hat{\boldsymbol{T}}_1\quad\hat{\boldsymbol{T}}_2\quad\hat{\boldsymbol{T}}_3]\boldsymbol{e}_3\mid\boldsymbol{e}_2] \tag{6.27}$$

$$\boldsymbol{M}_3=[\boldsymbol{R}_3\mid\bar{\boldsymbol{T}}_3]=[(\boldsymbol{e}_3\boldsymbol{e}_3^{\mathrm{T}}-\boldsymbol{I})[\hat{\boldsymbol{T}}_1,\hat{\boldsymbol{T}}_2,\hat{\boldsymbol{T}}_3]\boldsymbol{e}_2\mid\boldsymbol{e}_3] \tag{6.28}$$

6.4 实际应用案例

6.4.1 实际案例 1

利用 Livox 固态激光雷达和 VLP-16 多线激光雷达分别在北航校园路和新主楼室内外进行数据采集，并完成三维环境感知、建图和轨迹恢复，其实际测试结果分别如图 6.18 和图 6.19 所示。

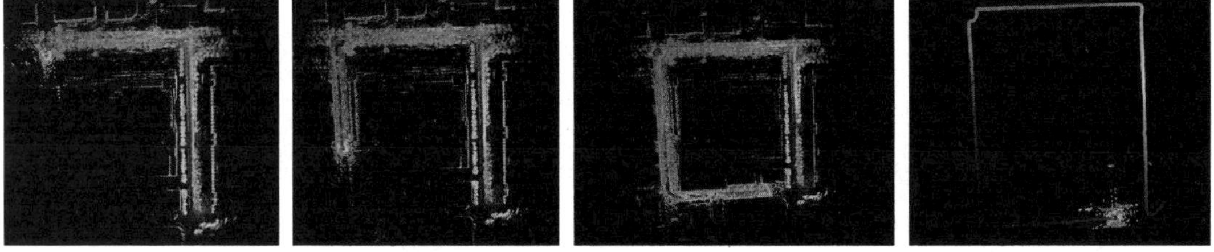

图 6.18　北航校园固态激光雷达环境感知和轨迹恢复

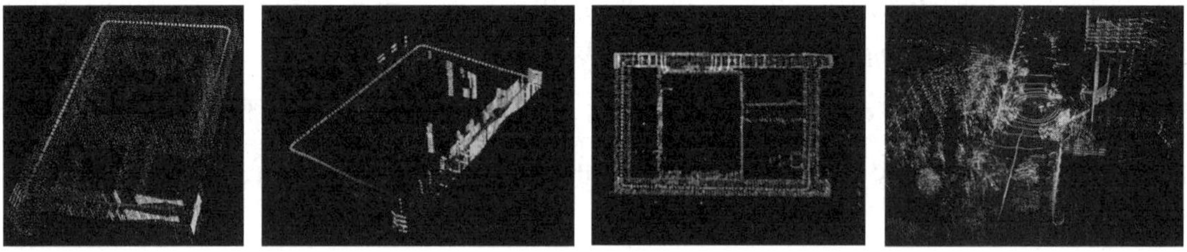

图 6.19　北航新主楼室内外多线激光雷达环境感知与建图

6.4.2　实际案例 2

利用荣耀 20 手机(后置 4 个摄像机的焦距分别为 1.8 mm、2.2 mm、2.4 mm 和2.4 mm,其像素数分别为 4 800 万像素、1 600 万像素、200 万像素和 200 万像素)从不同角度对北京航空航天大学新主楼庭院内的"时代轮"雕塑[①]进行成像,其部分角度照片示意图如图 6.20 所示,然后利用采集的图片对该雕塑进行三维重建,重建结果图(含不同拍摄角度的相机位置)如图 6.21 所示。

图 6.20　不同角度拍摄"时代轮"的图像

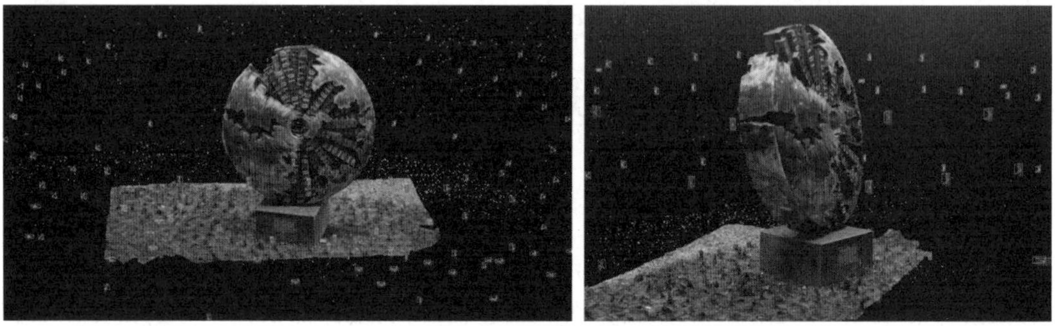

图 6.21　"时代轮"三维重建后的图像

小　　结

本章主要讨论了在机器视觉系统实际应用中常用的其他视觉传感器及其工作原理,主要

① "时代轮"雕塑,刘大顺和姜晓梅创作,1987 届自动控制系 33 大班全体同学捐赠。

有结构光传感器、激光雷达和毫米波雷达等。此外，以三视几何为例初步介绍了多视几何的基础理论，给出了三焦点张量的性质和极线、基本矩阵及投影矩阵的计算公式。

思考与练习题

(1) 查阅文献资料，总结面结构光测距的实现过程和实现原理。

(2) 查阅文献资料，对比分析不通过厂家、不同型号激光雷达、毫米波雷达及其在视觉系统中应用的优缺点。

(3) 试证明 4×3 矩阵 $\boldsymbol{M}=[\boldsymbol{\pi}_1,\boldsymbol{\pi}_2,\boldsymbol{\pi}_3]$ 的秩为 2。

(4) 试分析三焦点张量矩阵 $[\hat{\boldsymbol{T}}_1,\hat{\boldsymbol{T}}_2,\hat{\boldsymbol{T}}_3]$ 共有 27 个元素，但有 18 个自由度。

(5) 阅读文献，试分析三视几何中的三个基本矩阵 $\boldsymbol{F}_{21}$、$\boldsymbol{F}_{23}$ 和 $\boldsymbol{F}_{31}$ 是否独立？如果不独立，它们之间满足什么关系？

第7章　运动视觉检测与分析

随着视觉传感器技术和嵌入式处理技术的发展，视觉传感器已被广泛用于实际系统中，例如对目标监视与测量，目标检测、识别与跟踪，目标位姿估计，以及环境感知、建模与语义分析等。这些应用都需要对采集的视觉传感器信息进行处理，而且目标检测是目标识别、目标跟踪、目标位姿估计和语义分析的基础。目标运动或相机运动会产生其相对空间的位姿变化，这种变化可以看成是一种“势”的变化，运动会产生“势”，视觉传感器生成的图像序列中也会包含这种“势”信息，根据图像的“势”来完成运动目标检测和运动估计，做到“应势而谋，因势而动，顺势而为”①，提高运动检测与运动估计的鲁棒性和可靠性。

随着动态场景分析需求的不断提高，利用动态图像或视频图像序列感知三维空间环境并恢复三维空间环境模型和运动物体的结构，估计运动的位姿参数等研究领域已成为当前机器视觉领域中的热门研究方向，即运动视觉检测与分析，而且很多相关的机器视觉系统已经被广泛应用到了实际工程中，例如我国的探月工程，天宫空间站建设，火星探测工程，武器系统运动目标检测、识别与跟踪，自主飞行器着陆与导航，无人驾驶汽车，以及移动机器人等都应用了运动视觉检测与分析技术。根据所涉及的空间，一般将运动视觉分析分为二维运动估计和三维运动估计。

本章主要介绍以摄像机为视觉传感器在实际应用中常用的运动检测方法和运动目标估计方法，并给出实际工程中的应用案例。

7.1　运动视觉检测

图像动态变化可由摄像机运动，物体运动，光照变化，物体的结构、大小或形状变化等因素中的一种或多种因素引起的。为了简化分析，假设物体是刚性的，而且场景变化是由摄像机运动和物体运动引起的。一幅图像包括前景（目标）和背景两部分，而且前景和背景在一定条件下可以相互转化，视频图像序列中有前景运动和背景运动之分，其中前景运动是局部运动，目标在场景中的运动；背景运动是全局运动或摄像机运动，摄像机运动所造成的帧图像内所有点的整体移动。根据摄像机和场景运动情况将运动检测分为以下四类：

第一类是摄像机静止/物体静止，这是最简单的一类静态场景分析，例如用固定安装的相机对仪表进行监测；

第二类是摄像机静止/目标运动，这是一类非常重要的动态场景分析，摄像机固定安装，对场景中的运动目标进行监测，包括运动目标检测、目标运动特性估计等，主要用于预警、监视、目标跟踪等场合；

第三类是摄像机运动/场景静止，这也是一类重要的动态场景分析，包括基于运动的场景分析、理解，三维运动分析等，主要用于视觉导航、目标自动锁定与识别等，此时场景中运动的

① 2013年8月19日，习近平同志在全国宣传思想工作会议上发表重要讲话。

目标会对运动分析有干扰；

第四类是摄像机运动/物体运动，这是一般的场景，也是最难的一类应用问题，在这类运动目标检测过程中，由于摄像机的运动，导致图像序列中运动目标和背景的相应运动，使目标检测变复杂了，通常先通过对背景进行运动补偿，然后再进行运动检测和运动分析。

因此，本章中主要针对第二类和第三类问题进行讨论。

7.1.1　运动视觉特征提取与目标检测

所谓的运动检测就是将运动前景从图像序列中提取出来，即将背景与运动前景分离开。运动检测是运动目标跟踪、运动表述和行为理解等工作的基础。在实际工程应用中，运动检测受天气、光照、阴影等诸多外界因素影响，同时也受背景物体内在因素的影响，因为图像中的背景也常常是动态变化的。常用的运动检测方法主要有前景建模方法、帧间差分(Frame Differencing)、背景差法(Background Subtraction)、自适应背景建模法、光流(Optical Flow)、Vibe(Visual Background Extractor)背景建模法和基于深度学习的目标检测方法等。

(1) 帧间差分法

图像帧 $I(m,n,j)$ 与图像帧 $I(m,n,k)$ 的变化可用一个二值差分图像表示，即

$$I_d(m,n)=\begin{cases}1 & |I(m,n,k)-I(m,n,j)|>Th \\ 0 & \text{其他}\end{cases} \tag{7.1}$$

式中，Th 为检测阈值。二值图像序列的差分图像强度由三值、四个区域构成，将其分割成不同的区域估计运动的方向，二值差分图像是三元运动描述，其示意图如图 7.1 所示。

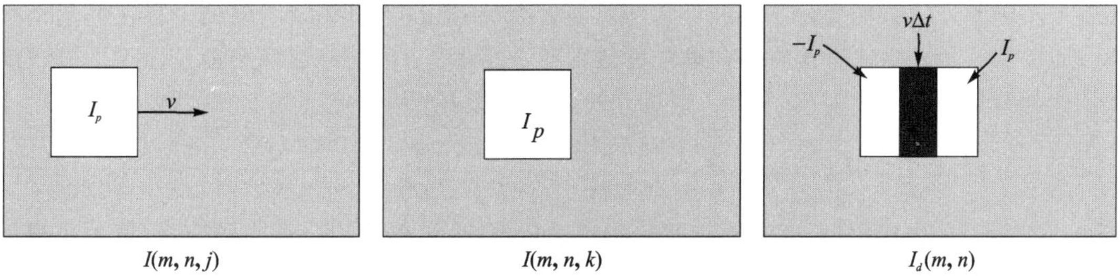

图 7.1　二值差分图像是三元运动描述示意图

图像差分可看成对图像函数进行时间求导的一种逼近，具有边缘图像的性质，因它与图像梯度函数算子类似。它与静止边缘图像一样，并不是理想的封闭轮廓区域，它反映了图像的强度变化，运动和光照变化都会造成图像强度变化，其示意图如图 7.2 所示。图像差分的缺点是噪声被放大，无法有效检测缓慢的运动。对于缓慢运动问题可以采用多帧累积差分算法来实现运动检测。

在实际应用中，使用帧间差分方法计算的差分图像经常会含有许多噪声，通常采用尺度滤波器对噪声进行抑制，滤掉小于某一尺度的连通成分，因为这些像素常常是由噪声产生的，留下大于某一尺度阈值的 4 连通或 8 连通成分，但会滤掉一些有用的信号，例如缓慢运动或微小运动物体的信号。

(2) 背景差法

背景差法是运动目标检测中最常用的一种方法，其直接利用前景所特有的信息检测前景，

(a) 物体运动引起的图像变化示意图

(b) 光照变化引起的图像变化示意图

图 7.2　运动和光照变化导致的图像强度变化示意图

其先得到背景图像，并利用当前图像与背景模型进行比较，通过判断颜色信息的特征变化，或用直方图等统计信息的变化来判断异常情况的发生，并检测当前视频图像帧中存在的运动目标。简单的背景减除法直接将当前帧与背景图像进行做差，根据差值确定前景图像。设当前帧图像与背景图像分别为 I_k 和 B_k，则运动的前景图像 F_k 为

$$F_k(m,n)=\begin{cases}1 & |I_k(m,n)-B_k(m,n)|>Th \\ 0 & 其他\end{cases} \tag{7.2}$$

式中，Th 为前景生成阈值。Th 可以预先指定为定值，也可以采用自适应阈值，阈值大小根据背景像素值自动选取。

一般而言，背景减法的步骤如下：首先取某一帧图像或采用简单背景建模等方法生成背景图像；然后将当前帧与背景图像进行比较，剔除图像背景，得到包含运动目标区域的前景图像。该方法计算量较小，且能够较完整地提取出运动目标。在实际的监控环境中，场景往往比较复杂，存在光照变化、树叶晃动、旗帜飘动、场景物体移入或移出等干扰，背景检测法采用的背景必须动态反映这些变化。因此，如何生成稳定的、能动态反应场景变化的背景是实际应用中的挑战性难题。

7.1.2　常用的背景建模方法

背景建模方法是背景差法的基础，其性能决定了运动检测的性能。背景建模方法根据其需要有简单的背景建模方法、高斯背景建模法和自适应背景建模法等。

(1) 简单的背景法

简单背景建模方法是将当前帧图像与原背景图像直接进行逐像素加权得到新的背景图像，即

$$B_k(m,n)=\alpha \cdot I_k(m,n)+(1-\alpha)\cdot B_{k-1}(m,n) \tag{7.3}$$

式中，$B_k(m,n)$表示第 k 帧建立的背景图像在(m,n)处的像素值；$I_k(m,n)$表示采集到的第 k 帧真实图像在(m,n)处的像素值；$\alpha(0<\alpha<1)$为加权因子。该方法不需区分运动目标，直接将当前帧图像与前一帧背景图像进行加权获得当前帧背景图像。该模型算法简单，计算量小，但背景图像中有运动目标信息，不能反映真实背景模型，降低了运动目标检测与跟踪的可靠性。

(2) 高斯背景建模法

为满足实际应用中背景动态变换这一需求，需要对背景图像进行动态构建。假设背景图像在图像序列中总是被观测到，而且背景像素点灰度值长时间处于稳定状态。在这一假设条件下，图像中的背景像素满足正态分布，而且在图像序列中背景像素会在$\pm 3\sigma$内，其示意图如图 7.3 所示。

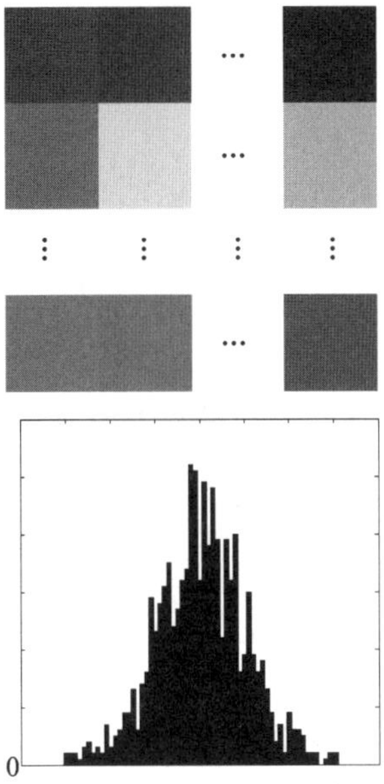

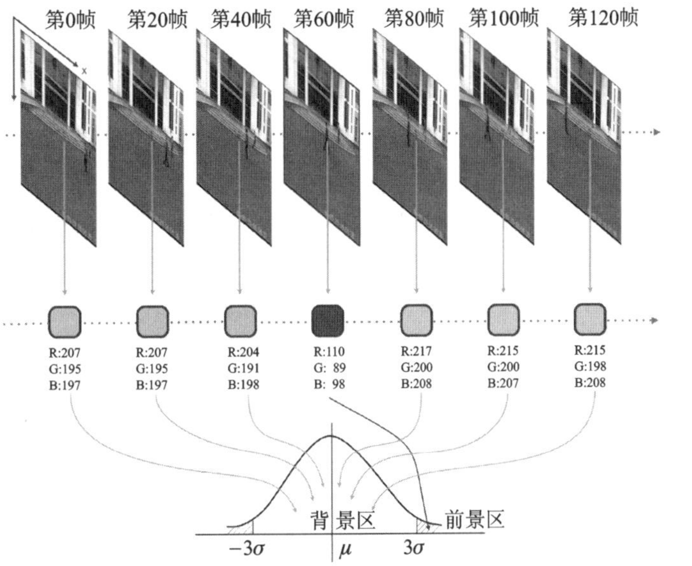

图 7.3　背景像素满足正态分布的示意图

因此，在实际应用中将图像的背景像素建模为高斯模型，当对图像中每一个像素建立一个高斯模型，将其称为单高斯背景建模；如果对图像中每个像素建立多个高斯模型，将其称为混合高斯背景建模。2000 年，Stauffer 和 Grimson 提出了用 K 个分布混合高斯模型来对每一个背景像素进行建模，在任一时刻 t，像素(m,n)的历史像素值集合为(Stauffer and Grimson, 2000)

$$\{X_1,\cdots,X_t\}=\{I(m,n,k):1\leqslant k\leqslant t\} \tag{7.4}$$

式中，k 为视频图像序列，X_t 为像素(m,n)在 t 时刻的像素值。当前像素观测值的概率为

$$P(X_t)=\sum_{j=1}^{K}\omega_{j,t}\cdot\eta(X_t;\mu_{j,t},\sum\nolimits_{j,t}) \tag{7.5}$$

式中，K 是混合高斯模型的分布数(通常取 3～5)；$\omega_{j,t}$ 表示在时刻t 混合高斯模型中第j 个模

型的权重且 $\sum_{j=1}^{K}\omega_{j,t}=1$；$\mu_{j,t}$ 和 $\sum_{j,t}=\sigma_{j,t}^{2}\boldsymbol{I}$ 分别表示第 j 个高斯模型的均值和协方差；σ 表示标准差；$\boldsymbol{I}$ 表示单位矩阵；$\eta(X_t;\mu_{i,t},\sum_{i,t})$ 表示高斯概率密度函数，即

$$\eta(X_t;\mu_{j,t},\sum_{j,t})=\frac{1}{(2\pi)^{\frac{N}{2}}\left|\Sigma_{j,t}\right|^{\frac{1}{2}}}\cdot\exp\left[-\frac{1}{2}(X_t-\mu_{jt})^{T}\sum_{j,t}^{-1}(X_t-\mu_{jt})\right] \tag{7.6}$$

式中，N 为 X_t 的维数；$j=1,2,\cdots,K$。由于实际应用场景比较复杂，需要根据当前获取的视频帧来更新混合高斯背景模型。Stauffer 和 Grimson 采用的算法是对于每一个像素进行更新，首先将对应的混合高斯模型中 K 个高斯分布按照 ω/σ 由大到小的顺序排列，然后用该像素的当前值 X_t 与其混合高斯模型中的 K 个高斯分布逐一比较，并采用以下规则进行判断。如果像素值 X_t 与第 j 个高斯分布的均值 $\mu_{j,t}$ 之间的差小于 δ 倍该高斯成分的标准差 $\sigma_{j,t}$（通常 δ 取 2.5～3.5），则认为当前像素值与该高斯分布匹配上，用 X_t 更新该高斯分布；否则，对于没有匹配上的高斯分布，参数 μ 和 σ 将保持不变。用 X_t 更新该高斯分布的数学模型为

$$\omega_{j,t}=(1-\eta_{\omega})\omega_{j,t-1}+\eta_{\omega}(M_{j,t}) \tag{7.7}$$

$$\mu_t=(1-\eta_{\mu})\mu_{t-1}+\eta_{\mu}X_t \tag{7.8}$$

$$\sigma_t^2=(1-\eta_{\sigma})\sigma_{t-1}^2+\eta_{\sigma}(X_t-\mu_t)^{\mathrm{T}}(X_t-\mu_t) \tag{7.9}$$

$$\rho=\alpha\eta(X_t\mid\mu_j,\sigma_j) \tag{7.10}$$

式中，$\eta_{\omega}=\alpha$ 为高斯分布权重更新率；η_{μ} 和 η_{σ} 分别为均值更新率和方差更新率，且 $\eta_{\mu}=\eta_{\sigma}=\rho$；$\alpha$ 为高斯模型的学习率；$M_{j,t}$ 为当前像素与第 j 个高斯分布是否匹配上的标识因子，当第 j 个高斯分布与 X_t 匹配时，$M_{j,t}$ 为 1，否则为 0。如果 X_t 与其对应的混合高斯模型中所有高斯分布都匹配失败，则用当前像素值构造一个新的高斯分布（即均值为 X_t，初始标准差及权重设为 σ_{init} 和 ω_{init}），将该像素对应的混合高斯模型中排在最后的高斯分布替换。在更新完成后，将高斯分布的权重归一化，得

$$\sum_{k=1}^{K}\omega_{k,t+1}=1 \tag{7.11}$$

在确定混合高斯模型中的背景分布时，选取按每个高斯成分的权重与其标准差之比 ω/σ 排序后的前 M 个高斯分布作为背景分布，即

$$M=\operatorname{argmin}_b\left(\sum_{k=1}^{b}\omega_k>Th\right) \tag{7.12}$$

式中，Th 为阈值，其度量了背景高斯分布在像素的整个概率分布中所占的权重。当 Th 取值较小时，背景用单高斯分布表示；当 Th 取值较大时，可用多高斯分布表示背景。

(3) 改进的混合高斯背景建模法

实际的工程应用中，自然场景中常伴有周期性运动，例如树叶晃动、光照变化和旗帜飘动等，摄像机本身也存在颤动和信号噪声，这些因素对建立具有鲁棒性和准确性的背景模型提出了挑战性的要求。Stauffer 和 Grimson 提出的混合高斯背景模型，对每个像素用混合高斯模型进行建模，利用像素迭代对模型参数进行在线更新，成功地解决了周期性背景运动对目标检测的干扰，并有效地抑制缓慢光照变化，但计算量较大；Lee 对 Stauffer 等人提出的混合高斯模型进行了改进，通过对每个像素计算自适应学习率提高算法的收敛速度（Lee，2005）；北航数字导航中心（Digital Navigation Center，DNC）也对混合高斯模型进行了改进，改进的问题主要有：

① 完善了自适应高斯分布数的增加和丢弃机制;

② 改进了背景高斯分布选择方案;

③ 抑制了目标运动缓慢造成的运动目标检测不完整,或目标短暂停留后继续运动造成的伪目标或双目标现象。

通过改进上述问题,发展了一种自适应更新高斯分布数的模型为

$$T_D=\begin{cases}\dfrac{1.0}{T_E\sum\limits_{k=1}^{K}c_j} & \dfrac{1.0}{\sum\limits_{k=1}^{K}c_j}>\alpha\\[2ex] \dfrac{\alpha}{T_E} & \text{其他}\end{cases}\tag{7.13}$$

$$c_E=\begin{cases}0 & M_{j,t}=1\\ c_E+1 & M_{j,t}=0\end{cases}\tag{7.14}$$

式中,T_E 为某像素对应高斯分布的平均权重,$T_E=1/K$;T_D 为高斯分布丢弃阈值;c_E 为某一高斯分布的最新匹配帧距当前帧的帧数。

该算法在删除高斯分布时考虑了高斯分布的平均权重 T_E 和某一高斯分布的最新匹配帧距当前帧的帧数 c_E。在更新过程中,某像素对应的混合高斯模型,在当前权重的更新率 η_ω 下,如果某高斯分布连续匹配 T_E/η_ω 次,认为该高斯分布是背景之一,则不必进行 L 帧视频图像连续匹配;如果第 k 项高斯分布在 T_E/η_ω 帧里只有一次匹配上,且不是新生成的高斯分布,则将其丢弃。如果 $\omega<T_D$ 且 $c_E>Th_1$,则将该高斯分布删除,其中 Th_1 为预先设定的阈值(通常取为 $Th_1\geqslant 1$),表示该高斯分布在连续 Th 帧内没匹配成功。

在生成包含运动目标区域的前景图像时,首先要确定混合高斯模型的背景分布,选取按每个高斯成分的权重与其标准差之比 ω/σ 排序后的前 M 个高斯分布作为背景的分布。如果当前原始视频帧中的某像素与其对应高斯模型中背景分布匹配上,则将前景图像中对应像素置 0,否则置为 255。当所有像素遍历之后,便生成前景图像。在实际的监控区域背景中,大多数背景的像素值是相对稳定的,也就是说,背景像素对应高斯分布的权重占大部分,由于采用自适应高斯分布数,高斯分布数为 1。因此,只采用权重最高的高斯分布作为背景分布具有较高的鲁棒性,可以避免运动目标的缓慢运动而使其对应高斯分布成为背景分布,避免产生运动目标检测的不完整,同时可以在不影响性能的情况下减少计算量;而对于少数存在周期性扰动和噪声的区域,其像素对应的高斯分布数目较多,且权重分布较平均,为了不影响检测效果,要选取权重较高的几个高斯分布作为背景分布。为了区分稳定区域与非稳定区域,引入一个限制条件,即权重最高的高斯权重是否较小,则改进后的背景高斯分布选择公式为

$$M=\begin{cases}\operatorname{argmin}_b\left(\sum\limits_{k=1}^{b}\omega_k>Th\right) & \omega_1<T_0\\ 1 & \text{其他}\end{cases}\tag{7.15}$$

当运动目标移动缓慢,或者有短暂的停留,目标上的颜色信息对应的高斯分布的权重就会增大,按照式(7.12)会使得目标对应的高斯分布成为背景分布,会导致检测到的运动目标不完整,目标静止的时间长了,会导致运动目标丢失;如果目标静止一段时间后继续运动,目标先前静止位置和目标当前位置均会被当成运动目标检测出来,造成检测出的运动目标失真或检测出双目标。为此,DNC 算法采用“$K+1$”个高斯分布来表示像素模型,其中“K”表示某像素位

置自适应高斯分布数;"1"表示采用一个高斯分布来存储先前的真实背景高斯分布。如果运动目标上像素对应的高斯分布的权重大于真实背景高斯分布的权重,则将背景高斯分布存储在"1"对应的那个高斯分布中,这样就可以记录先前背景的状态。在进行像素匹配时,如果像素对应的高斯分布中存在临时背景分布,则在进行传统高斯模型中高斯分布匹配之后,再用临时背景模型对先前的匹配结果进行修正。在改进的混合高斯模型运动目标检测算法中,当前视频帧中的像素均采用相关策略与其对应的"$K+1$"个高斯分布匹配,从而确定像素值是与背景高斯分布匹配,还是与前景高斯分布匹配。

综上所述,通过对传统混合高斯模型进行三点改进,形成了改进的混合高斯背景建模算法,有效解决了传统混合高斯背景建模方法存在的三种局限,即完善了自适应高斯分布数的增加和丢弃机制,优化了高斯分布选择方案,并有效克服了缓慢运动或短暂停留运动造成的伪目标和双目标现象。

(4) 基于随机样本的背景建模方法

混合高斯模型及其改进方法虽然能够自适应地处理动态背景问题,但其灵敏度不易精细调整,且难以适应背景的高频和低频变化,模型参数中的方差估计也受噪声影响,建立泛在的背景模型是具有挑战性的难题。基于采样的建模方法是直接用像素观测值构建模型,避免了参数求解,对噪声图像具有较好的适应性。由于模型中包含了较新的观测值,对背景的高频事件能够快速响应。假设 $p_t(x)$ 表示像素 x 在 t 时刻的像素值,且在彩色空间中单个像素值会受到其邻域像素的影响,采用一组样本来代替概率模型。为了区分像素 $p_t(x)$ 是前景还是背景,将所有样本在以圆心为 $p_t(x)$、半径为 d 的圆形范围 $S_d(p_t(x))$ 内外进行比较,统计在该范围内的样本数量 sum 为

$$sum = \# \{S_d(p_t(x) \cap \{p_1, p_2, \cdots, p_n\}\} \tag{7.16}$$

$$p_t(x) = \begin{cases} 255 & sum < Th \\ 0 & \text{其他} \end{cases} \tag{7.17}$$

式中,$p_i, i \in (1,n)$ 表示所有样本值;$\#\{\}$ 表示对满足 $\{\}$ 内条件的计数运算。若 sum 小于阈值 Th,则 $p_t(x)$ 为前景,否则为背景。

如图 7.4 所示为单个像素 $p_t(x)$ 进行前景和背景分类的示意图,图中共有 p_2 和 p_4 两个样本位于 $S_d(p_t(x))$ 内。这里主要由两个参数来决定模型的精度:范围半径 d 和阈值 Th。通过实验发现,当 $d=20$ 和 $Th=2$ 时,算法的运动检测效果较好,而且这些参数在具体应用时不需要根据场景的差异或像素位置的不同来进行自适应调整。

为了实时检测出场景中的运动目标,每个像素的模型需要定期进行更新。由于像素 x_t 会直接参与样本比较并判断其是否为前景,因此样本的更新方式和周期显得尤为重要。在选择背景估计方法时,经常会考虑前景像素值是否会包含在模型当中。模型中不包含自选的前景信息,而当背景中的物体突然开始运动(例如静止的汽车开始启动)时容易出现误检;相反,如果模型中包含前景信息,则容易将缓慢运动的目标融入背景中去。为解决该问题,除了利用历史像素的信息外,还结合单个像素的邻域信息来更新模型,因此采用一种随机的方式来选择模型当中应该更新的样本,利用当前像素替换掉需要被淘汰的样本,以实现模型的实时更新,于是得到的每个样本在时间 t_0 到 t_1 的概率为 $\left(\frac{n-1}{n}\right)^{t_1-t_0}$,即

$$P(t_0, t_1) = \mathrm{e}^{-\ln\left(\frac{n}{n-1}\right)(t_1-t_0)} \tag{7.18}$$

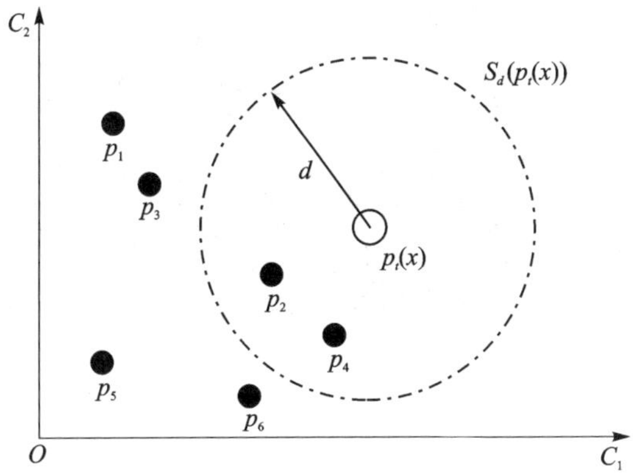

图 7.4 对单个像素进行前景和背景分类

按照该更新策略，对图 7.4 中的样本进行更新后将存在三种分布情况，从左至右分别为用 $p_t(x)$来更新 p_3、p_1 和 p_5，其示意图如图 7.5 所示。

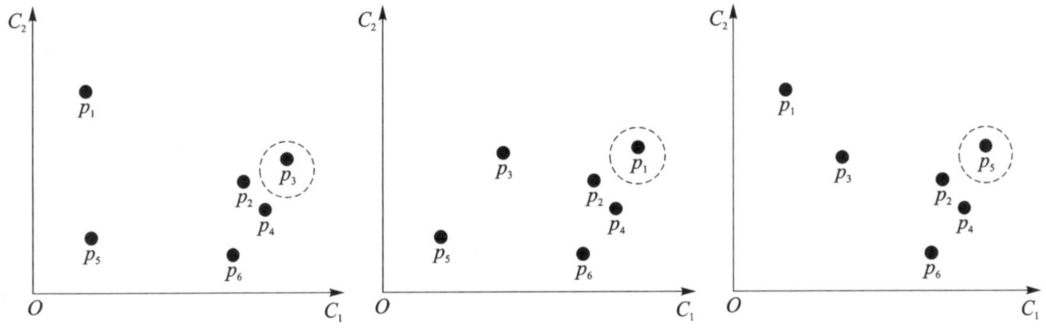

图 7.5 样本更新后存在的三种分布情况

当一个像素被判定为背景像素时，须考虑这个像素的邻域 N_G，由于它们的相关性较强，而且其邻域像素为背景像素的可能性很大，因此使用当前像素来更新邻域像素的背景模型。在当前像素的邻域中随机选择对象并进行更新和替换，从而能够将背景中突然停靠并长时间逗留的前景目标去除，使其不被检测成为前景目标，同时克服由于相机轻微抖动和背景缓慢移动等带来的干扰。基于随机样本的背景建模方法，其优点是能够很精确地检测出前景目标，并且计算量小、速度快，满足实时性系统的需求。但该算法也同样存在所有背景建模方法都存在的缺点，即无法快速去除由目标产生的鬼影。所谓鬼影，即指在背景减除过程中，由于运动目标长时间停滞后重新开始运动，却仍然被当成背景而引起的虚假目标，容易造成目标的误检，尤其是对于面积较大的目标，其示意图如图 7.6 所示。

为有效消除鬼影的影响，可将随机样本的背景建模方法与相邻帧差法相结合，其主要步骤为：

步骤 1：对背景差二值化掩膜先进行膨胀，得到帧差图后检测到目标的外边缘，再对其进行腐蚀，得到帧差图检测到的目标的内边缘；

步骤 2：膨胀和腐蚀后的掩膜做差，差值等于 1 的区域包含了帧差图中的目标轮廓；

步骤 3：计算区域内总的像素个数和对应区域帧差图中为前景像素的个数。

(a) 原始视频　　(b) 包含鬼影的目标前景图　　(c) 检测结果

图 7.6　目标鬼影示意图

如果目标块为鬼影，那么在帧差图中其前景像素的个数几乎为零；而如果目标是有效的前景块，则在帧差图中其前景像素的个数将接近这块区域的总个数。检测出的鬼影目标块，将会在背景差结果图中去除，并在此块的位置用当前帧信息更新背景帧。鬼影检测的数学模型为

$$\mathrm{Mask}_t(m,n)=\begin{cases}1 & |\mathrm{Dilate}(D(m,n))-\mathrm{Erode}(D(m,n))|=1\\0 & \text{其他}\end{cases}\tag{7.19}$$

式中，$D(m,n)$为背景差分掩膜图；Dilate( )表示目标图像块的膨胀操作；Erode( )表示目标图像块的腐蚀操作；$\mathrm{Mask}_t(m,n)$表示图像膨胀和腐蚀后做差的掩模。设模板$\mathrm{Mask}_t(m,n)$中像素值为 1 的像素个数为N_1，像素点(m,n)在模板$\mathrm{Mask}_t(m,n)$中像素值为 1，并且在帧差图中检测到前景像素个数为N_2。若N_1/N_2大于设定的阈值Th，则判定此目标块为前景，否则判定为鬼影块。

7.1.3　智能视频监控应用测试案例

在实际应用中，室外监控场景往往比较复杂，存在较多的周期性反复运动以及边缘噪声。为了体现自适应高速背景建模算法的优越性，在 Windows XP 操作系统中 VS 2005 环境下进行编程，算法测试视频为含有较多噪声的视频和含有运动缓慢或短暂停留的视频，实验中混合高斯背景建模算法的参数$\alpha=0.001$、$N=5$、$T=0.5$、$\sigma_{\mathrm{init}}=15$以及$\omega_{\mathrm{init}}$取值为$\eta_\mu$或$\eta_\sigma$。采用多个室外含有较多噪声的视频对改进的混合高斯背景建模方法算法进行测试，并与传统的 Stauffer 方法和 Lee 方法提取的前景图像进行对比，测试验证结果如图 7.7 和图 7.8 所示。采用含有缓慢移动或短暂停留运动目标的视频序列对算法进行测试，实验测试结果如图 7.9 所示。其中，图 7.7 和图 7.9 中所用视频来源于北航数字导航中心实际工程项目采集的视频；图 7.8 所用视频分别来源于 IEEE 跟踪和监控性能评估标准数据库(Performance Evaluation of Tracking and Surveillance，PETS)中的室外场景视频，CAVIAR(Context Aware Vision using Image-based Active Recognition)的室内行人视频，以及北航数字导航中心实际工程项目采集的视频。

从图 7.7～图 7.9 中可以看出，DNC 方法相对 Stauffer 方法和 Lee 方法能够准确检测出有效前景运动区域，这在很大程度上抑制了视频帧中存在的噪声和周期性扰动。而且由于采用了自适应分布数混合高斯建模方法，减少了算法的计算量。而且改进后的算法能有效解决传统混合高斯背景建模方法对监控区域内移动缓慢或短暂停留的运动目标的漏检、误检问题，提高了智能视频监控系统的可靠性。

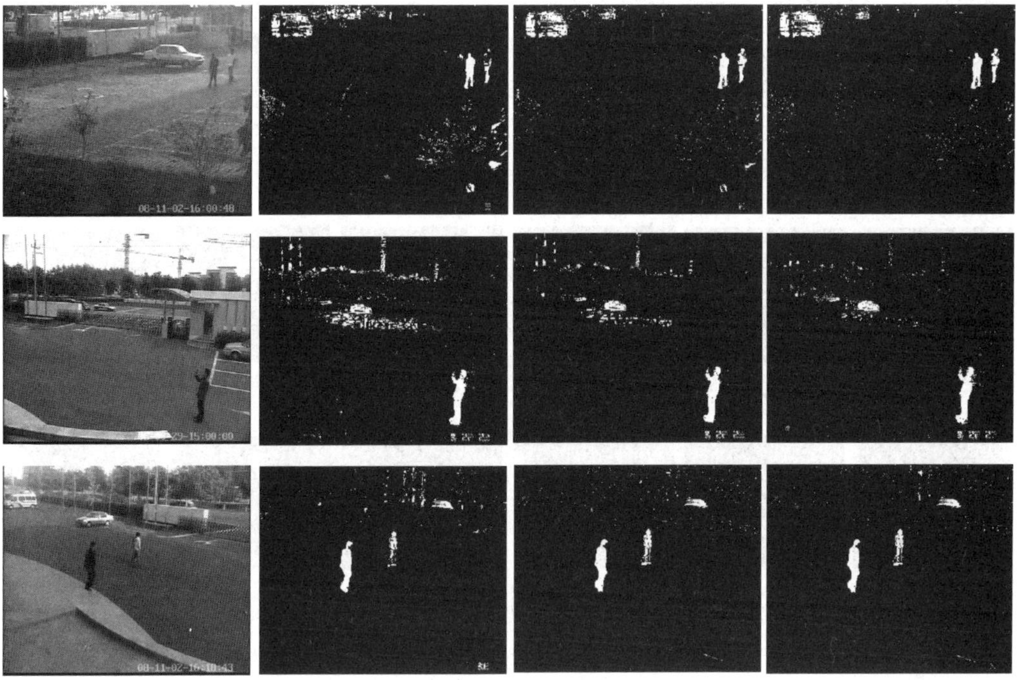

(a) 原始帧　(b) Stauffer方法　(c) Lee方法　(d) DNC方法

图 7.7　不同混合高斯背景建模方法提取前景图像比较

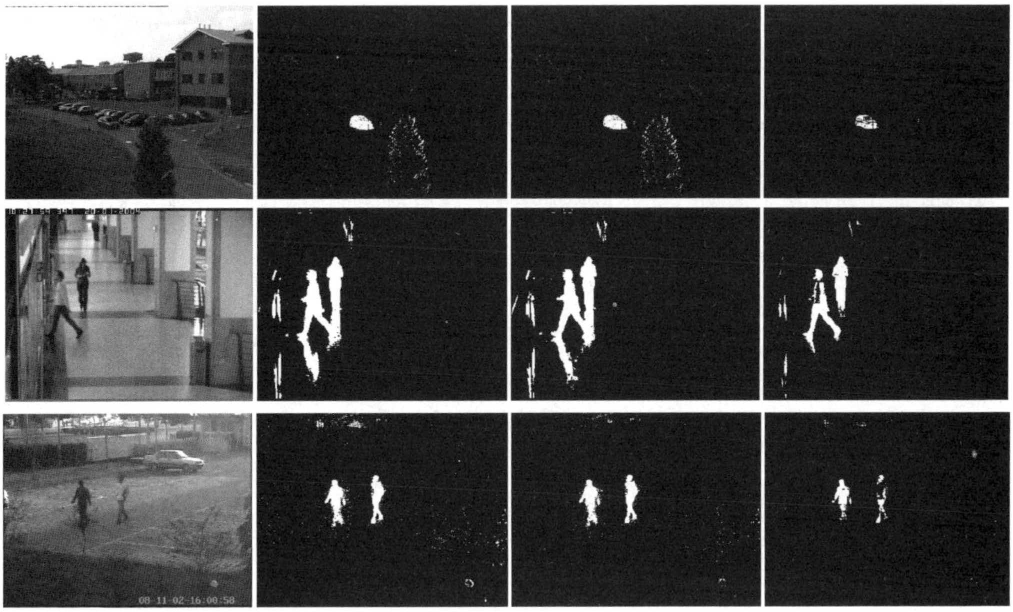

(a) 原始视频　(b) Stauffer方法　(c) Lee方法　(d) 随机背景建模方法

图 7.8　不同背景建模方法提取的前景图像结果

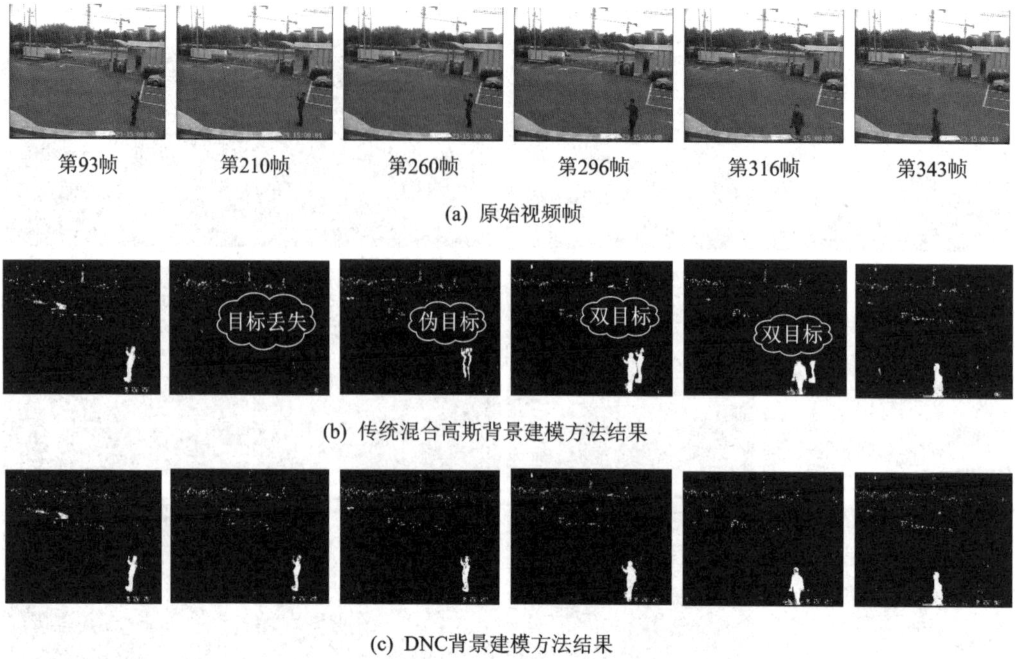

图 7.9 混合高斯背景建模算法改进前后的运动目标检测对比结果

7.2 运动视觉分析

三维空间中的目标/物体运动或场景不动而摄像机运动，都会产生运动的“势”，摄像机采集的图像也蕴含了这种“势”，其示意图如图 7.10 所示。三维空间中的点 p^w 以速度 v_0 运动 Δt，点 p^w 在像平面的投影点 p_k^i 以速度 v_k 运动 Δt，空间点的运动导致图像点的运动，图像点运动引起了图像上对应物体亮度模式发生了运动，也可以理解为将三维空间中的运动“势”，投影到了像平面中而产生了图像“势”。反过来，也可以根据图像“势”的变化来分析三维空间中的运动“势”的变化，这一过程就是运动分析。

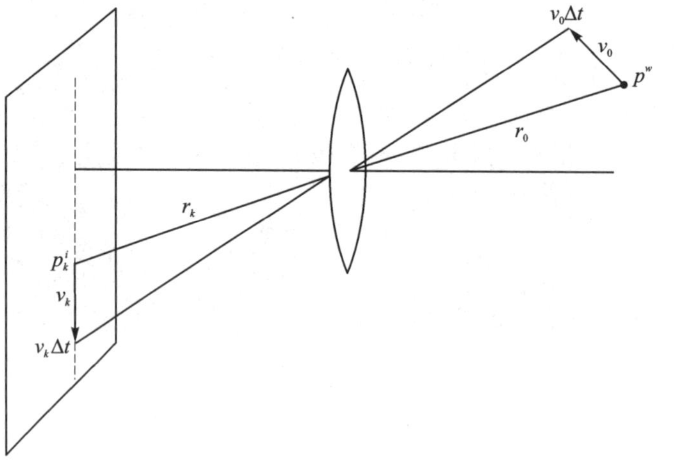

图 7.10 运动“势”在三维空间和像空间的对应关系

7.2.1　运动场与光流场

给图像中的每一像素点赋予一个速度向量，就形成了图像运动场（Motion field），对应于物体三维运动。图像亮度模式的表观（或视在）运动称为光流[①]，在图像处理领域称为图像流。一幅图像所有像素点的光流形成的场称为光流场，其代表了目标或相机的运动趋势，其示意图见图 7.11。

图 7.11　运动“势”产生的图像“势”的示意图

光流产生的三要素：

① 运动（速度场）：光流形成的必要条件；

② 带光学特性的部位：携带信息，例如有灰度的像素点；

③ 成像投影：从三维空间场景投影到像平面。

光流和运动场有密切关系，但不完全对应。目标运动导致图像亮度变化，亮度的可见运动产生光流。光流为有灰度值的像素点在像平面上运动而产生的瞬时速度场。理想情况下，光流场和运动场相吻合，但实际上并不对应。在图 7.12(a) 中，光源不同，球体绕旋转轴转动，其运动场不为零，但球体表面的亮度模式没有变化，因此光流场为零；在图7.12(b) 中，球体固定

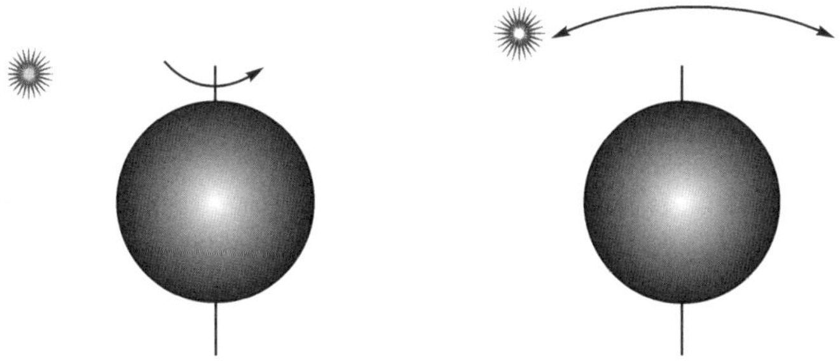

(a) 光源不动，圆球转动　　　(b) 圆球转动，光源左右移动

图 7.12　运动场与速度场间的关系

① 光流的概念最初是由心理学家 Gibson 于 1950 年首先提出来的。当人的眼睛观察运动物体时，物体的景像在人眼的视网膜上形成一系列连续变化的图像，这一系列连续变化的信息不断“流过”视网膜（即图像平面），好像是一种光的“流动”，故称为光流。光流表达图像的变化，包含目标运动的信息，可用来确定目标的运动。

不动，光源从左侧移动到右侧，又从右侧移动到左侧，其运动场为零，但光源的左右移动使球体表面的亮度模式发生了改变，其光流场不为零。

7.2.2 光流约束方程

如图 7.13 所示，k 时刻图像与 $k+1$ 时刻图像的变化仅是右下方玩具车的位置发生了变化，其他没有变化，即相邻两个时刻图像中小车的位置发生了变化，k 时刻玩具车上的像素点 (x,y) 在 $k+1$ 时刻变为 $(x+u\delta t, y+v\delta t)$，其中 u 和 v 为图像点在相邻两个时刻间（间隔 δt）的运动速度分量，即光流分量。当相邻两帧图像点运动，但亮度模式不发生改变时，于是有

$$I(x,y,t)=I(x+u\delta t, y+v\delta t, t+\delta t) \tag{7.20}$$

式中，$I(x,y,t)$ 和 $I(x+u\delta t, y+v\delta t, t+\delta t)$ 分别为相邻两个时刻图像同名点的灰度值。

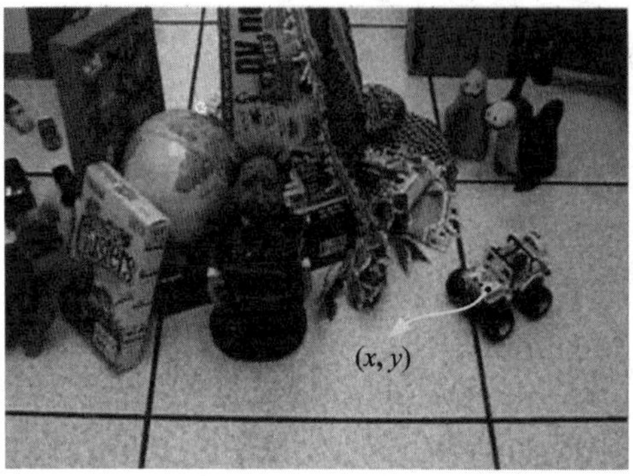

(a) k时刻图 I_k

(b) k+1时刻图像 I_{k+1}

图 7.13　相邻两个时刻图像亮度模式约束示意图

在图 7.13 中，由于亮度（灰度）值随 x、y 和 t 的变化而连续变化，对式(7.20)进行 Taylor 级数展开，于是有

$$I(x,y,t)=I(x,y,t)+\frac{\partial I}{\partial x}\delta x+\frac{\partial I}{\partial y}\delta y+\frac{\partial I}{\partial t}\delta t+\bar{e} \tag{7.21}$$

式中，$\bar{e}$ 为高阶小量。两边同时除以 δt 并令 δt 趋于零，于是有

$$\frac{\partial I}{\partial x}\frac{\mathrm{d}x}{\mathrm{d}t}+\frac{\partial I}{\partial y}\frac{\mathrm{d}y}{\mathrm{d}t}+\frac{\partial I}{\partial t}\approx 0 \tag{7.22}$$

令 $I_x=\frac{\partial I}{\partial x}$、$I_y=\frac{\partial I}{\partial y}$、$I_t=\frac{\partial I}{\partial t}$、$u=\frac{\mathrm{d}x}{\mathrm{d}t}$ 和 $v=\frac{\mathrm{d}y}{\mathrm{d}t}$，于是有

$$I_x u+I_y v+I_t=0 \tag{7.23}$$

或

$$\nabla I^{\mathrm{T}}(x,y)\begin{bmatrix}u(x,y)\\v(x,y)\end{bmatrix}+I_t(x,y)=0 \tag{7.24}$$

式中，$\nabla I(x,y)=\begin{bmatrix}\frac{\partial I}{\partial x} & \frac{\partial I}{\partial y}\end{bmatrix}^{\mathrm{T}}$ 为图像在点 (x,y) 的空间梯度。该方程称为光的照度约束方程，它描述了灰度对时间的变化率等于灰度的空间梯度与光流的内积。该方程成立的约束条件有 3 个：

① 相邻帧亮度恒定；

② 相邻帧运动微小；

③ 子图像的像素点具有相同的运动。

当一个像素块里的所有像素点都具有相同的运动矢量时，其每个像素点都会提供如式(7.23)或式(7.24)所示的 1 个约束方程，但方程有 2 个未知数 u 和 v。只用一个像素点的信息是无法唯一确定光流的，将这种不确定的问题称为孔径问题(Aperture problem)。光流约束方程式(7.24)与 u 和 v 是线性关系，当考虑由 u 和 v 张成的二维空间(称为速度空间)，则该方程定义了一条直线，所有满足约束方程 u 和 v 的值都在该直线上。如图 7.14(a)所示，该直线与图像梯度 $\nabla I(x,y)=\begin{bmatrix}\frac{\partial I}{\partial x} & \frac{\partial I}{\partial y}\end{bmatrix}^{\mathrm{T}}$ 垂直，因此一个像素点仅能决定梯度方向的分量，即等灰度轮廓的法向分量(法向流)。如图 7.14(b)所示，如果用一个局部窗口(孔径 1)来估计运动，则无法确定图像是沿着边缘方向还是垂直边缘方向运动，其中沿着垂直边缘方向运动就是法向流；如果用一个局部窗口(孔径 2)来估计运动，有可能确定正确的运动，这是因为孔径 2 中有 2 个垂直边缘方向上有梯度变化。这也就意味着在一个包含有足够灰度变化的像素块上有可能估计出图像运动。

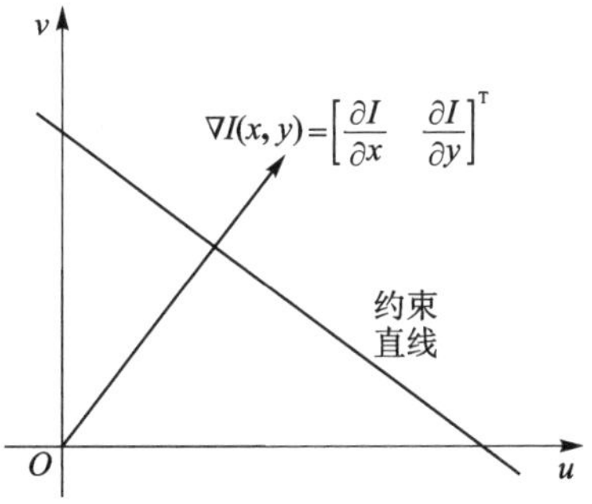

(a) 光流约束方程

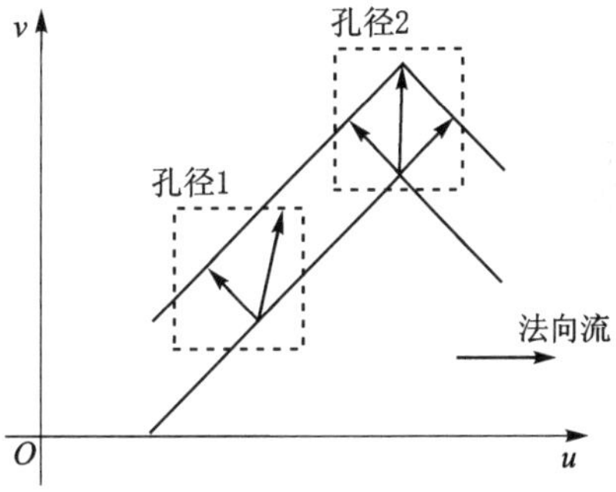

(b) 孔径问题示意图

图 7.14　光流约束方程和孔径问题示意图

7.2.3　常用的光流计算方法

由于存在孔径问题，仅通过光流约束方程而不使用其他信息是无法计算图像平面中某一点的光流。为克服孔径问题，通常引入一些约束项，由此产生了不同的光流计算方法。

(1) Horn - Schunck 方法

Horn - Schunck 方法①使用光流在整个图像上光滑变化的假设来求解光流，即运动场既满足光流的约束方程，又满足全局平滑性(Horn and Schunck，1981)。根据光流的约束方程，光流误差为

$$\bar{e}^2(x,y)=(I_x u+I_y v+I_t)^2 \tag{7.25}$$

对于光滑变化的光流，其速度分量的平方和积分为

$$s^2(x,y)=\iint\left[\left(\frac{\partial u}{\partial x}\right)^2+\left(\frac{\partial u}{\partial y}\right)^2+\left(\frac{\partial v}{\partial x}\right)^2+\left(\frac{\partial v}{\partial y}\right)^2\right]\mathrm{d}x\mathrm{d}y \tag{7.26}$$

将两者结合起来，构建灰度不变性和光流平滑性代价函数为

① Horn B K P，美国 MIT 电气工程与计算机科学教授，1989 年获 Rank 奖，1990 年入选美国人工智能学会 Fellow。

$$\boldsymbol{J}(x,y)=\iint(\bar{e}^2(x,y)+\alpha s^2(x,y))\,\mathrm{d}x\,\mathrm{d}y \tag{7.27}$$

式中，α 为控制平滑度的参数，α 越大，其平滑度越高，估计精度也越高。一个合理的光流估计，应是两个因子都尽可能小的光流场。这是一个泛函的极值问题，可用欧拉-拉格朗日方程求解。利用变分法将式(7.27)转化为一对偏微分方程

$$\begin{cases}\alpha\ \nabla^2 u=I_x^2 u+I_x I_y v+I_x I_t\\ \alpha\ \nabla^2 v=I_x I_y u+I_y^2 v+I_y I_t\end{cases} \tag{7.28}$$

式中，∇^2 为拉普拉斯算子。用有限差分法将每个方程中的拉普拉斯算子∇^2换成局部邻域图像流矢量的加权和，并采用迭代的方法求解该差分方程。

考虑离散情况下，在像素点(m,n)及其 4 邻域上，根据光流的约束方程，光流误差的离散量表示为

$$\bar{e}^2(m,n)=(I_m u+I_n v+I_t)^2 \tag{7.29}$$

光流的平滑量也可由点(m,n)及其 4 邻域点的光流插值来计算，即

$$\begin{aligned}s^2(m,n)=&\frac{1}{4}[(u(m,n)-u(m-1,n))^2+(u(m+1,n)-u(m,n))^2]+\\&\frac{1}{4}[(u(m,n+1)-u(m,n))^2+(u(m,n)-u(m,n-1))^2]+\\&\frac{1}{4}[(v(m,n)-v(m-1,n))^2+(v(m+1,n)-v(m,n))^2]+\\&\frac{1}{4}[(v(m,n+1)-v(m,n))^2+(v(m,n)-v(m,n-1))^2]\end{aligned} \tag{7.30}$$

则极小化函数

$$J(m,n)=\sum_m\sum_n(\bar{e}^2(m,n)+\alpha s^2(m,n)) \tag{7.31}$$

对 $\boldsymbol{J}(m,n)$关于 u 和 v 求偏导数并令其为零，于是有

$$\frac{\partial \boldsymbol{J}(m,n)}{\partial u}=2(I_m u+I_n v+I_t)I_m+2\alpha(u-\bar{u})=0 \tag{7.32a}$$

$$\frac{\partial \boldsymbol{J}(m,n)}{\partial v}=2(I_m u+I_n v+I_t)I_n+2\alpha(v-\bar{v})=0 \tag{7.32b}$$

式中，$\bar{u}$ 和 $\bar{v}$ 分别是 u 和 v 在点(m,n)处的邻域平均值。该方程组是一个线性方程组，但由于需要首先计算 $\bar{u}$ 和 $\bar{v}$，因此在实际工程中，经常采用迭代法来求解，其迭代求解公式为

$$u_{k+1}=\bar{u}_k-\frac{I_m(I_m\bar{u}_k+I_n\bar{v}_k+I_t)}{\alpha+I_m^2+I_n^2} \tag{7.33a}$$

$$v_{k+1}=\bar{v}_k-\frac{I_y(I_m\bar{u}_k+I_n\bar{v}_k+I_t)}{\alpha+I_m^2+I_n^2} \tag{7.33b}$$

式中，下标 k 为迭代次数，$\bar{u}_0$ 和 $\bar{v}_0$ 为光流的初始值，一般取零。当相邻两次的迭代结果值小于某一给定的阈值时，迭代过程终止。

综上所述，Horn - Schunck 光流计算方法是在 2 个假设条件下获得的。假设条件 1 是照度不变假设，物体上同一个点在图像中的灰度是不变的，即使物体发生了运动，图像的灰度也是不变的，该假设在稳定光照情况下满足，但对于有高光反射的图像是不成立的；假设条件 2

是光流场平滑假设，场景中属于同一物体像素形成的光流场向量应十分平滑，只有在物体边界处才会出现光流的突变（只占小部分）。因此，由 Horn - Schunck 光流计算方法是逐像素进行计算，其光流场是稠密光流场。

（2）改进的 Horn - Schunck 方法

对于一般场景，式(7.27)只有在图像中灰度梯度值较大的点处才成立。为增强算法的稳定性和准确性，仅在梯度较大的点处使用亮度恒常性约束，而在梯度较小的点处只使用光流场平滑约束。为此，定义权函数

$$w(x,y)=\begin{cases}0 & I_x^2+I_y^2>Th\\ 1 & \text{其他}\end{cases} \tag{7.34}$$

于是照度不变性和光流平滑性代价函数式(7.27)变为

$$\bar{\boldsymbol{J}}(x,y)=\iint(w(x,y)\bar{e}^2(x,y)+\alpha s^2(x,y))\,\mathrm{d}x\,\mathrm{d}y \tag{7.35}$$

其离散形式的极小化函数为

$$\bar{\boldsymbol{J}}(m,n)=\sum_m\sum_n(w(m,n)\bar{e}^2(m,n)+\alpha s^2(m,n)) \tag{7.36}$$

对 $\bar{\boldsymbol{J}}(m,n)$关于 u 和 v 求偏导数并其为零，获得迭代求解公式为

$$u_{k+1}=\bar{u}_k-\frac{I_m(I_m\bar{u}_k+I_n\bar{v}_k+I_t)w}{\alpha+(I_m^2+I_n^2)w} \tag{7.37a}$$

$$v_{k+1}=\bar{v}_k-\frac{I_n(I_m\bar{u}_k+I_n\bar{v}_k+I_t)w}{\alpha+(I_m^2+I_n^2)w} \tag{7.37b}$$

（3）Lucas - Kanade 方法

Lucas - Kanade 方法①简称 LK 光流，其假设在一个小的空间邻域 Ω 上运动矢量保持恒定，即满足 3 个假设条件：

① 亮度恒定：同一点随着时间的变化，其亮度不会发生改变；

② 小运动：随时间的变化不会引起位置的剧烈变化，这样灰度才能对位置求偏导，即满足光滑性；

③ 空间一致：一个场景上邻近的点投影到图像上也是邻近点，且邻近点速度一致（Lucas - Kanade 光流法特有）。

在此基础上，利用加权最小二乘法估计光流。在一个小的空间邻域 Ω 上，离散形式的光流估计误差定义为

$$\boldsymbol{J}(u,v)=\sum_{p(m,n)\in\Omega}w(m,n)(I_m u+I_n v+I_t)^2 \tag{7.38}$$

式中，Ω 为 $M\times N$ 的邻域，在该邻域窗口内的所有像素点的光流值相同；$w(m,n)$为权重，点(m,n)处的权重高于外围点的权重。

设 $\boldsymbol{V}=[u\quad v]^{\mathrm{T}}$，$\nabla\boldsymbol{I}=[I_m\quad I_n]^{\mathrm{T}}$，$t$ 时刻有 $p_i\in\Omega(i=1,2,\cdots,M\times N)$，对目标函数式(7.38)求导并令其等于零，整理得

$$\boldsymbol{A}^{\mathrm{T}}w\boldsymbol{A}V=\boldsymbol{A}^{\mathrm{T}}w\boldsymbol{b} \tag{7.39}$$

---

① Kanade Takeo，美国国家工程院院士，美国艺术与科学院院士，IEEE Fellow，ACM 研究员和美国人工智能协会会员，被称为是世界上计算机视觉领域最重要的研究人员之一。1990 年获得 Marr 奖；2008 年获得 Bower 奖和科学成就奖。

式中，$\boldsymbol{A}=[\nabla \boldsymbol{I}_1,\cdots,\nabla \boldsymbol{I}_{M\times N}]^{\mathrm{T}}$；$\boldsymbol{w}=\mathrm{diag}[w_1,\cdots,w_{M\times N}]$；$\boldsymbol{b}=-(I_t(1),\cdots,I_t(M\times \mathrm{N}))^{\mathrm{T}}$。

利用最小二乘法估计光流解为

$$\hat{\boldsymbol{V}}=[\boldsymbol{A}^{\mathrm{T}}w\boldsymbol{A}]^{-1}\boldsymbol{A}^{\mathrm{T}}w\boldsymbol{b} \tag{7.40a}$$

$$\boldsymbol{A}^{\mathrm{T}}\boldsymbol{w}\boldsymbol{A}=\begin{bmatrix}\sum wI_m^2 & \sum wI_mI_n \\ \sum wI_nI_m & \sum wI_n^2\end{bmatrix}_{p\in\Omega} \tag{7.40b}$$

$$\boldsymbol{A}^{\mathrm{T}}\boldsymbol{w}\boldsymbol{b}=-\begin{bmatrix}\sum wI_mI_t \\ \sum wI_nI_t\end{bmatrix}_{p\in\Omega} \tag{7.40c}$$

Lucas - Kanade 光流最初计算稠密光流，但对角点有较高的要求，通常用于计算稀疏光流。该方法的特征是假设窗口内光流一致，但在实际应用中，这样的窗口不易选择。窗口越小，越容易出现孔径问题；窗口越大，越无法保证窗口内光流的一致性。例如，如图 7.15 所示的光流为(1,1)的相邻两个时刻的图像示意图，有 $I_m(3,3)=1$、$I_n(3,3)=0$ 和 $I_t(3,3)=I_t(3,3,t)-I_t(3,3,t-1)=-1$，利用光流约束方程 $I_mu+I_nv+I_t=0$ 虽可以求解出 $u=1$，但无法计算出 v，产生了孔径问题。

1	1	1	1
2	2	2	2
3	3	3	3
4	4	4	4

(a) $t-1$时刻图像

–	–	–	–
–	1	1	1
–	2	2	2
–	3	3	3

(b) t时刻图像

图 7.15　光流为(1,1)的相邻两个时刻的图像示意图

Lucas - Kanade 光流估计解的可靠性可由 $\boldsymbol{A}^{\mathrm{T}}\boldsymbol{w}\boldsymbol{A}$ 的特征值来确定，而它的特征值又由图像空间梯度的大小来确定。根据 3.3.2 节图 3.44 Hessian 矩阵特征值与图像视觉特征间的关系，如果特征值 $\lambda_1\geqslant\lambda_2\geqslant\tau$（$\tau$ 为阈值），则可以求解出光流 $\boldsymbol{V}=[u\quad v]^{\mathrm{T}}$；如果特征值 $\lambda_2=0$，矩阵 $\boldsymbol{A}^{\mathrm{T}}\boldsymbol{w}\boldsymbol{A}$ 是奇异的，不能计算光流；如果 $\lambda_1\geqslant\tau$ 而 $\lambda_2<\tau$，则无法得到 $\boldsymbol{V}=[u\quad v]^{\mathrm{T}}$ 的完整信息，只能得到光流的法线方向分量。

(4) 金字塔 Lucas - Kanade 方法

无论是 Horn - Schunck 方法，还是 Lucas - Kanade 方法，都要求光的照度不变（或亮度恒定）和相邻时刻的运动是小运动，但在实际应用这种假设很难满足，例如当物体运动速度较快时，相邻两个时刻的运动大于一个像素，此时光的照度约束方程式(7.21)中的误差项 $\bar{e}$ 不能忽略。假设不成立，那么后续的假设就会有较大的偏差，使得最终求出的光流值有较大的误差。为解决该问题，Bouguet J Y 提出了一种基于金字塔分层，针对仿射变换的 Lucas - Kanade 改进算法。构建图像金字塔可以解决大运动目标跟踪，也可在一定程度上解决孔径问题（相同大小的窗口能覆盖大尺度图片上尽量多的角点，而这些角点无法在原始图片上被覆盖）。

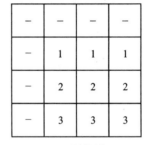

考虑物体的运动速度较大时，算法会出现较大的误差。在实际工程实现中，期望能减少图像中物体的运动速度。一个直观的方法就是，缩小图像的尺寸。例如，假设图像为 400 像素×400 像素时，速度为[16，16]像素；当图像缩小为 200 像素×200 像素时，速度变为[8，8]像素；当图像缩小为 100 像素×100 像素时，速度变为[4，4]像素；当图像缩小为 50 像素×50 像素时，速度变为[2，2]像素；当图像缩小为 25 像素×25 像素时，速度减少到[1，1]像素。因此，光流可以通过生成原图像的金字塔图像，逐层求解，不断精确求得。简单来说，上层金字塔(低分辨率)中的一个像素可以代表下层的四个像素，以此类推。

如图 7.16 所示，为实现相邻帧图像 I_{k-1} 和 I_k 中同名点 p_0 和 q_0 的匹配和跟踪，对于第 $k-1$ 帧图像 I_{k-1} 中的点 $p_0(m,n)$，要在第 k 帧图像 I_k 中寻找点 $q_0(x+u,y+v)$ 与之相匹配，即灰度值最接近，则向量 $\mathbf{V}=[u \quad v]^{\mathrm{T}}$ 即为图像在点 p_0 处的运动速度，也就是像素点 p_0 的光流。为进一步说明向量 $\mathbf{V}=[u \quad v]^{\mathrm{T}}$ 的含义，假设前一帧图像经仿射变换获得后一帧图像，则定义变换矩阵为

$$\mathbf{A}=\begin{bmatrix}1+V_{xx} & V_{xy} \\ V_{yx} & 1+V_{yy}\end{bmatrix} \tag{7.41}$$

式中，V_{xx}、V_{yy}、V_{xy} 和 V_{yx} 为表征图像仿射变形的参数。光流计算的目的是找到向量 $\mathbf{V}=[u \quad v]^{\mathrm{T}}$ 和变换矩阵 $\mathbf{A}$，使图像上一块区域内灰度差最小。

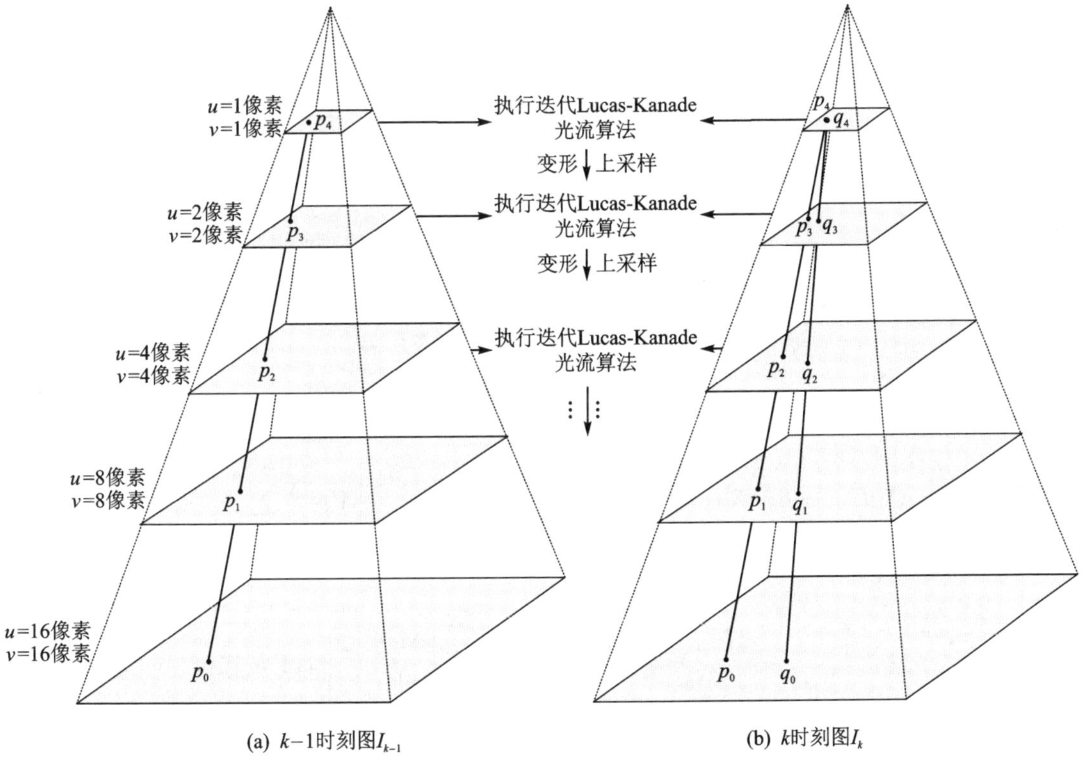

图 7.16　金字塔 Lucas－Kanade 光流方法实现过程示意图

金字塔 Lucas－Kanade 方法主要有 3 个步骤，即建立金字塔、金字塔跟踪和光流迭代计算。建立金字塔，就是分别对图像 I_{k-1} 和 I_k 进行下采样，使金字塔最顶层图像的光流 $\mathbf{V}=[1 \quad 1]^{\mathrm{T}}$ 像素；金字塔跟踪是从最顶层图像执行 Lucas－Kanade 算法，在最高一层的图像上计

算出光流和仿射变换矩阵；将上一层的计算结果作为初始值传递给下一层图像，该层图像在初始值的基础上，计算该层的光流和仿射变化矩阵；再将这一层的光流和仿射矩阵作为初始值传递给下一层图像，直到传递给最后一层，即原始图像层，在原始图像层计算出光流和仿射变换矩阵作为最后的光流和仿射变换矩阵的结果；光流迭代计算是算法的核心，在金字塔的每一层，目标是计算出该层光流 $\boldsymbol{V}=[u \quad v]^{\mathrm{T}}$ 和仿射变换矩阵 $\boldsymbol{A}$，从而使该层同名点的匹配误差最小。

为了实现迭代求解，引入一个具有相同光流的邻域 Ω，其大小为 $M \times N$ 像素，于是构建求解 $\boldsymbol{V}=[u \quad v]^{\mathrm{T}}$ 的目标函数为

$$\boldsymbol{J}(\boldsymbol{V})=\boldsymbol{J}(u,v)=\sum_{m=u-\frac{M}{2}}^{m=u+\frac{M}{2}}\sum_{n=v-\frac{N}{2}}^{n=v+\frac{N}{2}}\left(I_{k-1}(m,n)-I_k(m+u,n+v)\right)^2 \tag{7.42}$$

对式(7.42)求导并令其为零

$$\frac{\partial \boldsymbol{J}(\boldsymbol{V})}{\partial \boldsymbol{V}}=-2\sum_{m=u-\frac{M}{2}}^{m=u+\frac{M}{2}}\sum_{n=v-\frac{N}{2}}^{n=v+\frac{N}{2}}\left(I_{k-1}(m,n)-I_k(m+u,n+v)\right)\begin{bmatrix}\frac{\partial I_k}{\partial m} & \frac{\partial I_k}{\partial n}\end{bmatrix}=0 \tag{7.43}$$

再对其进行一阶泰勒展开，可得

$$\frac{\partial \boldsymbol{J}(\boldsymbol{V})}{\partial \boldsymbol{V}}\approx-2\sum_{m=u-\frac{M}{2}}^{m=u+\frac{M}{2}}\sum_{n=v-\frac{N}{2}}^{n=v+\frac{N}{2}}\left(I_{k-1}(m,n)-I_k(m,n)-\begin{bmatrix}\frac{\partial I_k}{\partial m} & \frac{\partial I_k}{\partial n}\end{bmatrix}\begin{bmatrix}u\\ v\end{bmatrix}\right)\begin{bmatrix}\frac{\partial I_k}{\partial m} & \frac{\partial I_k}{\partial n}\end{bmatrix}=0 \tag{7.44}$$

令 $\Delta I(m,n)=I_{k-1}(m,n)-I_k(m,n)$ 和 $\nabla I=\begin{bmatrix}\frac{\partial I}{\partial m} & \frac{\partial I}{\partial n}\end{bmatrix}^{\mathrm{T}}$，而且由于 $\boldsymbol{V}=[u \quad v]^{\mathrm{T}}$ 足够小，因此可以将 $\begin{bmatrix}\frac{\partial I_k}{\partial m} & \frac{\partial I_k}{\partial n}\end{bmatrix}$ 替换为 $\begin{bmatrix}\frac{\partial I_{k-1}}{\partial m} & \frac{\partial I_{k-1}}{\partial n}\end{bmatrix}$，则式(7.44)变为

$$\sum_{m=u-\frac{M}{2}}^{m=u+\frac{M}{2}}\sum_{n=v-\frac{N}{2}}^{n=v+\frac{N}{2}}(\nabla I^{\mathrm{T}}V-\Delta I)\nabla I^{\mathrm{T}}=0 \tag{7.45}$$

由于 $\nabla I^{\mathrm{T}}\boldsymbol{V}-\Delta I$ 为标量，因此式(7.45)变为

$$\sum_{m=u-\frac{M}{2}}^{m=u+\frac{M}{2}}\sum_{n=v-\frac{N}{2}}^{n=v+\frac{N}{2}}(\nabla I^{\mathrm{T}}V-\mathrm{d}I)\nabla I^{\mathrm{T}}=\sum_{m=u-\frac{M}{2}}^{m=u+\frac{M}{2}}\sum_{n=v-\frac{N}{2}}^{n=v+\frac{N}{2}}\begin{bmatrix}I_m^2 & I_nI_m\\ I_mI_n & I_n^2\end{bmatrix}V=\sum_{m=u-\frac{M}{2}}^{m=u+\frac{M}{2}}\sum_{n=v-\frac{N}{2}}^{n=v+\frac{N}{2}}\begin{bmatrix}\Delta I\cdot I_m\\ \Delta I\cdot I_n\end{bmatrix} \tag{7.46}$$

令 $\boldsymbol{A}=\sum_{m=u-\frac{M}{2}}^{m=u+\frac{M}{2}}\sum_{n=v-\frac{N}{2}}^{n=v+\frac{N}{2}}\begin{bmatrix}I_m^2 & I_nI_m\\ I_mI_n & I_n^2\end{bmatrix}\boldsymbol{V}$ 和 $\boldsymbol{b}=\sum_{m=u-\frac{M}{2}}^{m=u+\frac{M}{2}}\sum_{n=v-\frac{N}{2}}^{n=v+\frac{N}{2}}\begin{bmatrix}\Delta I\cdot I_m\\ \Delta I\cdot I_n\end{bmatrix}$，于是式(7.46)的最小二乘解为

$$\hat{\boldsymbol{V}}=\boldsymbol{A}^{-1}\boldsymbol{b} \tag{7.47}$$

其迭代计算公式为

$$\hat{\boldsymbol{V}}_k=\hat{\boldsymbol{V}}_{k-1}+\Delta\boldsymbol{V} \tag{7.48}$$

式中，在迭代计算中 $\boldsymbol{A}$ 保持不变，仅须计算一次；$\boldsymbol{b}_k$ 需要每次计算；当迭代次数满足设定的阈

值或计算得到的 $\Delta \boldsymbol{V}$ 小于设定的阈值时，则终止迭代计算。

金字塔 Lucas - Kanade 光流方法可以实现大距离(运动大)光流计算和加快计算速度，同时还可利用多个窗口中的信息。

7.2.4　运动视觉估计方法

如图 7.17 所示，三维空间物体上一点 p^w 相对于摄像机坐标系从 k 时刻的位置 $p_k^c(X_k^c, Y_k^c, Z_k^c)$ 经过旋转和平移 $\boldsymbol{T}=[\boldsymbol{R}|\bar{\boldsymbol{T}}]$ 过程运动到 $k+1$ 时刻的位置 $p_{k+1}^c(X_{k+1}^c, Y_{k+1}^c, Z_{k+1}^c)$，它在二维像平面上的投影从 $p_k^i(x_k, y_k)$ 运动到 $p_{k+1}^i(x_{k+1}, y_{k+1})$，其中上角标 c 和 i 分别表示在摄像机坐标系和像平面坐标系下的投影。运动视觉估计方法是利用二维图像序列来估计物体三维运动的参数，包括位置、姿态和速度等信息。三维运动视觉估计已被广泛应用于机器人自主导航、目标跟踪，自动驾驶和深空探测等领域。

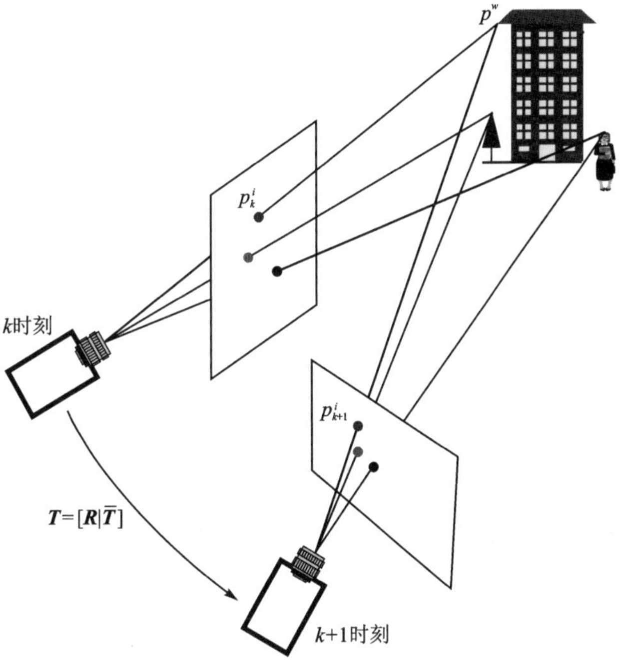

图 7.17　相邻两帧图像的位姿变化示意图

从 k 时刻到 $k+1$ 时刻的刚体运动模型为

$$\begin{bmatrix} X_{k+1}^c \\ Y_{k+1}^c \\ Z_{k+1}^c \end{bmatrix} = \boldsymbol{R}_k^{k+1} \begin{bmatrix} X_k^c \\ Y_k^c \\ Z_k^c \end{bmatrix} + \bar{T}_k^{k+1} = \boldsymbol{R}_{Z_c}^{\phi} \boldsymbol{R}_{Y_c}^{\kappa} \boldsymbol{R}_{X_c}^{\theta} \begin{bmatrix} X_k^c \\ Y_k^c \\ Z_k^c \end{bmatrix} + \bar{\boldsymbol{T}}_k^{k+1} \tag{7.49}$$

式中，$\boldsymbol{R}_k^{k+1}$ 和 $\bar{\boldsymbol{T}}_k^{k+1}$ 分别为刚体从 k 时刻到 $k+1$ 时刻的旋转变换矩阵和平移向量；$\boldsymbol{R}_{Z_c}^{\phi}$、$\boldsymbol{R}_{Y_c}^{\kappa}$ 和 $\boldsymbol{R}_{X_c}^{\theta}$ 分别为绕轴摄像机坐标系的 Z_c 轴、Y_c 轴和 X_c 轴旋转了 ϕ、κ 和 θ 角，将其展开，得

$$\begin{bmatrix} X_{k+1}^c \\ Y_{k+1}^c \\ Z_{k+1}^c \end{bmatrix} = \begin{bmatrix} \cos\kappa\cos\phi & \cos\theta\sin\phi+\sin\theta\sin\kappa\cos\phi & \sin\theta\sin\phi-\cos\theta\sin\kappa\cos\phi \\ -\cos\kappa\sin\phi & \cos\theta\cos\phi-\sin\theta\sin\kappa\sin\phi & \sin\theta\cos\phi+\cos\theta\sin\kappa\sin\phi \\ \sin\kappa & -\sin\theta\cos\kappa & \cos\theta\cos\kappa \end{bmatrix} \begin{bmatrix} X_k^c \\ Y_k^c \\ Z_k^c \end{bmatrix} + \begin{bmatrix} \bar{T}_x \\ \bar{T}_y \\ \bar{T}_z \end{bmatrix}_k^{k+1}$$

由于刚体运动是连续变化，而且相邻帧相机运动变化角度是小角度，因此该式可以简化为

$$\begin{bmatrix} X_{k+1}^c \\ Y_{k+1}^c \\ Z_{k+1}^c \end{bmatrix} \approx \begin{bmatrix} 1 & \phi & -\kappa \\ -\phi & 1 & \theta \\ \kappa & -\theta & 1 \end{bmatrix} \begin{bmatrix} X_k^c \\ Y_k^c \\ Z_k^c \end{bmatrix} + \begin{bmatrix} \overline{T}_x \\ \overline{T}_y \\ \overline{T}_z \end{bmatrix}_k^{k+1} \tag{7.50}$$

对式(7.50)进一步整理，可得

$$\begin{bmatrix} X_{k+1}^c - X_k^c \\ Y_{k+1}^c - Y_k^c \\ Z_{k+1}^c - Z_k^c \end{bmatrix} \approx \begin{bmatrix} 0 & \phi & -\kappa \\ -\phi & 0 & \theta \\ \kappa & -\theta & 0 \end{bmatrix} \begin{bmatrix} X_k^c \\ Y_k^c \\ Z_k^c \end{bmatrix} + \begin{bmatrix} \overline{T}_x \\ \overline{T}_y \\ \overline{T}_z \end{bmatrix}_k^{k+1} \tag{7.51}$$

该式论述了从 k 时刻到 $k+1$ 时刻相机的位置变化量，其由旋转运动和平移运动合成。在等式两边同时除以 Δt 并令 $\Delta t \to 0$，于是得到从 k 时刻到 $k+1$ 时刻相机的变化速度量为

$$\begin{bmatrix} \dot{X}_k^c \\ \dot{Y}_k^c \\ \dot{Z}_k^c \end{bmatrix} \approx \begin{bmatrix} 0 & \dot{\phi} & -\dot{\kappa} \\ -\dot{\phi} & 0 & \dot{\theta} \\ \dot{\kappa} & -\dot{\theta} & 0 \end{bmatrix} \begin{bmatrix} X_k^c \\ Y_k^c \\ Z_k^c \end{bmatrix} + \begin{bmatrix} \dot{\overline{T}}_x \\ \dot{\overline{T}}_y \\ \dot{\overline{T}}_z \end{bmatrix} \tag{7.52}$$

当相邻两个图像帧相机的姿态不变时，可以写为

$$\begin{bmatrix} V_x \\ V_y \\ V_z \end{bmatrix} \approx \begin{bmatrix} 0 & \omega_z & -\omega_y \\ -\omega_z & 0 & \omega_x \\ \omega_y & -\omega_x & 0 \end{bmatrix} \begin{bmatrix} X_k^c \\ Y_k^c \\ Z_k^c \end{bmatrix} + \begin{bmatrix} V_{\overline{T}_x} \\ V_{\overline{T}_y} \\ V_{\overline{T}_z} \end{bmatrix} \tag{7.53}$$

式(7.51)和式(7.52)或式(7.53)分别为刚体(相机)运动的位移场模型和速度场模型。

1. 基于成像模型匹配点对的运动视觉估计方法

基于成像模型匹配点对的运动视觉估计方法主要利用刚体(相机)的位移场模型，利用相邻两帧图像的对应点对来估计运动参数和深度信息。

(1) 基于正交投影二维点匹配的三维运动估计

当物体深度变化范围不大时，正交投影(又称正射投影)是透视投影的一个很好的逼近。其他逼近方法还有弱透视投影，超透视投影和正交透视投影等。三维空间物体上一点 p^w 在摄像机坐标系下的表示为 $p^c(X^c, Y^c, Z^c)$，其投影到二维像平面上的点为 $p^i(x, y)$，其正交投影模型为

$$x = X^c \tag{7.54a}$$

$$y = Y^c \tag{7.54b}$$

将其代入式(7.50)中，进行整理，得

$$\begin{cases} x_{k+1} = x_k + \phi y_k - \kappa Z_k^c + \overline{T}_x \\ y_{k+1} = y_k - \phi x_k + \theta Z_k^c + \overline{T}_y \end{cases} \tag{7.55}$$

该式中包含 6 个参数，其中 5 个为全局参数，1 个为深度参数，至少需要 3 对点来求解 6 个参数。工程中常用的方法是两步迭代法(Aizawa，Harashima and Saito，1989)。

步骤 1：根据对应点和深度估计值，计算运动参数。

给定两帧图像中 N 对对应点坐标 $\{(x_{k,j}, y_{k,j}), (x_{k+1,j}, y_{k+1,j})\}$ 和深度估计值 $\{Z_{k,j}^c\}$，

$j=1,2,\cdots,N$，且 $N\geqslant 3$，式(7.55)可写为

$$\begin{pmatrix} x_{k+1,j}-x_{k,j} \\ y_{k+1,j}-y_{k,j} \end{pmatrix}=\begin{pmatrix} 0 & -\hat{Z}^c_{k,j} & y_{k,j} & 1 & 0 \\ \hat{Z}^c_{k,j} & 0 & -x_{k,j} & 0 & 1 \end{pmatrix}\begin{pmatrix} \theta \\ \kappa \\ \phi \\ \overline{T}_x \\ \overline{T}_y \end{pmatrix} \tag{7.56}$$

N 个对应点对应着 $2N$ 个方程，而未知参数仅有 5 个。因此，可以通过最小二乘法来求解这 5 个运动参数。深度参数的初始估计值可以根据场景的先验模型来设置，深度估计值应在预先设定的范围内选定，这主要是为了避免解的不唯一性。

步骤 2: 根据运动参数估计值和 N 个对应点对，重新估计深度值。

在步骤 1 获得运动参数估计值的基础上，以深度为未知量重新整理式(7.55)，得

$$\begin{pmatrix} x_{k+1,j}-x_{k,j}-\hat{\phi}y_{k,j}-\hat{\overline{T}}_x \\ y_{k+1,j}-y_{k,j}+\hat{\phi}x_{k,j}-\hat{\overline{T}}_y \end{pmatrix}=\begin{pmatrix} -\hat{\kappa} \\ \hat{\theta} \end{pmatrix}Z^c_k \tag{7.57}$$

由于每一个深度值对应两个方程，即式(7.57)是一个超定方程，可以用最小二乘法来求解。

步骤 3: 重复步骤 1 和步骤 2，当两次迭代值之差小于给定的阈值，终止迭代。

两步迭代算法中，运动参数估计误差和深度估计误差有着密切的关系，深度估计误差会重复反馈到运动参数估计上。因此，当深度估计不准确或深度初始值设置不合理时，都可能导致迭代算法的错误收敛或收敛于一个局部极小值。为解决该问题，Bozdagi 等人提出了改进算法，该算法的基本思想是在每一次修正后，在深度估计值上加一个随机扰动(Bozdagi and Tekalp，1994)。

基于两帧图像运动估计的扰动迭代算法的具体步骤如下：

步骤 1: 初始化深度值 $\{Z^c_{k,j}\}$，$j=1,2,\cdots,N$，迭代计数器 $M=0$；

步骤 2: 在给定深度初值后，根据式(7.55)估计运动参数；

步骤 3: 根据当前的运动参数估计值和深度参数，由式(7.55)计算对应点的坐标 $(\hat{x}_{k+1,j|M},\hat{y}_{k+1,j|M})$，进而计算估计误差为

$$e_s=\frac{1}{N}\sum_{j=1}^{N}e_j=\frac{1}{N}\sum_{j=1}^{N}((x_{k+1,j}-\hat{x}_{k+1,j|M})^2+(y_{k+1,j}-\hat{y}_{k+1,j|M})^2) \tag{7.58}$$

式中，$e_j=(x_{k+1,j}-\hat{x}_{k+1,j|M})^2+(y_{k+1,j}-\hat{y}_{k+1,j|M})^2$；

步骤 4: 当 e_s 小于给定的误差阈值时，则终止迭代，否则继续迭代运算，$M=M+1$；

步骤 5: 给深度参数赋一个扰动值

$$Z^c_{k,j|M}\leftarrow Z^c_{k,j|M-1}-\beta\frac{\partial e_j}{\partial Z^c}+\alpha\Delta_{j|M} \tag{7.59}$$

式中，α 和 β 是常系数，$\Delta_{j|M}$ 为零均值高斯分布函数。

步骤 6: 返回步骤 2。

实验证明，这种改进的迭代算法在初始深度值有 50% 误差的情况下，也能很好地收敛到正确的运动参数值。

(2) 基于透视投影二维点匹配的三维运动估计

三维空间物体上一点 p^w 在摄像机坐标系下的表示为 $p^c(X^c, Y^c, Z^c)$，其投影到二维像平面上的点为 $p^i(x, y)$，其透视投影模型为

$$x = f\frac{X^c}{Z^c} \tag{7.60a}$$

$$y = f\frac{Y^c}{Z^c} \tag{7.60b}$$

根据式(7.49)，有

$$x_{k+1} = f\frac{X_{k+1}^c}{Z_{k+1}^c} = f\frac{a_1X_k^c + a_2Y_k^c + a_3Z_k^c + \overline{T}_x}{a_7X_k^c + a_8Y_k^c + a_9Z_k^c + \overline{T}_z} \tag{7.61a}$$

$$y_{k+1} = f\frac{Y_{k+1}^c}{Z_{k+1}^c} = f\frac{a_4X_k^c + a_5Y_k^c + a_6Z_k^c + \overline{T}_y}{a_7X_k^c + a_8Y_k^c + a_9Z_k^c + \overline{T}_z} \tag{7.61b}$$

不妨取焦距 $f=1$，并将式(7.60)代入式(7.61)中，得

$$x_{k+1} = \frac{a_1x_k + a_2y_k + a_3 + \dfrac{\overline{T}_x}{Z_k^c}}{a_7x_k + a_8y_k + a_9 + \dfrac{\overline{T}_z}{Z_k^c}} \tag{7.62a}$$

$$y_{k+1} = \frac{a_4x_k + a_5y_k + a_6 + \dfrac{\overline{T}_y}{Z_k^c}}{a_7x_k + a_8y_k + a_9 + \dfrac{\overline{T}_z}{Z_k^c}} \tag{7.62b}$$

该模型是非线性模型，且每一点对应的深度值 Z^c 是一个自由参数，因此该模型适用于任意表面形状三维物体的运动估计。

(3) 基于二维点匹配本质矩阵的三维运动估计

当相机的内参数已知时，描述相邻帧图像关系的本质矩阵是由相邻两个时刻相机的位姿关系构成的，即 $\boldsymbol{E}=\overline{\boldsymbol{T}}_k^{k+1}\times\boldsymbol{R}_k^{k+1}=\overline{\boldsymbol{T}}\times\boldsymbol{R}$(为方便书写，忽略上下角标)，因此可通过求解本质矩阵进而来估计运动参数。在极线几何中，本质矩阵的 5 个独立参数是在相差一个尺度因子的意义下确定的。在运动视觉分析中，物体的形状与运动平移量是未知的，用同一比例系数改变物体的形状与运动平移量时，所得到的图像是完全一致的，即平移矢量乘以不为零的系数，不影响外极线方程成立，因此利用本质矩阵计算出的运动参数是关于比例系数的解。

本节介绍基于二维点匹配本质矩阵的外极线约束方程中估计运动参数。

利用本质矩阵计算运动参数的具体步骤为：

步骤 1：利用 8 点法或改进的 8 点法计算本质矩阵。

步骤 2：估计运动参数：根据基本矩阵的性质，有

$$\boldsymbol{E}^{\mathrm{T}}\overline{\boldsymbol{T}} = (\overline{\boldsymbol{T}}\times\boldsymbol{R})^{\mathrm{T}}\overline{\boldsymbol{T}} = -\boldsymbol{R}^{\mathrm{T}}\overline{\boldsymbol{T}}\times\overline{\boldsymbol{T}} = 0 \tag{7.63}$$

对于平移量 $\overline{\boldsymbol{T}}$，可以通过下面均方问题的极小化来求解：

$$\min_{\overline{\boldsymbol{T}}}\|\boldsymbol{E}^{\mathrm{T}}\overline{\boldsymbol{T}}\|^2 \quad 约束条件 \quad \|\overline{\boldsymbol{T}}\|^2 = 1 \tag{7.64}$$

则 $\overline{\boldsymbol{T}}$ 是对应矩阵 $\boldsymbol{E}\boldsymbol{E}^{\mathrm{T}}$ 的最小特征值的单位范数向量。

对于旋转矩阵 $\boldsymbol{R}$，通过求解下面均方问题的极小化得到：

$$\min_{\boldsymbol{R}_k} \| \boldsymbol{E} - \bar{\boldsymbol{T}} \times \boldsymbol{R} \|^2 \text{ 约束条件 } \boldsymbol{R}^{\mathrm{T}}\boldsymbol{R} = \boldsymbol{I} \text{ 且 } \det(\boldsymbol{R}) = 1 \tag{7.65}$$

由于 $\boldsymbol{E} - \bar{\boldsymbol{T}} \times \boldsymbol{R} = (\boldsymbol{E}\boldsymbol{R}^{\mathrm{T}} - \bar{\boldsymbol{T}} \times)\boldsymbol{R}$，$\| \boldsymbol{E} - \bar{\boldsymbol{T}} \times \boldsymbol{R} \|^2 = \| \boldsymbol{E}\boldsymbol{R}^{\mathrm{T}} - \bar{\boldsymbol{T}} \times \|^2$，$\bar{\boldsymbol{e}}_j (j=1,2,3)$ 为本质矩阵 $\boldsymbol{E}$ 的第 j 列向量，于是有 $\boldsymbol{E}\boldsymbol{R}^{\mathrm{T}} = [\boldsymbol{R}\bar{\boldsymbol{e}}_1 \quad \boldsymbol{R}\bar{\boldsymbol{e}}_2 \quad \boldsymbol{R}\bar{\boldsymbol{e}}_3]$。式(7.65)所示的优化问题变为

$$\min_{\boldsymbol{R}} \sum_{j=1}^{3} \| \boldsymbol{R}\bar{\boldsymbol{e}}_j - \bar{\boldsymbol{t}}_j \|^2 \text{ 约束条件 } \boldsymbol{R}^{\mathrm{T}}\boldsymbol{R} = \boldsymbol{I} \text{ 且 } \det(\boldsymbol{R}) = 1 \tag{7.66}$$

式中，$\bar{\boldsymbol{t}}_j$ 为反对称矩阵 $\bar{\boldsymbol{T}}_{\times}$ 的第 j 行向量。

(4) 基于二维点匹配外极线方程的三维运动估计

从基本矩阵估计运动参数是一种间接求解方法，即首先计算基本矩阵 $\boldsymbol{E}$，然后利用线性方法恢复运动参数 $\bar{\boldsymbol{T}}$ 和 $\boldsymbol{R}$。间接求解方法采用的是线性方法，该方法比较简单，但为求解有效的基本矩阵，必须使用高阶多项式约束函数，这样就丧失了线性方法的简单性。为避免该问题，可直接通过外极线方程来估计运动参数，该方法基于 Longguet - Higgins 准则(Faugeras，1993)，即

$$LH(\boldsymbol{R},\boldsymbol{T}) = \sum_{j=1}^{N} ((\boldsymbol{p}^c_{k+1,j})^{\mathrm{T}} (\bar{\boldsymbol{T}} \times \boldsymbol{R}) \boldsymbol{p}^c_{k,j})^2 \tag{7.67}$$

Longguet - Higgins 准则的几何意义如图 7.18 所示。不妨取 $k=1$，则三维空间 $\boldsymbol{p}^w(X^w, Y^w, Z^w)$ 在相邻两帧图像中的投影点分别为 $\boldsymbol{p}_1(x_1, y_1)$ 和 $\boldsymbol{p}_2(x_2, y_2)$，两个像点在摄像机坐标系下的投影为 $\boldsymbol{p}^c_1(x^c_1, y^c_1)$ 和 $\boldsymbol{p}^c_2(x^c_2, y^c_2)$。点 $\boldsymbol{p}^c_1(x^c_1, y^c_1)$ 在第二幅图像平面上的外极线 $\boldsymbol{l}_2$ 表示为 $\boldsymbol{l}_2 = \boldsymbol{E}\boldsymbol{p}^c_1 = (\bar{T} \times \boldsymbol{R})\boldsymbol{p}^c_1$。

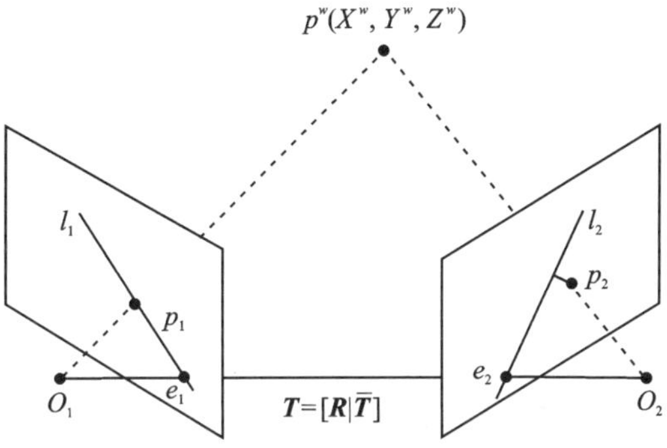

图 7.18　外极线与实际投影点的距离关系

在理想条件下，点 $\boldsymbol{p}_2(x_2, y_2)$ 位于极线 $\boldsymbol{l}_2$ 上，即 $\boldsymbol{p}^{c\,\mathrm{T}}_1 (\bar{T} \times \boldsymbol{R}) \boldsymbol{p}^c_1 = 0$。实际上，由于各种误差的影响，点 $\boldsymbol{p}_2(x_2, y_2)$ 并不一定在极线 $\boldsymbol{l}_2$ 上，此时点 $\boldsymbol{p}_2(x_2, y_2)$ 到极线 $\boldsymbol{l}_2$ 的距离为

$$d_2 = \frac{|\boldsymbol{p}^c_2 (\bar{\boldsymbol{T}} \times \boldsymbol{R}) \boldsymbol{p}^c_1)|}{\beta} \tag{7.68}$$

式中，β 是规范化系数，其值等于矢量 $\boldsymbol{R}^{\mathrm{T}}(\bar{\boldsymbol{T}} \times \boldsymbol{p}^c_1)$ 前两个坐标形成的矢量范数。如果有 N 个对应点，则 Longuet - Higgins 准则可以重新写为

$$\sum_{j=1}^{N} \beta_j d_{2,j} \tag{7.69}$$

该式是，第 1 帧图像上的点 $\boldsymbol{p}_1(x_1, y_1)$ 在第 2 帧图像上的对应点 $\boldsymbol{p}_2(x_2, y_2)$ 与外极线 $\boldsymbol{l}_2$ 的距离。反之，也可以求解第 2 帧图像上的 $\boldsymbol{p}_2(x_2, y_2)$ 在第 1 帧图像上的对应点 $\boldsymbol{p}_1(x_1, y_1)$ 与外

极线 $\boldsymbol{l}_1$ 的距离为

$$\sum_{j=1}^{N} \alpha_j d_{1,j} \tag{7.70}$$

为更可靠地求解运动参数，可对式(7.69)和式(7.70)之和求极小化，其一般表达式为

$$\sum_{j=1}^{N} (\alpha_j d_{k,j} + \beta_i d_{k+1,j}) \tag{7.71}$$

实践证明，上述算法优于解析方法。

2. 基于光流场的运动视觉估计方法

对于二维特征点匹配的运动参数估计和深度估计方法，由于特征点是稀疏的，因此要恢复出物体表面的完整结构，必须进行插值计算。在光流场估计的基础上，从两幅正交投影或透视投影的图像中可以估计出三维物体的运动参数和结构。基于光流的运动视觉估计主要是利用刚体(相机)运动的速度场模型，而且该方法需要稠密的光流场，而不是选择并匹配明显的特征点。

(1) 基于速度场正交投影模型的三维运动估计

任意相机运动或场景运动，都会产生全局光流，刚体(相机)运动的速度场模型式(7.52)或式(7.53)在正交投影模型式(7.54)下，于是有(为书写方便，忽略下标 k)

$$u = \dot{x} = \dot{X}^c = V_x$$

$$v = \dot{y} = \dot{Y}^c = V_y$$

于是有

$$u = V_x = \omega_z y - \omega_y Z_k^c + V_{\bar{T}_x} \tag{7.72a}$$

$$v = V_y = -\omega_z x + \omega_x Z_k^c + V_{\bar{T}_y} \tag{7.72b}$$

当图像平面离物体的距离越来越远时，或观测视角越来越小时，正交投影模型可以看作是透视投影模型的近似模型。刚体运动的平面在正交投影下生成仿射流，设空间平面方程为

$$Z_k^c = a + bX_k^c + cY_k^c \tag{7.73}$$

将式(7.73)代入式(7.72)中，得到 6 参数仿射流模型

$$u = a_1 x + a_2 y + b_1 \tag{7.74a}$$

$$v = a_3 x + a_4 y + b_2 \tag{7.74b}$$

式中，$a_1 = -b\omega_y$、$a_2 = \omega_z - c\omega_y$、$b_1 = -a\omega_y + V_{\bar{T}_x}$、$a_3 = b\omega_x - \omega_z$、$a_4 = c\omega_x$ 和 $b_2 = a\omega_x + V_{\bar{T}_y}$。1 个点的光流建立 2 个方程，因此已知 $N(N\geqslant 3)$个点的光流就能计算出仿射流模型的 6 个参数。但由于采用了正交投影模型，无法从仿射流模型的 6 个参数中唯一确定所有的运动和结构参数。例如在正交投影下，a 是不可观的。

(2) 基于速度场正交投影模型的三维运动估计

对相机的透视投影模型式(7.60)进行求导，得到速度场透视模型为(为书写方便，忽略下标 k)

$$u = \dot{x} = f\frac{Z^c\dot{X}^c - X^c\dot{Z}^c}{{Z^c}^2} = f\frac{\dot{X}^c}{Z^c} - \left(f\frac{X^c}{Z^c}\right)\frac{\dot{Z}^c}{Z^c} = f\frac{\dot{X}^c}{Z^c} - x\frac{\dot{Z}^c}{Z^c} \tag{7.75a}$$

$$v = \dot{y} = f\frac{Z^c\dot{Y}^c - Y^c\dot{Z}^c}{{Z^c}^2} = f\frac{\dot{Y}^c}{Z^c} - \left(f\frac{Y^c}{Z^c}\right)\frac{\dot{Z}^c}{Z^c} = f\frac{\dot{Y}^c}{Z^c} - y\frac{\dot{Z}^c}{Z^c} \tag{7.75b}$$

将式(7.52)或式(7.53)代入式(7.75)中,整理,得

$$u = y\omega_z - f\omega_y - \frac{x^2\omega_y}{f} + \frac{xy\omega_x}{f} + \frac{fV_{\bar{T}_x} - xV_{\bar{T}_z}}{Z_k^c} \tag{7.76a}$$

$$v = -x\omega_z + f\omega_x - \frac{xy\omega_y}{f} + \frac{y^2\omega_x}{f} + \frac{fV_{\bar{T}_y} - yV_{\bar{T}_z}}{Z_k^c} \tag{7.76b}$$

该式为运动视觉分析领域的核心公式。对于平面方程式(7.73),在透视投影下,即将式(7.60)代入式(7.73)中,得

$$\frac{1}{Z_k^c} = \frac{1}{a} - \frac{b}{af}x - \frac{c}{af}y \tag{7.77}$$

将式(7.77)代入式(7.75)中,整理后得出 8 参数二次流模型为

$$u = V_x = a_1 + a_2x + a_3y + a_4x^2 + a_5xy \tag{7.78a}$$

$$v = V_y = a_6 + a_7x + a_8y + a_4xy + a_5y^2 \tag{7.78b}$$

平面上一个点的光流可以得到 2 个方程,一共有 8 个参数,因此已知 $N(N \geqslant 4)$个点的光流就能计算出二次流模型的 8 个参数。

(3) 纯平移动

对纯平移运动来说,所有的光流矢量在图像平面上的投影表现为从某一点延伸出去,或是从远处汇聚到某一点,称该汇聚点为延伸焦点(Focus of Expansion,FOE)或汇聚焦点。该点是物体运动方向与图像平面的交点。物体仅作纯平移运动时,刚体(相机)运动模型式(7.49)变为

$$\begin{pmatrix} X_k^c \\ Y_k^c \\ Z_k^c \end{pmatrix} = \begin{pmatrix} X_0^c + V_{\bar{T}_x}\Delta t \\ Y_0^c + V_{\bar{T}_y}\Delta t \\ Z_0^c + V_{\bar{T}_z}\Delta t \end{pmatrix} \tag{7.79}$$

不妨取焦距 $f=1$,即在规范化透视投影下,在图像平面上的投影点为

$$\begin{pmatrix} x_k \\ y_k \end{pmatrix} = \begin{pmatrix} \dfrac{X_0^c + V_{\bar{T}_x}\Delta t}{Z_0^c + V_{\bar{T}_z}\Delta t} \\ \dfrac{Y_0^c + V_{\bar{T}_y}\Delta t}{Z_0^c + V_{\bar{T}_z}\Delta t} \end{pmatrix} \tag{7.80}$$

当 $\Delta t = \infty$时,式(7.80)变为

$$\hat{\boldsymbol{e}} = \lim_{\Delta t \to \infty} \begin{pmatrix} x_k \\ y_k \end{pmatrix} = \begin{pmatrix} \dfrac{V_{\bar{T}_x}}{V_{\bar{T}_z}} \\ \dfrac{V_{\bar{T}_y}}{V_{\bar{T}_z}} \end{pmatrix} = \begin{pmatrix} \hat{e}_1 \\ \hat{e}_2 \end{pmatrix} \tag{7.81}$$

向量$\begin{pmatrix} \frac{V_{\bar{T}_x}}{V_{\bar{T}_z}} & \frac{V_{\bar{T}_y}}{V_{\bar{T}_z}} & 1 \end{pmatrix}^{\mathrm{T}}$代表物体平移运动的瞬时方向。当物体做匀速平移运动时，物体上所有点将从图像平面上一个固定点 $\boldsymbol{e}$ 延伸出去，其效果图如图 7.19 所示。

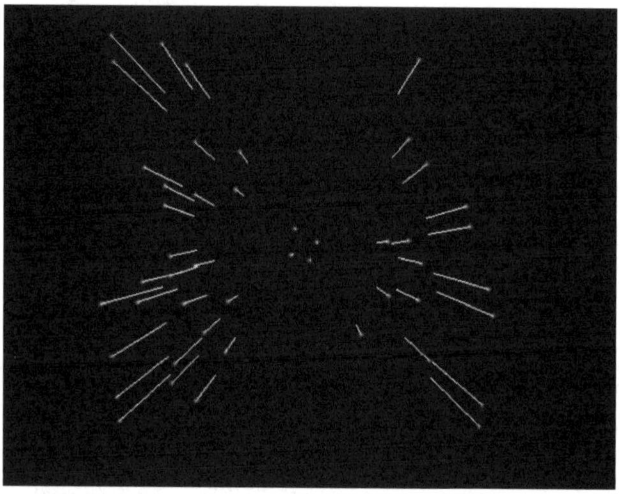

图 7.19 纯平移动时的光流和延伸焦点示意

3. 基于李群李代数的运动视觉估计方法

如图 7.20 所示，任意的三维空间点 p_j^w 在图像 I_{k-1} 的投影点为 $p_{k-1,j}$，其在图像 I_k 中的对应点 $p'_{k,j}$ 可以通过特征点匹配方法获得，根据在 $k-1$ 时刻获得图像模型将空间点 p_j^w 投影图像 I_k 中获得投影点 $p_{k,j}$，而且有 $p_{k,j}=\boldsymbol{\pi}(\boldsymbol{T}_{k-1}^k\boldsymbol{\pi}^{-1}(p_{k-1,j}))$，其中 $\boldsymbol{\pi}$ 和 $\boldsymbol{\pi}^{-1}$ 分别表示从摄像机坐标系投影到像平面和从像平面投影到摄像机坐标系的投影过程，于是点 $p_{k,j}$ 和点 $p'_{k,j}$ 间的误差为

$$\bar{e}_j=p'_{k,j}-p_{k,j}=p'_{k,j}-\boldsymbol{\pi}(\boldsymbol{T}_{k-1}^k\boldsymbol{\pi}^{-1}(p_{k-1,j})) \tag{7.82}$$

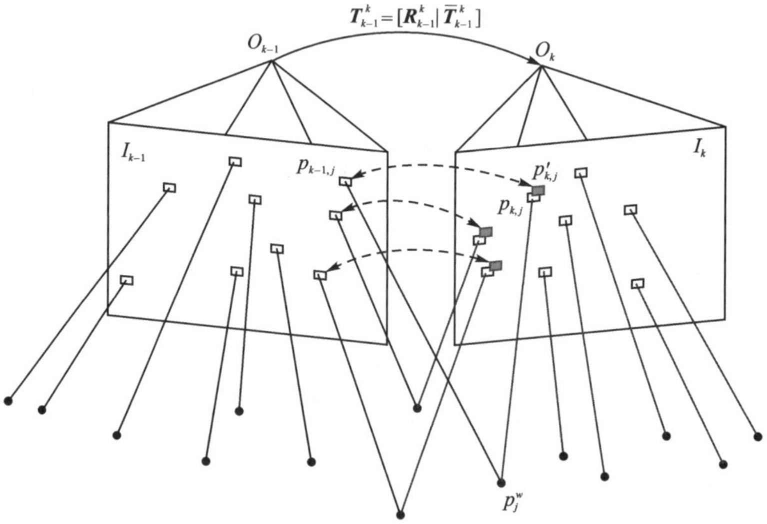

图 7.20 摄像机运动与位姿变化间的关系

利用两帧图像中全部(或部分)对应点(也称为同名点)及其投影点间的误差对位姿变换矩阵 $\boldsymbol{T}_{k-1}^{k}$ 进行优化,其优化的目标函数为

$$J(\boldsymbol{T}_{k-1}^{k})_{\min}=\sum_{j=1}^{N}\|\bar{e}_j\|_2^2 \tag{7.83}$$

利用 2.6 节介绍的李群和李代数来求解。同理,根据相邻两帧间的光度照度不变假设,也可以建立基于光流的位姿优化目标函数,并通过李群和李代数知识进行求解。

7.2.5　无人系统应用测试案例

如图 7.21 所示,机器人在楼道里运动,其搭载摄像机采集图像序列并计算光流场,进而计算机器人运动的位姿参数,恢复运动轨迹。

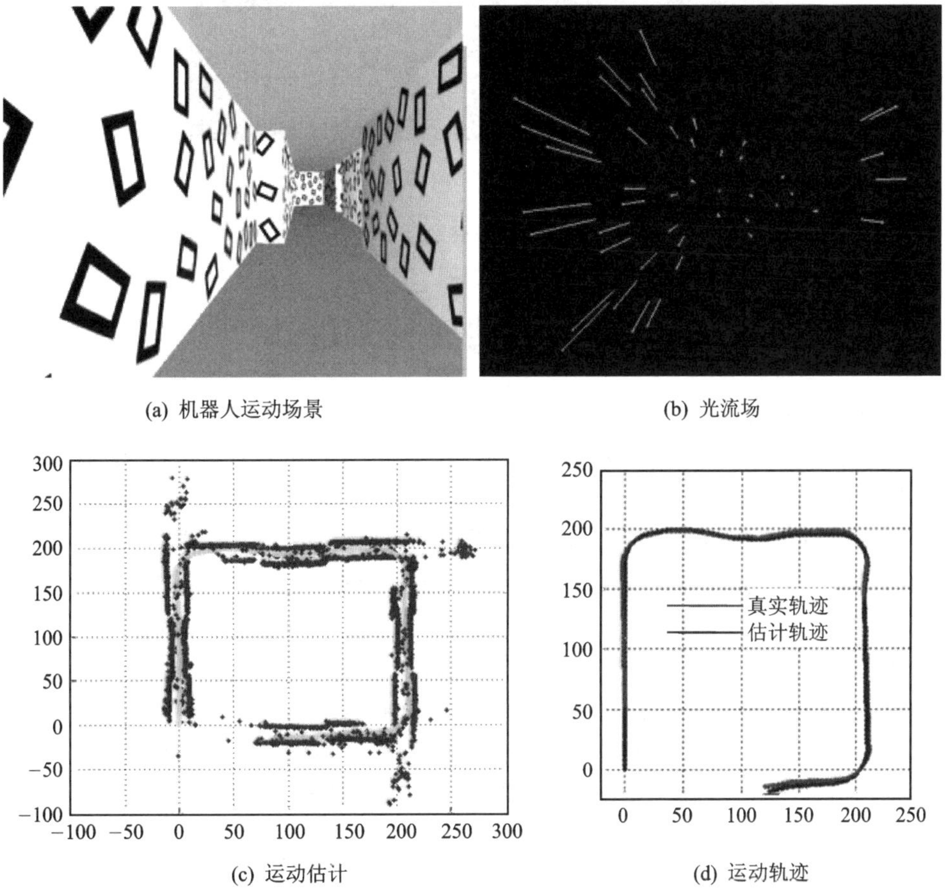

图 7.21　基于光流场恢复机器人运动轨迹

目前,摄像机已成为无人机的标配传感器,在全球导航卫星系统(GNSS)信号拒止环境下,可用摄像机感知无人机飞行环境信息,计算无人机运动的瞬时位姿信息,并用于无人机自主导航控制,同时恢复无人机的运动轨迹,其示意图如图 7.22 所示。

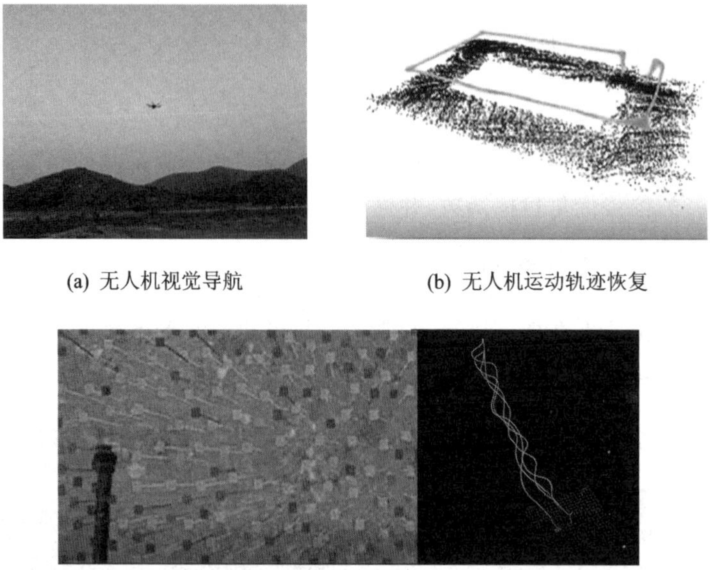

(a) 无人机视觉导航　　(b) 无人机运动轨迹恢复

(c) 无人机运动光流场和轨迹恢复

图 7.22　无人机运动位姿视觉估计与轨迹恢复

7.3　运动视觉跟踪

根据运动目标的描述和相似性估计的方法不同，运动目标跟踪算法主要有四类，即基于特征的跟踪方法、基于区域的跟踪方法、基于模型的跟踪方法和基于主动轮廓的跟踪方法。

(1) 基于特征的跟踪

基于特征的跟踪方法主要通过运动目标区域团块图像的一些显著特征来进行跟踪。基于特征的跟踪方法一般先对运动目标建立特征表达集合，然后通过搜索与其相似的特征表达集合来进行相应的匹配跟踪。为了实现运动目标的可靠跟踪，一般采用多特征信息融合来进行运动目标跟踪。基于特征的跟踪分为两步：首先，提取运动目标的特征，运动目标跟踪中一般可以采用颜色、纹理、边缘、块特征、光流特征、周长、面积、质心和角点等特征，同时提取运动目标的多个特征，由多个特征共同来对运动目标进行描述；其次，通过特征匹配实现运动目标跟踪。依据采用的运动目标特征不同，采用不同的跟踪方法来进行跟踪。

基于特征的跟踪对运动目标的尺度、形变和亮度变化不敏感，运动目标存在局部遮挡，仍然实现运动目标的跟踪。将特征跟踪与卡尔曼滤波器结合使用，可以达到较好的跟踪效果。但是图像模糊、噪声等对基于特征的运动目标跟踪影响比较大。

(2) 基于区域的跟踪

基于区域的跟踪算法是通过采用相关方法得到包含运动目标的模板，然后根据模板实现运动目标的跟踪。模板一般比运动目标的外接矩形略大，也可以采用运动目标所在的不规则区域。跟踪时可以采用灰度图的纹理和特征的相关，彩色图像的颜色相关等。此外，基于区域的跟踪与预测算法(如线性预测、二次曲线预测和卡尔曼预测等)结合使用，可提高目标跟踪的准确度。

基于区域的跟踪对于独立目标的跟踪准确度非常高，也非常稳定。对于图像区域较大、目标严重变形、目标存在相互遮挡的情况，跟踪效果会受到影响。基于区域的跟踪方法关键是如何处理模板变化时的情况，这种变化往往是由运动目标姿态变化引起的，如果能对运动目标的姿态进行精确估计，则会大大改善跟踪效果。

(3) 基于模型的跟踪

基于模型的跟踪是通过一定的先验知识对所跟踪目标建立模型，然后通过匹配跟踪目标进行模型的实时更新。基于模型的跟踪方法可以很好地用于行人跟踪和车辆跟踪。通常有三种形式的模型，即线图模型、二维模型和三维模型。

基于模型的跟踪方法不易受观测角度的影响，具有较强的鲁棒性，跟踪精度高，有较强的抗干扰能力。但该方法计算分析复杂，运算速度慢，而且获取高精度的模型比较困难，模型的更新较为复杂，实时性较差。准确建立运动模型是模型匹配能否成功的关键。

(4) 基于主动轮廓的跟踪

运动目标边缘能提供与运动方式、物体形状无关的目标信息。Snake 模型是基于边缘信息跟踪的主动轮廓跟踪算法。在图像域内定义的可变形曲线，通过对其能量函数的最小化，动态轮廓逐步调整自身形状与目标轮廓相一致，该可变形曲线又称为 Snake 曲线。Snake 技术可以处理任意形状物体的任意形变，首先将分割得到的物体边界作为跟踪的初始模板；然后确定表征物体真实边界的目标函数，并通过降低目标函数值，使初始轮廓逐渐向物体的真实边界移动。

基于主动轮廓跟踪的优点是不但考虑来自图像的灰度信息，而且考虑整体轮廓的几何信息，增强了跟踪的可靠性。由于跟踪过程实际上是解的寻优过程，带来的计算量比较大，而且由于 Snake 模型的盲目性，对于快速运动的物体或者形变较大的情况，跟踪效果不够理想。

7.3.1　块匹配跟踪方法

块匹配过程就是将当前帧中获取的运动目标与前一段时间内获取的所有运动目标进行匹配的过程，如果匹配成功，则该目标为先前目标；如果匹配失败，则该目标将为新目标。两个目标是否匹配主要与目标的位置、大小、形状和颜色有关，因此建立运动目标全局匹配的相似度函数为

$$J(a,b)=\alpha M_d(a,b)+\beta M_s(a,b)+\gamma M_x(a,b)+\eta M_c(a,b) \tag{7.84}$$

式中，a 和 b 为待匹配的两个目标；$M_d(a,b)$ 表示目标 a 和目标 b 中心位置的接近程度；$M_s(a,b)$ 表示目标 a 和目标 b 包含像素点总数的接近程度；$M_x(a,b)$ 表示目标 a 和目标 b 的形状接近程度；$M_c(a,b)$ 表示目标 a 和目标 b 颜色直方图的相似程度；$\alpha(\geqslant 0)$、$\beta(\geqslant 0)$、$\gamma(\geqslant 0)$ 和 $\eta(\geqslant 0)$ 分别为 $M_d(a,b)$、$M_s(a,b)$、$M_x(a,b)$ 和 $M_c(a,b)$ 的加权系数；且满足 $\alpha+\beta+\gamma+\eta=1$。$J(a,b)$ 的值域在 0 到 1 之间，$J(a,b)$ 越大，表明运动目标 a 和 b 的匹配度越大；反之，$J(a,b)$ 越小，表明运动目标 a 和 b 的匹配度越小。

利用全局相似度函数进行目标匹配时，设当前帧中所有运动目标构成的集合为当前目标集，记为 $\boldsymbol{A}$；此前一段时间内所有目标构成的集合为先前目标集，记为 $\boldsymbol{B}$。当 $\boldsymbol{A}$ 中包含 M 个运动目标，$\boldsymbol{B}$ 中包含 N 个运动目标时，计算 $\boldsymbol{A}$ 和 $\boldsymbol{B}$ 中任意两个目标的相似度，可得到 $M\times N$ 个相似度，找出其中相似度最大的目标对 (a,b)，当相似度大于目标相似度阈值 Th 时，则匹配成功，目标 a 和目标 b 为同一目标，然后将 a 从 $\boldsymbol{A}$ 中删除，将 b 从 $\boldsymbol{B}$ 中删除，执行 $M--$ 和

N一一;当 $M=N=0$ 时,当前目标集和先前目标集正好完全匹配,当前帧中既没有出现新目标,也没有先前目标消失。当 $M>0$ 和 $N=0$ 时,当前帧中出现了 M 个新目标,但没有先前目标消失;当 $M=0$ 和 $N>0$ 时,当前帧中有 N 个先前目标消失,但没有出现新目标;当 $M>0$ 且 $N>0$ 时,还有目标没有完成匹配,算法重新搜索运动目标集 $\boldsymbol{A}$ 和 $\boldsymbol{B}$ 中剩余目标的相似度最大的目标对。否则,认为匹配失败,程序结束,目标集 $\boldsymbol{A}$ 中剩余的 M 个目标均为新目标,而目标集 $\boldsymbol{B}$ 中也有 N 个先前目标消失。

7.3.2 基于 Lucas - Kanade 光流的点跟踪方法

在实际应用中,经常会出现运动目标被遮挡而不完整,例如行人被树遮挡,或多人一同行走时,一部分人由于被遮挡而只能看到一部分。对于前者来说,通过背景建模法检测出来的运动目标区域相对于无遮挡情况变小;对于后者,尽管单个目标可见部分变小,但是由于多个目标叠加在一起,导致检测出来的运动区域成为一个整体。相对于一般采用面积、长宽比、颜色信息等特征来进行匹配的块匹配来说,基于点匹配的跟踪只需要点的局部区域信息,不需要考虑整个目标区域的全局信息;当目标被遮挡时,尽管有一部分点会匹配失败,但是另一部分匹配成功的点仍能确定目标的位置变化与尺度变化。因此,对每个有效的运动目标,在其外接矩形区域内等间隔取一定数目(例如 10 像素×10 像素)的点,采用 Lucas - Kanade 算法在下一帧中跟踪这些点,滤除匹配失败的外点,得到正确匹配的能表征运动目标运动的点。这里匹配失败的外点是指没有找到对应的匹配点或匹配点对的距离相对于其他匹配点对距离差别较大。通过计算成功匹配点集的 A 和 B 方向的平均偏移量,将其作为运动目标的 A 和 B 方向的偏移量。通过计算所有成功匹配点对距离变化的平均比率,来估计目标的尺度变化。如果匹配点对数小于一定阈值,则认为点跟踪失败。为提高点匹配的可靠性,利用前后差(Forward - Backward Error,FB)方法来滤除匹配点对的距离相对于其他匹配点对距离过大的误匹配点对(即外点对)。

设 $I_s=\{I_t,I_{t+1},\cdots,I_{t+k}\}$ 为一视频图像序列,p_t 为 t 时刻的点的位置,前向跟踪 k 步轨迹为

$$\widehat{T}_{k,f}=(p_t,p_{t+1},\cdots,p_{t+k}) \tag{7.85}$$

对 P_{t+k} 逆向跟踪 k 步轨迹为

$$\widehat{T}_{k,b}=(\hat{p}_t,\hat{p}_{t+1},\cdots,\hat{p}_{t+k}) \tag{7.86}$$

式中,下标 f 表示前向;b 表示逆向;$\hat{p}_{t+k}=p_{t+k}$。

FB 差定义为

$$\mathrm{FB}(T_{k,f}\mid I_s)=\mathrm{distance}(T_{k,f},T_{k,b})=\|p_t-\hat{p}_t\| \tag{7.87}$$

在点跟踪过程中,如果 $\mathrm{FB}(T_{k,f}\mid I_s)$ 大于给定的阈值,则认为点匹配失败,将其从跟踪点集中滤除。

7.3.3 卡尔曼滤波与预测跟踪方法

在目标跟踪过程中,将卡尔曼滤波与预测引入到跟踪算法中。如果点跟踪成功,则根据当前点跟踪目标(检测值)和目标已有的历史信息,利用卡尔曼滤波来优化运动目标在当前帧中的位置和大小;如果点跟踪失败,则根据目标已有的历史信息,利用卡尔曼预测估计目标在当

前帧中的位置和大小。卡尔曼滤波的方程为

$$\boldsymbol{X}(k+1)=\boldsymbol{\Phi}(k+1,k)\boldsymbol{X}(k)+\boldsymbol{\Gamma}(k+1,k)\boldsymbol{W}(k) \tag{7.88}$$

$$\boldsymbol{Z}(k)=\boldsymbol{H}(k)\boldsymbol{X}(k)+\boldsymbol{V}(k) \tag{7.89}$$

卡尔曼预测方程为

$$\boldsymbol{X}(k+1)=\boldsymbol{\Phi}(k+1,k)\boldsymbol{X}_k \tag{7.90}$$

式中，$\boldsymbol{W}(k)$和$\boldsymbol{V}(k)$均为零均值白噪声，且$\boldsymbol{W}(k)$和$\boldsymbol{V}(k)$相互独立。状态量$\boldsymbol{X}$和观测量$\boldsymbol{Z}$的定义为

$$\boldsymbol{X}=[x \quad y \quad w \quad h \quad \Delta x \quad \Delta y \quad \Delta h \quad \Delta w]^{\mathrm{T}} \tag{7.91}$$

$$\boldsymbol{Z}=[x \quad y \quad w \quad h \quad \Delta x \quad \Delta y \quad \Delta h \quad \Delta w]^{\mathrm{T}} \tag{7.92}$$

式中，$\boldsymbol{X}$和$\boldsymbol{Z}$分别表示运动目标跟踪过程的状态量和观测量；x、y、w、h分别表示运动目标的中心横坐标、中心纵坐标、目标宽度、目标高度；Δx、Δy、Δw和Δh分别为x、y、w、h的相应变化量。

7.3.4 多目标关联与跟踪

多目标关联，即利用目标的各种特征对目标与轨迹之间进行合理的关联匹配，是多目标跟踪的重要组成部分。通过目标关联之后的多目标跟踪问题可以转化为多个单目标的跟踪，然后利用不同的滤波算法即可实现。常见的数据关联方法有最近邻数据关联、联合概率数据关联和多假设跟踪（Bar - Shalom，1978 年；Roecker and Phillis，1993 年；Vermaak，Godsill and Perez，2005 年）。

(1) 最近邻数据关联

目前，很多数据关联算法都可以实现较好的关联，其中最近邻数据关联（Near Neighbor Data Association，NNDA）算法提出最早，也是最简单的一种方法，但是在一定情况下却是最有效的。最近邻数据关联的思想为在若干个测量值中选择最近的那个量测值作为正确量测来和航迹进行配对。该方法是实时判别关联算法，得到一次观测值就进行一次判断，计算量小，实现简单。但是，该方法适用于目标较少并且杂波稀疏的情况，在杂波密度较高时，很容易造成误判。另一种方法为全局最近邻算法，它的基本思想是用航迹和观测点之间的距离来表示它们之间的关联程度，然后用一个与距离有关的代价函数来进行关联程度判别。通过这种计算可以实现一个次优的数据关联运算。

(2) 联合概率数据关联

所谓概率数据关联（Probability Data Association，PDA）算法，是在概率意义下对所有的测量值进行关联处理，利用了一定范围内的所有测量以获得可能的后验信息，并根据大量的相关计算得出各概率加权系数及其加权和，然后更新目标状态。关联概率是衡量有效测量对目标状态估计所起作用的一种度量。概率数据关联并不是真正确定哪个有效测量是否真的源于目标，而是认为所有有效测量都有可能来自目标或杂波，在统计的意义上计算每个有效测量对目标状态估计所起的作用，并以此为权重给出整体目标估计值。概率数据关联算法最初是针对一定数目的航迹维持的，它比最近邻算法更能适应杂波环境，数据关联性能有所改善。

联合概率数据关联（Joint Probability Data Association，JPDA）是在概率数据关联的基础上提出的，它是对概率数据关联的一种推广。联合概率数据关联算法对所有可能的目标关联解中进行搜索，并在此基础上计算出最佳关联概率。基本思想是测量落入多目标关联范围相

交区域的情形，对应某些观测可能源于多个目标，联合概率数据关联的目的就是计算每一个观测与其可能的所有目标的关联概率，且认为所有有效关联都源于每个特定目标，只是它们源于不同目标的概率不同。联合概率数据关联规定观测量与目标（或干扰）是一一对应的，即观测量和目标有唯一的源。联合概率数据关联算法对关联解的搜索实际上是一个求组合的问题，其搜索过程的计算量随目标和量测数量的增长而呈指数增长趋势，在目标和量测密集时呈“组合爆炸”的趋势。

(3) 多假设跟踪

多假设跟踪方法（Multiple Hypothesis Tracking，MHT）考虑量测来源于目标、杂波和新目标等各种可能的情况，构造面向量测的关联假设树，并用贝叶斯后验概率的传递特性，对假设树的各个分支进行概率计算，不断删除小概率假设，合并相同目标假设，以实现多目标的数据关联。多假设跟踪算法在接收到扫描的测量数据时，首先产生一系列的假设，同时在得到最新测量值后，在此前假设的基础上产生一组新的假设，在此过程中，还需对这些假设中所包含的轨迹进行滤波处理。其算法的核心在于不断建立假设树，然后在得到充分的测量信息之后根据似然率来评估假设树中的决策。似然率的计算方式有两种：递推方式和直接计算方式。由于随着时间的推移，MHT 算法的假设树数量将急速增长，因此有必要对假设树进行剪枝与合并。

多假设数据关联需要依据被观测目标和杂波的先验知识，所以它能更好地应用于杂波比较密集、虚警概率较高和检测概率不高的场景。相比于最近邻算法和联合概率数据关联算法，多假设算法的数据关联性能和适用性都较好，但是要求的先验知识也是最多的。

(4) 多目标跟踪

多目标跟踪系统最重要的步骤之一就是数据关联，它关系到检测到的前景观测值能否正确有效地与多目标轨迹关联，也是解决目标冲突、合并和分离问题的关键。由于视频运动目标是面目标，所以其既具有点目标的位置和速度等运动特征，又有颜色、轮廓和纹理等一些静态特征，并且有可能出现目标融合、目标遮挡等特殊情况。所以，对视频目标模型的建立，是不同于点目标的。多假设跟踪的缺点是过多地依赖于目标和杂波的先验信息。联合概率数据关联算法的计算量随着目标和量测的数量增长呈指数增长趋势，难以在实际工程中广泛应用。对于视频面目标跟踪情形，多目标观测值可能重叠，或者一个大目标分裂为两个或多个更小的目标。此时，观测与目标就不符合联合概率数据关联所用的一一对应关系，为解决此问题，可采用改进的最近邻数据关联算法，并利用最优滤波得到的目标预测值与观测值进行最近邻数据关联（Zhang Hao and Zhao Long，2013）。

7.3.5 智能监控系统应用测试案例

采集实际监控环境下的视频对运动视觉跟踪算法进行验证，视频图像大小为 640 像素×480 像素，帧率为 25 帧/秒。测试验证结果如图 7.23～图 7.25 所示。

7.3.6 无人系统应用测试案例

利用无人机对地面运动目标进行检测跟踪应用测试，测试视频共三组，前两组航拍视频来源于 VIVID（Video Verification of Identity）航拍，第三组航拍视频取自北航数字导航中心视频数据库，图像大小均为 480×320 像素。测试验证结果分别如图 7.26～图 7.28 所示。

(a) 第4帧 (b) 第80帧 (c) 第88帧

(d) 第101帧 (e) 第121帧

图 7.23 部分遮挡下行人跟踪结果

(a) 第60帧 (b) 第150帧 (c) 第210帧

(d) 第240帧 (e) 第260帧

图 7.24 静物完全遮挡行人的跟踪结果

从图 7.26 中可以看出，在第 15 帧中，跟踪目标有三个，另有一个目标处于图像边缘部分，尚未进入场景；第 118 帧和第 370 帧中，根据数据关联算法对新进入场景内的目标进行初始化操作；第 164 帧中，目标发生融合，且融合目标颜色相近，使用目标滤波估计值更新目标状态，使跟踪结果稳定；第 212 帧中，红色框选目标从场景中消失，根据数据关联将该目标删除。

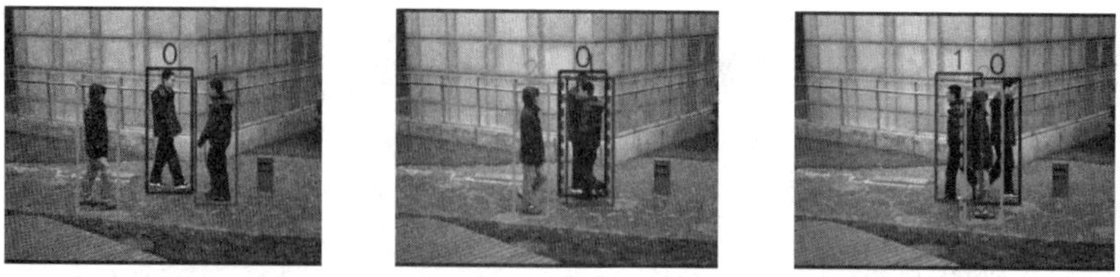

(a) 第76帧　　(b) 第86帧　　(c) 第99帧

图 7.25　目标融合分离后的跟踪结果

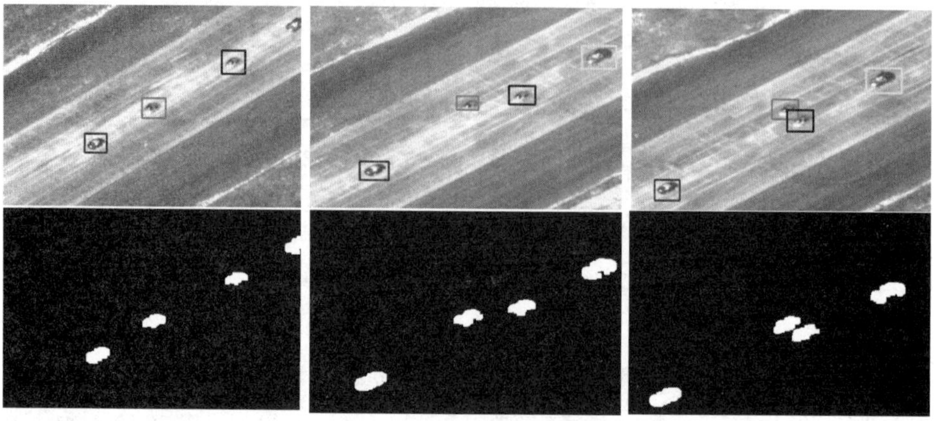

(a) 第15帧　　(b) 第118帧　　(c) 第164帧

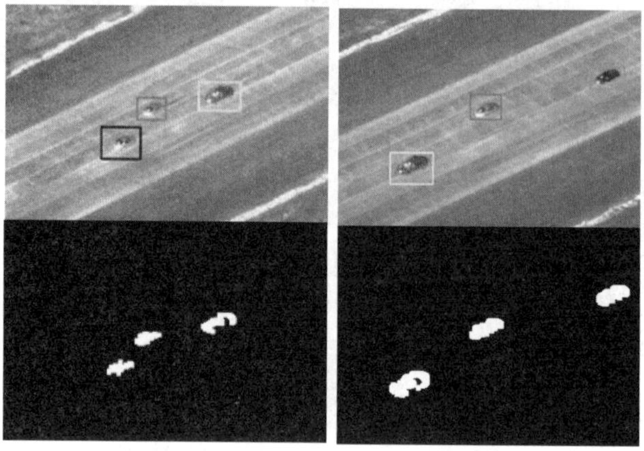

(d) 第212帧　　(e) 第370帧

图 7.26　无人机平台对地面多运动目标车辆检测与跟踪结果 1

从图 7.27 中可以看出，由于该视频中目标行驶缓慢，基于帧差法的目标检测在某些情况下无法检测出完整的目标，检测目标出现断层现象，该问题可通过数学形态学操作方法来解决。第 15 帧中，跟踪目标有 5 个，绿色框选目标检测出现断层，检测目标数量多于跟踪目标数

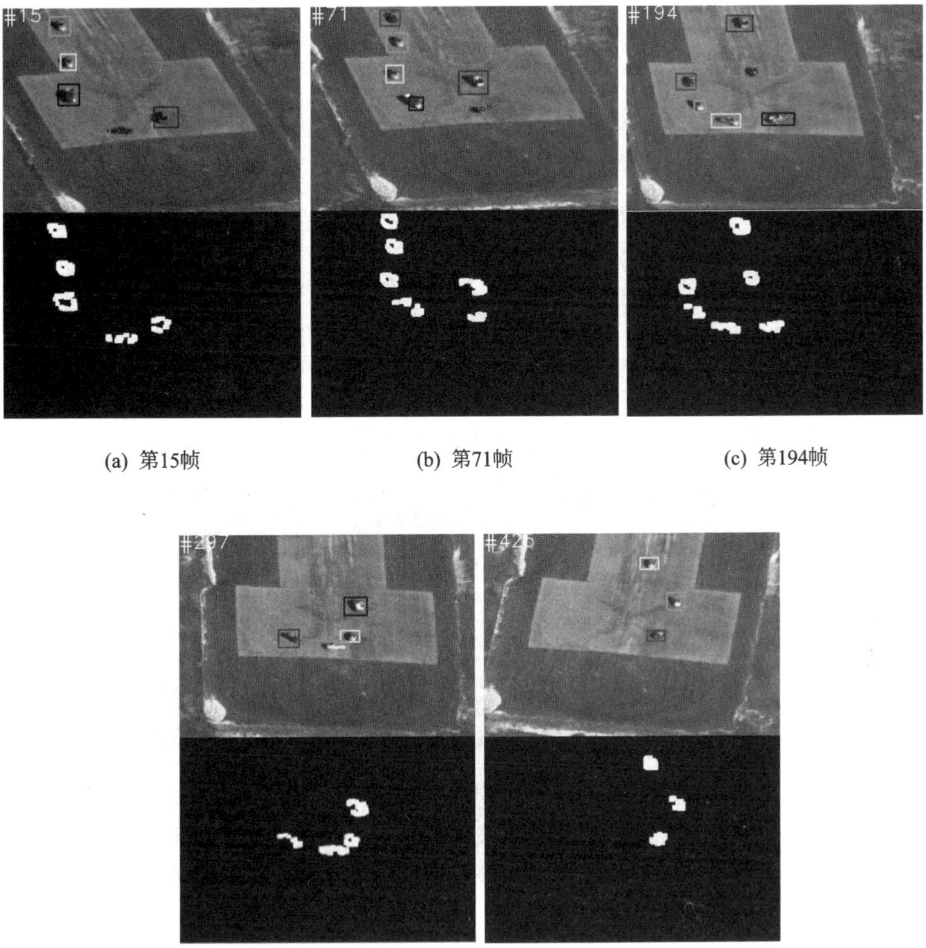

(a) 第15帧　(b) 第71帧　(c) 第194帧

(d) 第297帧　(e) 第425帧

图 7.27　无人机平台对地面多运动目标车辆检测与跟踪结果 2

量，但多出的检测目标存在时间较短，根据数据关联，未将其列为新目标；第 71 帧中，紫色框选目标为新进入场景目标，第 297 帧中，目标发生融合，第 425 帧中，蓝色框选目标从场景中消失。

从图 7.28 中可以看出，第 18 帧中，跟踪目标有 2 个；第 214 帧中，蓝色框选目标为新进入场景目标；第 280 帧中，蓝色框选目标从场景中消失；第 584 帧中，黄色框选目标从场景中消失；第 758 帧中，蓝色框选目标为新进入场景目标，该目标颜色与背景颜色相近，检测到的目标区域较实际目标区域小，但不影响跟踪效果。

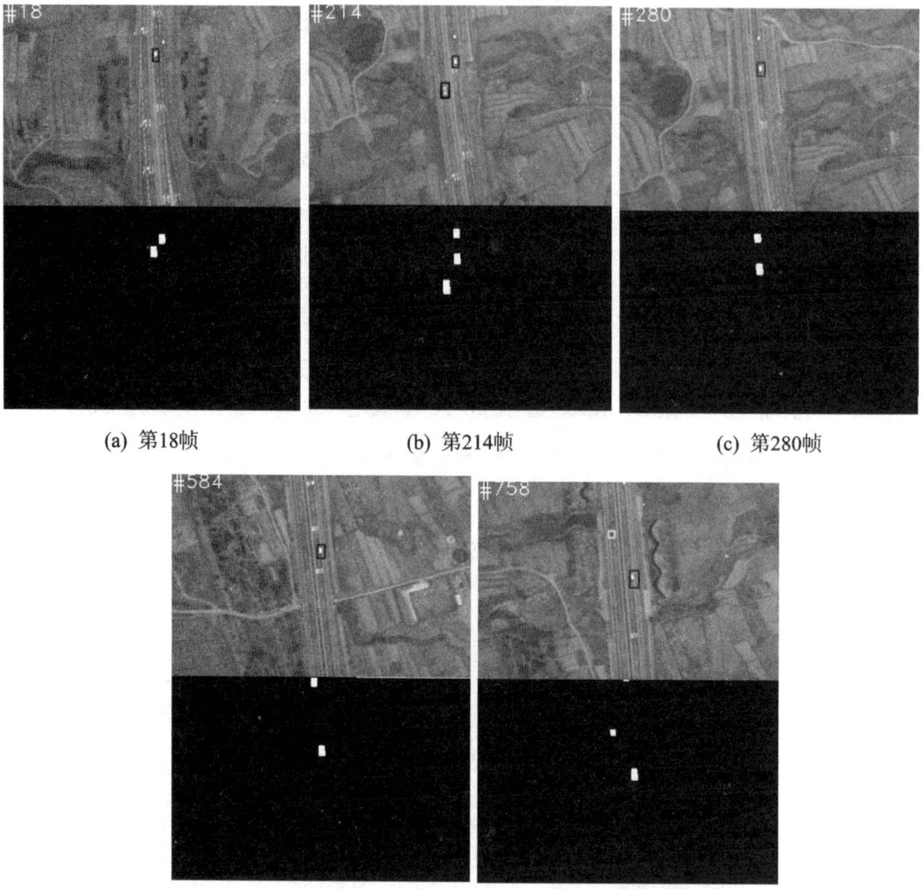

(a) 第18帧　(b) 第214帧　(c) 第280帧

(d) 第584帧　(e) 第758帧

图 7.28　无人机平台对地面多运动目标车辆检测与跟踪结果 3

7.4　运动视觉检测与分析评估平台

KITTI Vision Benchmark Suite (http://www.cvlibs.net/datasets/kitti/index.php)是 Karlsruhe 理工学院和芝加哥 Toyota 理工学院开发一个项目平台，旨在开发出具有全新挑战性的真实世界计算机视觉基准，其网站界面截图如图 7.29 所示。

在 KITTI 测试评估平台中，除了第 5 章介绍的立体视觉测试评估平台外，还包含了视觉里程计/SLAM 评估 2012 测试页面、目标检测评估页面、目标跟踪评估页面和路/车道线检测评估 2013 等页面，页面截图如图 7.30 所示。在这些评估页面中，包含了该领域最新文章、车载采集的数据集和算法评估结果等。

图 7.29　KITTI 测试评估平台

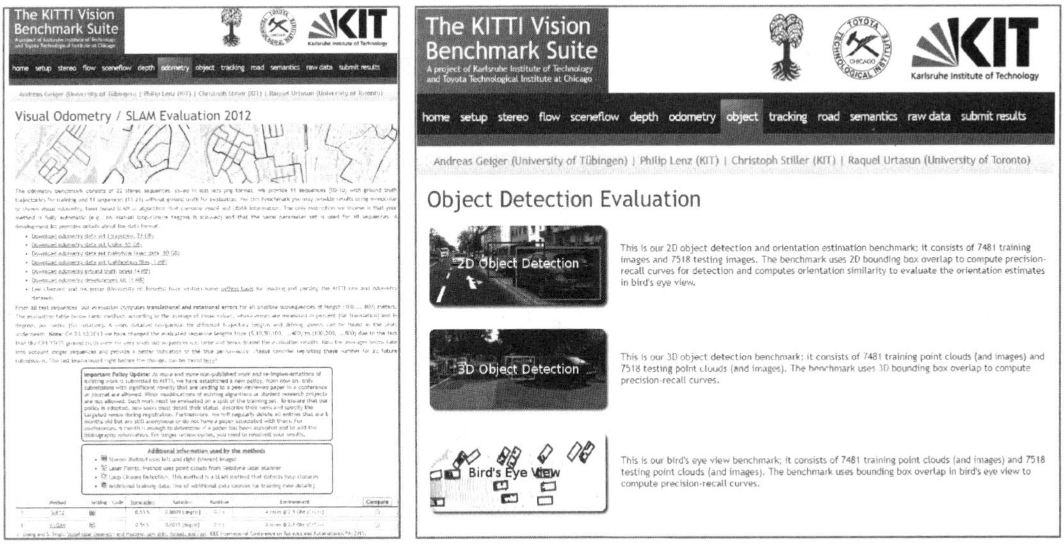

(a) 视觉里程计/SLAM评估页面　　　　(b) 目标检测评估页面

图 7.30　运动视觉检测与分析评估页面截图

The KITTI Vision Benchmark Suite
home setup stereo flow sceneflow depth odometry object tracking road semantics raw data submit results
Road/Lane Detection Evaluation 2013

(c) 路/车道线检测评估页面

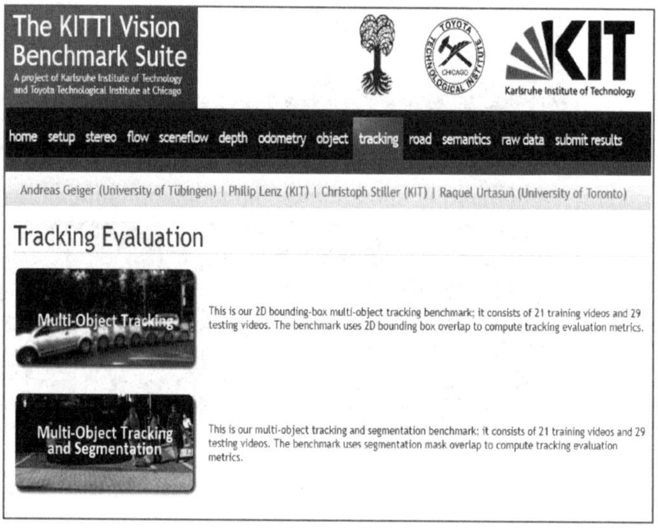
The KITTI Vision Benchmark Suite
A project of Karlsruhe Institute of Technology and Toyota Technological Institute at Chicago
Karlsruhe Institute of Technology
home setup stereo flow sceneflow depth odometry object tracking road semantics raw data submit results
Andreas Geiger (University of Tübingen) | Philip Lenz (KIT) | Christoph Stiller (KIT) | Raquel Urtasun (University of Toronto)
Tracking Evaluation
Multi-Object Tracking
This is our 2D bounding-box multi-object tracking benchmark; it consists of 21 training videos and 29 testing videos. The benchmark uses 2D bounding box overlap to compute tracking evaluation metrics.
Multi-Object Tracking and Segmentation
This is our multi-object tracking and segmentation benchmark; it consists of 21 training videos and 29 testing videos. The benchmark uses segmentation mask overlap to compute tracking evaluation metrics.

(d) 目标跟踪页面

图 7.30 运动视觉检测与分析评估页面截图(续)

7.5 实际工程案例

7.5.1 深空探测器避障下降

根据 2000 年发布的《中国的航天》白皮书中的定义，国内目前将对地球以外天体开展的空间探测活动称为深空探测。深空探测指人类对月球及以远的天体或空间环境开展的探测活动，作为人类航天活动的重要方向和空间科学与技术创新的重要途径，是当前和未来航天领域的发展重点之一。随着 2020 年 12 月 17 日凌晨，“嫦娥五号”返回器携带月球样品着陆地球，标志着我国探月工程“绕、落、回”已经圆满成功，同时也开启了新的探月工程计划。2020 年 7 月 23 日，我国成功发射了“天问一号”火星探测器，2021 年 5 月 15 日，“天问一号”着陆器成功着陆火星表面，“祝融号”火星车开始巡视火星表面，标志着我国首次火星探测任务取得圆满成功，并一次实现“绕、落、巡”三大任务。

无论是“嫦娥探测器”，还是“天问一号”探测器，由于其与地球通信存在着延时，在探测器进入、下降、着陆 (Entry、Descent、Landing，EDL)过程是靠探测器自主完成一系列动作，不是靠地面控制。在 EDL 过程中，用到了机器视觉系统，探测器大约距月球/火星表面 1 km 左右时，利用光学敏感期成像检测并避开大于 1 m 的石头或坑，实现粗糙避障下降；在距离距月球/火星表面 100 左右时，采用激光三维成像敏感器对大于 20 cm 的石头和坑进行检测，实现精确避障，精确识别选择好落点。探测器通过边下降边避障，选好着陆点后，开始垂直下降，并在距离月球/火星表面较近时关闭发动机、自由落体，着陆腿缓冲着陆。我国的“嫦娥五号”月球探测器和“天问一号”火星探测器避障下降视觉检测示意图如图 7.31 所示。

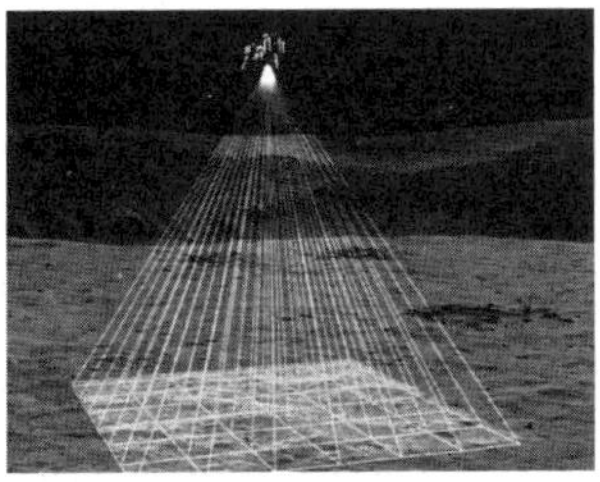

(a) “嫦娥五号”落月避障下降　　(b) “嫦娥五号”探测器

(c) “天问一号”落火避障下降　　(d) “天问一号”探测器

图 7.31　深空探测器避障下降视觉检测示意图

7.5.2　空间自主交会对接

1992 年，中国政府就制定了载人航天工程“三步走”发展战略，建成空间站是发展战略的重要目标。2021 年 6 月 17 日，“神舟十二号”载人飞船成功发射并与天和核心舱完成自主快速交会对接，航天员聂海胜、刘伯明和汤洪波先后进入天和核心舱，标志着中国人首次进入自己的空间站。在“神舟十二号”载人飞船与天和核心舱自主交会对接过程中，利用机器视觉系统实时检测并瞄准天和核心舱的对接“十字靶标”，引导并控制“神舟十二号”载人飞船与天和核心舱完成自主交会对接，其对接过程截图如图 7.32 所示。

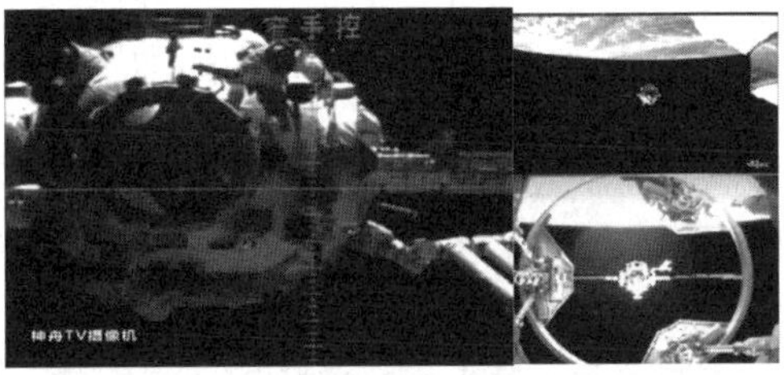

(a) “神舟十二号”飞船与天和核心舱自主交会对接

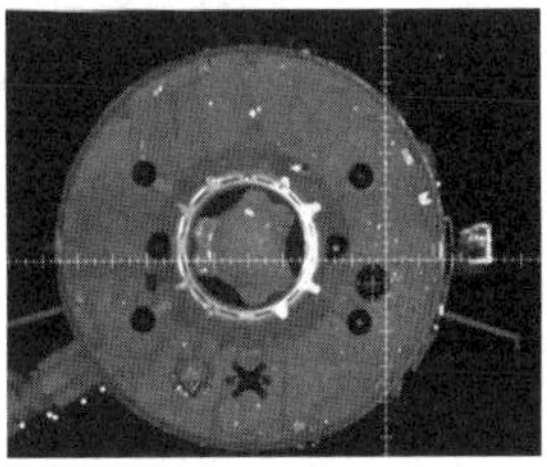

(b) “神舟十二号”飞船与天和核心舱　　(c) 核心舱对接十字靶标

图 7.32　航天器自主交会对接视觉检测与跟踪系统

7.5.3 无人机/有人机视觉应用

机器视觉系统除了在航天中广泛应用，在航空和地面载体自主导航与控制中也广泛应用，例如无人机通过视觉系统实时检测静/动平台上的降落标识，形成偏差量和偏差变化量，控制无人机精准降落在静/动平台上，如图 7.33(a)和图 7.33(b)所示；在空中加油过程中，加油机通过实时检测受油机的受油插座使加油机加油接嘴和受油插座精准对接，并通过加油接嘴和受油插座上的互感线圈，进行加油机和受油机之间的信号联络，其示意图如图 7.33(c)所示；无人机的普及，无人机走进普通百姓的生活中，例如无人机跟拍，无人机检测与跟踪特定的目标，完成视频拍摄，其示意图如图 7.33(d)所示。

(a) 无人机精准降落　(b) 无人机自主着舰　(c) 空中自动加油　(d) 无人机跟踪拍摄

图 7.33 运动视觉检测与分析在航空领域中应用

7.5.4 视觉定位导航

无人机、无人车和智能机器人等无人系统平台在全球卫星信号拒止环境下，可通过视觉定位导航为无人系统平台提供位置姿态信息。视觉定位导航系统可分为有先验信息、无先验信息以及两者相结合的应用环境。对于有先验信息的应用环境，即预先获得或建立环境地图或基准图，通过无人系统搭载视觉传感器获得实时环境信息，通过图形/图像匹配和识别的方式获得无人系统的位置姿态信息，例如 3.4.1 节介绍的景像匹配导航、基于二维码识别的无人系统平台定位导航和基于二维码检测识别的无人机精准降落等，如图 7.34 所示。

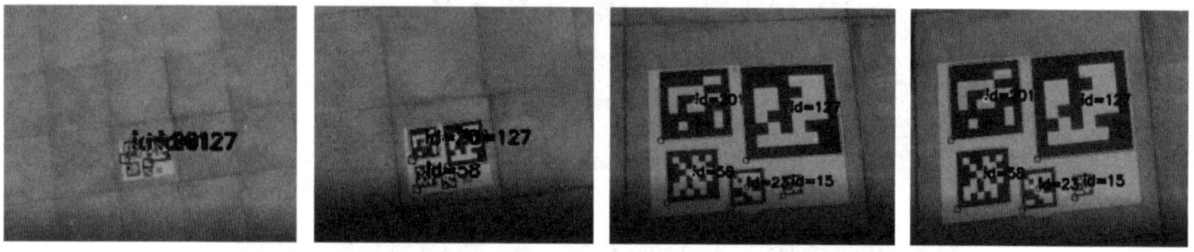

图 7.34 基于二维码识别的定位导航测试结果

对于无先验信息的应用环境，即未知的应用环境，无人系统平台既需要完成对环境的感知建图，同时还需要进行定位，而且定位需要精确地图信息，地图构建又需要精确的位置信息，使得定位与建图两者相互耦合，即同步定位与建图(Simultaneous Localization and Mapping, SLAM)，利用无人机搭载的单目相机可以进行视觉里程计算，获得无人机的位姿信息并对无人机进行自主导航控制，其实际测试结果如图 7.35 所示。

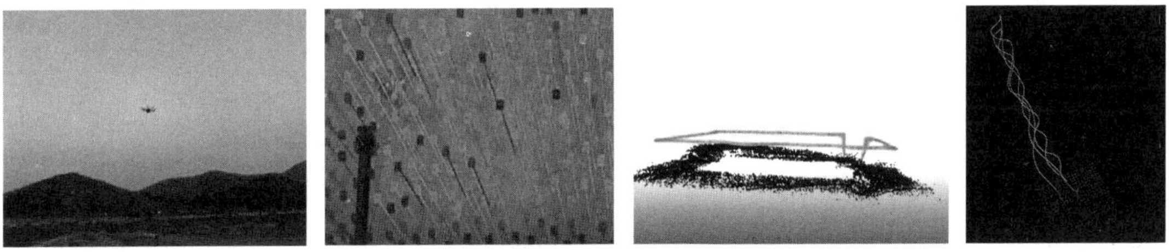

(a) 飞行测试无人机　(b) 单目视频特征检测与跟踪　(c) 飞行测试轨迹1　(d) 飞行测试轨迹2

图 7.35　无人机视觉导航测试验证结果

小　　结

目标运动或相机运动会导致其在三维空间中产生“势”的变化，其投影到像空间也会产生相应的图像“势”变化，通过检测视频图像序列中的“势”变化实现对运动目标检测、跟踪和运动参数估计。在介绍传统的运动视觉检测与分析方法的基础上，给出了一些工程实际中的测试案例，介绍了运动视觉检测与分析评估平台，给出了运动视觉检测与分析在空天信领域中的实际应用案例。

思考与练习题

（1）如何利用帧间差分检测缓慢运动或微小运动物体的信号。

（2）利用实际采集的 20 帧图像视频序列，统计背景像素的分布特性。

（3）请说明基于平行投影模型和透视投影模型估计三维运动的异同。

（4）如果已知 8 个或 8 个以上位于同一空间平面三维点的光流矢量时，能否唯一地确定运动参数，为什么？

（5）分析 7.5.1 和 7.5.5 节中运动视觉检测与分析的过程和所用相关算法，试设计与其相关的运动视觉检测与分析方案，画出系统原理框图并标注输出接口关系，设计并画出详细的软件程序流程图并给出主要算法模型。

参考文献

[1] Berthold Klaus Paul Horn. 机器视觉[M]. 王亮，蒋欣兰，译. 北京：中国青年出版社，2014.

[2] David A Forsyth，Jean Poncezh. 计算机视觉：一种现代方法[M]. 高永强，等译. 北京：电子工业出版社，2004.

[3] 高翔，张涛. 视觉 SLAM 十四讲：从理论到实践[M]. 2 版. 北京：电子工业出版社，2019.

[4] 何信华，赵龙. 基于改进高斯混合模型的实时运动目标检测与跟踪[J]. 计算机应用研究，2010，27(12)：908-911.

[5] 刘昊，赵龙. 基于改进混合高斯模型的运动目标检测算法[J]. 中南大学学报自然科学版，2011，42(增刊 1)：605-609.

[6] 马颂德. 计算机视觉-计算理论与算法理论[M]. 北京：科学出版社，1998.

[7] Rafael C. Gonzalez，Richard E. Woods. 数字图像处理[M]. 阮秋琦，阮宇智，等译. 3 版. 北京：电子工业出版社，2018.

[8] Richard Hartley，Andrew Zisserman. 计算机视觉中的多视几何[M]. 韦穗，杨尚骏，章权兵，等译. 合肥：安徽大学出版社，2002.

[9] 王之卓. 摄影测量原理[M]. 武汉：武汉大学出版社，2007.

[10] 吴福朝，王光辉，胡占义. 由矩形确定摄像机内参数与位置的线性方法[J]. 软件学报，2003，14(3)：703-712.

[11] 夏良正，李久贤. 数字图像处理[M]. 2 版. 南京：东南大学出版社，2005.

[12] 姚国正，汪云九. D. Marr 及其视觉计算理论[J]. 国外自动化，1984(6)：55-57.

[13] 叶培建，孙泽洲，张熇，等. 嫦娥四号探测器系统任务设计[J]. 中国科学：技术科学，2019，49(2)：124-137.

[14] 张广军. 机器视觉[M]. 北京：科学出版社，2005.

[15] 赵龙. 捷联惯导原理与系统应用设计[M]. 北京：北京航空航天大学出版社，2020.

[16] 赵龙，肖军波. 一种改进的运动目标抗遮挡跟踪算法[J]. 北京航空航天大学学报，2013，39(4)：517-520.

[17] Aizawa K，Harashima H，Saito T. Model-based analysis-synthesis image coding (MBASIC) system for a person's face[J]. Signal Processing：Image Communication，1989，1(2)：139-152.

[18] Bar-Shalom Y. Tracking Methods in A Multi-Target Environment[J]. IEEE Transaction on Automatic Control，1978，23 (4)：618-626.

[19] Bouguet J Y. Pyramidal implementation of the Lucas Kanade feature tracker[DB/OL]. Opencv Documents，2000：1-9.

[20] Bozdagi，A M，Tekalp，et al. An improvement to MBASIC algorithm for 3-D motion and depth estimation[J]. IEEE transactions on image processing，1994，3(5)：711-716.

[21] Brewer J. Kronecker products and matrix calculus in system theory[J]. IEEE Trans

Circuits Syst,1978,25(9):772-781.

[22] Caprile B, Torre V. Using vanishing points for camera calibration[J]. International Journal of Computer Vision,1990,4(2):127-139.

[23] Chuang,J H, Ho C H, Umam A, et al. Geometry-Based Camera Calibration Using Closed-Form Solution of Principal Line[J]. IEEE Transactions on Image Processing, 2021,30:2599-2610.

[24] Duan Yongyong, Zhang Xiumei, Zhao Long. Improved Camera Calibration Method Based on Vanishing Points[C]. The 3rd International Conference on Computer Design and Applications,2011,6(10):393-396.

[25] Faugeras O. Three-dimensional computer vision: a geometric viewpoint[M]. USA: MIT Press,1993.

[26] Horn B K P,Schunck B G. Determining Optical Flow[J]. Artificial Intelligence,1981, 17(1-3):185-203.

[27] Lawrence Gilman Roberts. Machine perception of three-dimensional solids[D]. Boston:Massachusetts Institute of Technology(MIT),1963.

[28] Lee Dar-Shyang. Effective Gaussian Mixture Learning for Video Background Subtraction[J]. IEEE Transactions on Pattern Analysis and Machine Intelligence,2005,27(5): 827-832.

[29] Lucas B,Kanade T. An Iterative Image Registration Technique with an Application to Stereo Vision[C]. Proceeding of the 7th International Joint Conference on Artificial Intelligence (IJCAI),1982:674-679.

[30] Marr D. Vision: A Computational Investigation into the Human Representation and Processing of Visual Information[M]. New York:W. H. Freeman,1982.

[31] Michael Calonder,Vincent Lepetit,Christoph Strecha,et al. BRIEF:Binary Robust Independent Elementary Features[C]. Proceedings of the 11th European Conference on Computer Vision,2010:778-792.

[32] Pollefeys M ,Koch R,Van Gool L. A simple and efficient rectification method for general motion[C]. Proc. International Conference on Computer Vision,1999:496-501.

[33] Roecker J A,Phillis G L. Suboptimal Joint Probabilistic Data Association[J]. IEEE Transaction on Aerospace and Electronic Systems,1993,29(2):510-517.

[34] Roger Y Tsai. Versatile Camera Calibration Techniaue for High-Accuracy 3D Machine Vision Metrology Using Off-the-shelf TV Cameras and Lenses[J]. IEEE Journal on Robotics & Automation,1987,3(4):323-344.

[35] Rosten E,Drummond T W. Machine learning for high-speed corner detection[C]. The 9th European Conference on Computer Vision (ECCV 2006), 2006, Graz, Austria: 430-443.

[36] Shangzhe Wu,Christian Rupprecht,Andrea Vedaldi. Unsupervised Learning of Probably Symmetric Deformable 3D Objects From Images in the Wild[C]. Proceedings of the IEEE/CVF Conference on Computer Vision and Pattern Recognition (CVPR),

2020:1-10.

[37] Stauffer Chris, Grimson W, Eric L. Learning Patterns of Activity Using Real-Time Tracking[J]. IEEE Transactions on Pattern Analysis and Machine Intelligence, 2000: 22(8):747-757.

[38] Vermaak J, Godsill S J, Perez P. Monte Carlo Filtering for Multi Target Tracking and Data Association[J]. IEEE Transactions on Aerospace and Electronic Systems, 2005, 41(1):309-332.

[39] Yang Guang, Zhao long. Optimal Hand-Eye Calibration of IMU and Camera[C]. Chinese Automation Congress, IEEE, 2017:1023-1028.

[40] Yi Wei, Zhao Long. Robust Objects Tracking Algorithm Based on Adaptive Background Updating[C]. The 10th IEEE International Conference on Industrial Informatics, 2012: 190-195.

[41] Zhang Hao, Zhao Long. Integral Channel Featrues for Particle Filter Based Object Tracking[C]. Proceedings of International Conference on Intelligent Human-Machine Systems and Cybernetics, 2013, 2(5), 190-193.

[42] Zhang Zhengyou. A Flexible New Technique for Camera Calibration[J]. IEEE transactions on Pattern Analysis and Machine Intelligence, 2000, 22(11):1330-1334.

[43] Zhao Long, He Xinhua. Adaptive Gaussian Mixture Learning for Moving Object Detection[C]. The 3rd IEEE International Conference on Broadband Network & Multimedia Technology. USA: IEEE Press, 2010:1176-1180.